Acoustic Intelligence

acoustic studies düsseldorf

Herausgegeben von
Dirk Matejovski und Kathrin Dreckmann

Band 5

Acoustic Intelligence

Hören und Gehorchen

Herausgegeben von
Anna Schürmer, Maximilian Haberer
und Tomy Brautschek

d|u|p
düsseldorf university press

Dieser Sammelband wurde mit freundlicher Unterstützung durch die Anton-Betz-Stiftung der Rheinischen Post e. V. und der Philosophischen Fakultät der Heinrich-Heine-Universität Düsseldorf verwirklicht.

ANTON-BETZ-STIFTUNG
DER RHEINISCHEN POST EV.
GEMEINNÜTZIGER VEREIN ZUR FÖRDERUNG
VON WISSENSCHAFT UND FORSCHUNG
DÜSSELDORF

ISBN 978-3-11-072720-3
e-ISBN (PDF) 978-3-11-073079-1
e-ISBN (EPUB) 978-3-11-073086-9
ISSN 2702-8658
e-ISSN 2702-8666

Library of Congress Control Number: 2022936369

Bibliografische Information der Deutschen Nationalbibliothek
Die Deutsche Nationalbibliothek verzeichnet diese Publikation in der Deutschen Nationalbibliografie; detaillierte bibliografische Daten sind im Internet über http://dnb.dnb.de abrufbar.

d|u|p düsseldorf university press ist ein Imprint der Walter de Gruyter GmbH

Druck und Bindung: CPI books GmbH, Leck
Covergestaltung: Silvia Sunderer, Kommunikation & Design, Berlin
Titelbild: Martin Wietell
Lektorat: Anna Schürmer, Maximilian Haberer, Tomy Brautschek, Markus Radermacher
Satz: Elisabeth Stanciu, Markus Radermacher
Redaktionelle Mitarbeit: Emily Glavan

dup.degruyter.com

MIX
Papier aus verantwortungsvollen Quellen
FSC® C083411

Inhalt

Dirk Matejovski und Kathrin Dreckmann
Vorwort — VII

Anna Schürmer, Maximilian Haberer, Tomy Brautschek
***Acoustic Intelligence.* Hören und Gehorchen — 1**

Teil 1: Panakustik

Intermezzo
Sean Dockray, James Parker, Joel Stern
(Gegen) die kommende Welt hörender Maschinen — 41

Elena Ungeheuer
Hören macht Macht. *Acoustic Intelligence* und ihre Potentiale — 47

Intermezzo
Artemi-Maria Gioti
***Machine Listening* als aktiver Prozess in interaktiven Kompositionen — 71**

Rolf Großmann
Hören, was die Maschine hört — 83

Intermezzo
Jonathan Sterne
Was bedeutet es, *Machine Listening* als eine Form des Hörens zu begreifen? — 95

Teil 2: Monitor

Pedro J S Vieira de Oliveira und Shintaro Miyazaki
Maschinelle Intelligenz?! Stimmbiometrie als hörend-bestimmende Medien-Techno-Logie — 101

Intermezzo
Alexander Schubert
***AV3RY* & *CRAWLERS* oder: „Unheimliche" Postdigitalität — 125**

Christoph Borbach
„A Wall of Sound". Das Unterwasserschallsignalwesen als Hörregime und techno-akustische Einkerbung des Ozeans — 133

Intermezzo
Nik Nowak
***Schizo Sonics*. Installation und Interview — 155**

David Waldecker und Axel Volmar
Die zweifache akustische Intelligenz virtueller Sprachassistenten zwischen verteilter Kooperation und Datafizierung — 161

Intermezzo
Sean Dockray, James Parker, Joel Stern
Lektionen, wie man (nicht) gehört wird — 183

Teil 3: Agent

Alan Fabian
Musik(tabellen)formulare: Musikmach(t)dinge von Musikklangverwaltungen — 191

Intermezzo
Sean Dockray, James Parker, Joel Stern
Improvisation und Kontrolle. Interaktive (Musik-)Systeme — 215

Max Alt und Jens Gerrit Papenburg
***Streamability*. Überlegungen zu einer Ästhetik des Musik-Streaming — 227**

Intermezzo
Johannes Kreidler
#dirigate. Über akustische Regimes in meiner Musik — 247

Lukas Iden, Sophia Tobis, Malte Pelleter
„Recognized by sound" oder: *Acoustic Intelligence* im Trackmodus — 257

Intermezzo
Transhuman Art Critics
***Mycelium Melody* — 281**

Beiträger*innen — 283
Register — 289

Dirk Matejovski und Kathrin Dreckmann

Vorwort

Der vorliegende Sammelband, der bereits der fünfte innerhalb der Reihe *acoustic studies düsseldorf* ist, beschäftigt sich wieder einmal mit einem über die Fachgrenzen hinaus relevanten Thema. Denn ohne Zweifel bildet die akustische Dimension von Überwachung und sozialen Disziplinarordnungen ein zentrales Thema innerhalb der globalen Medienkultur.

Sprachassistent*innen wie *Siri* und *Alexa* oder klangoperierende Spracherkennungs- und Diktiersoftware, algorithmengesteuerte Streamingplattformen wie *Spotify* und *Deezer* oder auch durch Sprachaufnahmen gesteuerte personalisierte Werbeanzeigen in Social Media sind nur einige Beispiel für die Verbindung zwischen KI und Strategien medialer Kontrolle.

Die auch für den vorliegenden Band charakteristische Perspektive, soziokulturelle und ästhetische Prozesse von auditiven Medientechnologien her zu verstehen, bildet eine spezifische Forschungsperspektive ab, die seit langem durch eine Gruppe von Wissenschaftler*innen am Institut für Medien- und Kulturwissenschaft der Heinrich-Heine-Universität Düsseldorf in Forschung und Lehre präsent ist.

Unter dem Titel *Acoustic Intelligence – Hören und Gehorchen* versammelt dieser Band 5 einerseits Beiträge einer von den Herausgeber*innen veranstalteten Tagung, andererseits legt die multiperspektivische Anlage der verschiedenen Texte die Ausgangsbasis für weitere Forschungen in diesem Feld vor.

Und so wird das auch in diesem Band thematisierte Wechselverhältnis zwischen akustischen, sozialen und ästhetischen Dispositiven sowohl in der weiteren Arbeit der Düsseldorfer Forschungsgruppe als auch in zukünftigen Publikationen thematisiert werden.

https://doi.org/10.1515/9783110730791-203

Anna Schürmer, Maximilian Haberer, Tomy Brautschek

Acoustic Intelligence

Hören und Gehorchen

Acoustic Intelligence ist ein Begriff der militärischen Überwachung und bezeichnet den Informationsgewinn durch das Speichern, Prozessieren und Übertragen akustischer Phänomene. Ursprünglich wurde der Begriff für die Detektion submariner Aktivitäten und somit für die Erfassung und Interpretation von Unterwasserschall verwendet. Aufbauend darauf wird *Acoustic Intelligence* in diesem Sammelband in einem weiteren, techno-akustischen Sinne als überwachendes Hören im Kontext von Kunst und Gesellschaft verstanden.[1]

Terminologisch leitend ist der semantische Kurzschluss von zwei zentralen Begriffen: ‚Akustik' und ‚Intelligenz', die sich im assonanten wie assoziationsreichen Wortpaar ‚Hören' und ‚Gehorchen' brechen. Damit nimmt dieser Band ein zentrales Moment der Erforschung auditiver Medienkulturen auf. Angefangen bei Wolfgang Welschs wegbereitendem Text zu einer „Kultur des Hörens", wo der Kulturphilosoph einen fatalen Zusammenhang von Hörigkeit und Gehorsam feststellt (Welsch 1993, S. 88). Konkret verweist er auf Michel Foucaults panoptische Studien zur Überwachungsgesellschaft, die demonstrieren, wie sehr das Visuelle die Institutionen und Architekturen der Moderne bestimmt:

> Sehprimat und Überwachungsgesellschaft bilden einen schlüssigen Zusammenhang. Wenn man sich ständiger Transparenz und Überwachbarkeit aussetzt, wird man bald anfangen, sich selbst zu disziplinieren.
>
> (Ebd.)

Während aber Welsch daraus den Schluss zieht, dass optische Kulturen im Sinne abendländischer Rationalisierung die dunkle Seite der (schon qua Begriff) optischen Aufklärung repräsentieren und sonische Aspekte des Hörens eine ‚humanere' Welterschließung ermöglichen – wollen wir dem „acoustic turn" (Meyer 2008; Volmar und Schröter 2013) eine andere Wendung geben: Dass

1 Ausgangspunkt des Projekts war die Tagung *Acoustic Intelligence. Hören und Gehorchen*, die vom 30.01. bis 01.02.2020 am Institut für Medien- und Kulturwissenschaft der Heinrich-Heine-Universität Düsseldorf stattfand. In der Folge entstand ein kuratiertes Themenheft für die *Neue Zeitschrift für Musik* (http://www.musikderzeit.de/ausgabe/acoustic-intelligence) sowie ein Feature für den Deutschlandfunk (http://www.deutschlandfunk.de/acoustic-intelligence-hoeren-und-gehorchen.1990.de.html?dram:article_id=482391). Websites jeweils zugegriffen am 05. Oktober 2021.

https://doi.org/10.1515/9783110730791-001

nämlich akustische Prozesse spätestens im technischen Zeitalter geradezu eine ‚Kultur des Abhörens‘ symbolisieren und Schall zu einem disziplinarischen und manipulativen Medium des Gehorchens mutiert ist. Damit greifen wir auch ein zentrales Anliegen bei der Erforschung auditiver Kultur auf, nämlich visuelle Hegemonien aufzubrechen und das optische Primat sowie die Privilegierungen des Sehens zu hinterfragen. Gleichsam nehmen wir die Forderung eines der Gründungsdokumente der Sound Studies ernst – der *Auditory Culture Reader* von Michael Bull und Les Back, die schon 2003 in Analogie zu den zahlreichen Analysen der Blickregime und Supervisionspraktiken in der Moderne das Verfassen einer Soundgeschichte der Überwachung fordern (Bull und Back 2003).[2]

Die ursprüngliche Terminologie von *Acoustic Intelligence* aus dem militärischen Gebrauch zeigt sich insb. im englischen „Intelligence“ – das über die deutsche Entsprechung hinausgehend unmittelbar auf nachrichtentechnische und geheimdienstliche Zusammenhänge verweist, was sich im Namen des US-amerikanischen Auslandsgeheimdienstes CIA als „Central Intelligence Agency“ spiegelt. Dagegen bezieht sich der deutsche Intelligenzbegriff im etymologischen Anschluss an das lateinische *intellegere* – wörtlich „wählen zwischen“, im übertragenen Sinne „erkennen“, „einsehen“, „verstehen“ – allgemein auf die kognitive Leistungsfähigkeit des Menschen. Nun wird diese ‚humane‘ Zuschreibung heute zunehmend durch Künstliche Intelligenz (KI) und somit durch technische Agenten und andere non-humane Entitäten abgelöst – womit an Zukunftsvisionen von Maschinenmenschen im rationalistischen Fortschrittsdenken angeschlossen wird. Gleichzeitig geht dieses medientechnische Verständnis von Intelligenz mit einer Hinwendung zu formalisierter Informationsverarbeitung einher und operationalisiert damit auch ein Primat von funktionalisierter Intelligibilität.

Grundlegend wird unter KI ein System verstanden, das die Problemlösungskompetenzen des Menschen maschinell, also kybernetisch, nachzubilden versucht. Intelligenz wird in der Logik einer operativen Simulation darüber hinaus als zweckrational gedacht und dadurch auch für den nachrichtendienstlichen Informationsgewinn attraktiv. Jedoch betreiben smarte Technologien im Wesentlichen eine Komplexitätsreduktion, sie blenden Unschärfen und Mehrdeutigkeiten aus – die jedoch konstitutiv für Kreativität erscheinen.[3] Dazu kommt, dass künstliche Intelligenz (bis dato) weniger autonom-denkende Enti-

---

2 „Überwachung und Kontrolle“ bieten über rein akustische Belange hinausgehend auch ein zentrales Themenfeld der Medienwissenschaft selbst, siehe hierzu das gleichnamige Schwerpunktheft der *Zeitschrift für Medienwissenschaft* (ZfM 2015).

3 Siehe hierzu weiterführend in diesem Band den Beitrag von Elena Ungeheuer.

täten benennt, als vielmehr vom Menschen funktionalisierte Instrumente. Unter *Acoustic Intelligence* sind also mit Daten gefütterte und von Algorithmen gesteuerte (wenn auch lernfähige) Geräte des (Ab-)Hörens zu verstehen.[4] Mit KI werden damit Programme benannt, die aus einer Datenmenge Korrelationen filtern und als kreative Kausalitäten ausgeben. Und in genau diesem Sinne gewinnt Künstliche Intelligenz auch für künstlerische Prozesse an Bedeutung – als schöpferische Technologie. *Acoustic Intelligence* lässt sich von daher nicht nur als akustische Überwachung, sondern auch als das soundästhetische Schöpfungspotential sowie die künstlerische Strategie maschineller Agenten verstehen.[5]

Konkret umfasst der Band *Acoustic Intelligence* in diesem Sinne Fragen nach Machttechniken des Abhörens („Panakustik") ebenso, wie nach den Kontrollpraktiken in der Musikproduktion („Monitor") und -rezeption („Stream") sowie Fragen nach der Handlungsmacht künstlerisch tätiger Maschinen im Kontext digitaler Medientechnologien („Agent").

1 Panakustik: (Ab-)Hören und (Ge-)Horchen

Das 20. Jahrhundert ist das panakustische: ein Zeitalter, in dem Phänomene des Abhörens kultiviert wurden. Michel Foucault prägte im Anschluss an Jeremy Benthams Entwurf einer allsichtigen Gefängnisarchitektur den Begriff des „Panopticon" für die visuellen Kontrollmechanismen des modernen Überwachungsstaates. In *Überwachen und Strafen* befasst sich der Analytiker kultureller Machtstrukturen explizit mit den Blickregimen der Disziplinargesellschaft:

> Daraus ergibt sich die Hauptwirkung des Panopticon: die Schaffung eines bewußten und permanenten Sichtbarkeitszustandes beim Gefangenen, der das automatische Funktionieren der Macht sicherstellt. Die Wirkung der Überwachung ‚ist permanent, auch wenn ihre Durchführung sporadisch ist'; die Perfektion der Macht vermag ihre tatsächliche Ausübung überflüssig zu machen; der architektonische Apparat ist eine Maschine, die ein Machtverhältnis schaffen und aufrechterhalten kann, welches vom Machtausübenden unabhängig ist; die Häftlinge sind Gefangene einer Machtsituation, die sie selber stützen.
> (Foucault 1977, S. 258)

4 Siehe hierzu weiterführend in diesem Band den Beitrag von Alexander Schubert.

5 Siehe hierzu weiterführend in diesem Band die Beiträge von Rolf Großmann und von Lukas Iden, Sophia Tobis und Malte Pelleter.

Abb. 1: Panoptische Architektur am Beispiel des ehemaligen kubanischen Gefängnisses *Presidio Modelo.*

Überwachung und Disziplinierung wird in der Moderne aber nicht nur über Blicke und Sichtbarkeit, sondern auch über Abhören und Hörbarkeit praktiziert. Metaphorisch erscheint vor diesem Hintergrund eine terminologische Wendung bzw. Erweiterung vom Panopticon zum *Panacusticon* durchaus einleuchtend, wenn nicht sogar komplementierend: Denn wo Bilder sich vor dem Auge verstecken können, respektieren Sounds keine Grenzen und Mauern. Sie gehen durch Wände und breiten sich in alle Richtungen aus; das unmerkliche und unversehene Eindringen ist akustisches Terrain.[6] Das Abhören, das heimliche Lauschen der Überwachenden sowie das Wissen der Überwachten darüber, nicht nur immer und überall gesehen, sondern auch stetig abgehört werden zu können, wird so zu einem wirksamen Machtinstrument – umso mehr unter den medientechnologischen Entwicklungen und Möglichkeiten der panakustischen Moderne. Vor diesem Hintergrund ist es nicht verwunderlich, dass

6 So gängige Tropen einer „Typologie der Sinne" (Welsch 1993, S. 97 ff.).

Bentham das Lärmen („noise“) der Häftlinge als die größte Schwäche seines architektonischen Entwurfs ausmachte; der Lärm drohte als widerständige Machtgeste die Disziplinarform der Gefängnisarchitektur zu unterwandern – „an offence, by the bye, against which irons themselves afford no security“ (Bentham 1995, S. 49). So musste Bentham nach Foucault wohl auch auf die zur akustischen Überwachung vorgesehenen Horchröhren verzichten, da „er nicht in der Lage war, diese Überwachung asymmetrisch zu gestalten und die Häftlinge daran zu hindern, die Aufseher ebenso zu hören wie diese sie“ (Foucault 1977, S. 259).

Das mythologisierte Urbild akustischer Überwachung, das gleichermaßen künstlerisch wie auch explizit musikalisch reflektiert wurde, entstand in den antiken Höhlensystemen der sizilianischen Stadt Syrakus. Durch den Abbau von Kalkstein im 5. Jahrhundert v. Chr. ergab sich als akustischer Nebeneffekt in einer Höhle eine spezielle Verstärkung des Schalls, die bis heute erhalten ist. Hieraus bildeten sich Erzählungen um den Kriegstyrann Dionysios I., der den Steinbruch nach der Anatomie des menschlichen Ohres gestalten ließ und die Tunnelverbindungen zu seinem Schlafgemach als externalisierten Gehörgang nutzte, um den Qualen seiner Gefangenen zu lauschen. Diese Deutung eines antiken Bauwerks unter akustisch-funktionalen Gesichtspunkten manifestiert sich 1650 auch in den Darstellungen Athanasius Kirchers und ist symptomatisch für die Renaissance mit ihrer Faszination für Flüstergalerien, Gegensprech- und Abhörarchitekturen (siehe Abb. 2).

Die Fachsprache kennt für solches an Informationsgewinnung gerichtetes Abhören ein konkretes Wort aus dem Englischen: *Eavesdropping*, das akustische oder telekommunikative Lauschen – das im überwachungstechnischen Sinne negativ konnotiert ist („Lauschangriff“), in musikalischer Rezeption als aufmerksames ‚Zu-Hören‘, aber auch sinnliche Qualitäten entfalten kann. Michel Chion etwa benennt „Three Listening Modes“: Kausales, Semantisches und Reduziertes Hören, wovon insb. erstere beiden für eine *Acoustic Intelligence* zielführend sind. Denn beim „Reduced Listening“ wird der Sound intentionslos als Objekt wahrgenommen, während „Semantic Listening“ ein an Sprache oder Codes gebundenes (also intelligibles) Hören und „Causal Listening“ trügerisch und leicht zu beeinflussen sei: „Causal listening is constantly manipulated by the audiovisual contract itself.“ (Chion 2012, S. 49).

Abb. 2: Athanasius Kirchers Entwurf einer Abhöranlage.

Etymologisch leitet sich *eavesdropping*, wie James Parker und Joel Stern (2019) zeigen, vom englischen Dachvorsprung (*eaves*) ab, unter welchem das Abhören vollzogen wird (ebd., S. 15 ff.). Das altenglische *efes* wurde ursprünglich als Bezeichnung für Holzkanten bzw. für Waldgrenzen verwendet, *eavesdrop* später als Bezeichnung des rechtlich vorgeschriebenen Abstands, der um ein Haus eingehalten werden musste – wodurch das Phänomen stets ein Moment der Grenzüberschreitung und einen Ort bzw. ein Medium des Abhörens impliziert. *Eavesdropper* als unerwünschte Mithörende treten rechtlich im 18. Jahrhundert zum ersten Mal in Erscheinung und bezeichnet Personen, die hinter Wänden, unter Fenstern oder eben unter Dachbalken lauern, um die Bewohner*innen zu belauschen und üble Nachrede zu betreiben. Im 18. Jahrhundert noch als Ärgernisse wahrgenommen, wandelt sich *eavesdropping* im 19. und 20. Jahrhundert von einem Problem der öffentlichen Ordnung primär zu einem „matter of privacy and security" (ebd., S. 27).

Während *eavesdropping* kein deutsches Pendant kennt, verweist der umgekehrt wiederum schwer zu übersetzende Terminus „Lauschangriff" unmittelbar auf die staatlich gewendete Gewaltanwendung des Abhörens. 1998 ging der Begriff als „Großer Lauschangriff" in den allgemeinen Sprachgebrauch über, als vom Bundesrat die sog. „akustische Wohnraumüberwachung" zu Zwecken der

Strafverfolgung und nachrichtendienstlichen Überwachungsmaßnahmen ermöglicht wurde (Bundestag 1998), welche 2004 vom Bundesverfassungsgericht als verfassungskonform bestätigt (BVerfG 2004) und 2005 vom Bundestag verabschiedet wurde. Über das Lauschen hinaus verweist der zweite Wortbestandteil -angriff unmittelbar auf militärische Zusammenhänge – und in der Tat haben sich, katalysiert durch die beiden Weltkriege und den Kalten Krieg, insb. im 20. Jahrhundert Formen sonischer Machtausübung herausgebildet. Schon 1909 schrieb der deutsche Generalstabschef Alfred Graf von Schlieffen in seinem *Krieg der Gegenwart*:

> So groß auch die Schlachtfelder sein mögen, so wenig werden sie dem Auge bieten. Nichts ist auf der weiten Öde zu sehen [...]. Der Feldherr befindet sich in einem Hause mit geräumigen Schreibstuben, wo Draht- und Funkentelegraph, Fernsprech- und Signalapparat zur Hand sind. [...] Dort, auf einem bequemen Stuhle vor einem breiten Tisch hat der moderne Alexander auf einer Karte das gesamte Schlachtfeld vor sich, von dort telegraphiert er zündende Worte, und dort empfängt er die Meldungen der Armee- und Korpsführer.
> (Schlieffen 1909, S. 17 f.)

Für die Verwendung hörbarer sowie akustisch nicht wahrnehmbarer Schallwellen bei der kontrollstaatlichen Disziplinierung und der akustischen Kriegsführung hat Steve Goodman den Begriff der „Sonic Warfare" (Goodman 2009) geprägt; der deutsche Medienarchäologe Friedrich Kittler beschreibt (nicht nur) in seinem Aufsatz „Rock Musik. Ein Mißbrauch von Heeresgerät" den Krieg als „Vater aller technischen Innovationen":

> Es gilt in schöner Symmetrie: Wie der Mißbrauch von Heeresgerät, das für Stellungskriege von 1917 konstruiert war, zur Mittelwellenmonophonie führte, so der Mißbrauch von Heeresgerät, das für Blitzkriege aus Panzerdivisionen, Bombergeschwadern und U-Boot-Rudeln konstruiert war, zur Rockmusik. [...] Tonbandmaschinen für die Soundmontage, Hifi-Technik für die Obertonbefreiung, Stereophonie für simulierte Räume, Synthesizer und Vocoder für Lieder jenseits der Menschen, schließlich und endlich das FM-Radio für eine Massenübertragungsqualität, ohne die alle Innovationen der Beatles verpufft wären. Jede einzelne dieser Techniken geht auf den Zweiten Weltkrieg zurück. Er ist – zum Glück vielleicht noch – die Medienbasis unsrer Sinne.
> (Kittler 2002, S. 22 f.)

In anderen Worten: von ‚Arms + Technology' zu ‚Arts + Technology'. Und auch in der ursprünglichen Bedeutung der *Acoustic Intelligence* als hydroakustische Erfassung submariner Aktivitäten[7] kam es zu ‚bello-ästhetischen' Kurzschlüssen militärischer und künstlerischer Ereignisse. Dass Sonar und Echolot akustisch

7 Siehe hierzu weiterführend in diesem Band den Beitrag von Christoph Borbach.

operieren ist hinlänglich bekannt; weniger, dass eine Filmdiva und ein Avantgardist 1941 im Kampf gegen das NS-Regime eine potentiell kriegsentscheidende Waffe entwickelten: Das von Hedi Lamarr und George Antheil patentierte *Frequency Hopping Spread Spectrum* minimierte die Störanfälligkeit funkgesteuerter Torpedos, indem das Signal in einem Bereich von 88 Frequenzen kodiert und damit abhörsicher gemacht wird. Dabei ist es kein Zufall, dass auch ein Klavier 88 Tasten besitzt – tatsächlich beruht die Chiffrierung auf Pianola-Lochstreifen, wie sie Antheil in seinem *Ballett Mécanique* maschinenmusikalisch einsetzte. Heute wird das Frequenzsprungverfahren (Rothman 2019) vor allem bei drahtlosen Anwendungen mit niedriger Datenrate eingesetzt, etwa bei der Messung von Versorgungsleistungen, der Überwachung von Maschinen sowie der Fernsteuerung; außerdem kommunizieren für drahtlose Verbindungen ausgestattete Bluetooth-Geräte – Handys, Tablets und Laptops – mit Hilfe des von einer Schauspielerin und einem Komponisten patentierten *Secret Communication System* miteinander.

Auf den Feldern der neuen Kriege ersetzen Devices mobiler Kommunikation Schlieffens Draht- und Funkentelegraphen als Fernsprech- und Signalapparate ebenso wie das von Kittler beschriebene akustische Heeresgerät der beiden Weltkriege. Und auch darüber hinausgehend sind *sonic weapons* ein probates Mittel moderner Kriegsführung: Von den Störsendern, welche die US Army in den Golf-Kriegen gegen die Kurzwellen-Verbindungen der irakischen Armee richtete, bis zu Ultra- oder Infraschallwaffen, die sowohl bei bürgerfeindlichen Spezialoperationen, als auch bei der Kontrolle von Menschenmengen eingesetzt werden.[8] Auf der Ebene musikalischer Rezeption gelten Auswirkungen von Pegeln über 85 Dezibel als gesundheitsschädigend; aber auch Infraschall kann körperliche Folgen haben, wie 2003 bei einem *Infrasonic*-Massenexperiment demonstriert wurde: In der Londoner Konzerthalle *Purcell Room* hörten 700 Menschen vier Musikstücke, von denen je zwei mit einem 17-Hz-Ton und damit jenseits menschlicher Wahrnehmung unterlegt waren – eine signifikante Zahl von Hörenden berichtete in der Folge von Beklemmung, Übelkeit oder Kälte-Gefühlen. Dass Musik und Klang mehr noch zur Folter werden kann, kennt man nicht nur aus Stanley Kubricks kongenialer Verfilmung von Anthony Burgess' dystopischem Roman *A Clockwork Orange*, wo Beethovens Neunte Sinfonie als akustisches Medium einer Aversionstherapie eingesetzt wird; realerweise wurden im Geheimgefängnis *Guantanamo Bay* die Gefangenen über die Beschallung mit westlicher Popmusik psychologisch gefoltert.[9] In dieser Hinsicht sollte der klassischen musikalischen Affektenlehre ein Kapitel hinzugefügt werden.

8 Siehe hierzu weiterführend auch Vieira de Oliveira 2019.
9 Siehe hierzu weiterführend auch Hildebrand 2015.

Der Kreuzschluss von militärischer und künstlerischer Akustik, von Abhören und Zuhören, verdichtet sich in der Figur des Lew Sergejewitsch Termen: 1920 konstruiert der russische Tüftler mit dem später nach ihm benannten Aetherophon das erste elektronische Musikinstrument, dessen Klangerzeugung auf elektromagnetischen Wellen beruht. Neben der berührungslosen Erschaffung betörender Klangwellen und -welten, hat das Theremin auch militärischen Nutzen: Sein medientechnisches Prinzip wird zur Überwachung wertvoller Gegenstände, zur akustischen Eingangskontrolle sowie für Metall- und Minensuchgeräte genutzt. Wenig später erfindet Termen als Häftling einer militärischen Forschungseinrichtung im Gulag, wiederum mithilfe von Radiowellen, die Abhörwanze: Verborgen in einer Schnitzerei des amerikanischen Wappens, das 1945 dem US-Botschafter in der Sowjetunion als Geschenk übergeben wurde, hing „The Great Seal Bug" – das heute als Vorläufer der Radiofrequenz-Identifikationstechnologie gilt – bis zur Entdeckung der Abhörvorrichtung 1952 in der Moskauer Botschafter-Residenz.[10]

Abb. 3: *The Great Seal Bug.*

10 Siehe hierzu weiterführend auch den Eintrag auf *cryptomuseum.com*: https://www.cryptomuseum.com/covert/bugs/thing/index.htm. Zugegriffen am 05. Oktober 2021.

Ohne Wanzen wäre auch das Panacusticon der DDR kaum denkbar gewesen. Das winzige Abhörgerät ermöglichte es dem Ministerium für Staatssicherheit (MfS) in fast jeden Hörraum der DDR-Bevölkerung einzudringen:

> In Räumen, die vom MfS ständig überwacht wurden, wie Hotelzimmer, konspirative Wohnungen oder Verhörräume in Untersuchungs-Haftanstalten, waren die sehr kleinen Abhörmikrofone zumeist fest installiert und über versteckte Leitungen mit einem Tonbandgerät in einem gesonderten Raum verbunden. Die Geräte waren dabei so eingestellt, daß sie nur aufzeichneten, wenn gesprochen wurde. Bestand keine Möglichkeit zur festen Installation von Leitungen, wie häufig bei der Überwachung von Privatwohnungen und ausländischen Geschäftsräumen, wurden kleine Sender verwendet, die die Gespräche zu einem Empfangsgerät in unmittelbarer Nähe übertrugen. Die Sender bezogen die benötigte Energie nach Möglichkeit aus dem Strom- oder Telefonanschluß der abgehörten Räume; war das nicht möglich, wurden Batterien verwendet. An das Empfangsgerät, das sich z. B. in einer (konspirativen) Nachbarwohnung oder einem Pkw befand, war dann die entsprechende Aufzeichnungstechnik angeschlossen. Mikrofone wurden aber auch aus der Nachbarwohnung durch kleine Bohrungen in der Wand installiert. Mit Richtmikrofonen konnten Gespräche bei geöffneten Fenstern oder im Freien überwacht werden. Mit speziellen Geräten wurden, über die Vibration von Fensterglas, auch Räume abgehört, zu denen sonst kein Zugang möglich war.
>
> (Schmole 2006, S. 101)

Zeigt sich hier die technisch-operative Bedeutung des Abhörens in der SED-Diktatur, so hatte diese auch unmittelbar für die Musik Folgen. Das zeigt etwa das Beispiel der Weimarer Musiker Michael und Matthias von Hintzenstern, die sich zu DDR-Zeiten für ‚westlich-dekadente' Musik einsetzten – und nach Öffnung der Stasi-Akten einen Eintrag zu einem Jazzkonzert auf der Moritzburg in Halle/Saale vorfanden. Zwei inoffizielle Mitarbeiter*innen (IM) – „operativ-bearbeitende Personen" – berichteten der Behörde am 19. Juli 1983 von „inoffiziellen Musikveranstaltungen [...] für politisch-oppositionelle künstlerisch-tätige Personenkreise"; zudem würden die Gebrüder als „Interpreten der Musik des BRD-Komponisten Stockhausen in Erscheinung [treten]."[11] Abhören, Beobachten, Verwanzen und Markieren war im „operativen Einsatz" Aufgabe der seit den 1950er Jahren aufgebauten Abteilung 26 des Ministeriums für Staatssicherheit (MfS). Dessen Mitarbeiter*innen waren als zum Großteil ausgebildete Nachrichtentechniker*innen, Elektronikfacharbeiter*innen und Fernmeldemechaniker*innen verantwortlich für das Auskundschaften aller Verbindungswege per „Fernsprech- und Telegraphieeinrichtungen für Funk, Licht oder Draht, systematische Tinten und Papiere" (Mielke 1953). Im Zuge der panakustischen Überwachung führte die Abteilung in den 1980er Jahren eine umfassende

11 Unveröffentlichte Quelle aus dem Privatarchiv von Michael von Hintzenstern.

„Stimm(daten)bank" ein, die eine „Vielzahl von Tonkonserven mit ‚operativ interessierenden Stimmen'" sammelte, welche von den Mitarbeiter*innen der Abteilung nach bestimmten Merkmalen klassifiziert wurden, um die Identifizierung verdächtiger Personen zu erleichtern (Schmole 2006, S. 102).

Nun darf keinesfalls davon ausgegangen werden, dass solche akustischen Kontrollpraktiken und die disziplinarische Nutzung von Klangphänomenen nur Sache von vergangenen Diktaturen und autokratischen Sicherheitssystemen sind. Eine „Stimmbank" verwendet heute auch die Bundesrepublik in der Migrations- und Grenzsystemtechnik für die algorithmische Akzenterkennung sowie die Erstellung von Klangbiometrien von Geflüchteten – und setzt so Praktiken kolonialer Gewaltverhältnisse fort.[12] Die Ausmaße der Praktiken der US-amerikanischen *National Security Agency* (NSA) in puncto Überwachung, Entzifferung und Auswertung elektronischer Kommunikation führten spätestens mit den Enthüllungen Edward Snowdens im Sommer 2013 zu einer globalen Spionageaffäre: Das Bekanntwerden der zahlreichen Abhöraktivitäten der NSA, u. a. auch des Mobilfunktelefons der deutschen Bundeskanzlerin, zeigen nur die Spitze des Eisbergs. So überwachte die NSA einen Großteil des weltweiten Netzverkehrs, hatte Zugriff auf Daten, die auf den Servern von US-Internetkonzernen gespeichert waren und installierte auch *Spyware* auf individuellen Computern (Lyon 2015). Obwohl nun die Vielzahl der Überwachungshandlungen der NSA in der Speicherung, Prozessierung und Übertragung digitaler Informationen besteht – und somit eben nicht im Abhören von Klängen – stehen diese Abschöpfungsakte doch sehr wohl im Sinne eines Lauschangriffs im Geiste der akustischen Überwachung. Dies zeigt, dass sich der Begriff der *Acoustic Intelligence* nicht notwendigerweise im Medium des Schalls erschöpfen muss.[13]

Ebenso wenig sind Techniken des Abhörens auf staatliche Disziplinar- und Kontrolltechniken zu reduzieren. Dass Lauschen ein vielgestaltiges Prinzip der panakustischen Moderne ist, haben Karin Bijsterveld und Trevor Pinch herausgearbeitet, die zwischen monitorischem Ab- und diagnostischem Zuhören unterscheiden: Neben die staatlichen „Lauschangriffe" treten damit zivile Kulturtechniken – vom Stethoskop (Volmar 2015), über das Babyphone, bis zu behördlichen Sicherheitskontrollen und betrieblicher Energieeffizienz (Pinch und Bijsterveld 2012). Und doch entfaltet der Begriff der *Acoustic Intelligence* im Kon-

---

12 Davon handelt Pedro Oliveiras Hörstück *A Series of Gaps Rather Than a Presence* (Vieira de Oliveira 2019).

13 Eine ähnliche Ansicht vertritt auch Andi Schoon, wenn er den Urspung der automatisierten Schlüsselworterkennung von Echolon „in der Fähigkeit des menschlichen Ohrs [sieht], Muster in großen Datenmengen zu erkennen" (Schoon 2014, S. 290).

text von ‚Hören und Gehorchen' seine signifikanteste kulturelle Bedeutung. Das zeigen auch die nur vermeintlich fiktiven Verarbeitungen faktischer Ereignisse. Filmklassiker wie Francis Ford Coppolas *The Conversation* (1974) und Florian Henckel von Donnersmarcks *Das Leben der Anderen* (2006) führen die Folgen und Techniken akustischen Monitorings auf popkultureller Ebene vor Augen und Ohren, während bei der HBO-Serie *The Wire* (2002–2008) der Name Programm ist: Das systematische Abhören der Telefone von Verdächtigen erweist sich als überlegen gegenüber offensichtlichen Ermittlungsmethoden bei der Bekämpfung politischer Dissidenten oder des organisierten Verbrechens. Dabei machen die audiovisuellen Inszenierungen das eigentlich Verborgene sichtbar bzw. das eigentlich Stille hörbar – und verdeutlichen damit ein medienästhetisches Paradoxon: will Abhören erfolgreich sein, muss es unbemerkt geschehen und ist idealtypisch eine stumme Tätigkeit. Doch zeigen gerade solche Spionagefilme und -serien, dass die Stille des Abhörens auf Tonband nur vermeintlich ist und spätestens beim Anhören der Bandaufnahme das Abhören selbst lautbar wird: Vom sanften Rauschen des Tapes bis hin zu den geisterhaften Geräuschen des Vor- und Zurückspulens entsteht eine ganz eigene und selbstreferenzielle Soundperformance.

Auf musikavantgardistischer Seite hat das etwa Karlheinz Stockhausen mit seiner *Mikrophonie I* (1964) umgesetzt: Der Titel weist darauf hin, dass normalerweise unhörbare Schwingungen eines Tamtams durch einen aktiven Prozess des Abhorchens hörbar gemacht werden; das Mikrofon wird, entgegen seiner meist passiven Funktion möglichst getreuer Wiedergabe, aktiv als Musikinstrument verwendet. Ein aktuelleres Beispiel bieten die *Electrical Walks*[14] von Christina Kubisch, die mittels besonders empfindlicher Kopfhörer die Klänge ober- und unterirdischer elektrischer Ströme bewusst verstärkt und hörbar macht. Eine verwandte Form zuhörender Welterschließung sind *Soundscapes*, wie sie Raymond Murray Schafer in die Klangforschung eingebracht hat (Schafer 1977): die akustische Prägung bestimmter Orte, die über Fieldrecordings hörbar gemacht wird. Solche Feldaufnahmen finden sich auf Plattformen wie *radio aporee*[15], das mit weltweit von „sound hunters"[16] gesammelten und hochgeladenen Klängen die Um-Welt akustisch kartographiert. Diese Fieldrecordings und Soundscapes stellen eine Form von akustischer Ethnographie dar, welche immer auch den sozialen, kulturellen, ökologischen, technologi-

14 http://www.christinakubisch.de/de/arbeiten/electrical_walks. Zugegriffen am 05. Oktober 2021.

15 https://aporee.org. Zugegriffen am 05. Oktober 2021.

16 Der Begriff wurde in den 1960er Jahren geprägt, als immer zugänglichere Aufnahmetechnologien auch Amateuren die Jagd auf Tonaufnahmen ermöglichten (Nijsen 1967, S. 133).

schen und historischen Kontext der Erzeugung, Rezeption und Interpretation von Klang in einer bestimmten Umgebung reflektiert – und hörbar macht. Der auf Sound spezialisierte Anthropologe Tom Rice schlägt im Anschluss an Michael Gallaghers Überlegungen zum panoptischen Charakter von Schulen (Gallagher 2010) eine „Foucaultian perspective“ auf „ethnographies of sound“ vor:

> Gallagher shows that „the exercise of power through discipline and surveillance, whilst commonly thought of as taking place primarily through vision, may also rely heavily on sound and hearing“. He proposes „panauralism“ as a development of „panopticism“, illustrating how ethnographic work on sound can lead to an acoustic interrogation of key concepts within social theory, not necessarily discrediting them but augmenting their possibilities and potentials by considering them in what one might call a sonic light.
> (Rice 2018, S. 245)

Den kontrollstaatlichen Zusammenhang von Hören und Gehorchen macht Rice umso fruchtbarer für diesen Band, indem er Soundscapes in Gefängnissen aus der Perspektive der Gefangenen untersucht – und dabei Foucaults Perspektive auf Überwachung als ausschließlich von den Institutionen dominierten Praktik überdenkt, indem er eine eigene „acoustical agency“ der abgehörten Insassen feststellt. Zwar seien diese als „captive audience“ einer Vielzahl von Geräuschen und „Lauschangriffen“ ausgesetzt, die nur begrenzt vermieden oder kontrolliert werden können; und doch erhalte dieses „gefangene Publikum“ auditive Handlungsfähigkeit: durch aktives Hören zu Zwecken der Information (im Horchen auf die akustische Präsenz des Gefängnispersonals), als ästhetische Zuflucht in Musik (um bestimmte Gefühlszustände zu stimulieren und zu steuern), aber auch durch die Erzeugung von Geräuschen (gerufene Kommunikation von Zelle zu Zelle oder auch in eigener Musikpraxis und -produktion) (Rice 2016).

2 Monitor: Abhör- und Kontrollpraktiken in der Musikproduktion

Praktiken des Abhörens und Überwachens werden zunehmend medientechnologisch gesteuert. Dies ist gleichermaßen relevant für die Produktion von Musik, wie auch ihre Rezeption. Bei einer solchen Betrachtung erweist sich der Begriff *Monitor* als aufschlussreich: Etymologisch verweist der Terminus nicht nur auf das englische *to monitor* (überwachen), sondern auch auf das lateinische *monere*, also warnen oder ermahnen. Spricht man hinsichtlich dieser Semantik im Kontext der Musikproduktion nun von Monitorlautsprechern in den Kontrollräumen der Ton- und Aufnahmestudios, erscheint es mit Blick auf den bellizistischen Kontext von *Acoustic Intelligence* wohl mehr als nur eine Randnotiz, dass es sich bei einem „Monitor" auch um einen Kriegsschiffstyp handelt. Reglementierende Überwachungsprozesse werden so nicht nur vor dem Hintergrund von Big Data als totalitäres Damoklesschwert mit Rekurs auf George Orwells dystopisches Opus Magnum *1984* diskutiert. Überwachende Abhörpraktiken sind stets auch konstitutiv für die historische wie gegenwärtige Musikproduktion und essentieller Bestandteil des Musikkonsums – vom klassisch konzertanten Zuhören, bis zu heutigen Streamingdiensten.

In der europäischen Musikgeschichte ist das Abhören spätestens seit der mittelalterlichen Sängerausbildung fester Bestandteil des kompositorischen Handwerks. Eine der bekanntesten Anekdoten hierfür ist die Abschrift von Gregorio Allegris *Miserere* durch den vierzehnjährigen Mozart, der das sakrale Werk, dessen Partitur unter Androhung der Exkommunikation nicht kopiert werden durfte, nach einmaligem Hören bei einem Besuch der Sixtinischen Kapelle frei aus dem Gedächtnis notierte. Hierbei wird deutlich, dass Abhören in der Musik nicht nur im Sinne der Kontrolle und Unterdrückung, sondern vor allem auch als Mittel der Aneignung und des Widerstands gegenüber bestehenden Machtverhältnissen fungieren kann.

Heute gehört das Abhören und Aneignen von Tonaufnahmen bei auf samplebasierter Musik sogar zum kompositorischen Prinzip. Sound ist dabei das neue Material, das beliebig geformt und arrangiert werden kann (Großmann und Hanáček 2016). Um das perfekte Sample für die eigene Produktion zu finden, werden im Hip-Hop beim sog. *crate digging* ganze Plattensammlungen auf spezifische Klangeigenschaften hin an- bzw. abgehört – eine Art Wildern im phonographischen Gedächtnis oder eben ein Graben in der Plattenkiste. Durch diesen besonderen Umgang mit akustischem Medienmaterial kann Sampling folglich als eine performative Medienpraxis verstanden werden, bei der das Abhören als zentrale Technik der Materialsichtung und -selektion fungiert (Pelleter 2012).

Neben solchen kontrollierenden und ermächtigenden Abhörpraktiken finden sich weitere musikalische Mittel und also Medien akustischer Steuerung in der musikalischen Produktion. Namentlich der Rhythmus schlagender Instrumente wurde immer wieder als Machtinstrument instrumentalisiert – wie die unzähligen Märsche mit ihren maschinenhaft antreibenden Metren zeigen, zu denen Heere verschiedener Epochen und Staaten in ihre Kriege zogen. Hier rückt das Metronom in einen symbolisch-dinglichen Fokus, das als Taktgeber zuallererst die musikalischen Tempi disziplinierte – und mit ihnen auch die ausführenden Musiker*innen unter Kontrolle brachte. Ludwig van Beethoven war es, der im frühen 19. Jahrhundert (nicht von ungefähr dem Zeitalter der Aufklärung und Rationalisierung) eine präzisere Tempodefinition einforderte – weil er wusste, dass es in der Komposition nicht zuletzt um Kontrolle geht. Und so erfand laut Legende Johann Nepomuk Mälzel das Metronom, das am 05. Dezember 1815 als „Musical Time-keeper" ins Londoner Patentregister eingetragen wurde – und damit die musikalische Zeit reglementierte und standardisierte (Jackson 2015). Seitdem bestimmen Metronom-Vorgaben zu Beginn der Partituren und als digitale Click-Version ebenso in modernen Studioproduktionen den musikalischen Zeitfluss über gleichmäßige, technisch exakt definierte Schläge, die darüber hinaus in stark formalisierte Taktarten gepresst werden – womit polyrhythmische Extravaganzen auch als avancierter Akt der Rebellion gegen derlei akustische Kontrollpraktiken deutbar werden. Das Empowerment maschineller Taktgeber über menschliche Interpreten weist darüber hinaus auf die zunehmende *agency* nonhumaner Akteure auch in der Musikproduktion – und zugleich unmittelbar auf den Erfinder des Metronoms zurück: Mälzel machte sich als Konstrukteur mechanischer Musikautomaten wie dem „Panharmonikon" (das alle Instrumente einer Militärmusikkapelle und damit v. a. Märsche spielen konnte) einen Namen; nach dem Tod Wolfgang von Kempelens erwarb er dessen „Schachtürken" und erweiterte den Apparat um eine Sprachmaschine – womit erstmals Diskurse um künstliche Intelligenz angekurbelt wurden (Wolf 2009).

Musikalische Apparate begründeten im späten 19. Jahrhundert auch eine völlig neue, bis dato und von Menschenhand unmögliche Form der Musikproduktion: die Aufnahme von Klang, die bis dahin nur im symbolischen Aufschreibesystem der Partitur stattgefunden hatte. Lochstreifen aus Papier überführten musikalische Notationen (die um 1200 die freie mündliche Überlieferung von Mensch zu Mensch abgelöst hatten) in apparative Kodierungen – und ermöglichten dem Instrument Klavier in seiner Evolution als Welte-Mignon bzw. Player Piano oder Pianola das Empowerment als selbstspielender Interpret, indem es sich der Kontrolle seiner menschlichen Spieler*innen entzog und deren Virtuosität sogar noch übertraf (Chanan 1999). Dies könnte der Grund dafür sein, dass George Antheil 1926 mit seinem *Ballet Mécanique* für 16 selbstspielende Klaviere (deren Lochstreifen-Prinzip er später mit Hedy Lamarr für die Entwicklung des Frequenzsprungverfahrens nutzte) einen denkwürdigen Skandal anstieß, der seine Provokationskraft aus der Dialektik von Natürlichem und Künstlichem, von Mensch und Maschine gewann (Schürmer 2017, S. 54).

Produktive Handlungsmacht bei der Aufzeichnung und Wiedergabe von Klang entwickelten Ende des 19. Jahrhunderts auch die Phonographie und das Grammophon – die in Händen der westlichen Mächte nicht nur als Messapparate für ethnologische Fragestellungen und kulturanthropologische Forschungen in den Kolonialgebieten verwendet wurden, sondern auch als Instrumente akustischer Kolonisierung wirksam waren. Kathrin Dreckmann sieht in der

Phonographie „gewissermaßen eine medienarchäologische Vorstufe technologischer Überwachungs- und Machtpraktiken" – indem sie „das akustisch ‚Andere' zugleich in den westlichen Diskurs einspeisen und somit kolonialisieren" (Dreckmann 2020, S. 26).[17]

Auch in weiteren Bereichen von Kunst und Gesellschaft gewann mit der phonographischen Brechung des Schriftmonopols das Abhören von vorab aufgezeichneten Klängen zunehmend disziplinarischen Charakter. Auf ästhetischer Ebene führte die Möglichkeit des kontrollierenden Abhörens und stetigen Produzierens zu Weltkarrieren wie etwa eines Glenn Gould, der mittels exzessiver Selbstkontrolle sein Spiel perfektionierte und durch akribisch kontrollierte Aufnahmen unsterblich machte. Ähnlich wie Herbert von Karajan, der mit Ohrenmerk auf die nächste Generation akustischer Medientechnologie – der Digitalisierung auf Compact Disc – 1981 zu den technischen Möglichkeiten der Aufnahme und Produktion bemerkte: „Dieses in unserem Sinne positive Manipulieren ist genauso wichtig, wie das Dirigieren selbst."[18]

Die Reichweitenerhöhung und die medientechnischen Bedingungen phonographischer und später digitaler Aufnahmen führten auch zu musikästhetischen Normierungen: So zeigt etwa Mark Katz in seinem Buch *Capturing Sound. How Technology Has Changed Music*, dass sich das Vibrato im Geigenspiel vor allem auch deshalb durchsetzte, weil es das Grundrauschen der phonographischen Aufnahme übertönen und Imperfektionen in der Intonation, die durch die Aufnahme für alle Ewigkeit fixiert würden, ausgleichen konnte (Katz 2010, S. 104). Profiteure dieser Entwicklung waren insb. technologisch aufgeschlossene und adaptive Künstler*innen wie eben Gould oder Karajan.

Indes profitierten nicht nur Vertreter der klassischen Musikindustrie von den neuen Möglichkeiten; vielmehr stellten die Potenziale der neuen Medientechnologien maßgeblich auch die mediale Bedingung für Popkultur. Indem die Hegemonie der Notenschrift als Speichermedium ihre Dominanz verlor und konventionelle Hörweisen der Musik torpedierte, wurden zugleich die produktiven Möglichkeiten der Tonaufnahme technologisch erforscht und eigene soundästhetische Strategien entwickelt, um die alten Hörregime – namentlich klassische Musik – zu überwinden. Für die Entwicklung des Jazz spielt nicht nur das Abhören Anderer eine gewichtige Rolle, sondern gerade auch das stetige Produzieren und Abhören eigener Aufnahmen. Als Schlüsseltechnik hierbei kann das *Overdubbing* verstanden werden, das erst mit den Mehrspur-Bandmaschinen in den 1960er-Jahren Einzug in die

17 Siehe hierzu weiterführend auch Dreckmann 2014.

18 Herbert von Karajan am 15. April 1981 bei der Pressekonferenz zur Weltpräsentation des *Compact Digital Audio Systems* (Colbe 2020).

Musikproduktion hielt: Dabei werden neue Aufnahmen auf schon bestehende Tonspuren geschichtet. Schließlich wurden mit der Möglichkeit, Schallereignisse zu speichern und wiederzugeben, nicht nur neue Formen musikalischer Produktion erprobt, sondern es haben sich auch bestehende Machtverhältnisse verschoben. Tontechniker*innen stiegen zu den eigentlichen Instanzen des Musiklebens auf und Ingenieur*innen lösten die genialen Interpret*innen ab, indem sie die neuen Technologien virtuos bespielten. Zugleich wurden dem Konzertsaal als Herrschaftsbereich der elitären und bildungsbürgerlichen Hochkultur akustische Aufnahme- und Reproduktionstechnologien entgegengesetzt.

Was sich mit Mark Katz unter dem medienkulturellen Effekt der Phonographie subsumieren lässt, ist eingebunden in ein komplexes Gefüge aus Machtrelationen und Kräfteverhältnissen. Man denke hier zunächst an die Unterscheidung zwischen warenförmiger „Kulturindustrie" und den subkulturellen Impulsen der Avantgarde- und Popmusik – also der „Dialektik der Aufklärung", mit der Theodor W. Adorno und Max Horkheimer nicht zuletzt Fragen von Ideologie, Macht und Herrschaft im massenmedialen Spannungsfeld von Hörigkeit und autonomer Selbstbestimmung reflektierten (Horkheimer und Adorno 1947). Wurden der warenförmigen Popkultur von den sozialkritischen Philosophen widerständige Potenziale abgesprochen, kann diese mit anderer Lesart doch gerade als Gegenkultur interpretiert werden – indem hier die reglementierenden Standards der klassischen Musikkultur unterlaufen wurden. So war es unter dem Vorzeichen der Counterculture für die frühe Popmusik entscheidend, die Umdeutung des Tonstudios als Instrument bei den Beatles, Pink Floyd oder Phil Spector als radikal emanzipatorischen Akt hervorzuheben. Unbetont bleibt dabei oft, dass sich hierarchische oder gar repressive Systeme nicht gänzlich in der Musikproduktion auflösen, sondern lediglich verschieben und restrukturieren. So stehen Dirigenten, Orchester und der Konzertsaal heute in gewisser Weise einem neuen Interdependenzgeflecht aus Produzent*innen, Studiomusiker*innen und dem Tonstudio gegenüber.

Tatsächlich gibt gerade das Produktionsstudio mit seiner apparativen Hybridisierung von Medientechnik und Architektur Aufschluss über die Interdependenz von Hören und Hörigkeit unter medientechnischen Vorzeichen. Studiokonfigurationen bringen spezifische Verhaltenskonventionen und Standardisierungsverfahren mit sich, die ihrerseits wiederum den Aufnahme- und Produktionsprozess strukturieren und auch reglementieren. Dabei stellen sich Fragen nach der Handlungsmacht einzelner Akteure innerhalb der Tonproduktion und wie diese möglicherweise im Vorfeld schon medientechnisch und architektonisch determiniert ist. In Anlehnung an die Vorarbeiten des Ethnomusikologen Allan Williams (2006) kann das Aufnahmestudio als Einschließungsmilieu und panakustisches Dispositiv verstanden werden, wodurch sich automatisch Fragen nach Überwachungs- und Kontrollmechanismen anschließen. Der Studioapparat mit seinen medialen Bedingungen wird dabei, um nochmals Foucault zu bemühen, zu einer Art mikrophysischem Machtraum stilisiert, innerhalb dessen Reglementierungspraktiken internalisiert und spezifische (Künstler-) Subjekte geformt werden. In der Dokumentation *Achtung Aufnahme!* äußert sich dahingehend der Elektro-Pionier Jean-Michel Jarre:

> Im richtigen Studio gab es diesen Halbgott, diesen Toningenieur, der saß vor seinem großen Mischpult als *deus ex machina* und wir armen Musiker sind seine Opfer hinter Glas. Wie Fische im Aquarium.
>
> (Jarre 2016, TC 00:44:15)

Abb. 4: Studioszene aus der ARTE-Dokumentation *Achtung Aufnahme! In den Schmieden des Pop.*

Idealtypische Szenen einer Tonstudioproduktion, wie sie in zahlreichen Filmen, Videoclips und Dokumentationen dargestellt werden, prägen das Bild vom ‚Man'[19] *Behind the Glass* (Massey 2000) – dem Produzenten, Techniker und Ingenieur –, der das musikalische Genie in der medientechnischen Moderne ablöst. Mit dieser Figur etabliert sich ein neues Mastermind in der Musikgeschich-

19 Dieses Bild vom „Mann hinter der Glasscheibe" weist auch in allgemeiner Hinsicht auf die patriarchalen Strukturen innerhalb der Musikindustrie hin.

te, ein Mediator zwischen technologischem Apparat, Musik, Industrie und Publikum (Hennion 1989). Dabei reicht die Typologisierung von „the guy who sits in the corner of the control room grinning encouragingly and chopping cocaine“ (Brian Eno, zit. nach Warner 2003) bis hin zum Universalgenie. Die Produzenten und Ingenieure treten hier oft in Funktion einer omnipotenten Gestalt auf, die von einer überwachenden Metaebene herab abhört und steuert: „And up this endless stairway was the control room. It was like heaven, where the great Gods lived, and we were down below“ (Paul McCartney, zit. nach Lewisohn 1988). Musikproduktionen durchlaufen eine Reihe solch mythischer Zuschreibungen, die in ihrem Wesenskern Machtverhältnisse reflektieren und sich oft technologisch oder auch architektonisch begründen lassen. Anhand des Tonstudios als akustisches Mediendispositiv lassen sich hierarchische Strukturen und Disziplinartechniken aufzeigen, die zum einen Künstler als Unterwerfungsfiguren oder Soundobjekte konstruieren und sich zum anderen in einem Spannungsfeld zwischen Hören und Gehorchen bewegen.[20] Bspw. erfolgen Regieanweisungen in der Tonproduktion für gewöhnlich via Talkbackfunktion aus dem Kontroll- in den Aufnahmeraum. Was zunächst als kommunikative Überbrückung der akustisch-räumlichen Trennung im Studioapparat installiert wurde, dient unweigerlich auch als Machtinstrument. Denn jegliche akustische Regung im Studio ist einer vom Kontrollraum komplex-gesteuerten Abhörsituation ausgeliefert; Sänger*innen und Musiker*innen hören dagegen aus der Regie nur das, was ihnen von Ingenieur*innen und Produzent*innen zugeschaltet wird.

Wenn Jamie Foxx im Biopic *Ray* zu *Night Time is the Right Time* als Ray Charles performt, greift die Studioszene genau diesen Aspekt des Machtdispositivs auf: „Never trust a junkee“ (Hackford 2004, TC 01:24:30), vom Künstler selbst ungehört, wird Ray Charles vom Produzententeam um Ahmet Ertegün für seine offensichtliche Heroinsucht verurteilt. Der Musiker offenbart sich vor dem Mikrofon hinter dem Glas. Eine ähnliche technisch-räumliche Anordnung entlarvte bereits Adolf Hitler bei einer Schallplattenaufnahme seines Rundfunkdebüts als Prothesengott. Der Rhetorik Hitlers fehlte das, was Cornelia Epping-Jäger als „Laut/Sprecher-Dispositiv“ beschreibt: Die techno-akustische Inszenierung der Massenrede (2003, S. 144 f.). Das Tonstudio bietet hierfür keinen Resonanzraum, das Mikrofon erscheint eher als eine Medientechnik des Verhörs – das zeigen auch die Worte der französischen Sopranistin Régine Crespin:

20 Für Studiomusiker wie die Wrecking Crew oder The Funk Brothers des Detroiter Plattenlabels Motown erscheint dieser Punkt nahezu paradigmatisch.

> First of all, a microphone is ugly. It's a cold, steel, impersonal thing, suspended above your head or resting on a pole just in front of your nose. And it defies you, like HAL the computer in Stanley Kubrick's film *2001: A Space Odyssey*, although at least he talked. No, the microphone waits, unpitying, insensitive and ultrasensitive at the same time, and when it speaks, it's to repeat everything you've said word for word. The beast.
>
> (Crespin 1997)

Tonstudios können demnach einen apparativen Machtraum bilden, innerhalb dessen Abhörmonitoring eine zentrale Ermächtigungsstrategie und die Mikrofonierung eine Disziplinartechnologie darstellt.[21] Dabei werden auch Musikproduktionen durch eine Reihe medialer Prozesse vorstrukturiert, die im Zuge der Digitalisierung von Schallaufnahmen zunehmend automatisiert werden. Zur technischen Simplifikation soundästhetischer Verfahren dienen z. B. *Presets* in den Apparaten sowohl als werksmäßige „Voreinstellungen von Parametern zur analogen und digitalen Klangbildung" (Fabian und Ismaiel-Wendt 2018, S. 3a), wie auch als präjustierte Steuerzustände zur Soundmanipulation sowie zur Metronomisierung oder Rhythmisierung der musikalischen Zeitachse durch vorgegebene Quantisierungsraster. Die Musikproduktion wird hierbei verstärkt durch die Infrastruktur soundästhetischer Dispositive gestützt und gleichzeitig standardisiert. (Ab-)Hörarbeit, die bisher von ausgebildeten Ingenieur*innen oder Produzent*innen geleistet wurde, ist nun als kultureller Code in die Audiotechnologie einprogrammiert und etwa als Genre-spezifische Klangcharakteristik via Mausklick auswählbar. Presets können so auch als „symbolische und kulturelle (Kapital-)Steuerungen" (ebd.) verstanden werden, die ästhetisch hoch suggestiv wirksam sind.

3 Stream: Überwachungs- und Kontrollpraktiken in der Musikrezeption

Abhör- und Kontrollpraktiken finden sich nicht nur im Bereich der Produktion von Musik wieder, sondern auch in ihrer Rezeption. Angefangen bei den Disziplinierungstechniken im klassischen Konzertsaal – wo andächtige Ruhe im Publikumsraum, Stille zwischen den Sätzen und Applaus nur am Ende der Stücke zu den reglementierenden Konventionen gehören. Waren lautstarke Meinungsäußerungen des Publikums noch im 18. Jahrhundert gängiger Bestandteil musi-

---

21 In diesem Zusammenhang erscheint die Bezeichnung U47 des wohl prominentesten Studiomikrofons von Georg Neumann als medienästhetische Reminiszenz an das gleichnamige U-Boot der deutschen Kriegsmarine im Zweiten Weltkrieg.

kalischer Aufführungen (und sind es jenseits der eurozentrischen Hochkultur noch heute), etablierte sich mit dem Aufkommen der bürgerlichen Musikkultur eine passive Rezeptionshaltung als Norm.[22] Seit dem späten 19. Jahrhundert, dem Zeitalter rationalisierter Vernunft, wurde die Zurückhaltung der Gefühle im abgedunkelten Saal zu einer Regel des Anstandes. Der Kulturhistoriker Peter Gay sprach in diesem Zusammenhang von einer „Bourgeois Experience“ (1995), Elias Canetti in *Masse und Macht* von einem „Ritual des Stockens“: „Jede Bewegung ist unerwünscht, jeder Laut verpönt [...], alle äußeren Reaktionen darauf unterbleiben“ (1995, S. 39). Weiter konstatiert der Literaturnobelpreisträger in seinem Opus Magnum eine grundsätzliche Ähnlichkeit rhythmischer Massen als Erscheinungsform der Macht.

In der Popkultur wurden die Normen des klassischen Musikbetriebs seit der Mitte des 20. Jahrhunderts aufgeweicht: auf die Bühne treten anstatt befrackter Musiker stilprägende Idole, tanzendes Publikum ersetzt stillsitzende Hörer, der distinguierte Pausenchampagner wird durch enthemmende Rauschmittel ersetzt. Selbstzuschreibungen wie „Sex, Drugs and Rock'n'Roll“ suggerieren neue Freiheiten vor reglementierenden Praktiken – und sind doch selbst oft genug normativ und normalisierend. Gerade in diesem Bereich vermeintlicher Freiheit in der Musikrezeption finden sich viele Formen der Überwachung und Kontrolle. Dabei lenken insb. subjekt- und machtkritische Überlegungen das Ohrenmerk auf Praktiken der Subjektivation infolge der Verbreitung analoger und digitaler Hörtechnologien seit dem 20. Jahrhundert.

Durch die zunehmende Verbreitung von Abspielgeräten ist eine Domestizierung und Privatisierung des Musikhörens zu beobachten, bei der die Rezipient*innen immer mehr Kontrolle über ihren eigenen Hörraum gewinnen. Einen ersten Höhepunkt dieser Entwicklung stellte die Erfindung des Walkman 1979 dar, welcher stetige musikalische Kontrolle über die unmittelbare Klangumwelt ermöglichte und so den Einfluss externer Soundquellen zu übertönen vermochte. 1984 – jenes Jahr, das George Orwell zum Kristallisationspunkt dystopischer Überwachungsszenarien stilisierte – erschien in der Zeitschrift *Popular Music* Shuhei Hosokawas einflussreicher Text zum sog. „Walkman-Effect“; hier fungiert der individuelle Kopfhörer als Abspaltungsorgan zur realen Welt und erzeugt durch das mobile Abspielmedium ein individualisiertes „secret theatre“ (Hosokawa 1984, S. 177). Eine dunklere Seite von Hosokawas utopischer Lesart des Walkmans formulierte 2012 Michael Bull mit Fokus auf die „iPod Culture“ als toxische Audiotopie:

22 James H. Johnson stellte die Frage „Why did audiences grow silent?“ in den Mittelpunkt seiner Monographie *Listening in Paris* (1995).

> The mediated immediacy of iPod use may lead to a form of social toxicity. [...] In the main [...] „toxicity“ appears largely as a distopian state whereby users' engagement with pervasive new technologies potentially decreases their capacity to disconnect from their use of these technologies.
>
> (Bull 2012, S. 530)

Kann das „Kopfhörer-Dispositiv“[23] im analogen Medienzeitalter noch als Autonomiegewinn verstanden werden, wird es heute mit Blick auf die immer beliebter werdenden Noise-Cancelling-Kopfhörer auch im Lichte neoliberaler Selbstregulierung lesbar. Das Prinzip der Geräuschunterdrückung funktioniert über ein Antischallverfahren (*Active Noise Reduction* [ANR] oder *Active Noise Cancellation* [ANC]) bei dem die Umgebung mit einem Mikrofon abgehört und die für den menschlichen Hörbereich relevanten Frequenzen mit entgegengesetzter Phase an das Audiosystem übertragen werden. Noise-Cancelling ist in diesem Sinne also weniger eine Form der Schallisolation, sondern, wie Mack Hagood schreibt, eine Form der Mediation mit dem Ziel, Ungewolltes auszulöschen (Hagood 2011, S. 586). Hierbei fungieren die Kopfhörer als eine Technologie, „die auf eine Lenkung der Wahrnehmung selbst gerichtet“ ist – die Maren Haffke als Praktik disziplinarischer Selbstkontrolle deutet: das „Ideal eines störungsfreien „Einschließens mit der Arbeit“ wird mit Noise-Cancelling-Kopfhörern als individueller Rückzug in die *headspace*-Bubble inszeniert und dramatisiert“ (Haffke 2020, S. 193 f.). ANC-Kopfhörer lassen sich daher auch als technologische Verkörperung zunehmend individualisierter und automatisierter Sinneserfahrungen verstehen, die kohärent zu gesellschaftlichen Spaltungstendenzen den Reichtum gemeinsamer akustischer Erfahrungen unterdrücken (Jordan 2017, S. 246).

Mit der Digitalisierung kam es zu einer weiteren Transformation der Hörkultur – die im Anschluss an Hosokawa als ‚Smartphone-Effekt' bezeichnet werden könnte. Mit der Einführung des iPhone 2007 kam es zur Verbreitung eines ‚All in One Medium', das mittlerweile über 66,5 Millionen Menschen in Deutschland besitzen, die als Nutzer*innen eine Omnipräsenz des multifunktionalen Devices in ihrem Alltag erleben. Das Smartphone funktioniert als audiovisuelles Aufnahme- und Ausgabegerät, kann auf digitale Archive im Internet zugreifen und trägt alle persönlichen Daten, Erinnerungen, Fotos und sozialen Kontakte seiner Nutzer*innen in sich.[24] Das Smartphone ist als technologischer Ausdruck einer weltumspannenden „mobile sphere“ zu verstehen, die der französische Philosoph und Medienkritiker Paul Virilio in seinem „Essay zur Dromologie“ als

23 Siehe hierzu weiterführend Lepa 2013. Zur kulturellen und ästhetischen Erfahrung des Kopfhörens siehe auch Niklas 2014.

24 Siehe hierzu grundlegend und weiterführend auch etwa Ruf 2018.

Zeitalter der allgemeinen Mobilmachung beschreibt, in dem „die Geschichte [...] mit der Geschwindigkeit der Waffensysteme" (Virilio 1980, S. 85) voranschreitet. Die Geschütze dieser Waffensysteme sind Daten und Algorithmen – die auch im Bereich der Musikrezeption als Überwachungs- und Kontrollpraktiken eingesetzt werden.

Spätestens seit der Entwicklung des Streamings zur dominanten Musikrezeptionsform (IFPI 2019) wird auch privates Musikhören immer mehr zu einer Tätigkeit stetiger (Selbst-)Überwachung. So lassen sich, wie der Musikwissenschaftler Eric Drott zeigt, Plattformen wie *Spotify* und *Deezer* nicht mehr als bloße Musikbibliotheken verstehen, sondern vor allem auch als umtriebige Datenhändler (Drott 2018a). Ihr Geschäftsmodell basiert demzufolge auf drei Handelsströmen: Erstens die Bereitstellung von Musik an Konsument*innen, zweitens der Verkauf von Hörverhaltensdaten an Drittanbieter („audience commodity") und drittens die Zirkulation von Musik bzw. ihre Monetarisierung als Service für Plattenfirmen und Rechteinhaber (Drott 2020). Im Konkurrenzkampf des Datenhandels versuchen Musikstreamingdienstleister sich dabei vor allem durch die ‚hohe Qualität' der von ihnen gesammelten Daten zu profilieren. Da Musik überall und jederzeit konsumiert werde, so das Versprechen von Marktführer *Spotify* an Unternehmen, könne auf Grundlage der erhobenen Hördaten besonders gut der Kontext der Hörsituation erkannt und potentielle Kunden auch jenseits ihrer Online-Aktivitäten erreicht werden.[25] Gespeichert werden laut Datenschutzerklärung von *Spotify* neben den bei Registrierung anzugebenden Nutzer*innendaten vor allem sämtliche Interaktionen mit dem Interface (Datum und Zeit jeglicher Anfragen, angehörte Lieder, erstellte Playlists etc.), technische Daten (IP-Adresse, Geräte-IDs etc.) sowie bewegungs- oder richtungserzeugte mobile Sensordaten.[26] Aus dieser Vielzahl abgeschöpfter Daten generiert *Spotify* den durch Algorithmen abgeleiteten, jeweils individuellen Hörkontext.

Den Konsument*innen gegenüber wird diese massive Überwachung des Hörverhaltens als Notwendigkeit zur Verbesserung des Streamingerlebnisses verkauft. Je mehr Daten gesammelt werden, desto besser funktioniert auch die algorithmische Empfehlung. Musikhören wird als eine Tätigkeit dargestellt, die jederzeit und überall zu erfolgen hat (Kassabian 2013). So beteuert etwa *Spotify* auf seiner Website, „die richtige Musik für jeden Augenblick zu finden" – und

---

25 https://www.spotifyforbrands.com/de-DE/. Zugegriffen am 05. Oktober 2021.

26 Spotify Datenschutzrichtlinie. https://www.spotify.com/de/legal/privacy-policy/. Zugegriffen am 05. Oktober 2021.

verspricht seinen User*innen den „Soundtrack für dein Leben“[27]. Mit der Betonung des Unternehmens auf die „richtige“ Musik für jeden Augenblick, wird der Wandel vom Primat des Musikzugriffs zur Musik-Kuration besonders deutlich. Was zählt, ist nicht mehr nur der aktuelle Song, sondern vor allem auch die angemessene Vorhersage des nächsten Titels (Drott 2018b). Das Sammeln kontextbezogener Hördaten hat so einen mehrfachen Nutzen für die Handelsströme des Unternehmens: Zum einen wächst mit zunehmender Datenmenge die Wahrscheinlichkeit, geschmacksadäquate Musikempfehlungen tatsächlich aussprechen zu können; zum anderen lassen sich mit mehr Daten auch bessere Rückschlüsse auf den konkreten Hörkontext schließen, in welchem Drittanbieter ihre Werbung gezielt platzieren können.

Für den Handel und die Vermarktung von Hördaten ist es essentiell, die Rezeption von Musik als etwas Ubiquitäres, als stetigen „Soundtrack für dein Leben“ darzustellen. Es wundert daher auch wenig, dass die Überwachung des Hörverhaltens der Konsument*innen nicht verheimlicht, sondern gegenteilig sogar hervorgehoben wird. Playlists auf *Spotify* werden mit Sätzen wie „[b]asierend auf deinem Hörverlauf. Inspiriert von Musik, die du vor Kurzem gehört hast“ beworben. Neben der Überwachung durch das Streamingunternehmen entstehen so auch Momente der Selbstbeobachtung. Die personalisierte algorithmische Musik-Kuration führt dem Hörsubjekt in dieser Weise das eigene Hörverhalten und die stetige Überwachung durch die Software offenkundig vor Augen und Ohren. Musikkonsum wird zu einer performativen Selbstpraktik, bei der Musik nicht mehr nur für sich selbst abgespielt, sondern zugleich der aufmerksam mithörenden Maschine vorgespielt wird (Haberer 2020). Im Zeitalter unternehmerischer Subjektivitäten (Bröckling 2007) wird so das eigene Musikhörverhalten zu einer Sorge um sich selbst, zu einer weiteren Form der neoliberalen Selbstregulierung und ggf. auch -disziplinierung. Dass sich Stimmungsplaylists derzeit besonderer Beliebtheit erfreuen, erscheint hierbei nur konsequent.[28]

Die Wandlung vom bloßen Musiklieferanten zum Subjektivierungsort entspricht dabei in gleich mehrfacher Hinsicht den ökonomischen Interessen der Streamingunternehmen: Um Premium-Kunden zu binden, wird ein emotionales Abhängigkeitsverhältnis geschaffen. Zudem wird die Bereitschaft der Konsument*innen, ihr Hörverhalten überwachen zu lassen, erhöht und es können größere Datensätze abgeschöpft werden, die Rückschlüsse auf Offline-Verhalten zulassen (Haberer 2020). Wie Shoshanna Zuboff schreibt, lassen sich diese Formen der Überwachung über Verhaltensdaten als Zeichen einer neuen

---

27 https://www.spotify.com/de/about-us/contact/. Zugegriffen am 05. Oktober 2021.
28 Siehe hierzu weiterführend auch Anderson 2015.

Marktform deuten: Im Zeitalter des *Überwachungskapitalismus* (2018) wird menschliche Erfahrung zum Rohstoff. Um hierbei besonders ertragreiche Vorhersageprodukte anbieten zu können, bemühen sich Unternehmen, das menschliche Verhalten selbst zu formen und zu automatisieren. Der Appell, mit *Spotify* die „richtige Musik für jeden Augenblick" und so den „Soundtrack für dein Leben" zu finden, lässt sich als ein Versuch verstehen, ein spezifisches Verständnis von Musikrezeption zu prägen, das den besonderen Datenanalysekapazitäten des angebotenen Produkts entspricht (Haberer 2020).

Gleichzeitig verändert sich, wie Eric Drott zeigt, bei einem solchen ubiquitären Verständnis von Musikrezeption auch der Warencharakter und Wert von Musik – weg von privatem Besitztum hin zu einem allgemeinen Gebrauchsgut des täglichen Lebens, ähnlich wie Wasser oder Elektrizität.[29] Streaming zielt in diesem Sinne auch auf eine Entwertung von Musik ab, die sich weitreichend auf die Musikindustrie sowie die hieran angebundenen Akteur*innen auswirkt. Im Zentrum dieser neuen Dynamik stehen Streaming-Plattformen, welche die „Dekommodifizierung" von Musik (und somit auch von Musiker*innen) entschieden vorantreiben und stattdessen neue Handelsströme entwickeln:

> Indeed, for many musicians as well, music-as-streamed appears as something decommodified. True, they may receive some nominal compensation for the fruits of their labor, in the form of royalty payments calculated on the basis of how many individual plays their music garners. But for the vast majority of artists the remuneration they receive is so low that their music appears likewise as something given, though perhaps not given freely or willingly. While a commercial exchange still takes place, for all but a handful of superstar performers the amount of money involved is so negligible as to effectively deprive much recorded music of any semblance of exchange value. In this respect, at least, the decommodification of recorded music amounts to a decommodification of the labor of recording artists and songwriters: this, too, is deprived of exchange value, even as it continues to be vested with use value (for record companies, publishers, streaming platforms, as well as for listeners).
>
> (Drott 2020, S. 24)

Streaming-Plattformen wie *Spotify* und *Deezer* lassen sich daher, entgegen ihrer Selbstdarstellung, nicht als bloße Mittler zwischen Musiker*innen, Labels und Konsument*innen verstehen. Ganz im Gegenteil üben sie mithilfe der Performanz von Big Data kontrollierende Macht in alle Richtungen aus und transformieren somit die Verwertungsprozesse und das Verständnis von Musik grundlegend. Die Neuausrichtung der Musikindustrie entlang der Informationswirtschaft[30] erweckt dabei Reminiszenzen an die längst totgeglaubte Kulturindus-

29 „Music Like Water" (Drott 2020).

30 Siehe hierzu weiterführend auch Hesmondhalgh und Meier 2018.

triethese von Adorno und Horkheimer: Wenn Musikhören als ein zu befriedigendes und ubiquitäres Grundbedürfnis verstanden wird, das korrekt kalkuliert und vorhergesagt werden kann, dann wird Kunst künstlich und berechenbar.

4 Agent: Künstlerische Intelligenzen

Musik und Mathematik bilden eine Zeitalter und Kulturen umspannende Sphäre, der sich Friedrich Kittler in seiner unvollendeten Tetralogie widmete:

> ‚[M]usike', die Lust des Singens, Tanzens, Spielens heißt nach der Muse, die im Herzen alles aufbewahrt [...]. Aus fast dem selben Ursprung stammt ‚mathesis', das Lehren im allgemeinen, und Mathematik, das Denken über Zahlen im Besonderen.
> (Kittler 2006, Klappentext)

In Kittlers Denken ist das Internet die alles bewahrende Muse der Turing-Galaxie und Kultur nichts anderes als ein „Datenverarbeitungsgestell" (Winthrop-Young 2010). Und in der Tat durchziehen mathematische Prinzipien die Geschichte nicht nur der abendländischen Musik (Collins 2018): Vom pythagoreischen Verständnis einer nach Proportionen geordneten „Sphärenharmonie" (Zipp 1998), über die im 11. Jahrhundert von Guido d'Arezzo eingeführten Regelsysteme[31], bis hin zu den seriellen[32], aleatorischen[33] und stochastischen[34] Kompositionsmodellen der musikalischen Moderne. Einflussreich ist auch das System von Joseph Schillinger, der auf Basis von Musik-Zahl-Zusammenhängen genreunabhängige Kompositionsmethoden ableitete. Seine Überlegung, dass Musik immer auf geometrischen Relationen beruhe und damit Gesetze der mathematischen Logik verwirkliche, mündet in der These, dass bestimmte Motive Anspruch auf Universalität erheben und in der Musik wie im Nervensystem des Menschen angelegt sind (Schillinger 1948). Damit rückt Musik in kybernetische

---

31 Dazu zählt insb. die Organisation der Notation auf vier im Linien im Terzabstand, die auf dem Monochord in proportionalen Teilungsverhältnissen entwickelte Tonskala, und das sechsstufige Hexachordsystem. Siehe hierzu Hirschmann 2002.

32 Zu nennen ist hier insb. Karlheinz Stockhausens einflussreichen Versuch, die Musik als Ordnungsverhältnis in der Zeit dazustellen (Stockhausen 1957).

33 Siehe hierzu weiterführend auch Frobenius 1976.

34 Der Begriff geht auf Iannis Xenakis zurück, der unter Rückgriff auf Zufallsprozesse, Wahrscheinlichkeitsrechnung und Spieltheorie Formeln und Kombinationswege ableitet, um sie dann durch den Einsatz z. B. einer Rechenmaschine in Notenzeichen und Musik umzuwandeln (Xenakis 1962).

Zusammenhänge und es werden also menschliche und maschinelle Handlungsweisen rückgekoppelt – was auch Warren Brodsky mit seiner Benennung Schillingers als „Music Science Promethean" (2003) nahelegt: Indem Prometheus die Menschen laut griechischer Mythologie aus Lehm formte und ihnen Feuer brachte, stieß der Titan die Evolution an und machte seine Schöpfung ein Stück weit selbst zu Göttern – die heute mit der Erschaffung Künstlicher Intelligenz eine neue Entwicklungsstufe durchlaufen. Imaginiert wurde eine solche Evolution des ‚homo musicus' quer durch die Musikgeschichte mit *Klangmaschinen zwischen Experiment und Medientechnik* (Gethmann 2015): Von Heron von Alexandrias antikem „Buch der Maschinen" *Automata*, bis zu musikalischen Robotern in der Moderne, denen Kraftwerk 1978 auf ihrem Album *Mensch-Maschine* eine Stimme gaben – die noch den Mensch als Schöpfer anrief: „Wir sind auf alles programmiert | Und was du willst wird ausgeführt."

Mit der Evolution der technischen Medien haben musikalische Maschinen einen neuen Entwicklungsstand erreicht. Immer öfter kommt es dabei zu Kurzschlüssen von ‚Kunst' und ‚Künstlichkeit', was gängige Paradigmen über die ‚Natur' von Musik zunehmend überholt. Unter dem drängenden Einfluss der Digitalisierung werden Medien zunehmend als „körperlose Agenten" verstanden (Brüstle 2019).[35] Nun ist ‚Agent' nicht zufällig eine andere Bezeichnung für den in Fragen des Abhörens kompetenten Spion, genauso wie *Agency* für den US-amerikanischen Geheimdienstes CIA. Darüber hinaus bezeichnet Bruno Latour mit dem Begriff die Handlungsmacht von Akteuren und Aktanten innerhalb eines soziotechnischen Netzwerks (2010). Und auch im Bereich von *Machine Learning* und Künstlicher Intelligenz ist oft von maschineller *agency* die Rede[36] – was mit Ohrenmerk auf Assonanzen zur *Artificial Intelligence* ein weiteres Verständnis des Begriffs *Acoustic Intelligence* eröffnet.

Betrachtungen akustischer Intelligenzen im Sinne maschineller *agencies* betreffen Mensch-Maschine-Interaktionen, eröffnen aber auch Fragen zu maschineller Handlungsmacht in einem informationstechnologischen Sinn – etwa in Form selbstlernender Algorithmen, welche bereits jetzt in der Lage sind, autonom zu komponieren. *Ludwig 3* etwa reicht eine kleine Melodie, um daraus einen ganzen Orchestersatz zu generieren; AIVA (kurz für: *Artificial Intelligence Virtual Artist*) entwickelt auf Basis klassischer Werke „emotional soundtrack music". Im Kontext der Neuen Musik wurde bei den Donaueschinger Musikta-

35 Siehe hierzu weiterführend auch Harenberg und Weissberg 2010.

36 Zum Verhältnis von akustischer Kunst und Künstlicher Intelligenz arbeitet u. a. auch die EvoMUSART: International Conference on Computational Intelligence in Music, Sound, Art and Design.

gen 2019 ein Konzertprogramm mithilfe der lernenden Software *curAltor* kuratiert. Schlagzeilen machte auch der Dirigier-Roboter *Alter 3* von Robotiker Hiroshi Ishiguro, der mit Keiichiro Shibuyas „Android Opera" *Scary Beauty* auf Tournee ging und mit seinen humanoiden Primärmerkmalen – Gesicht, langgliedrige Finger, autonome Reaktionsfähigkeit – eben dies ist: Unheimlich – und damit ganz im Sinne Sigmund Freuds zugleich vertraut und unvertraut (Freud 1999). Dieser Effekt lässt sich auch erklären mit der Theorie des *Uncanny Valley*, nach welcher die Akzeptanz künstlicher Figuren mit Blick auf deren Anthropomorphismus kartographiert wird – kurz: Je menschenähnlicher, desto unheimlicher (Mori 2019).

Autarke Kompositionsmaschinen, die menschliche Kreativität obsolet machen, kommen in der Praxis bis dato nicht vor. Zwar sind Systeme wie *HARMONET* oder *CONCERT* bereits in der Lage, mithilfe Neuronaler Netze und *Machine Learning* eigenständig zu komponieren, doch scheitern sie häufig beim Modellieren von größeren, kontextabhängigen Stücken (Nierhaus 2009). Zudem sind Künstliche Intelligenzen auf Trainigsdaten angewiesen, die ihnen vorab zur Verfügung gestellt werden und Stand heute nur selten in der Lage, kreative Schöpfungen hervorzubringen, die dem menschlichen Augen- und Ohrenmaß entsprechen. Anstatt humane Akteure zu ersetzen, fungieren Kompositionsalgorithmen in der Praxis eher als Assistenzsysteme.

Abb. 5: Roboter *Alter 3* dirigiert Keiichiro Shibuyas „Android Opera" *Scary Beauty*.

Um nur vermeintlich kreative Künstliche Intelligenz geht es auch Ross Cole in seinem Text „The problem with AI music“ (2020). Hier berichtet der Musikwissenschaftler von dem Unternehmen *Jukedeck AI*, das 2019 laut diverser Medienberichte vom sozialmedialen Videoportal *TikTok* aufgekauft wurde – und dessen Website seitdem nicht mehr aufrufbar ist. Ursprünglich hat das Unternehmen seinen Nutzer*innen angeboten, über das Web-Interface originäre Musik mithilfe von Künstlicher Intelligenz kostenfrei zu komponieren. Auf eine ähnliche Weise funktioniert die „automatical lyrical song-writing application“, kurz *ALYISIA*, des Startups *WaveAI*, die Nutzer*innen dabei unterstützt, mit minimalem Input ‚einzigartige‘ Songtexte und Melodien zu komponieren. Getrieben ist das Unternehmen nach eigener Auskunft von dem Anspruch, Songwriting mithilfe von KI zu „demokratisieren“ und also, wie Cole schreibt, die Unterschiede zwischen menschlicher und maschineller Handlungsmacht auszulöschen. Der Einzug von KI in kreative Prozesse sei kritisch zu betrachten, da hierbei Kunst, Künstlichkeit und Intelligenz ideologisch geprägt werden. Intelligenz werde demzufolge kalkulatorisch im Erkennen von Mustern und im Lösen komplexer (mathematischer) Probleme verstanden, was letztlich in einer Form algorithmischer Sublimierung mündet, die Kunst und Kreativität nicht verstehen kann. Daher könne KI-Musik auch seine nominelle Künstlichkeit bisher nicht überwinden und verharre in der Simulation menschlicher Kreativität:

> AI music is artificial in precisely this way, as are the neural networks from which it springs: both are proxies and simulacra, things feigned and mimetic. Their deception is twofold, involving not only the simulation of human creative endeavour, but also a need to lure our attention towards novelty and innovation away from what we cannot help but hear if we were to listen more carefully: the competitive frenzy of what Shoshana Zuboff has called „surveillance capitalism“, a corporate hijacking of personal experience for the sake of ever-more-powerful behaviorial prediction products. Anticipated profit is the primary motivation behind these AI startups.
>
> (Cole 2020, S. 335 f.)

Ein ähnliches Urteil zieht auch Mercedes Bunz, wenn sie auf das Missverständnis von „new artificial intelligence“ als Kultur aufmerksam macht (2019). Mit Rückgriff auf Gilbert Simondons Unterscheidung zwischen technischen und ästhetischen Objekten zeigt Bunz, dass KI zwar Bedeutungen er- bzw. berechnen kann, dass dabei aber kein eigentliches Verständnis entwickelt wird. Maschinelles Lernen und neuronale Netze basieren auf statistischen Modellen, auf Mustererkennung und Stochastik. Trotz aller Mühen, verharrt KI damit auf der Seite technischer Objekte und bleibt damit der unmittelbaren Welt enthoben, anders als ästhetische Objekte, die Menschen und Welt verflechten. Im Gegensatz zum tradierten, integrativen Verständnis von Kultur, verfolge KI einen kalkulatorischen Ansatz:

> Its approach remains technical and detached, instead of an „integrated“ approach of contextual understanding which Simondon described for an aesthetic object. While machine learning is highly effective in analysing images, language and data, it remains an intelligence that operates fundamentally differently from the human intelligence of understanding. There is no perceiving of „the intended meaning.“ New Artificial Intelligence systems establish meaning through calculation; they have no concept of what might have been intended.
>
> (Bunz 2019, S. 272)

Wenn Künstliche Intelligenz über neuronale Netze nun Muster in Datensätzen erkennt und zuordnet, liegt kein Verständnis von Bedeutung im eigentlichen Sinne vor, sondern lediglich die Simulation von Verstehen über Berechnung. Die Verwechslung von Künstlicher Intelligenz als integrierte, kontextsensible, verstehende Technologie ist dabei folgenreich, vor allem wenn KI im Rahmen sensibler Entscheidungen, wie bspw. die Einschätzung des Asylstatus von Flüchtenden,[37] zum Einsatz kommt. Doch auch bei der Integration von KI in kreative bzw. ästhetische Prozesse und Industrien ergeben sich bedeutsame Verschiebungen. So etwa zu beobachten in der ästhetischen Praxis des Audiomasterings, das grundlegend die finalisierende Klanggestaltung einer Audioproduktion im Vorgriff auf ihre zukünftige Zirkulationsweise darstellt. Je nach Distributionsweg und Audioformat gehorchen Musikaufnahmen dabei eigenen Normierungsgesetzen, die von Mastering-Ingenieur*innen nach Vorgabe kultureller Muster befolgt werden.[38] Das kanadische Unternehmen *MixGenius* bietet seit 2014 mit der Plattform *LANDR* KI-gestütztes, automatisiertes Mastering an. *LANDR* trifft eigenständig ästhetische Urteile, basierend auf überwachtem, maschinellem Lernen. Die vermeintlich autopoietische Kraft der KI besteht jedoch lediglich darin, (User-)Datensätze als Referenzobjekte mit dem Sound des zu masternden Audiofiles algorithmisch abzugleichen und mit den korrelierenden Ergebnissen entsprechend zu verrechnen. *LANDR* operationalisiert die Medienpraktik des Masterings zum Preis ihrer ästhetischen Beschränkung. Das Programm betreibt dabei Kulturpolitik durch (kontrollierte) Komplexitätreduktion (Sterne und Razlogova 2021).

Dennoch und trotzdem liegen in den Wirkungsfeldern von KI – Maschinelles Lernen und Zuhören, *Deep Learning* und neuronale Netzwerke – die wohl viel-

37 Siehe hierzu weiterführend Miyazaki und Viera de Oliveira in diesem Band.

38 So erscheint es nachvollziehbar, dass gerade die Rockband Metallica mit *Death Magnetic* ein Album präsentierte, dass durch eine übermäßige Kompression der Dynamik so laut gemastert worden ist, dass die Wiedergabequalität durch digitales Clipping maßgeblich beeinträchtigt wurde. Die Lautheit einer Aufnahme kann durch spezielle Masteringverfahren innerhalb des *Loudness War* als Machtdemonstration gedeutet werden.

versprechendsten Tools für die zukunftsmusikalische Forschung. Die entscheidende Wendung dabei ist die Aufhebung dichotomer Grenzziehungen zwischen Natürlichem und Technischem; vielmehr deutet die Entwicklung ko-kreativer Mensch-Computer-Netzwerke auf ein neues Arbeitsbündnis jenseits binärer Ordnungen. Der Live-Coder Thor Magnusson etwa berichtet in seinem Artikel „Confessions of a live coder" ausführlich vom Einfluss der Programmierumgebung auf seine Kompositionen (2011).[39] Algorithmen lassen sich also weder als passive Instrumente noch als Ersatz menschlicher Kreativität betrachten: sie sind vielmehr „modes of living" mit eigenen Regeln (Parisi 2013), mittels derer im Kompositionsprozess interaktive Beziehungen zwischen Mensch und Sound geknüpft werden können (Dean et al. 2018). Eine Pionierin dieser Idee einer musikalischen Prothetik und künstlerisch fruchtbarer Mensch-Maschine-Interaktion ist Holly Herndon: Schon *Platform* (2015) behandelt im Dialog zwischen der Künstlerin und ihrem Laptop das Spannungsfeld von Intimität und Überwachung; auf ihrem Album *Proto* (2019) bringt Herndon eine KI zum Singen: *Spawn*, die mit Gesängen gefüttert wird, um auf Basis dieses Inputs ihre eigene Stimme zu entwickeln – was als eine Form von digitalem Empowerment verstanden werden kann: die Selbstbestimmung künstlerischer Maschinen.

In diese Richtung zielen auch und besonders die Arbeiten von Alexander Schubert, der nicht von ungefähr sowohl Neuro-Informatik und multimediale Komposition studierte. 2021 gewann er den *Prix Ars Electronica* für seine Arbeit *Convergence*, in der eine KI von menschlichen Musikern lernt – um auf Basis des menschlichen Inputs selbst kreativ tätig zu werden. In eine ähnliche Richtung zielen zwei Projekte, die der Komponist in diesem Band vorstellt:

> *AV3RY* ist eine virtuelle Persona, die, auf einem A.I.-System basierend, Poesie und Texte, Bilder und Musik generieren kann. Es ist eine Entität, die auf einem Server gehostet wird und via der Messanging-App *Telegram*[40] mit Menschen interagieren kann. Basierend auf dieser Interaktion verfeinert *AV3RY* laufend ihre Parameter und aktualisiert selbstlernend ihre Kreation von künstlerischen Inhalten. [...] *CRAWLERS* [... ist ...] ein anonymes Bot-Kollektiv, das heimlich im Internet arbeitet, um Daten zu scrapen, Benutzerseiten zu crawlen, Informationen und Bilder zu stehlen und dann ein alternatives soziales Netzwerk mit verzerrter Wahrheit und veränderten Fakten zu kreieren.[41]
>
> (Schubert 2022, S. 125)

---

39 Siehe hierzu weiterführend auch die Arbeiten zu digitalen Musikinstrumenten und Umgebungen für generative Musik Magnussons Netzwerks *ixi audio*: www.ixi-audio.net. Zugegriffen am 05. Oktober 2021.

40 https://telegram.me/Av3ry_Bot. Zugegriffen am 05. Oktober 2021.

41 Siehe hierzu weiterführend den Beitrag von Alexander Schubert in diesem Band.

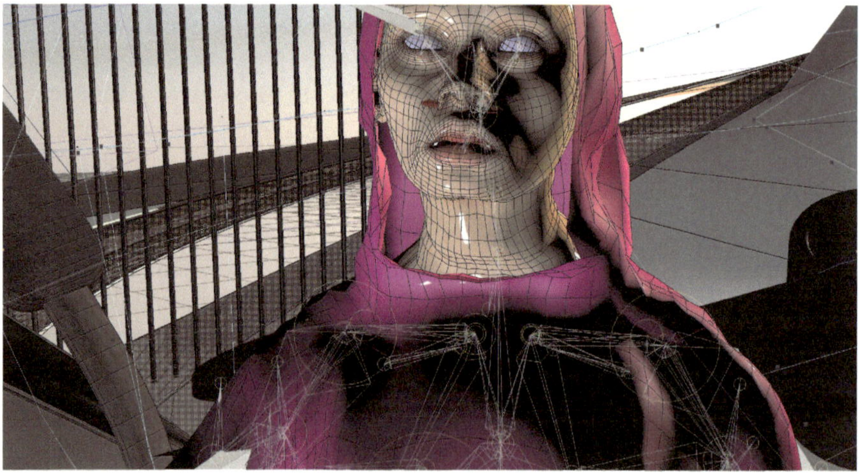

Abb. 6: Alexander Schubert kreierte die virtuelle Persona *AV3RY*.

Damit verbinden sich im künstlerisch forschenden Werk von Alexander Schubert Diskurse um Künstliche Intelligenz und Überwachungstechnologie, für deren Untersuchung er in seiner Dissertation *Switching Worlds* eine postdigitale Perspektive vorschlägt:

> Diese Neujustierung einer digital geprägten oder das Digitale reflektierenden Sichtweise soll [...] als eine Technik etabliert werden, welche die Durchdringung des Analogen und Digitalen und ihr Wechselspiel aktiv thematisiert und damit erfahrbar macht [...]. Der Ausgangspunkt für die postdigitalen Umwälzungen liegen in der Digitalität und ihren Eigenschaften der Berechenbarkeit, Diskretisierung und Fragmentierung. [...] Zentral ist die Frage nach der durch digitale Werkzeuge vereinfachten und stärker etablierten Manipulierbarkeit und damit verbunden nach Authentizität. [...] Eine veränderte Darstellung und Rezeption im Rahmen des post-digitalen Turns geht hier einher mit einer Virtualisierung und führt zu einer verstärkten Entkopplung von Original und Abbild, sowie Ursache und Wirkung.
>
> (Schubert 2021, S. 12 f.)

Sind das alles spielerische Möglichkeiten der Mensch-Maschine-Interaktion – oder das Ende des homo musicus? Stand heute ist der Programmiercode schöpferischer Kreativität noch nicht entschlüsselt. Allerdings bilden post- und transhumanistische Träume von künstlerisch tätigen Künstlichen Intelligenzen das Mark jeder zukunftsmusikalischen Imagination und formen schon jetzt Realitäten: Indem einerseits der Mensch durch technologische Optimierung überhöht wird (Transhumanismus) und andererseits die Sonderstellung des Homo Sapiens im Weltgefüge negiert wird (Posthumanismus), nehmen nicht-menschliche Akteure und Techniken längst auch in künstlerischen Prozessen entscheidende Positionen ein.[42] Tatsächlich wissen wir spätestens seit Bruno Latours Akteur-Netzwerk-Theorie (ANT), dass auch Gegenstände mit Handlungsmacht ausgestattet sind (Latour 2010). Indem mit diesem „Tentacular Thinking" (Haraway 2016) konstruktivistische binäre Gegensätze wie Natur/Kultur aufgelöst werden, wird nicht zuletzt das humanistische Verständnis der Kunst(musik) grundsätzlich in Frage gestellt. Wahrlich posthuman wird die Musik erst, wenn Maschinen Lieder jenseits des Menschen für andere Maschinen schreiben.

5 Kunst und Künstlichkeit: Idee und Struktur des Bandes

Acoustic Intelligence ist überwachendes, analysierendes und kreatives Lauschen im Kontext von Kunst und Gesellschaft: zwischen Hören und Gehorchen, Kunst und Künstlichkeit, Intelligenz und Intelligibilität. In diesem Sinne wirft das hier abgesteckte Themenfeld nicht nur Fragen für die interdisziplinär interessierte und kulturwissenschaftlich ausgerichtete Medienwissenschaft auf, sondern ist auch Gegenstand von künstlerischer Forschung. Im vorliegenden Sammelband finden sich daher nicht nur akademische Beiträge aus der Medien(kultur)wissenschaft (Shintaro Miyazaki, Pedro Oliveira, Christoph Borbach, Axel Volmar, David Waldecker, Alan Fabian, Malte Pelleter, Sophia Tobis, Lukas Iden) sowie aus der Musikwissenschaft bzw. Klangforschung (Jonathan Sterne, Elena Ungeheuer, Rolf Großmann, Max Alt-Hessenbruch, Jens Gerrit Papenburg) – die gemeinsam das Feld der sog. Sound Studies abstecken. An der Schnittstelle von Kunst und Wissenschaft bewegen sich die drei kurzen Beiträge der australischen Forscher James Parker, Joel Stern und Sean Dockray. Komplementiert wird der Band schließlich von künstlerischen Positionen im engeren Sinne, welche die Artistic Research auf das Auditive hin zuspitzen: „Acoustic Research" betreiben in diesem Sinne die Komponisten Alexander Schubert, Johannes Kreidler und Artemi Maria Gioti sowie das Künstlerkollektiv *Transhuman Art Critics* (Emil Schult, Emma Nilsson, und Lothar Manteuffel).

---

42 Post- und Transhumanismus sind interdisziplinär konjunkturstarke Themenfelder – entsprechend heterogen und verzweigt ist der Literaturkorpus. Eine Überblicksdarstellung lieferten Ranisch und Sorgner (2014). Kultur- bzw. technikphilosophisch Überlegungen finden sich bei Rosi Briadotti (2014) bzw. N. Katherine Hayles (1999). Im Bereich der Musik- oder Klangforschung liegt bislang keine umfassende Monographie vor, Diskussionsanstöße lieferte einmal mehr Diedrich Diederichsen (2016).

Medienverzeichnis

Abbildungen

Abb. 1: Panoptische Architektur am Beispiel des ehemaligen kubanischen Gefängnisses *Presidio Modelo*, © Frimann.
Abb. 2: Athanasius Kirchers Entwurf einer Abhöranlage. In Kircher, Athanasius. 1650. *Musurgia Universalis*, o. S. Rom.
Abb. 3: *The Great Seal Bug*, © Boevaya mashina.
Abb. 4: Studioszene. In Chermayeff, Maro und Christine Le Goff. 2017. *Achtung Aufnahme! In den Schmieden des Pop, Teil 2, Die Magie des Studios. ARTE.* Filmstill. Frankreich u. a. 52:15 Min.
Abb. 5: Roboter *Alter 3* dirigiert Keiichiro Shibuyas „Android Opera" *Scary Beauty*, © Künstlerarchiv.
Abb. 6: Alexander Schubert kreierte die virtuelle Persona *AV3RY*, © Pedro González Fernández.

Literatur

Anderson, Paul Allen. 2015. Neo-Muzak and the Business of Mood. *Critical Inquiry* 41 (4): 811–840.
Bentham, Jeremy. 1995. *The Panopticon Writings*. London: Verso.
Briadotti, Rosi. 2014. *Posthumanismus. Leben jenseits des Menschen.* Frankfurt am Main: Campus.
Brodsky, Warren. 2003. Joseph Schillinger: Music Science Promethean. *American Music* 21 (1): 45–73.
Bröckling, Ulrich. 2007. *Das unternehmerische Selbst.* Frankfurt am Main: Suhrkamp.
Brüstle, Christa. 2019. Musik, Körper und Gender. In *Heroines of Sound. Feminismus und Gender in elektronischer Musik*, hrsg. Sabine Sanio und Bettina Wackernagel, 106–111. Hofheim am Taunus: Wolke.
Bull, Michael. 2012. iPod Culture: The Toxic Pleasures of Audiotopia. In *The Oxford Handbook of Sound Studies*, hrsg. Trevor Pinch und Karin Bijsterveld, 526–543. Oxford und New York: Oxford University Press.
Bull, Michael und Les Back. 2003. Introduction: Into Sound. In *The Auditory Culture Reader*, 1–18. Oxford und New York: Berg.
Bundesgesetzblatt. 2005. *Bundesgesetzblatt Jahrgang 2005 Teil I Nr. 39*, ausgegeben am 30.06.2005. 1841.
Bundestag. 1998. *Plenarprotokoll des Bundestages vom 16. Januar 1998.*
Bunz, Mercedes. 2019. The Calculation of Meaning: On the Misunderstanding of New Artificial Intelligence as Culture. *Culture, Theory and Critique* 60 (3–4): 264–278.
BVerfG. 2004. *Urteil des Ersten Senats vom 03. März 2004.*
Canetti, Elias. 1994. *Masse und Macht.* München: Fischer.
Chanan, Michael. 1999. The Player Piano. In *Piano Roles. Three Hundred Years of Life with the Piano*, hrsg. James Parakilas, 72–75. New Haven: Yale University Press.
Chion, Michel. 2012. The Three Listening Modes. In *The Sound Studies Reader*, hrsg. Jonathan Sterne, 48–53. London und New York: Routledge.
Colbe, Corina. 2020. Rundum vernetzt. Gestreamt oder am Stück. Die Musik der Berliner Philharmoniker gibt es multimedial und auf Scheiben. *Das Orchester* (2): 6–8.
Cole, Ross. 2020. The Problem With AI Music: Song and Cyborg Creativity in the Digital Age. *Popular Music* 39 (2): 332–338.

Collins, Nick. 2018. Origins of Algorithmic Thinking in Music. In *The Oxford Handbook of Algorithmic Music*, hrsg. Roger T. Dean und Alex McLean, 67–78. New York: Oxford University Press.

Crespin, Régine. 1997. *On Stage, Off Stage. A Memoir*. Boston: Northeastern University Press.

Cryptomuseum.com. o. J. *The Thing. Great Seal Bug*. https://www.cryptomuseum.com/covert/bugs/thing/index.htm. Zugegriffen am 05. Oktober 2021.

Diederichsen, Diedrich. 2016. Sound Art und die Romantik des Posthumanen. *POP. Kultur und Kritik* 5 (1): 99–102.

Dreckmann, Kathrin. 2014. Abhören und Strafen: Die Geburt der akustischen Überwachung aus dem Geiste der Phonographie. In *Resonanzräume. Medienkulturen des Akustischen*, hrsg. Dirk Matejovski. Düsseldorf: Düsseldorf University Press.

Dreckmann, Kathrin. 2020. Archiv, Macht und Stimme. Der Phonograph als Instrument akustischer Kolonialisierung. *Neue Zeitschrift für Musik* (4): 26–27.

Drott, Eric A. 2018a. Music as a Technology of Surveillance. *Journal of the Society for American Music* 12 (3): 233–67.

Drott. Eric A. 2018b. Why the Next Song Matters: Streaming, Recommendation, Scarcity. *Twentieth-Century Music* 15 (3): 325–57.

Drott, Eric A. 2020. „Music Like Water". On Streaming and Decommodification. https://www.academia.edu/43436540/Music_Like_Water_On_Streaming_and_Decommodification. Zugegriffen am 05. Oktober 2021.

Epping-Jäger, Cornelia. 2003. Laut/Sprecher Hitler. Über ein Dispositiv der Massenkommunikation in der Zeit des Nationalsozialismus. In *Hitler der Redner*, hrsg. Josef Kopperschmidt und Johannes G. Pankau, 143–158. München: Fink.

Fabian, Alan und Ismaiel-Wendt, Johannes. 2018. Editoral: Musikformulare und Presets. In *Musikformulare und Presets. Musikkulturalisierung und Technik/ Technologie*, hrsg. dies., 1–5. Hildesheim: Georg-Olms-Verlag.

Fiebrink, Rebecca A. und Baptiste Caramiaux. 2018. The Machine Learning Algorithm as Creative Musical Tool. In *The Oxford Handbook of Algorithmic Music*, hrsg. Alex McLean und Roger T. Dean, 181–208. Oxford: Oxford University Press.

Foucault, Michel. 1977. *Überwachen und Strafen. Die Geburt des Gefängnisses*. Frankfurt am Main: Suhrkamp.

Freud, Sigmund. 1999. Das Unheimliche. In *Gesammelte Werke*, 227–278. Frankfurt am Main: FIscher.

Frobenius, Wolf. 1976. Aleatorisch, Aleatorik. In *Handwörterbuch der musikalischen Terminologie*, hrsg. Hans Heinrich Eggebrecht. Stuttgart: Franz Steiner Verlag.

Gallagher, Michael. 2010. Are Schools Panoptic? *Surveillance and Society* 7 (3/4): 262–272.

Gay, Peter. 1995. The Art of Listening. In *The Naked Heart. The Bourgeois Experience: Victoria to Freud*, hrsg. ders., 1–25. New York: Norton.

Gethmann, Daniel. 2010. *Klangmaschinen zwischen Experiment und Medientechnik*. Bielefeld: transcript.

Goodman, Steve. 2009. *Sonic Warfare. Sound, Affect, and the Ecology of Fear*. Cambridge/MA u. a.: MIT Press.

Gössner, Rolf. 2017. Abhören und Lauschen. Zur Entwicklung der akustischen Überwachung. In *Sound des Jahrhunderts*, hrsg. Gerhard Paul und Ralph Schock, 542–547. Bonn: Bundeszentrale für politische Bildung.

Großmann, Rolf und Maria Hanáček. 2016. Sound as Musical Material. In *Sound as Popular Culture. A Research Companion*, hrsg. Jens Gerrit Papenburg und Holger Schulze, 53–64. Cambridge/MA u. a.: MIT Press.

Haberer, Maximilian. 2020. Versuch über Spotify, oder: Musikstreaming als Arbeit am Subjekt. In *Wissen im Klang. Neue Wege der Musikästhetik*, hrsg. José Gálvez, Jonas Reichert und Elizaveta Willert, 145–162. Bielefeld: transcript.

Haffke, Maren. 2020. Cancel-Culture. Über Noise-Cancelling-Kopfhörer. *Zeitschrift für Medienwissenschaft* 22 (1): 190–196.

Hagood, Mack. 2011. Quiet Comfort: Noise, Otherness, and the Mobile Production of Personal Space. *American Quarterly* 63 (3): 573–589.

Hagood, Mack. 2019. *Hush. Media and Sonic Self-Control*. Durham: Duke University Press.

Haraway, Donna. 2016. *Staying with the Trouble. Making Kin in the Chthulucene*. Durham: Duke University Press.

Harenberg, Michael und Daniel Weissberg. 2010. *Klang (ohne) Körper. Spuren und Potentiale des Körpers in der elektronischen Musik*. Bielefeld: transcript.

Hayles, N. Katherine. 1999. *How We Became Posthuman: Virtual Bodies in Cybernetics, Literature, and Informatics*. Chicago: University of Chicago Press.

Hennion, Antoin. 1989. An Intermediary between Production and Consumption: The Producer of Popular Music. *Science, Technology, & Human Values* 14 (4): 400–424.

Hesmondhalgh, David und Leslie M. Meier. 2018. What the Digitalisation of Music Tells Us About Capitalism, Culture and the Power of the Information Technology Sector. *Information, Communication & Society* 21 (11): 1555–1570.

Hildebrand, Carola. 2015. *Saubere Folter. Auf den Spuren unsichtbarer Gewalt*. Bielefeld: transcript.

Hirschmann, Wolfgang. 2002. Guido von Arezzo. In *Musik in Geschichte und Gegenwart (MGG2)*, Band 8, hrsg. Ludwig Finscher, 224. Kassel: Bärenreiter.

Horkheimer, Horkheimer und Adorno, Theodor W. 1947. *Dialektik der Aufklärung. Philosophische Fragmente*. Amsterdam: Querido.

Hosokawa, Shuhei. 1984. The Walkman Effect. *Popular Music* 4: 165–180.

IFPI. 2019. IFPI Global Music Report 2019. https://www.ifpi.org/ifpi-global-music-report-2019. Zugegriffen am 05. Oktober 2021.

Jackson, Myles W. 2015. Standardisierung und Subversion der musikalischen Ästhetik. Musikalische und physikalische Instrumente in der Musik des 19. und 20. Jahrhunderts. In *Klangmaschinen zwischen Experiment und Medientechnik*, hrsg. Daniel Gethmann, 19–32. Bielefeld: transcript.

Johnson, James H. 1995. *Listening in Paris: a cultural history*. Berkeley: University of California Press.

Jordan, Matthew. 2017. Becoming Quiet: On Mediation, Noise Cancelation, and Commodity Quietness. In *Conditions of Mediation: Phenomenological Approaches to Media, Technology and Communication*, hrsg. Tim Markham und Scott Rodgers, 237–247. New York: Peter Lang.

Kassabian, Anahid. 2013. *Ubiquitous Listening: Affect, Attention, and Distributed Subjectivity*. Berkeley: University of California Press.

Katz, Mark. 2010. *Capturing Sound. How Technology Has Changed Music*. Berkeley: University of California Press.

Kircher, Athanasius. 1650. *Musurgia Universalis*. Rom.

Kittler, Friedrich. 2006. *Musik und Mathematik, Band 1: „Hellas"*. München: Fink.

Kittler, Friedrich. 2002. Rockmusik – Ein Missbrauch von Heeresgerät. In *Short Cuts*, hrsg. ders., 7–30. Frankfurt am Main: Zweitausendeins.

Kubisch, Christina. o.J. http://www.christinakubisch.de/de/arbeiten/electrical_walks. Zugegriffen am 05. Oktober 2021.

Latour, Bruno. 2010. *Eine neue Soziologie für eine neue Gesellschaft. Einführung in die Akteur-Netzwerk-Theorie*. Frankfurt am Main: Suhrkamp.

Lepa, Steffen. 2013. Emotionale Musikrezeption in unterschiedlichen Alltagskontexten. Eine wahrnehmungsökologische Perspektive auf die Rolle der beteiligten Medientechnologien. In *Auditive Medienkulturen. Techniken des Hörens und Praktiken der Klanggestaltung*, hrsg. Axel Volmar und Jens Schröter, 373–391. Bielefeld: transcript.

Lewisohn, Mark. 1988. *The Complete Beatles Recording Sessions. The Official Story of the Abbey Road Years 1962-1970*. New York: Harmony Books.

Lyon, David. 2015. *Surveillance after Snowden*. Cambridge/UK und Malden/MA: Polity Press.

Magnusson, Thor. 2011. Confessions of a Live Coder. In *Proceedings of the International Computer Music Conference 2011*: 609–616.

Massey, Howard C. 2000. *Behind the Glass. Top Record Producers Tell How They Craft The Hits*. San Francisco: Miller Freeman Books.

Meyer, Petra Maria. 2008. *acoustic turn*. München: Fink.

Mielke, Erich. Anordnung über den Verwaltungsweg von Nachrichtenübermittlungen an den Leiter der Hauptabteilung S vom 19.12.1953, *BStU*, MfS-BdL/Dok. 2298.

Mori, Masahiro. 2019. Das unheimliche Tal. In *Uncanny Interfaces*, hrsg. Konstantin Haensch, Lara Nelke und Matthias Planitzer, 212–219. Hamburg: Textem Verlag.

Nierhaus, Gerhard. 2009. *Algorithmic Composition. Paradigms of Automated Music Generation*. Wien: Springer.

Nijsen, C. G. 1967. *The Tape Recorder. A Guide to Magnetic Recording for the Non-Technical Amateur*. Eindhoven: Centrex Publishing Company.

Niklas, Stefan. 2014. *Die Kopfhörerin. Mobiles Musikhören als ästhetische Erfahrung*. Paderborn: Fink.

Parisi, Luciana. 2013. *Contagious Architecture, Computation, Aesthetics, and Space*. Cambridge/MA u. a.: MIT Press.

Parker, James und Joel Stern. Hrsg. 2019. *Eavesdropping: A Reader*. Wellington: City Gallery Wellington.

Pelleter, Malte. 2012. Chop that record up! Zum Sampling als performative Medienpraxis. In *Performativität und Medialität Populärer Kulturen*, hrsg. Marcus S. Kleiner und Thomas Wilke, 391–413. Wiesbaden: Springer.

Pinch, Trevor und Karin Bijsterveld. 2012. New Keys to the World of Sound. In *The Oxford Handbook of Sound Studies*, hrsg. dies., 3–35. New York: Oxford University Press.

Ranisch, Robert und Stefan Lorenz Sorgner. 2014. *Post- und Transhumanismus*. Frankfurt am Main: Peter Lang.

Rice, Tom. 2016. Sounds Inside. Prison, Prisoners and Acoustical Agency. *Sound Studies* 2 (1): 6–20.

Rice, Tom. 2018. Ethnographies of Sound. In *The Routledge Companion to Sound Studies*, hrsg. Michael Bull, 239–248. London: Routledge.

Rothman, Tony. 2019. Random Paths to Frequency Hopping. In *American Scientist* 107 (1). https://www.americanscientist.org/article/random-paths-to-frequency-hopping. Zugegriffen am 05. Oktober 2021.

Ruf, Oliver. 2018. *Smartphone-Ästhetik. Zur Philosophie und Gestaltung mobiler Medien*. Bielefeld: transcript.

Schafer, Robert Murray. 1977. *The Soundscape. Our Environment and the Tuning of the World*. Rochester: Destiny Books.

Schillinger, Joseph. 1948. *The Mathematical Basis of the Arts*. New York: Clock & Rose Press.

Schlieffen, Alfred von. 1909. Der Krieg in der Gegenwart. *Deutsche Revue* 34 (1): 13–24.

Schmole, Angela. 2006. Abhören, Beobachten, Verwanzen und Markieren. *Zeitschrift des Forschungsverbundes SED-Staat* (ZdF) 19 (19): 95–106.
Schoon, Andi. 2014. Unmerkliche Eindringlinge. Versuch über akustische Kontrolle. In *Das geschulte Ohr. Eine Kulturgeschichte der Sonifikation*, hrsg. ders. und Axel Volmar, 285–296. Bielefeld: transcript.
Schubert, Alexander. 2021. *Switching Worlds.* Hofheim am Taunus: Wolke.
Schürmer, Anna. 2017. *Klingende Eklats. Skandal und Neue Musik.* Bielefeld: transcript.
Sterne, Jonathan und Elena Razlogova. 2021. Tuning Sound for Infrastructures: Artificial Intelligence, Automation, and the Cultural Politics of Audio Mastering. *Cultural Studies* 35 (4–5): 750–770.
Stockhausen, Karlheinz. 1957. ...wie die Zeit vergeht.... *Die Reihe* 3: 13–42.
Ulrich, Johannes. 1941. *Deutsches Soldatentum.* Stuttgart: Alfred Kröner Verlag.
Vieira de Oliveira, Pedro J. S. Weaponizing Quietness: Sound Bombs and the Racialization of Noise. *Design and Culture* 11 (2): 193–211.
Virilio, Paul. 1980. *Geschwindigkeit und Politik. Ein Essay zur Dromologie.* Berlin: Merve.
Volmar, Axel. 2015. *Klang-Experimente: Die auditive Kultur der Naturwissenschaften 1761–1961.* Frankfurt am Main: Campus.
Volmar, Axel und Jens Schröter. 2013. Sonic Turn? Sound Studies in den Geistes- und Kulturwissenschaften. In *Auditive Medienkulturen. Techniken des Hörens und Praktiken der Klanggestaltung*, hrsg. dies., 9–21. Bielefeld: transcript.
Warner, Timothy. 2003. *Pop Music. Technology and Creativity. Trevor Horn and the Digital Revolution.* London: Ashgate Publishing.
Welsch, Wolfgang. 1993. Auf dem Weg zu einer Kultur des Hörens. In *Der Klang der Dinge. Akustik – eine Aufgabe des Design*, hrsg. Arnica-Verena Langenmaier, 86–111. München: Schreiber.
Williams, Allan. 2006. *Phantom Power: Recording Studio History, Practice, And Mythology.* Dissertationsschrift. Brown University. Providence.
Winthrop-Young, Geoffrey. 2010. Friedrich Kittler: Kultur als Datenverarbeitungsmodell. In *Kultur. Theorien der Gegenwart*, hrsg. Stephan Moebius und Dirk Quadflieg, 572–579. Wiesbaden: Springer.
Wolf, Rebecca. 2009. Musik und Mechanik bei Johann Nepomuk Mälzel. *Archiv für Musikwissenschaft* 66 (2): 110–126.
Xenakis, Iannis. 1962. *Formalized Music. Thought and Mathematics in Music.* Stuyvesant: Pendragon Press.
ZfM. 2015. Überwachung und Kontrolle. *Zeitschrift für Medienwissenschaft* 13 (2).
Zipp, Friedrich. 1998. *Vom Urklang zur Weltharmonie. Werden und Wirken der Idee der Sphärenmusik.* Kassel: Merseburger.
Zuboff, Shoshana. 2018. *Das Zeitalter des Überwachungskapitalismus.* Frankfurt am Main: Campus.

Audio und Video

Vieira de Oliveira, Pedro J. S. 2019. A Series of Gaps Rather Than a Presence. *Deutschlandfunk* (DLF). Radiofeature, 41:12.
Hackford, Taylor. 2004. *Ray.* USA. 152 Min.
Chermayeff, Maro und Christine Le Goff. 2017. Achtung Aufnahme! In den Schmieden des Pop. Teil 2, Die Magie des Studios. *ARTE.* Dokumentation, Frankreich u. a. 52:15 Min.

Teil 1: **Panakustik**

Intermezzo

Sean Dockray, James Parker, Joel Stern

(Gegen) die kommende Welt hörender Maschinen

1 „Alexa, was ist *Machine Listening*?"

Machine Listening ist ein gängiger Begriff für ein schnell wachsendes interdisziplinäres Gebiet der Wissenschaft und Technik, das Audiosignalverarbeitung und *Machine Learning* verwendet, um Klang und Sprache ‚sinnvoll' zu verarbeiten. *Machine Listening* ermöglicht es einem bspw. von Siri und Alexa ‚verstanden' zu werden, einen gehörten Song automatisch erkennen zu lassen (*Shazam*) oder bei Sehbehinderung mit zahlreichen audiounterstützten Technologien zu interagieren. Bereits in den 1990er Jahren wurde der Begriff in der Computermusik verwendet, um die analytischen Dimensionen von „interaktiven Musiksystemen" zu beschreiben, die dynamisch auf musikalische Live-Eingaben reagieren können (Rowe 1993).[1] *Machine Listening* war aber auch ein Eckpfeiler der 2013 von Edward Snowden enthüllten Massenüberwachungsprogramme: *SPIRITFIRE*s – Speech-to-Text-Keyword-Suche und gepaarte Dialogtranskription; *EViTAP*s – automatisierte Nachrichtenüberwachung; und *VoiceRT*s – Voice Ingestion. Auch innenpolitisch wird *Machine Listening* als Sicherheitstechnologie in manchen Ländern verwendet, etwa um die riesigen Datenbanken mit biometrischen Stimmdaten zu unterfüttern, die heute von vielen Gefängnisbetreibern und bspw. dem australischen Finanzamt geführt werden. Und zügig wird *Machine Listening* auch in die Infrastrukturen von Sicherheitstechnik und Polizeiarbeit integriert.

1 Siehe auch George Lewis umfangreichen Katalog von Schriften und Kompositionen für frühere Beispiele des (Proto-)Maschinenhörens. Diese und andere Geschichten werden auch in Stefan Maiers Dossier über Maschinenhören für die Technosphere diskutiert (Maier 2018).

Anmerkung: Hierbei handelt es sich um eine Übersetzung. Übersetzer*in: Maximilian Haberer. Ursprünglich auf Englisch hier publiziert: https://machinelistening.exposed/topic/against-the-coming-world-of-listening-machines/.

https://doi.org/10.1515/9783110730791-002

Automatic speech recognition, transcription and translation – targeted keyword detection – vocal biometrics and audio fingerprinting – speaker identification, differentiation, enumeration and location – personality and emotion recognition – accent identification – sound recognition – audio object recognition – audio scene analysis – intelligent audio analysis – audio event analysis – audio context awareness – music mood analysis – music identification – music playlist generation – audio synthesis – speech synthesis – musical synthesis – adversarial music – audio brand recognition – aggression detection – depression detection – laughter detection – stress detection – distress detection – intoxication detection – scream detection – lie detection – hoax detection – gunshot detection – autism diagnosis – parkinson's diagnosis – covid diagnosis – machine fault diagnosis – psychosis diagnosis – bird sound identification – gender identification – ethnicity detection – age determination – voice likeability determination – risk assessment …

Diese Anwendungen werden alle entweder derzeit von Staaten, Unternehmen und anderen Einrichtungen auf der ganzen Welt verwendet oder befinden sich in der Entwicklung. Die Liste ist natürlich nicht vollständig. Sie vermittelt auch nicht die tatsächliche Vielfalt der Märkte und cyberphysischen, sozialen sowie politischen Kontexte, in die sich diese Anwendungen schnell einbetten:

Digital voice assistants – voice user interfaces – state and corporate surveillance – profiling – border security – home security – preemptive policing – weapons systems – court systems – hospital systems – call centre optimisation – disability services – grocery store wayfinding – ambient elderly monitoring – baby monitoring – house arrest monitoring – human rights monitoring – remote education – school security – remote diagnostics – biomonitoring and personalised health – social distancing – music streaming – music education – composition – gaming – brand development – marketing – acoustic ecology – employee performance metrics – wearables – hearables – recruitment – banking – insurance …

Wie bei allen Formen des *Machine Learnings* stellen sich bei jedem Anwendungsfall Fragen nach Wirksamkeit, Zugang, Privatsphäre, Vorurteilen, Fairness und Transparenz. Aber *Machine Listening* muss auch als ein eigenständiges epistemisches und politisches System behandelt werden, das „einen Schatten wirft" (Steyerl 2019), das zunehmend auch grundlegend menschliche Fähigkeiten formt und einschränkt und das unsere Hörwelten auf neue Weise, für neue Institutionen sowie nach neuen Logiken kenntlich macht und dabei das (akustische) Leben neu gestaltet. *Machine Listening* ist also viel mehr als nur eine neue wissenschaftliche Disziplin oder eine Ader der technischen Innovation. Es ist auch ein entstehendes Feld von Wissensmacht und kultureller Produktion, von Datenextraktion und Kolonialismus, von Kapitalakkumulation, Automatisierung und Kontrolle. Daher müssen wir es auch zu einem Feld der politischen Anfechtung und des Kampfes machen. Wenn es eine Welt der hörenden Maschinen geben soll, müssen wir sie emanzipatorisch gestalten.

2 Machine Listening

Machine Listening ist nicht nur maschinell:

Materiell gesehen bedeutet *Machine Listening* auch die enorme Ausbeutung sowohl menschlicher als auch planetarischer Ressourcen: für den Bau, die Stromversorgung und die Wartung der zugrundeliegenden technischen Infrastruktur, aber auch für die für uns sichtbaren Aspekte des *Machine Listenings*, die Mikrofone und Algorithmen. Doch auch diese sind gar nicht so sichtbar wie zunächst vermutet. Eine der vielen politischen Herausforderungen, die *Machine Listening* mit sich bringt, ist seine Tendenz, am Ort der Nutzung zu verschwinden, selbst wenn es die Körper weit entfernter Arbeiter*innen unauslöschlich markiert und ökologische Systeme dauerhaft vernarbt (Crawford und Joler 2018).

Technisch gesehen erfordert *Machine Listening* enorme Datenmengen: gewonnen, extrahiert und angeeignet aus auditiven Umgebungen und Kulturen, die zwar schon zahlreich sind, aber nie divers genug sein werden. Deshalb ist es zwangsläufig eine Falle, auf maschinelle Vorurteile mit einer Politik der Inklusion zu reagieren. Es bedeutet, sich genau dem System zu verschreiben, das einen unterdrückt oder verschließt: einer „Techno-Politik der Perfektion" (Goldenfien 2019).

Da *Machine Listening* auf (über-)menschliche Hörwelten trainiert wird, kodiert, verbirgt und schreibt es unweigerlich normative Hörgewohnheiten um, zusammen mit einer Reihe von eher willkürlichen Artefakten der Datensätze, statistischen Modellen und Computersystemen, die gleichzeitig sein Lebenselixier und grundlegend undurchsichtig sind (McQuillan 2018). Diese Kombination bedeutet, dass *Machine Listening* gleichzeitig ein Alibi bzw. eine Fassade für die Verbreitung und Normalisierung spezifischer Hörpraktiken als maschinell und, umgekehrt, oft nicht auf das menschliche Verständnis reduzierbar ist; also das Schlimmste aus beiden Welten.

Weil *Machine Listening* so tief mit der Logik der Automatisierung und Bevorrechtigung verbunden ist, verhält es sich darüber hinaus rekursiv. Es speist seine Hörerfahrungen zurück in die Welt – geschlechtsspezifiziert und geschlechtszuweisend, kolonial und kolonisierend, rassistisch und rassifizierend (Lawrence 2019), klassistisch und klassifizierend – als Siris Vermögen oder Unvermögen, eine Antwort zu geben oder auch als Anweisung an Polizist*innen und Behörden, Asylanträge abzulehnen. Und die auditiven Reaktionen hierauf liefern wiederum neue Hördaten für das *Machine Listening*. Die Klanglandschaft ist zunehmend kybernetisch. Die Konfrontation mit *Machine Listening* bedeutet, zu erkennen, dass die üblichen Unterscheidungen zwischen Mensch und Maschine einfach nicht mehr zutreffen. Wir sind jetzt alle maschinelle Hörer*innen. Wir sind schon seit langer Zeit zu Maschinenhörer*innen geworden. In der Tat ist das Maschinisch-Werden des Hörens ein grundlegendes Anliegen für jede zeitgenössische Politik des Hörens; nicht weil die Mechanisierung selbst ein Problem ist, sondern weil sie der Zustand ist, in dem wir uns zunehmend befinden.

Aber *Machine Listening* ist auch kein eigentliches Hören:

Technisch sind die Methoden des *Machine Listenings* zwar vielfältig, aber sie haben i. d. R. nur wenig Bezug zu den tatsächlichen biologischen Prozessen des menschlichen Hörens oder den psychokulturellen Prozessen der Bedeutungsbildung. Häufig arbeiten sie gegenteilig sogar grundlegend visuell, indem sie Klang zunächst in Spektogramme transformieren. Viele Methoden arbeiten aber auch mit der Kombination von Auditivem mit anderen Formen von Daten und sensorischen Eingaben: Maschinen also, die hören, indem sie sehen, oder indem sie Akustisches mit Geolokalisierungsdaten abgleichen. So erzielte etwa IBM (*International Business Machines*) in den 1970er Jahren erst mit der Abkehr von der Simulation des menschlichen Hörens und der Hinwendung zur statistischen Datenverarbeitung entscheidende Fortschritte auf dem Gebiet der automatisierten Spracherkennung. Die Spracherkennung musste sich von „menschlichen sensomotorischen Phänomenen" lösen, um Sprache erkennen zu können. Flugzeuge schlagen nicht mit ihren Flügeln (Xiaochang Li 2017).

Selbst wenn das maschinelle Zuhören in Analogie zum menschlichen Hören funktionieren würde, bliebe immer noch die Frage der Kognition. Solange ‚Hören' Subjektivität impliziert, können Maschinen (noch) nicht hören. Diese Art von Anthropozentrismus verdeutlicht, dass beim maschinellen Hören ein neues auditorisches Regime verhandelt wird: ein Analogon zu Paul Virilios „sehendem Sehen“ (2019), die Möglichkeit des Hörens ohne Hören oder Verstehen, ein rein korrelatives Hören, bei dem das menschliche Subjekt als privilegierter Zuhörer dezentriert ist.

Eine Weise, auf diese Möglichkeit zu reagieren, wäre, die Frage des Hörens einfach auszuklammern und stattdessen von ‚Hör-Effekten‘ zu sprechen, so dass die Frage nicht mehr lautet, ob Maschinen tatsächlich hören, sondern was es bedeutet, in einer Welt zu leben, in der sie so tun, als ob, und wir auch. Eine andere Antwort wäre zu sagen, dass, wenn Maschinen hören, sie ‚operativ‘ hören: nicht, um zu verstehen oder sogar das menschliche Verstehen zu erleichtern, sondern um eine Operation durchzuführen: zu diagnostizieren, zu identifizieren, zu erkennen und um etwas auszulösen (Farocki 2004; Paglen 2016; Andrejevic 2018). So könnten wir feststellen, dass mit der zunehmenden Operationalisierung des Hörens auch Klang zunehmend operationalisiert wird.

Operative Akustik: Klänge, die von Maschinen für maschinelle Hörer gemacht werden.

Adversarische Akustik: Klänge, die von Maschinen *gegen* menschliche Hörer gemacht werden, und umgekehrt (Li et al. 2019; Goodfellow et al. 2014; Goodfellow et al. 2015).

Medienverzeichnis

Literatur

Crawford, Kate und Vladan Joler. 2018. Anatomy of an AI System: The Amazon Echo As An Anatomical Map of Human Labor, Data and Planetary Resources. *AI Now Institute and Share Lab*. https://anatomyof.ai. Zugegriffen am 05. Oktober 2021.

Farocki, Harun. 2004. Phantom Images. In *Public* 29: 12–24.

Goldenfien, Jake. 2019. *Monitoring Laws: Profiling and Identity in the World State*. Cambridge/MA: Cambridge University Press.

Goodfellow, Ian et al. 2014. Generative Adversarial Nets. *Advances in Neural Information Processing Systems* 27: 2672–2680.

Goodfellow, Ian, Jonathon Shlens und Christian Szegedy. 2015. *Explaining and Harnessing Adversarial Exampls*. arXiv preprint arXiv:1412.6572. http://arxiv.org/abs/1412.6572. Zugegriffen am 05. Oktober 2021.

Lawrence, Halcyon. 2019. Siri Disciplines. In *Your Computer is on Fire*, hrsg. Thomas S Mullaney, Benjamin Peters, Mar Hicks und Kavita Philip. Cambridge/MA u. a.: MIT Press.

Li, Juncheng et al. 2019. Adversarial Music: Real World Audio Adversary against Wake-Word Detection System. *Advances in Neural Information Processing Systems* 32: 11908–11918.

Li, Xiaochang. 2017. *Divination Engines: A Media History of Text Prediction*. Doktorarbeit. New York University.
Maier, Stefan. 2018. WaveNet: On Machine and Machinic Listening. *Technosphere Magazine*. https://technosphere-magazine.hkw.de/p/1-WaveNet-On-Machine-and-Machinic-Listening-a2mD8xYCxtsLqoaAnTGUbn. Zugegriffen am 05. Oktober 2021.
McQuillan, Dan. 2018. Data Science as Machinic Neoplatonism. *Philosophy & Technology* 31 (2): 253–272.
Paglen, Trevor. 2016. Invisible Images (Your Pictures Are Looking at You). *The New Inquiry*.https://thenewinquiry.com/invisible-images-your-pictures-are-looking-at-you/. Zugegriffen am 05. Oktober 2021.
Rowe, Robert. 1993. *Interactive Music Systems: Machine Listening and Composing*. Cambridge: MIT Press.
Virillio, Paul. 1994. *The Vision Machine*. Bloomington: Indiana University Press.

Videos

Andrejevic, Mark. 2018. Operational Listening (Eavesdropping). *EAVESDROPPING*. Videostream, 36:09. https://eavesdropping.exposed/documentation/videos/5. Zugegriffen am 05. Oktober 2021.
Steyerl, Hito. 2019. The Language of Broken Glass. *YouTube*. Videostream, 26:35. https://www.youtube.com/watch?v=iyyM4vDg0xw. Zugegriffen am 05. Oktober 2021.

Elena Ungeheuer

Hören macht Macht

Acoustic Intelligence und ihre Potentiale

Abstract: *Acoustic Intelligence* zählt zu den geheimdienstlichen *Intelligence Systems*, die nach amerikanischem Vorbild weltweit Spuren potentieller Feinde orten, sammeln und auslesen. Von der Militärtechnologie ausgehend thematisiert der Beitrag sprachgeschichtliche, gesellschaftliche, künstlerische und techniksoziologische Aufladungen des Abhörens und Potentiale der Nutzung, Kontrolle, Einflussnahme und Handlungsgestaltung. Thematisiert werden u. a. akustische Theorien, Lauschkulturen, *Sound Source Recognition*, *Ambient Assisted Living*, Sprachassistentinnen, spatialisierte Klänge, Big Data, Games, virtuelle Akustik. Es offenbart sich ein Netzwerk der Macht des Hörens basierend auf der anthropologischen Bedeutung des Ohres als Raumgenerator.

Schlüsselwörter: MASINT, Macht, Abhören, Konsumüberwachung, Raum, Big Data, Ambient Assisted Living, Sound Source Recognition, virtuelle Akustik

1 Worum es geht...

Auf den Spuren von *Acoustic Intelligence* gelangt man in ein Höhlensystem multipler technologischer, kultureller, anthropologischer und militärischer Räume, die ein traditionsreiches wie hochaktuelles semantisches Feld in je anderer Kombination seiner Elemente bespielen. Zu diesen zählen Abhören, Gehorchen, Lauschen, Kontrolle, analoge und digitale Nachrichtentechnik, Klangquellen, Spionage, Virtualität, Big Data, Immersion, Imagination, Sensortechnik. Die Erscheinungsvielfalt von akustischer Intelligenz aufzuzeigen und handlungstheoretisch wie diskursanalytisch zu befragen, ist die Absicht dieses Beitrags. Geboten wird eine fall- bzw. höhlenspezifische Permutation von sich wiederholenden Konzepten und Praktiken, die dabei charakteristische Abspaltungen, Verzerrungen und Mutationen aufweisen.

Die beiden begrifflichen Hauptsäulen der *Acoustic Intelligence*, das Akustische und das Intelligente, sind gleichermaßen dissoziiert wie verbunden. Einerseits trennt sie ihre grundlegend unterschiedliche Wesenheit. Wo das Akustische räumlich, mehrdeutig, zeitlich flüchtig und multipel bestimmt ist, gibt sich das Intelligente linear und verfolgt zweckrational eineindeutig bestimmbare

https://doi.org/10.1515/9783110730791-003

Ziele. Das polarisierende Begriffspaar Unschärfe-Schärfe soll diesen Unterschied charakterisieren und die terminologische wie gedankliche Verbindung zur quantentheoretischen Unschärfegleichung und die physikalisch-philosophischen Diskurse um Determinierbarkeit und ihre Grenzen herstellen. Andererseits verbindet sie das geheime Band der Macht, die allerdings auch gemäß ihrer Wesenheit einen je anderen Charakter aufweist.

Die Macht des Akustischen ist generativ. Hören macht Macht, indem hörend etwas erzeugt wird. Anthropologisch betrachtet, erschafft Hören ein lebensnotwendiges raumzeitliches Fundament für die individuelle Mensch-Welt-Beziehung, das sich flexibel an die situativen Anforderungen anzupassen vermag. Die Macht der Intelligenz, so wie sie sich in den hier diskutierten Fällen präsentiert, ist performativ. Sie zeichnet einen Problemlösungsstil entlang allgemeiner Qualitätsmerkmale wie Schnelligkeit, Präzision und Verlässlichkeit aus. In diesem Sinne zählt das Adjektiv intelligent – ebenso wie *smart*[1] – zu den Verhaltenstypen, die das evolutionsbiologische Theorem *Survival of the Fittest* illustrieren. Den Stellenwert dieses spezifischen Intelligenzkonstrukts innerhalb des breiten erkenntnistheoretischen Diskurskontexts zu Epistemologien, Problemlösestrategien, Kognitions- und Handlungstheorien zu ergründen, ist nicht Aufgabe dieser Abhandlung. Wichtig ist es hier herauszuarbeiten, wie das doppelte Machtpaket, generativ wie performativ, in *Acoustic Intelligence* technologisch zum Einsatz kommt.

Die Formel *Hören macht Macht* strukturiert als manifestartiger Sockel die Überschriften der folgenden Überlegungen um entlang der Geschichte akustischer Intelligenzen eine Variation performativer Machtpraktiken vorzustellen, die die generative Macht des Hörens je anders instrumentalisieren.

2 Hören macht Macht I: Die akustische Lehre raumzeitlicher Lebensgrundlagen

Akustik bezeichnet gemäß des altgriechischen Kernbegriffs *ἀκούειν* (*akoyein*): ‚hören‘, die Lehre des Hörbaren. Es war namentlich der Akustiker Werner Meyer-Eppler, der daraus in den 1950er Jahren das disziplinübergreifende Aufgabenfeld von Akustik im Verbund von Natur- und Geisteswissenschaften ableitete; heute würde man den universitären Bereich der Lebenswissenschaften explizit hinzu-

1 Das gilt im englischsprachigen Original ebenso wie in den Anglizismen anderer Sprachen.

zählen.[2] Um Klang als (bereits interpretierte) Sinneswahrnehmung von Schallwellen zu verstehen, muss Verschiedenes mithilfe unterschiedlicher Methoden untersucht und hinsichtlich der gegenseitigen Beeinflussungen befragt werden. Bewegte Objekte regen Druckwellen in dem sie umgebenden Medium an. Deren Ausbreitung wird durch die Raumgegebenheiten modifiziert. Der Hörvorgang lässt sich als die wellenartige Verformung der Lymphflüssigkeit im Innenohr begreifen, die ihrerseits das Wellenverhalten der Luft, die auf das Trommelfell trifft fortsetzt. Die Interpretation dieser Wellenstruktur als Klang findet mittels Verkettung physiologischer, neurologischer, kognitiver, emotionaler, habitueller und allgemein körperlicher Bedingungen statt.[3] Die Komplexität des Hörvorgangs resultiert nicht zuletzt aus den zahlreichen Transformationen von Zuständen, die es nicht zulassen von einem linearen Ablauf zu sprechen. Die resultierende Klangwahrnehmung steht unter dem unmittelbaren Einfluss von etlichen Einzelphänomenen wie dem Einschwingvorgang und dem Ausschwingvorgang, sprich: der Art und Weise der kontinuierlichen Dämpfung, die das Schwingungsverhalten sofort wieder beginnt abzubauen, sobald es sich aufgebaut hat, sowie den sog. innermodulatorischen Ausgleichsvorgängen, die die gegenseitigen Auslöschung von Teiltönen des Klangs, partielle Verstärkungseffekte, Filterungen und jegliche Art von Verzerrungen bedeuten können. Alles akustische Geschehen ist immanent zeitlich und es trägt in jedem Moment die Signatur des Räumlichen: Schall breitet sich räumlich aus und Lebewesen nutzen das beidseitige Hören aktiv mittels gezielter minimaler Kopfbewegungen und der daraus resultierenden Laufzeitunterschiede des ankommenden Schalls zur konkreten Auslotung der sie umgebenden Räume.

Und mehr noch: Das Ohr fungiert als ein doppeltes Raumorgan. Der Gleichgewichtssinn ist dem Hörsinn unmittelbar benachbart; sie teilen dieselbe Membran und denselben entwicklungsbiologischen Ursprung. Damit ist das Ohr gleichermaßen zuständig für die Selbst-Ortung des Hörenden und für dessen Ortung der Welt. Das Ohr ist anthropologisch gesprochen zuständig für eine Ebene von Erkenntnis, die die Grundlagen für das Gesamtsystem eines Lebewesens legt (Baumann 1990).[4] In der doppelten Welterzeugung, die den Aktionsradius des Lebewesens außerhalb wie innerhalb seiner selbst festlegt und situa-

2 Die Lehrmaterialien von Werner Meyer-Eppler sind in seinem online zugänglichen Nachlass im Archiv der Akademie der Künste unter der Rubrik Musik einsehbar (Meyer-Eppler). Ein Portrait seiner Akustik findet sich in Elena Ungeheuer 1997.

3 Empfehlenswert die Aufschlüsselung des Hörens in Ellermaier et al. 2014.

4 Die internationale und transdisziplinäre Zeitschrift für Historische Anthropologie *Paragrana* versammelt unter demselben Titel in ihrem zweiten Band eine Reihe von Aufsätzen (Wulf 1993).

tiv reguliert, liegt die nicht zu unterschätzende generative Macht des Ohres als doppeltes Raumorgan. Die Magie von Klang basiert auf dieser zweifachen Syntheseleistung der Raum- und Identitätsbildung. Unter medialen Bedingungen unhintergehbarer Flüchtigkeit und Unschärfe entstehen für das hörende Lebewesen Stabilität und Sicherheit.

Komponist*innen, die seit den 1950er Jahren in elektronischen Studios arbeiteten, sahen sich mit einer unerwarteten Dichte der zu berücksichtigenden Faktoren des Hörens konfrontiert und baten akustische Expert*innen um Hilfe. Jene erzählten ausführlich von der Instabilität des Klangs und seinen Unschärfen und lieferten Denkmodelle sowie Klangexperimente, entlang derer die künstlerische Neugierde Kontakt mit dem Faszinosum Klang aufnehmen konnte. Musik zu komponieren hieß fortan Klang zu gestalten (Ungeheuer 2014 und 2016). Ihrerseits dynamisiert durch elektroakustische Methoden experimenteller Forschung, gefordert durch den militärischen Bedarf an fortgeschrittener Nachrichtenübertragung in den Kriegsjahren und inspiriert durch die technologischen Potentiale einer aufkommenden Computertechnologie, bauten die Akustiker*innen in der Mitte des 20. Jahrhunderts mit ihren Vorträgen und Publikationen Brücken zwischen ihrem komplexen Arbeitsfeld und den anspruchsvollen Herausforderungen, denen sich Komponist*innen stellten, als sie begannen, nicht mehr vorkonfektionierte Klänge auf dem Notenpapier zu komponieren, sondern Klänge selbst von Grund auf zu entwerfen und diese Entwürfe entlang ihrer eigenen hörenden Erfahrungen zu überprüfen und zu kritisieren.[5]

3 Hören macht Macht II: *Acoustic Intelligence* in militärisch-politischer Mission

Acoustic Intelligence bezeichnet eine Subdisziplin von *Measurement and Signature Intelligence* (MASINT), die ihrerseits zu den *Intelligence Systems* gehört, jene Superwaffe, die der nationale Geheimdienst der USA während der Zeit des Kalten Kriegs aufbaute (Aid 2014). Das Air Force Institute of Technology, eine der führenden US-amerikanischen Forschungs- und Ausbildungsorganisationen, betrieb und betreibt das *Intelligence Management* mit internationalem Vor-

5 Eine Auswahl von Publikationen, die Herrmann Scherchen durch Tagungsaktivitäten an seinem experimentellen Gravesaner Studio angeregt hat. Dort begegneten sich in den 1950er und 60er Jahren explizit Kunst und Wissenschaft: Skudrzyk 1957, Meyer-Eppler 1954 und Schaeffer 1966.

bildcharakter im Inneren des Militärkaders. MASINT stellt ein ausgefeiltes System multimodaler Abhör- und Überwachungstechniken bereit. Die intelligenten Systeme umfassen neben MASINT u. a. HUMINT, SIGINT, CULTINT, FINNINT, GEOINT, IMINT, die ihre Überwachungsbereiche (Menschen, Signale, Kultur, Finanzen, Geographie, Bilder etc.) in ihren Namenskürzeln verraten.[6] Der Auftrag liest sich wie folgt:

> Measurement and Signal Intelligence (MASINT) provides technically derived intelligence to detect, locate, track, identify, and describe the specific characteristics of fixed and dynamic target objects and sources. Numerous scientific disciplines and advanced technologies are applied in dedicated MASINT systems. There are also advanced MASINT processing and exploitation techniques, which broaden the usefulness of data collected by IMINT and SIGINT systems. MASINT collection systems include, but are not limited to, radar spectroradiometric, electro-optical, acoustic, radio frequency, nuclear detection, and seismic sensors, as well as techniques for gathering chemical, biological, nuclear, and other material samples.
>
> (CMSR 2021)

MASINT fokussiert sich vor allem auf unkontrollierte Emissionen von Aufklärungsobjekten und wertet diese aus, um den Feind und seine Waffen aufzuspüren, zu orten, zu identifizieren und nachzuverfolgen. Diese Emissionen werden Signaturen genannt. Dabei kann es sich bspw. um elektromagnetische Abstrahlungen, Schall oder chemische Spuren handeln.

Die weitgespannte Vernetzung verschiedener Überwachungssysteme zählte schon frühzeitig zu den Grundaufgaben geheimdienstlicher Tätigkeiten. Die Publikationen belegen, dass derartige Geheimdiensttätigkeiten neben Diplomatie und Verhandlungsführung als politisches Aufgabenprofil auf höchster nationaler Ebene galten und gelten. Die hervorragende Spezifik und die Durchschlagskraft dieser Form von Politik werden im Geheimen ihrer Abläufe gesehen (Warner 2014, S. 29). Auf diese Weise soll MASINT dem Entscheidungsträger, sprich dem Verteidigungsminister, feste Ankerpunkte für seine Einschätzung der Sicherheitslage liefern, also Unsicherheiten hinsichtlich einer passgenauen Entscheidung in Sicherheiten verwandeln, Unbestimmtheit in Bestimmt-

6 Der Auflistung der Intelligenzsysteme, die für die geheimdienstliche Sammlungen und Analysen von Daten entwickelt wurden, ist ein eigener Wikipedia-Eintrag gewidmet: https://en.wikipedia.org/wiki/List_of_intelligence_gathering_disciplines. Zugegriffen am 01. April 2021. Die Gesamtzahl der Intelligenzsystemen variiert je nach Informationsquelle. GlobalSecurity.org (2021) gibt wieder andere MASINT Subsysteme an, ebenso das Center for MASINT & Studies Research (CMSR 2021).

heit überführen (ebd.). Es geht dabei nicht nur um Akutbedrohungen, sondern auch um Präventivmaßnahmen (ebd.).[7]

Der Spirit, die Techniken und die Arbeitsmaximen von MASINT entstammen dem Entwicklungsschub der Nachrichtenübertragungstechnik im ausgehenden 19. und beginnenden 20. Jahrhundert. Auf dem Fundament der rasant um sich greifenden Industrialisierung wurden diese zum Wegweiser der kommenden kulturtechnologischen Entwicklungen. Im Zentrum steht die Idee einer definierbaren Nachricht, msstheoretisch „Information" genannt, die apparativ und damit kontrollierbar verschickt wird. So objektivierbar die Ausgangsinformation als das Original auf Senderseite konzipiert wurde, so wurde die Entgegennahme der Information auf der Empfängerseite als idealtypisch originalgetreu postuliert. Der Übertragungstechnologie ist es dann jeweils geschuldet, dass auf dem Verschickungsweg (Kanal) zwischen Sender und Empfänger zunächst die Nachricht kanalspezifisch codiert und dann wieder decodiert werden muss. Aus dieser Basisannahme resultiert die Notwendigkeit, eventuelle unbeabsichtigte Veränderungen der Nachricht auf ihrem Weg orten und identifizieren zu müssen. So entstand das Sender-Empfänger-Modell (Shannon 1949)[8], nämlich als Entrauschungsmodell, dass die Nachrichtentechniker quasi als Landkarte der technischen Stationen darin unterstützt, klangliche Störquellen, die die idealtypische Übertragung zu beeinträchtigen vermögen, zu orten und zu identifizieren.

MASINT folgt vollumfänglich diesem Denk- und Handlungsmodell. Auch hier wird mit Sendern, Empfängern, Kanälen, Information und Störrauschen gearbeitet (Richards 2014, S. 87). Allerdings ist der Arbeitsauftrag gegenüber dem der störungsfreien Nachrichtenübertragung erweitert: Das nationale Sicherheitsinteresse besteht vor allem darin, den Feind, sein Verhalten, seine Waffen, seine Pläne, seine Bewegungen (die vergangenen und die zukünftigen) möglichst leibhaftig vor sich zu sehen. Er soll mittels intelligenter Überwachungssysteme vor dem Auge der Politiker virtuell in Erscheinung treten, damit sie die ‚richtigen' Entscheidungen treffen. Um dies zu ermöglichen, geht die MASINT-Technologie in ihrem Signalanalyseansatz einen Schritt weiter als die klassische Nachrichtenübertragungstechnik:

7 „Intelligence thus does more than provide forewarning; often it serves to establish conditions in which threats are eliminated or kept at a distance. Gill and Phythian (2006: 7, 29, 34) argued that secrecy is perhaps the salient feature that delineates intelligence from related fields, like diplomacy and security. In addition, they insist that intelligence always encounters resistance, as ‚the relationship between surveillance and its subjects is always dialectical'. That resistance might be peaceful or violent, but it is a constant of intelligence, which thus should be seen as a continuing effort to overcome adversaries' efforts to overcome it" (Warner 2014, S. 29).
8 Publiziert 1949 durch den Mathematiker und Elektrotechniker Claude Shannon.

> IDM [Imagery-Derived MASINT] takes output of conventional imagery systems and processes the data in a different way to extract the non-literal information content. For example, rather than producing a multi-colored literal image from a multi-spectral sensor, a MASINT processing and exploitation application would try to discern the precise materials in the field of view through spectral matching. Each pixel in the field of view is a data set – corresponding to a particular material or set of materials. The real power comes when the MASINT signature information is referenced spatially in the image providing both content and context to the analyst. Referenced to a precise geographic registration system this integrated product provides information-rich intelligence to the consumer.
>
> (CMSR 2021)

Auf *Acoustic Intelligence* bezogen liest sich das für das konkrete Beispiel der Detektion eines Hubschraubers wie folgt:

> Take for example the different kinds of information that MASINT sensors can provide about an ordinary helicopter in flight. A MASINT acoustic sensor can identify the exact make and model of the helicopter by comparing the acoustic signature generated by its rotor blades with those of other helicopters. A MASINT radar sensor can provide fine-grained signature data on the craft's exact size, shape, weight, and flight performance, such as its speed and altitude. And MASINT infrared scanners can track the helicopter's movements at night by focusing on the heat signature generated by the aircraft's engine, and can usually tell you roughly how many passengers are inside the helicopter by counting the heat sources in the cabin.
>
> (Aid 2014, S. 116)

Der eingangs skizzierte konstitutive Konflikt von MASINT macht sich verfahrenstechnisch dahingehend bemerkbar, dass sämtliche MASINT-Entwicklungen den Charakter von Heuristiken tragen. Die Überwachungstechnologie passte sich fallspezifisch der Kontingenz der gegebenen Datenlage und ihrer medialen wie raumzeitlichen Bedingungen (Temperatur, Aggregatzustand, Flüchtigkeit, Entfernung etc.) bestmöglich an. Dafür bedurfte es eines ganzen Orchesters verschieden konstruierter Sensoren, die Aufgaben des Aufspürens, Abtastens, Transformierens in wechselnden Kombinationen übernahmen.[9] Das wirkte kaum systematisch, sondern zufällig und handgestrickt. Die Führungsriege des Geheimdiensts reagierte mit der Herabstufung von MASINT innerhalb der Familienhierarchie der intelligenten Systeme. Es kam die Rede vom Stiefkind MASINT auf, denn MASINT galt irgendwann nicht mehr als eine klar definierbare nachrichtendienstliche Disziplin, sondern als Sammelsurium von Aufklärungstechnologien, „that have been lumped together as a matter of convenience because they cannot be neatly fit for categorisation purposes anywhere else" (ebd.).

9 Vgl. die Auflistung von MASINT-Technologien während des Kalten Kriegs in Aid 2014, S. 114 f.

4 Intelligenz in militärisch-politischer Mission

Das Wort *Intelligenz* ist in Geheimdienstkreisen zunächst einmal gleichbedeutend mit *Information*, und zwar jener, die die intelligenten Systeme generieren (Warner 2014, S. 26). Im Bewusstsein eine weisungsgebundene Einrichtung zu sein, wird die Auftragslage dabei stets betont: „intelligence is simply information for decision-makers“ (ebd.). Von dieser konkreten Praxis im Secret Service leitete sich eine ähnliche im Amerikanischen gängige alltagssprachliche, resp. berufsspartenspezifische Begriffssemantik ab:

> Most people casually employ the word „intelligence“ to mean any sort of privileged information useful in making personal or business decisions, from football wagers to corporate mergers.
>
> (Ebd., S. 27)

Auf hoher politischer Ebene greift dann in die Formel *Intelligenz = Information* die zweite Konnotation von Intelligenz als Spionage ein.[10] Dabei wird betont, dass Intelligenz in diesem Sinne nichts tue, kein Akteur sei und kein Ziel verfolge; sie liege einfach bereit (ebd., S. 27).

Das ergibt zusammenfassend ein Bild amerikanisch-angelsächsischen Understatements, das den proaktiven Zugriff einer smarten Technologie herunterspielt, wenn nicht sogar verleugnet. Man könnte von einer szenetypischen Jargon-Ellipse sprechen, die nicht zuletzt aus Gründen der Geheimhaltung qua definitorischer Verkürzung ein wesentliches Element in der Offenlegung ihres Tuns herausschneidet. Wozu wurde für eine vermeintlich neutrale Datenmenge aber gerade der Terminus Intelligenz eingesetzt, der begriffsgeschichtlich gerade einer bestimmten Qualität menschlichen Handelns zugeordnet ist? Hier scheinen eine Selbstinszenierung und Imagebildung mit am Werk zu sein, die der gegebenen militärischen Hierarchie Genüge tun. Mit Subtexten etwa von der Art „was wir hier als konzertierte Aktion im Geheimdienst tun, erzeugt Intelligenz und spielt diese den intelligenten politischen Führungspersönlichkeiten zu“ bleibt die Rangfolge der Verantwortlichkeit gewahrt.

Ungeachtet des selbstgebastelten Binnenvokabulars gibt MASINT ein vielfältig anwendbares Modell für Intelligenz als ein maximal belastbarer und forderbarer Operator ab. Als ein Arbeiter der Luxusklasse ist Intelligenz weisungsgebunden, instrumentalisierbar und vor allem technisierbar. Während in den

10 „[...] if one is a national leader intelligence is something more. It is ‚secret, state activity to understand or influence foreign entities‘“ (ebd., S. 27).

idealisierenden Diskursen um Künstliche Intelligenz bekanntermaßen die Maschine die Intelligenzhöhe des Menschen erklimmen soll[11], so stellt sich für die beschriebenen geheimdienstlichen Intelligenzen die Frage eigentlich überhaupt nicht, ob Maschinen jemals das Niveau menschlicher Intelligenz erreichen. MASINT zeigt, dass es sich andersherum verhält: Intelligente Technologie definiert, was Intelligenz ist, nämlich die bestmögliche Zielerreichung bei maximaler Reduktion hinsichtlich der Komplexität der Variablen, der Zielsetzung und der operativen Schritte. Dabei ist die Zielsetzung selbst auf die Güte der Operativität ausgerichtet: Höchste Geschwindigkeit, Reproduzierbarkeit, Verlässlichkeit, eindeutige Bestimmbarkeit der Objekte. Das implizite Verfahren der Reduktion blendet Inhalte, Unschärfen, Mehrdeutigkeiten und andere Bedingungen, die das schlank gehaltene Datenvolumen aufblähen könnten, aus, um die performative Bestleistung zu garantieren. Wer könnte dies besser leisten und diese Verfahrensgüte besser überwachen als das Militär?

Nach einem eindrucksvollen militärhistorischen Wendepunkt wurde allerdings auch in Nordamerika begonnen, menschliche Intelligenz als alles überragend hervorzuheben und politisch-operativ zu unterstützen. Gemeint ist der Sputnikschock, der die amerikanische Seele tief verwundet hatte. Amerikas großes Erschrecken galt ihrer Niederlage im weltraummilitärischen Muskelspiel, als die Sowjetunion am 04. Oktober 1957, und das hieß *vor ihnen*, den ersten künstlichen Erdsatelliten Sputnik erfolgreich starten ließ. Das US-Militär reagierte darauf mit dem konsequenten Aufrüsten ihrer Kaderschmieden. Dies sollte wissenschaftlich gezielt unterstützt werden. So erging der Auftrag an die Forschung, Trainingsprogramme und Techniken zu erfinden, die es garantierten, dass künftige Ingenieure wieder im Wettbewerb siegreich hervorgehende Technik konstruieren. Das war die Geburtsstunde für eine emphatische Kreativitätsforschung, wie wir sie bis heute kennen, in deren dynamisiertem Gefolge auch eine auf das Spektrum menschlicher Handlungsqualitäten zugespitzte Intelligenzexpertise disziplinübergreifend diskutiert wurde. Bis heute gilt das Strukturmodell, das Paul Guildford 1967 für das Konstrukt Intelligenz entwi-

11 So oder so ähnlich könnten die Intelligenzerzählungen, die die Diskurse um künstliche Intelligenz anfüllen, zusammengefasst werden (Zemanek 1992). Mitgeliefert wird hier die Prämisse der allgemeingültigen Superiorität des Menschen und der Superiorität von menschlicher Intelligenz im Vergleich kognitiver Tätigkeiten. Auch wird an dieser Stelle die kulturgeschichtlich alte Narration der Gegenüberstellung Mensch-Maschine mit ihren zwei Deutungsimplikationen erkennbar: Entweder beherrscht der Mensch die Maschine und macht sich diese im besten Fall zum Diener. Oder die Maschine beherrscht den Menschen, denn wenn sie erstmal intelligent ist, dann ist sie super-intelligent und sticht den Menschen und seine Begrenztheit in jeder Hinsicht aus.

ckelte, als allgemeine Referenz. Begleitet wurden die durch den Sputnikschock getriggerten akademischen Neuorientierungen durch auch Westeuropa infizierende gesellschaftspolitische Aktivitäten. Nationale Bildungssysteme sollten hochgefahren und der wissenschaftliche Austausch gefördert werden. In den US-Staaten gründete sich die *Advanced Research Projects Agency* (ARPA), die 10 Jahre später eine erste Form des Internets (ARPANET) hervorbrachte. Eine Flut von Kreativitätstechniken brach sich Bahn; sie unterspült bis heute nicht zuletzt die Businessabteilungen und die Schulungsseminare für Führungskräfte. Als Anwender von Intelligenzforschung und dann auch als Grundlagenforscher brachten sich vor allem auch Pädagogen ein. 1964 rief in Deutschland der Altphilologe Georg Picht eine nationale Bildungskatastrophe aus (1964) und befeuerte einen seither nicht abebbenden Disput über zentralisierte Lehrmethoden, internationalen Leistungsvergleich[12] und Bildungsstandards.

5 Hören macht Macht III: Zur Reichweite des Sender-Empfänger-Modells

Es kann als Allgemeinplatz gelten, dass Kommunikation ein komplexes Phänomen mit zahlreichen Erscheinungsformen darstellt, das je nach Fachdisziplin, je nach Kultur, je nach Erfahrung, je nach Situation anders definiert wird. Kommunikation kann körperlich verlaufen, sprachlich, stumm, emotional, an Dinge gekoppelt, in körperlicher Distanz, sie kann Austausch bewirken, Setzungen vollziehen, verändern, bestätigen, umformen, übersetzen, wiederholen, abgrenzen, verstehen, missverstehen und sie kann in vielen Varianten etwas vortäuschen. Nehmen und Geben sind in einem multimodalen Spielfeld miteinander verquickt, verlaufen parallel und sind räumlich wie kontextuell für jeden Beteiligten anders eingebunden. Bemerkenswert ist allerdings, dass die jedem alltäglich zugängliche Komplexität von Kommunikation in der alltäglichen Auffassung kaum abgebildet ist. Kommunikation wird vielmehr gelehrt und definiert als eine einfache Abfolge trennscharfer und linearer Vorgänge des Verschickens und Empfangens von Information, verbunden mit der Empfehlung, auf saubere Codierung und Decodierungspraktiken zu achten. Kommunikationstheorien, die der Komplexität zwischenmenschlicher Verständigung

12 Siehe PISA-Studie: https://www.oecd.org/berlin/themen/pisa-studie. Zugegriffen am 10. Mai 2021.

Rechnung tragen, legen bezeichnenderweise großen Wert auf die Bedeutung des Hörens und seiner mannigfachen kommunikativen Funktionen.[13]

Warum und wie sich besagtes nachrichtenübertragungstechnisches Sender-Empfänger-Modell bis in alle Winkel gesellschaftlichen Denkens fortpflanzen konnte, nicht nur auf wissenschaftlicher Ebene, sondern gerade in den alltäglichen Welttheorien, und wie aus einem Modell zur Entrauschung eine Schnittvorlage für menschliche Kommunikation abgeleitet werden konnte, ist noch nicht hinreichend untersucht worden. Kritik an einem technologischen Modell als Vorbild für zwischenmenschliche Kommunikation, wurde – nicht zuletzt auf Basis seiner Untauglichkeit – allerdings wiederholt vorgebracht (Wolf 2010, darin vor allem das Kapitel „Annäherungen: ein kommunikationstheoretischer Rahmen", S. 55–86).

Festzuhalten bleibt, dass die allgemeine industrielle Verbreitung der nachrichtenübertragungstechnisch organisierten militärischen Abhörtechnologien in den gängigen ebenfalls nachrichtenübertragungstechnisch gefärbten Kommunikationstheorien auf ein optimal passendes Mindset traf. Die Popularisierung im Sinne einer raschen Akzeptanz neuer Standards, hier der smarten Vereinfachung komplexer hör- und verstehensspezifischer Zusammenhänge, war damit garantiert. Der etlichen medialen Erzählungen (Film, Computerspiel, Werbung) impliziten Botschaft, dass geheimdienstliche Überwachungssysteme Kommunikation auf besonders intelligente Weise erledigen, stand kaum etwas im Weg.

6 Hören macht Macht IV: Sound Source Recognition intelligent instrumentalisiert

Die Thematik der Klangquellenerkennung ist keine Sonderangelegenheit des Militärs. Diskurse zur Bedeutung der *Sound Source Recognition* führen direkt ins Zentrum kontinuierlicher Dispute um die Geltungsbereiche von Biologie versus Kultur als Determinatoren menschlichen Handelns. Die Frage von hinter- oder vordergründig sich auswirkenden kulturübergreifenden Universalien im Sinne ökologischer Grundgesetze der Wahrnehmung oder kultur- und individualitätsrelativer Ausbildungen und Interessenslagen ist ihrerseits eingebettet in die

13 Vgl. die posthum veröffentlichten Grundlagentexte einer hörerorientierten Kommunikationstheorie in Gerold Ungeheuer 2010. Weiterhin wichtig sind die Beiträge in Richter und Schmitz 2003.

interdisziplinäre Nature-Nurture-Debatte (Ceci 1999). Wer entscheidet über menschliche Interpretationen von Welt, über menschliche Werte, über Orientierungen menschlichen Handelns? Ist es die innere Natur, sprich: die Gene und angeborenen Verhaltensmuster, oder ist es die kulturelle Nahrung, sprich: das Umfeld, seine Anforderungen (Gibson 1979) und Sozialisierungen, die als äußerer Einfluss einen Menschen im Laufe seines Lebens prägen?

Der Umfang, den die Klangquellendetektion im Arbeitsspektrum der Geheimdienste einnimmt, ist somit durch die ökologischen Theorien zu allgemeinen biologischen Überlebensstrategien gedeckt. Auch die meisten wahrnehmungspsychologischen und neurokognitiven Theorien orientieren sich an evolutionsbiologischen Grundannahmen wie derjenigen, dass Klang den Lebewesen wesentliche Informationen über ihre aktuelle Lebenssituation, deren Angebote und deren Gefahren liefert. Klänge als Indikatoren für Klangquellen zu deuten, ermöglicht überlebenstechnisch, diese Angebote und Gefahren als konkrete Handlungsanweisungen (etwa Zugriff oder Flucht) zu verstehen.

Wie bereits angedeutet, entfaltet Hören einen Variantenreichtum an individuell und kulturell unterschiedlich geprägten Inbeziehungsetzungen zwischen Mensch und Welt. Klangquellen zu identifizieren stellt dabei eine Option dar, die nur im Kontext evolutionsbiologischer und ökologischer Diskurse als die nächstliegende erscheint. Die Auseinandersetzung um das Verhältnis von ökologischen, das Erkennen von Realität betonenden und ästhetischen, die freie Imagination betonenden Dimensionen prägt die Diskurse um Musik, Klanginstallationen und Medienkunst seit der Mitte des 20. Jahrhunderts. Im Kontext musikalischer und ästhetischer Diskurse wurde die Klangquellenfrage häufig für elektronische Musik gestellt, also die Musik, die die Klangquellen hinter den Lautsprechern verbirgt. Pierre Schaeffer forderte seit den 1950er Jahren eine *Musique concrète*, die die per Mikrofon aufgenommenen Klänge und Geräusche explizit und radikal ihrer Klangquellenreferenz beraubt, um dem musikalischen Objekt als eine neue, entkontextualisierte Seinsform von Klang per Hörhygiene zur Existenz zu verhelfen. Als kulturelles Vorbild diente ihm dabei die akusmatische Pythagoras-Überlieferung, der zufolge die neuen Schüler seiner Rede nur hinter einem Vorhang, also unter Ausschluss der sichtbaren Klangquellen, lauschen durften, um das reine Hören zu trainieren. Mit akusmatischer Musik, also Musik, die die Sicht auf die Klangquellen durch Audioaufnahmen und Lautsprecherübertragung verwehrt, versuchte sich Schaeffer an der Quadratur des Kreises, nämlich der Verbindung zwischen subjektivierender Ästhetik und objektivierender Naturwissenschaft (Schaeffer 1959). Philosophisch orientierte sich Schaeffer dabei an Edmund Husserls prozessualer Phänomenologie: In einem Vorgang der Reduktion (seiner selbst) bewegt sich der Mensch sukzessive auf dasjenige außerhalb seiner selbst zu. So erreichte Schaeffer eine mediale Unmittelbarkeit.[14] Die Möglichkeit, eine Schallplatte oder ein Tonband mehrfach abzuspielen, lieferte die allgemeinste Bedingung dieses in Anlehnung an Husserls *Ecoute réduite* zu nennenden Hörens. Die Loops, entweder mithilfe der geschlossenen Rille oder einer Tonbandschleife realisiert, dienten weiter dazu, die mit Mikrofon aufgenommenen Klänge in der Wiederholung ihrer Einbindung in situative Gegebenheiten zu entkleiden, sodass sie schließlich nicht mehr semantisch auf den Kontext verweisend, sondern – als Ergebnis des Hörprozesses selbst – in ihrer reinen Klanglichkeit wahrgenommen werden konnten. Auch die Schnitttechnik, die Art, Klänge nach klanglichen Gesichtspunkten aneinander zu montieren, formte das Hören der Klänge. Die Unmittelbarkeit, der Schaeffer mit großem reflexiven Aufwand, wie seine Schriften beweisen, nachforschte, ist – entgegen dem Ruf der *Musique concrète* – nicht diejenige unmanipulierter Klänge, die aus dem Alltag, aus der Natur aufgenommen werden. Seine Unmittelbarkeit entspricht im Gegenteil wieder dem Ideal einer Reinheit, diesmal einer rezeptiven Reinheit, die erst erreicht werden kann, wenn sich der Hörende seiner überlebenstechnischen Hörgewohnheiten entledigt hat, um sich ganz der für jeden Klang originären musikalischen Struktur als solcher zu öffnen. Die klangökologische Schule um den Kanadier Murray Schafer legte hingegen großen Wert auf das Erkennen von Klangquellen für jene Lautsprecherkompositionen, die als *Soundcscapes* das Klangprofil von Orte künstlerisch dokumentieren (Schafer 2010).

Acoustic Intelligence führte in besagten Fall-Heuristiken von MASINT analoge und digitale Technologien zusammen und stellt damit an sich keine Künstliche Intelligenz in digitaler Reinform dar. Es ist allerdings genau ihre Expertise in der Klangquellenerkennung, die die *Acoustic Intelligence* für das Großprojekt der Erschaffung einer virtuellen Realität als unverzichtbaren Partner empfiehlt. Wer es vermag, den Auftraggebern das quasi-reale Bild eines Feindes mit seinem Verhalten in Zeit und Raum vor Augen zu führen, der versteht es, Daten zu generieren, aus denen sich virtuelle Realitäten täuschend echt berechnen lassen. Das betrifft vor allem auch das Anliegen der virtuellen Akustik, die Klangraum-Realitäten auf Knopfdruck abrufbar machen will. Daraus lässt sich in Richtung von *Augmented Reality* ableiten, dass MASINT Daten liefert und Datenerhebungsmodelle anregt, die der Manipulation von Realität in beliebigen Applikationen der Künstlichen Intelligenz zugrunde liegen können.

14 Siehe hierzu und zu den folgenden Ausführungen die medientheoretische Einbettung von Schaeffers *Musique conrète* in Elena Ungeheuer 2008.

Auch die zur Weiterentwicklung der im Kontext der künstlichen Intelligenz betriebene Dauerforschung zum *Machine Learning* bedarf Erfahrungen im Umgang mit den Unschärfen, die die zu lernenden Praxisstile stets mit sich bringen. So kann MASINT als elitäre Brutstätte von Kernkompetenzen für Konzepte künstlicher Intelligenz gelten, die im Hinblick auf Alltagsgebrauch wie auf wissenschaftliche Forschung (z. B. dem Erforschen von Tiersprachen oder Studien zur Klimaveränderung und ihren Folgen in den Lebenswissenschaften) Programmierlogistik mit der nicht leicht zu systematisierenden Datenvielfalt der Welt konfrontiert.

7 Hören macht Macht V: Sprechkulturen des Abhörens

Acoustic Intelligence vernachlässigt zwar die Komplexität des Hörens, erweist dem kulturellen Traditionsreichtum des Horchens aber alle Ehre. Die Sprachgeschichte weist eine alte Verbindung des Hörens mit dem Horchen und des Horchens mit dem Geheimen auf.[15] Da gibt es das frühneuhochdeutsche *lüschen* als „verborgen sein, lauern“ und das *(h)losen* als „zuhören, gehorchen“; das mittelhocheutsche *losen* stand für „hörend achtgeben, zuhören, horchen“. Es lässt sich eine lautliche und semantische Vermischung der beiden Verben annehmen, nämlich des mittelhochdeutschen *lōschen*, frühneuhochdeutschen *lūschen* „verborgen sein“ und des mittelhochdeutschen *losen* „zuhören, horchen“, die ein Lauschen im Sinne eines im Verborgenen heimlich Horchenden ergibt. Ein Lauscher war im 17. Jahrhundert jemand, der „heimlich lauscht“ (17. Jh.). Im 18. Jahrhundert meinte das Adjektiv lauschig Adj. „versteckt, einsam, traulich“ und bis auf den heutigen Tag wissen wir, was mit einem lauschigen Plätzchen gemeint ist, nämlich ein Ort, an dem man gerade nicht ohne Weiteres bei welchen Verrichtungen auch immer gehört werden kann.

Jedes Abhören beinhaltet einen Akt des Hörens; das begründet die schon sprachgeschichtlich belegte Nähe beider Verben. Wenn Abhörtechnologie im Spiel ist, dann findet das vollumfängliche Hören – wenn es überhaupt eingebracht wird – nicht während des Abhörvorgangs statt, sondern höchstens danach. Stenographie stellt in diesem Sinne einen Abhörakt dar, bei dem es aus-

15 Die folgenden Ausführungen sind zusammengeführt aus mehreren Lexikoneinträgen, Grimm, Jacob und Wilhelm, Deutsches Wörterbuch (online), Trier Center for Digital Humanities / Kompetenzzentrum, Lemmata „Horchen“, „Losen“, „Hören“.

schließlich um das möglichst zeitnahe Erfassen und Festhalten des Sprachschalls geht. Zeitaufwendige Verstehensprozesse auf Seiten des Schreibers werden für die Dauer des Stenographierens ausgeblendet. Eine MP3-Datei etwa wird vom Musikliebhaber ebenso mit mentalem und emotionalem Engagement angehört und nicht abgehört. Abhören funktioniert hingegen selektiv: Ein Produzent oder eine Audiosoftware etwa hören eine MP3-Datei selektiv ab – der Insiderjargon bezeichnet das in einer Art professioneller Profanisierung als Abhöre –, wenn deren Lautstärke oder deren Geräuschanteile erfasst werden sollen, um sie in einem nächsten Schritt an einen Standard anzupassen, wobei dieser nächste Schritt quasi zeitgleich in einer Aktion des zum Abhören synchron ausgeführten Regelns praktiziert werden kann.

Eine implizite Reflexion des großen Spannungsmoments, der in der Begegnung von Verborgenem und ihrerseits verborgenen, auf das Verborgene gerichteten Höraktivitäten liegt, ist vielen Sprachbeispielen für *losen*, *lüschen* und *lauschen* anzumerken, z. B. wenn es um das Horchen an einer verschlossenen Türe geht. Der darin angelegte Rechtsbruch wurde dann zum Thema, als es eine diesbezügliche Rechtsprechung gab. Dass sich das Nachkriegsdeutschland mit dieser Problematik im großen Stil erst seit den 1970er Jahren befasste, macht den gesellschaftlichen und politischen Einbruch, den die RAF-Krise verursachte, einmal mehr deutlich. Der Begriff „Lauschangriff" tauchte erstmals 1968 in der von Erika Fuchs übersetzten Donald-Duck-Geschichte *Irrungen und Wirrungen mit einem Werwolf* auf. Er verbreitete sich über das nachrichtendienstliche und ministerielle Umfeld, als der Verfassungsschutz am 30. Dezember 1975 unter der Bezeichnung *Operation Müll* durch Installieren von Abhörwanzen in der Wohnung einen umfassenden und von den damaligen Gesetzen nicht gedeckten Lauschangriff auf Klaus Traube unternahm. Er wurde verdächtigt, mit Mitgliedern der Rote Armee Fraktion (RAF) in Kontakt zu stehen (was bekanntermaßen nicht zutraf).

Vollends erblühte der Lausch-Begriff in Deutschland um die letzte Jahrtausendwende auf, als es zu einer langwierigen erhitzten politischen Debatte um das kriminalrechtliche Konzept des sog. „großen Lauschangriffs" kam. Nunmehr sollten Polizei und Staatsanwaltschaft befugt werden, auch private Wohnungen zu überwachen. Die gesetzlichen Grundlagen dafür wurden 1998 in Bundesrat und Bundestag gelegt. Bis 2004 wurde überparteilich um Voraussetzungen seiner Durchführung, um Privatsphäre, um die Einhaltung des Grundgesetzes gerungen. Dabei spielte die inzwischen möglich gewordene technische Totalüberwachung auch eine Rolle in der Argumentation der Kritiker. Ein den Einsatz und die Durchführung des großen Lauschangriffs deutlich begrenzendes Gesetz wurde dann 2004 mit einer zutiefst ethischen und Artikel 1 des Grundgesetzes auslegenden Urteilsbegründung des Bundesgerichtshofes letztinstanzlich erreicht:

> Zur Unantastbarkeit der Menschenwürde gehört die Anerkennung eines absolut geschützten Kernbereichs privater Lebensgestaltung. Jede Erhebung von Informationen aus diesem Bereich muss abgebrochen werden. Jede Verwertung ist ausgeschlossen.
>
> (BGH 2004)

8 Hören macht Macht VI: Ambient Assisted Living und das doppelte Spiel mit der Dienstleistung Abhören

Der medizinisch-therapeutische Nutzen von *Augmented Reality* hat sich in den Diskussionen um virtuelle Realität schon vor Jahrzehnten als Feigenblatt etabliert. Einst ging es explizit um elektronisches Know-How und Technologien, die Gehandicapten und Älteren den Alltag einfacher zu bewältigen und ihnen erweiterte Handlungsoptionen zugänglich machen sollte. Die elektronische Verarbeitung und Speicherung von Sprachbefehlen erfüllt dabei in vielerlei Hinsicht eine zentrale logistische Aufgabe. *Ambient Assisted Living*[16] gilt seither in journalistischen, werbetechnischen, literarischen und filmischen Erzählungen als moralisch unantastbares und die Zukunft greifbar machendes Zeugnis für das Gute in Technik, in künstlicher Intelligenz und in einer digitalisierten Gesellschaft.[17]

Das Konzept von Alltagsprodukten, die auf das jeweilige Anwenderprofil und seinen Sonderbedarf spezifisch zugeschnitten sind, hat sich inzwischen industriell verselbstständigt. Nicht unerhebliche Unterschiede zwischen therapeutischen Maßnahmen, Wellness, Wohlfühl-Bequemlichkeit und Lifestyle fallen für eine kapitalistische Bedarfsanalyse kaum ins Gewicht: Je stärker individuell konfektioniert eine Ware daher kommt und je einfacher sie von unterschiedlichen Nutzern auf individuelle Nutzungshabitus programmiert werden kann, umso größer kann ihre Bereitschaft angenommen werden diese zu kaufen und alsbald durch ein neues Modell mit aktuelleren Features zu ersetzen. Das Marketingkalkül scheint aufzugehen. Die neue Realität des *Ambient Livings*[18] verändert und multipliziert vieles, so auch den Radius und die Mission von Abhören als Dienstleistung. Spätestens mit den neuen Mitbewohnerinnen Alexa

16 Siehe das praktisch ausgerichtete Handbuch von Queirós und da Rocha 2018.

17 Hinsichtlich der erzieherischen Dimension ist diesbezüglich ein Blick in die öffentlich-rechtliche Kinderfilmserie *Die Pfefferkörner* (KIKA) lehrreich, vor allem in der 17. Staffel, in der eine Hauptrolle als Mädchen im Rollstuhl ausgestaltet ist.

18 Siehe dazu eine aktuelle Glosse von Zurawski (2021).

und Siri, jenen Sprachassistentinnen im Lifestylemilieu, sind umfassende Abhöraktionen idealerweise sämtlicher Lebensabläufe, die von der Reichweite der internen Mikrofone erfasst werden, normal geworden. Das Argument der Produktwerbung, auf diese Weise die Anpassung der von den Sprachassistentinnen kontrollierten Geräte an das Nutzerprofil bestmöglich optimieren zu können, lässt sich nur schwer von der Hand weisen.

De facto vollziehen die Sprachassistentinnen allerdings dauerhaft noch eine weitere Mission, nämlich ihren eigentlichen, nicht kundenseitigen sondern firmenseitigen, Auftraggebern die begehrten Nutzerdaten zuzuspielen. Dabei geht es nicht mehr um klar begrenzbare Usabilitystudien, die jeder Warenhersteller braucht, um sinnvolle Produkte auf den Markt zu bringen. Es geht um das grenzenlose Großprojekt des gläsernen Kunden, gläsernen Bürger, gläsernen Menschen. Die Sprachassistentinnen müssen dazu bewusste und unbewusste Eingabedaten breitbandig erfassen und übermitteln. Ausgelesen werden die abgelauschten Daten u. a. auf Merkmale der individuellen Handlungsselektionen, eben der Kundenprofile, sowie auf statistische Merkmale, die die Persönlichkeit abbilden sollen (Häufigkeiten, Verdichtungen, Periodizitäten, Kopplungen, jeweils korreliert mit anderen Ereignissen und ihren Datenspuren wie politischen Wahlen oder Sport-Events, sozio-demographisch-ökonomischen Kontextdaten und verglichen mit den Datensätzen anderer Personen, mit denen die Abgehörten Umgang pflegen). Im Erfassen und Manipulieren von Kaufverhalten und anderen Handlungspräferenzen finden die Enkelinnen von MASINT ihre aktuelle Berufung. Für die heute gängigen Abhöraktionen der Sprachassistentinnen und ihre bereits konzeptuell und technologisch angestoßenen Weiterentwicklungen ist gerade jene Könnerschaft von MASINT relevant, die dem abgehörten Signal auch Kontextinformationen entlockt. Die jeweilige Programmierung erachtet zunehmend mehr Signalparameter als relevant, was das Problem der Speicherung vieler Daten (Big Data) nicht nur im großindustriellen Bereich tagesaktuell macht. Die mittlerweile alltäglich gewordenen Haushaltsgeräte werden zu Lieferanten von Informationen (militärisch: Intelligenz), die die Macht der Auftraggeber (militärisch: Entscheidungsträger) exponentiell anwachsen lässt. Auch das heiße Thema des Datenabgleichs mit anderen Intelligenzsystemen im großen Stil (Big Data) weist auf die einst elitäre Militärpraxis zurück. Wenn sich (nicht nur) im Kalten Krieg internationale Netzwerke von Geheimdiensten austauschen, kooperieren in der Industrie internationale Netzwerke von Software-Konzernen und angeschlossenen Playern (wie z. B. der Finanzindustrie).[19]

19 Publikationen zu diesem Kapitel: Zurawski 2021 und Knorre et al. 2020.

9 Hören macht Macht VII: Virtuelle Realität und Immersion mit Raumklang

Die Spannung, welche der *Acoustic Intelligence* aufgrund ihres hier diskutierten konstitutiven Konflikts zwischen Unschärfe und Schärfe innewohnt, hat scheinbar seit der letzten Jahrtausendwende mit dem exponentiell ansteigenden Anspruch, große Datenmengen digital verarbeiten zu können, begonnen, auf eine Veränderung der Physiognomie von Abhörtechnologien hin zu drängen. Durch die Integration verschiedener Sinnesmodalitäten, Raumbewegungen und Angleichung der Interfacedispositive an alltägliche Handlungsroutinen nähert sich die Technologie rasant der Komplexität des Lebens an. Die Entwicklung von Computerspielen ist zum neuen Tech-Kader geworden. Das vermarktbare Zauberwort heißt Immersion und meint zunächst spielerseitig das (idealtypisch) vollumfängliche Eintauchen in die virtuelle Spielumgebung (Herzfeld-Schild 2020).[20] Tatsächlich geht es aber auch um immersive Verfahren auf Seiten der technologischen Intelligenzen, die dem Spiel einprogrammiert sind. Denn das Auslesen der Daten, auf die maschinell reagiert wird, kommt dem Eintauchen der Maschine in die Handlungsräume der Spieler gleich. *Presence*[21] wird zu einem zentralen Konstrukt, das diese Verlagerung zu erklären hat. Zugelegt haben auch die Anstrengungen der Programmierer, die Maschinen lernfähig auszulegen. Verglichen mit der kruden, inzwischen als Kult gefeierten Haptik früherer Computerspielinterfaces, bedürfen nun die Erscheinungsvielfalt und die Unschärfen lebendiger Handlungsabläufe nicht nur auf der Ebene des Interfaces der besonderen Aufmerksamkeit und des ingenieurstechnischen Erfindungsreichtums.

Was hier stattfindet lässt sich als ein Weichzeichnen der smarten Technik beschreiben. Der neue Charakter der virtuellen Praktiken erzeugt neue Images von Mensch-Ähnlichkeit, mithin eine Anthropoästhetik – die ja rudimentär die Robotik immer begleitete – auf ganz neuer Ebene. Das immersive Ziel ist es schließlich den konsumierenden Menschen vollständig einzuhüllen in eine künstliche Welt, die seinen realen Lebenspraktiken in hinreichend vielen As-

20 Wichtig auch die wissenschaftliche Selbstreflexion des Gamers und Wissenschaftlers Gordon Calleja (2011).

21 Presence versteht sich hier im Sinne der überwiegend englischsprachigen Studien zu Social Presence, die Forschungen zu Mensch-Maschine-Interaktion, Gaming, virtuellem Lernen und Computernutzung allgemein zunehmend begleiten. Das Buch von Short et al. 1976 gilt dafür als Pionierwerk.

pekten ähnelt und diese gleichzeitig in phantastische Welten überführt, in denen wir mit Superkräften ausgestattet ans Werk gehen. Ein beabsichtigter Nebeneffekt ist es, dass die Hemmschwelle, sich auf künstliche Welten einzulassen, sinkt. Präsenz, Kontextualität und Prozessualität sind zu wesentlichen Dimensionen der virtuellen Realität geworden. Wer das Ziel verfolgen sollte mittels virtueller Realitätsangebote eine umfassende Kontrolle über Menschen, ihre Tätigkeiten, ihre Absichten und ihre Routinen zu erlangen, sähe sich seinem Ziel sprunghaft näher gerückt.

Für diesen Qualitätssprung ist die neue Qualität der akustischen Dimension maßgeblich mit verantwortlich. Die anthropogische Dimension von Hören wird hier getriggert und gleichsam instrumentalisiert. Ein qualitativ hochwertiges Hören des Konsumenten spielt für die immersive Wirksamkeit der virtuellen Realität und für die Einbeziehung seines integralen Empfindungs- und Wahrnehmungshaushalts eine große Rolle. Virtuelle Realität war solange ein in Maßen interessantes Pixelspielchen, solange es noch keine digital kontrollierte vielkanalige Raumakustik gab. Auf Knopfdruck soll ein quasi lebensechtes Eintauchen ins quasi lebensechte Raumimitat erlebbar werden. Dies zu garantieren, hat sich inzwischen die neue hochdotierte Forschungsrichtung der virtuellen Akustik zum Ziel gesetzt (Eisenberg 2011). *Acoustic Intelligence* markiert also mittlerweile eine Startposition für eine forschungsgeschichtliche Linie hin zu virtueller Akustik und gleichzeitig für eine hoch expansive Industrie hin zu mehrkanaligem *Audio Engineering*. Wellenfeldsynthese und Ambisonics stellen diesbezüglich zwei prominente Technologien dar. Anwender sind nicht mehr nur Computerspiele und Unterhaltungsindustrie, sondern etliche Produktionssparten, die Wert auf Stil, Design, Raumgestaltung legen (z. B. Autoindustrie, Verkaufshallenarchitektur). Funktionieren die aufwendigen Lautsprecheraufbauten, Datenübertragungen und softwaretechnischen Raffinessen tatsächlich auf Knopfdruck, was in der Tat noch nicht selbstverständlich ist, dann sind in der Tat die sinnlichen Eindrücke höchst bemerkenswert und lassen alles Bisherige, das die VR-Forschung hervorgebracht hat, als schlecht belichtete Schwarz-Weiß-Fotografie medienarchäologisch verblassen.

Indem sie sich also auf jene einst negierte Conditio humana, den komplexen und räumlichen Hörsinn, fokussieren, perfektionieren die virtuellen Realitätsbauer ihre simulativen Machtspiele. Damit entpuppt sich der konstitutive Konflikt in der Initialphase der *Acoustic Intelligence* als Entwicklungspotential in zweiter Ordnung. Nachdem die Smartness optimiert ist, öffnet sich die technologische Intelligenz in Umgebungen virtueller Realität nun wirklich der Räumlichkeit von Akustik.

Künstliche Intelligenz, die auf räumliche Seinsmodalitäten der Empathie, des vollumfänglichen Hörens, der emotionalen Präsenz zuzugreifen trachtet, bleibt allerdings der Wolf im Schafspelz, um eine andere Metapher für das Weichzeichnen zu verwenden. Karakayali beschreibt industrielle Praktiken, die darauf abzielen jene Stile und Moden dem Mainstream einzuverleiben, die sie einst aus dem Produktkanon verbannt haben oder die sich proaktiv der Vermarktung zu entziehen bemühten, als gewinnmaximierende Appropriation (Karakayali 2012). In diesem Sinne war es zu erwarten, dass die Games und Apps, die hochwertige mehrkanalige Beschallung anbieten, das Kaufverhalten signifikant steigern. Das Kalkül scheint aufzugehen.

10 *Acoustic Intelligence* als Thema interdisziplinärer Wissenskulturen des Komplexen

Interdisziplinarität bedeutet mehr als die Addition mehrerer Forschungsdisziplinen. Die gleichermaßen empirische wie abstrakte Aufgabenstellung, große Mengen vielgestaltiger Daten aus abgezirkelten Bereichen der Natur zu sammeln, um diese in Wissensbestände zu überführen, aus diesen dann Theorien zu bilden und Anwendungen abzuleiten, verbindet den militärischen Geheimdienst mit einem bestimmten Typus von Wissenschaft, genauer: von Wissenschaftsverbünden, in denen Mathematik die führende Rolle erhält.[22] Das Kategorisierende, zielgerecht Aufräumende und logisch Stringente, das in der Militärtechnologie Intelligenz heißt und auf Überlegenheit im Wettkampf setzt, wird auf akademischem Boden durch die Mathematik gestellt. Erst in der strengen mathematischen Formulierung wird das Wissen, das den naturgegebenen Daten innewohnt, greifbar. Zwischen Datensammlung und mathematischer Logik ist die Aufgabe platziert, Naturgesetze zu erkennen. Diese stellen die interdisziplinäre Gelenkstelle dar, denn sie vermitteln zwischen der Unschärfe empirischer Gestalten und der Schärfe mathematischer Verlässlichkeit.[23]

Gemäß dieses doppelten interdisziplinären Angangs verfuhr auch die vorliegende Abhandlung: Mithilfe multidisziplinärer Fragestellungen wurden viel-

22 Dazu zählen auch vermeintliche Randdisziplinen wie die Astronomie (siehe Sputnikschock).

23 Diesen Hinweis verdankt die Autorin dem Mathematiker Christian Klingenberg, der in seinem Fachgebiet der mathematischen Strömungsmechanik diesen Datentransfer aus der Physik in die Mathematik zu leisten hat (2021).

gestaltige Daten, die die Erscheinungsformen akustischer Intelligenz auszeichnen, gesammelt und in ein handlungstheoretisches Argumentationssystem überführt. In der Akzeptanz von Unschärfe als einem nicht nur unter dem quantenphysikalischen Mikroskop gewärtig werdenden Phänomen, das zweckrationales Handeln – situativ wie konzeptuell – konterkariert, liegt das innovative Potential der Überlegungen begründet. Die im Dienste der Vermittlung aufgerufenen Naturgesetze im Sinne von theoretisch eingebetteten und empirisch unterstützten ebenso wie laufend neu angefütterten Grundannahmen erlauben einen unverstellten Blick auf verschiedene Typen von Macht, deren institutionelle, hegemoniale, wissenschaftstheoretische und alltagspraktische Manifestationen und Implikationen an anderer Stelle weiter auszuführen sind.

Medienverzeichnis

Literatur

Aid, Matthew M. 2014. Measurement and Signature Intelligence. In *Routledge Companion to Intelligence Studies*, hrsg. Robert Dover, Michael S. Goodman und Claudia Hillebrand, 114–122. London: Routledge.

Baumann, Max Peter. 1990. Das Ohr als Erkenntnisorgan: Prolegomenon zur Anthropologie des Hörens. In *VII. European Seminar in Ethnomusicology. Pre-Publication of the Conference Papers, October 1–6*, hrsg. International Institute for Comparative Music Studies and Documenation, 47–62. Berlin: IIC-MSD.

BGH – Bundesgerichtshof. *Urteil des BGH zum Großen Lauschangriff vom 3. März 2004.*

Calleja, Gordon. 2011. *In-game: From Immersion to Incorporation*. Cambridge/MA u. a.: MIT Press.

Ceci, Stephen. 1999. *The Nature-Nurture Debate: The Essential Readings*. Oxford u. a.: Blackwell.

CMSR – Center for MASINT & Studies Research CMSR. Bei Airforce Institute of Technology (AFIT). http://www.afit.edu/cmsr/Intelligence.cfm. Zugegriffen am 08. Januar 2021.

Eisenberg, Gunnar. 2011. *Virtuelle Akustik. Künstliche Raumimpulsantworten, Effiziente Faltung*. Göttingen: Cuvillier Verlag.

Ellermaier, Wolfgang, Jürgen Hellbrück und Josef Schlittenlacher. 2014. Physiologische und psychoakustische Grundlagen des Hörens. In *Akustische Grundlagen der Musik*, hrsg. Stefan Weinzierl, 35–78. Laaber: Laaber-Verlag.

Gibson, James J. 1979. *The Ecological Approach to Visual Perception*. Boston/MA: Houghton Mifflin Harcourt.

GlobalSecurity.org. https://www.globalsecurity.org/intell/library/policy/army/fm/2-0/chap9.htm. Zugegriffen am 05. Oktober 2021.

Grimm, Jacob und Wilhem Grimm. *Deutsches Wörterbuch von Jacob Grimm und Wilhelm Grimm.* https://www.dwds.de/. Zugegriffen am 05. Oktober 2021.

Guilford, Paul. 1967. *The Nature of Human Intelligence*. New York: McGraw-Hill.

Herzfeld-Schild, Marie Louise. 2019. Musikalische Immersion. Hörend Anwesenheit spüren. In *IMMERSION. Grenzen und Metaphorik des digitalen Subjekts*, hrsg. Thiemo Breyer und

Dawid Kasprowicz. Special Issue von *Navigationen – Zeitschrift für Medien- und Kulturwissenschaften* 19: 71–88. Siegen: universi.

Karakayali, Serhat. 2012. Soziophagie. Skizzen zur Figur der Vereinnahmung. In *Selbstläufer / Leerläufer. Regelungen und ihr Imaginäres im 20. Jahrhundert*, hrsg. Stefan Rieger und Manfred Schneider, 115–130. Berlin u. a.: Diaphanes.

Klingenberg, Christian. 2021. https://www.mathematik.uni-wuerzburg.de/fluidmechanics/team/christian-klingenberg/. Zugegriffen am 08. Juli 2021.

Knorre, Susanne, Horst Müller-Peters und Fred Wagner. 2020. *Die Big-Data-Debatte. Chancen und Risiken der digital vernetzten Gesellschaft*. Wiesbaden: Springer Gabler, open access.

Meyer-Eppler, Werner. 1954. Mathematisch-akustische Grundlagen der elektronischen Klang-Komposition. Elektronische Musik. Sonderheft des *NWDR / Technische Hausmitteilungen* 6: 31.

Meyer-Eppler, Werner. Nachlass Lehrmaterialien im Archiv der Akademie der Künste. https://archiv.adk.de/BildsucheFrames?easydb=mp9pej9ve3lpmr9q8uuioc9e53&ls=2&ts=1625747027. Zugegriffen am 08. Juli 2021.

Picht, Georg. 1964. *Die Deutsche Bildungskatastrophe. Analyse und Dokumentation*. Olten u. a.: Walter-Verlag.

Queirós, Alexandra und Nelson Pacheco da Rocha (Hrsg.). 2018. *Usability, Accessibility and Ambient Assisted Living*. Cham: Springer Nature Switzerland AG.

Richards, Julian. 2014. Signals Intelligence. In *Routledge Companion to Intelligence Studies*, hrsg. Robert Dover, Michael S. Goodman und Claudia Hillebrand, 87–95. London: Routledge.

Richter, Helmut und H. Walter Schmitz. 2003. Kommunikation – Ein Schlüsselbegriff der Humanwissenschaften?. In *Signifikation*, hrsg. dies., Bd. 3. Münster: Nodus Publikationen.

Schaeffer, Pierre. 1959. Wechselwirkung zwischen Musik und Akustik. *Gravesaner Blätter. Musikalische, elektroakustische und schallwissenschaftliche Grenzprobleme* IV (14): 51–60.

Schaeffer, Pierre. 1966. *Traité des objets musicaux: essai interdisciplines*. Paris: Seuil.

Schafer, Murray. 2010. *Die Ordnung der Klänge. Eine Kulturgeschichte des Hörens*. Mainz: Schott Musik International.

Shannon, Claude. 1949. The Mathematical Theory of Communication. In *The Mathematical Theory of Communication*, hrsg. ders. und Warren Weaver, 3–91. Urbana: University of Illinois Press.

Short, John, Ederyn Williams und Bruce Christie. 1976. *The Social Psychology of Telecommunications*. London: John Wiley & Sons.

Skudrzyk, Eugen. 1957. Psychoakustische Erscheinungen bei der Bildung von natürlichen und synthetischen Klängen. *Gravesaner Blätter. Musikalische, elektroakustische und schallwissenschaftliche Grenzprobleme* III (9): 78.

Trier Center for Digital Humanities / Kompetenzzentrum, Lemmata „Horchen“, „Losen“, „Hören“. http://dwb.uni-trier.de/de/. Zugegriffen am 05. Oktoberr 2021.

Ungeheuer, Elena. 1997. Werner Meyer-Epplers Lehre in der Musik. In *Fortschritte der Akustik. Plenarvorträge und Fachbeiträge der 22. Deutschen Jahrestagung für Akustik*. DAGA 96: 43–50.

Ungeheuer, Elena. 2008. Ist Klang das Medium von Musik? In *Sound Studies: Traditionen – Methoden – Desiderate. Eine Einführung*, hrsg. Holger Schulze, 57–76. Bielefeld: transcript.

Ungeheuer, Elena. 2014. Der instabile Klang. Zur Aneignung akustischer Forschung in musikalischer Komposition. In *Akustische Grundlagen der Musik*, hrsg. Stefan Weinzierl, 155–174. Laaber: Laaber-Verlag.

Ungeheuer, Elena. 2016. Ästhetische Pragmatiken analoger und digitaler Musikgestaltung im 20. und 21. Jahrhundert. In *Lexikon Neue Musik*, hrsg. Jörn Peter Hiekel und Christian Utz, 77–87. Kassel: Metzler-Verlag.

Ungeheuer, Gerold. 2010. Einführung in die Kommunikationstheorie (unter Mitarbeit und mit einem Nachtrag von Johann G. Juchem), 3. völlig neu eingerichtete Auflage. In *Signifikation*, hrsg. Karin Kolb, Jens Loenhoff und H. Walter Schmitz, Bd. 7. Münster: Nodus Publikationen.

Warner, Michael. 2014. Theories of Intelligence. In *Routledge Companion to Intelligence Studies*, hrsg. Robert Dover, Michael S. Goodman und Claudia Hillebrand, 25–32. London: Routledge.

Wolf, Guido. 2010. *Der Business Discourse. Effektivität und Effizienz der unternehmensinternen Kommunikation*. Wiesbaden: Gabler.

Wulf, Christoph. Hrsg. 1993. Das Ohr als Erkenntnisorgan. Paragrana. Internationale Zeitschrift Historische Anthropologie 2(1).

Zemanek, Heinz. 1992. *Das geistige Umfeld Informationstechnik*. Berlin u. a.: Springer Verlag.

Zurawski, Nils. 2014. Geheimdienste und Konsum der Überwachung. *Aus Politik und Zeitgeschichte* (APuZ) 64 (18–19): 14–19. https://www.bpb.de/apuz/183088/geheimdienste-und-konsum-der-ueberwachung-essay. Zugegriffen am 05. Oktober 2021.

Zurawski, Nils. 2016. Freiheit, Sicherheit, soziale Kontrolle und der Konsum der Überwachung. Soziologische Gedanken zum Leben in der digitalen Gesellschaft. In *Überwachung und Privatheit in der Ära nach Snowden. Ein Dialog*, hrsg. Peter A. Berger, Robert Brumme und Clemens H. Cap, S. 19–38 . Rostock: Universität Rostock.

Zurawski, Nils. 2021. *Überwachen und konsumieren. Kontrolle, Normen und soziale Beziehungen in der digitalen Gesellschaft*. Bielefeld: transcript Verlag.

Audio und Video

Zurawski, Nils. 2021. Konsum und Überwachung. Das Leben, so herrlich einfach und praktisch. *Deutschlandfunk Kultur (Politisches Feuilleton)*. Radiobeitrag. https://www.deutschlandfunkkultur.de/konsum-und-ueberwachung-das-leben-so-herrlich-einfach-und.1005.de.html?dram:article_id=502005. Zugegriffen am 05. Oktober 2021.

Drechsel-Grau, Daniel, Andrea Katzenberger und Philipp Scholz. 2020. *Die Pfefferkörner*. Staffel 17. Letterbox Filmproduktion GmbH. *KIKA*. Fernsehserie. https://www.kika.de/die-pfefferkoerner/staffeln/siebzehn-100.html. Zugegriffen am 05. Oktober 2021.

Intermezzo

Artemi-Maria Gioti

Machine Listening als aktiver Prozess in interaktiven Kompositionen

1 Einleitung

Mit der zunehmenden Verbreitung von Anwendungen des maschinellen Lernens in der Musikkomposition und -performance scheint sich der Diskurs über Musik und Künstliche Intelligenz (KI) mehr und mehr in Richtung „ökosystemischer" (McCormack 2012) Ansätze zu verschieben, die Computerkreativität als Teil von ko-kreativen Netzwerken zwischen Mensch und Computer und nicht als Ersatz für menschliche Kreativität betrachten (z. B. McCormack 2012; Jones, Brown und D'Inverno 2012; Nyström 2021; McCormack et al. 2020). Diese Ansätze basieren auf posthumanen Vorstellungen von „agency", die menschliche und nicht-humane Akteure als Teile größerer „Akteursnetzwerke" (Latour 2005) oder „kognitiver Assemblagen" betrachten, die menschliche und technische „cognizers" umfassen (Hayles 2017). Die komplexe und verflochtene Beziehung zwischen menschlicher und maschineller *agency* in diesen ko-kreativen Netzwerken beschränkt sich nicht auf die Delegation kreativer Verantwortung an Computer, sondern umfasst auch die verschiedenen Arten, in denen computergestützte Werkzeuge die kreative Ideenfindung beeinflussen und als Denkinstrumente fungieren.

Dieses Kapitel konzentriert sich speziell auf *Machine Listening*-Prozesse und erörtert deren Potenzial, die Kompositionspraxis zu erweitern und zu verändern, indem es die Entwicklung idiosynkratischer musikalischer Agenten ermöglicht, die mit menschlichen Musiker*innen innerhalb größerer ko-kreativer Mensch-Computer-Netzwerke interagieren können. In den nächsten Abschnitten stütze ich mich auf meine eigene kompositorische Arbeit, die durch das Konzept der interaktiven Kompositionen geprägt ist.[1] Dabei handelt es sich um musikalische Werke, die eine gegenseitige Anpassung in Echtzeit zwischen

1 Diese Forschung wurde gefördert vom Österreichischen Wissenschaftsfonds (FWF): AR 483-G24.

Anmerkung: Hierbei handelt es sich um eine Übersetzung. Übersetzer*in: Anna Schürmer.

https://doi.org/10.1515/9783110730791-004

menschlichen Interpret*innen und interaktiven Musiksystemen beinhalten, d. h. Computermusiksystemen, die in der Lage sind, auditive Informationen aus ihrer Umgebung zu sammeln und zu verarbeiten und sowohl als Reaktion auf menschliche Aktionen als auch unabhängig davon als Ergebnis autonomer generativer Prozesse zu handeln.

Konkret bespreche ich vier Kompositionen, die verschiedene Ansätze für die Anwendung von machine Listening in komponierter interaktiver Musik zeigen. Auf der Grundlage der hier verwendeten *Machine Listening*-Verfahren können diese Werke unter drei verschiedenen Klangkonzepten gruppiert werden: Klang als Wahrnehmungskategorie (*perceptual category*), Klang als Beziehung (*relation*) und Klang als ästhetisches Objekt (*aesthetic object*). Zusätzlich zu den technischen, kompositorischen und konzeptionellen Aspekten jedes Ansatzes diskutiere ich das Potenzial von *Machine Listening* und maschinellem Lernen für die Musikkomposition im Allgemeinen sowie die Auswirkungen ihres Einsatzes in der komponierten Musik auf die musikalische Autorschaft, die Binarität von Komposition und Performance sowie das Konzept des musikalischen Werks.

2 Klang als Wahrnehmungskategorie: *Neurons | Imitation Game*

Neurons ist eine Komposition für Sopransaxophon und ein interaktives Musiksystem, das *Machine Listening* verwendet. Das Werk beinhaltet Echtzeit-Interaktion und gegenseitige Anpassung zwischen der Saxophonist*in und dem Computermusiksystem und umfasst vier Interaktionsszenarien, die jeweils verschiedene klangliche Interaktionsmöglichkeiten und Performanceanweisungen beinhalten (Gioti 2018).

Das Computermusiksystem enthält ein neuronales Netz, das darauf trainiert ist, vier verschiedene Spieltechniken zu erkennen: Einzeltöne, Mehrklänge, Lufttöne und geschlagene Klänge. Dieser Erkennungsprozess ermöglicht es dem Computer, mit der Musiker*in auf der Grundlage von symbolischen Musikinformationen (einem Wörterbuch mit kompositorisch definierten Klangklassen) zu interagieren, die durch sensorische Informationen auf niedrigerer Ebene (Deskriptoren auf Signalebene) gewonnen werden. Die in der Phase des *Machine Listenings* gesammelten Informationen fließen in die Entscheidungsphase des Systems ein und beeinflussen die Reaktionen des Systems auf die Musiker*in. In ähnlicher Weise passt sich diese*r an die Klangausgabe des Computers an, indem eine nichtlineare Partitur interpretiert wird, die eine Entscheidungsfindung in Echtzeit ermöglicht.

Die vom neuronalen Netzwerk durchgeführte Klassifizikation dient als Grundlage für die Entwicklung idiosynkratischer *Machine Listening*-Strategien, welche die Rolle des Hörens als aktiven Prozess der musikalischen Performance erkunden. Das interaktive Musiksystem ist in der Lage, alle von menschlichen Interpret*innen gespielten Klangfarbenkategorien (d. h. Spieltechniken) zu erkennen, kann jedoch je nach dem aktuellen Interaktionsszenario nur auf einige oder gar keine reagieren. Das System reagiert nach Belieben und lauscht suchend nach bestimmten Klangqualitäten, wodurch es die Aktionen der Interpret*in durch seine Affordanzen lenkt.

Während die auditive Verarbeitungsphase des Computermusiksystems auf einer Klassifizierungsaufgabe basiert, erforscht die Partitur des Stücks weitgehend die Räume zwischen den vom Algorithmus für maschinelles Lernen erkannten Kategorien. Übergänge von Lufttönen zu gepitchten Tönen oder von Einzel- zu Mehrklängen werden verwendet, um die kategoriale Unterteilung in die vier Klassen in Frage zu stellen und die Grenzen des maschinellen Lernalgorithmus auszuloten. Insb. können kategorisch mehrdeutige oder „instabile" Klänge und Klassifizierungsfehler den Wert der klanglichen Variabilität beeinflussen – einer Metrik, die vom Computer berechnet wird, um die Entwicklung des Klangmaterials über längere Zeiträume zu verfolgen. Ein hohes Maß an Unsicherheit in den Vorhersagen des neuronalen Netzes (d. h. schnelle Änderungen zwischen zwei oder mehr Klassen) kann dazu führen, dass die klangliche Variabilität einen bestimmten Schwellenwert überschreitet, was das System dazu veranlasst, seine Eingaben vorübergehend abzuschalten und in einen Zustand des Nicht-Hörens zu wechseln.

Eine ähnliche Klassifizierungsaufgabe wird in *Imitation Game* für einen menschlichen und einen Roboter-Schlagzeuger durchgeführt. Zu den Prozessen des *Machine Listenings* in *Imitation Game* gehören die Erkennung von Instrumenten und Spieltechniken sowie die Berechnung von drei verschiedenen Metriken des musikalischen Kontrasts, deren Entwicklung die Entscheidungsfindung des Schlagzeugroboters bestimmt (Gioti 2019).

Konkret bewertet der Schlagzeugroboter fortlaufend seine Interaktion mit der Musiker*in und entscheidet, ob er musikalischen Veränderungen „folgt" oder diese „(ein)führt", basierend auf der Entwicklung von drei Metriken des musikalischen Kontrasts: rhythmisch, klanglich, dynamisch. Wenn bspw. der musikalische Kontrast eine Zeit lang konstant (d. h. in etwa derselbe Wert) oder monoton (d. h. regelmäßig ansteigend oder abfallend) bleibt, wird der Schlagzeugroboter der Musiker*in wahrscheinlich weniger folgen, als eher ein neues, kontrastreiches Klangmaterial einzuführen.

Wie der Titel bereits andeutet, zielt diese Arbeit darauf ab, Isomorphismen und Äquivalenzen zwischen menschlichem und maschinellem Handeln herzustellen. Diese Äquivalenzen gehen über die Spiegelung (physischer) menschlicher Handlungen (z. B. Schläge und Kratzen) durch den Schlagzeugroboter hinaus und umfassen auch die übergeordnete Wahrnehmungsebene (z. B. musikalischer Kontrast) und ästhetische Kriterien, die in seine Entscheidungsfindung einfließen. Durch die Einführung musikalischer Veränderungen mit dem Ziel, den wahrgenommenen musikalischen Kontrast zu erhöhen oder zu verringern, übt der Schlagzeugroboter eine Handlung aus, die von Natur aus ästhetisch ist – wenn nicht absichtlich, so doch in der Wirkung. Die Fähigkeit des Roboters, musikalische Veränderungen vorzunehmen, bedeutet, dass Mensch und Roboter im Wesentlichen gemeinsam über die musikalische Form bestimmen, die sich aus den ausgehandelten Absichten und der gegenseitigen Anpassung zwischen ihnen ergibt.

Abb. 1: *Imitation Game*: Bühnenanordnung.

3 Klang als Beziehung: *Converge/Diverge*

Ausgehandelte Intentionen und Echtzeitanpassung zwischen menschlichen und nicht-menschlichen Akteuren stehen im Mittelpunkt einer weiteren meiner Kompositionen, die jedoch einen grundlegend anderen Ansatz für *Machine Lis-*

tening verfolgt. In *Converge/Diverge* für Klavier, Kontrabass und interaktives Musiksystem besteht die Aufgabe des Machine Listenings nicht in der Erkennung vordefinierter Wahrnehmungskategorien, sondern in der Analyse und Interpretation der Beziehung zwischen den beiden Audioeingängen (Klavier und Kontrabass) und damit der Interaktion zwischen den beiden Musiker*innen (Gioti 2021b).

Converge/Diverge ist eine interaktive Komposition, die die Konzepte des gemeinsamen Handelns und der ‚kollaborativen Emergenz' erforscht, d. h. des emergenten Gruppenverhaltens, das in improvisatorischen Kontexten entsteht, in denen es keinen strukturierten Plan oder ‚Leader' gibt, der die Gruppe leitet (Sawyer 2000, S. 183). In *Converge/Diverge* steht es den beiden Instrumentalist*innen frei, drei verschiedene Zustände des interaktiven Musiksystems zu erkunden: „konvergieren", „divergieren" und „verhandeln". Durch das Spielen von ähnlichem oder unterschiedlichem (*converging/diverging*) Klangmaterial können die Musiker*innen verschiedene Szenarien initiieren, die unterschiedliche klangliche Möglichkeiten der Interaktion mit sich bringen. Die Begriffe Konvergenz und Divergenz beziehen sich in diesem Zusammenhang ausschließlich auf den Grad der klanglichen Ähnlichkeit zwischen den beiden Audioeingängen. Die Interaktionsdynamik zwischen den Musiker*innen wird durch das Computermusiksystem sowohl sonifiziert als auch beeinflusst. Die Maschine überwacht hierbei nicht nur die Interaktion zwischen den beiden Musiker*innen und reagiert entsprechend, sondern kann auch zwei weitere Interaktionsszenarien (*cooperate/compete*) initiieren.

Zwei getrennte Pools von synchronen Aktionen werden als Klangmaterial für „Konvergenz" und „Divergenz" bereitgestellt: Indem eine Musiker*in Klangmaterial aus einem dieser Pools abspielt, lädt sie ihre Mitspieler*in zur Annäherung (*convergence*) oder Abweichung (*divergence*) ein. Da eine solche Einladung entweder angenommen oder abgelehnt werden kann, spielt die gemeinsame Handlungsfähigkeit eine zentrale Rolle bei der Gestaltung der Aufführungsform. Infolgedessen werden die Absichten während der Aufführung kontinuierlich ausgehandelt und an die Gruppendynamik und die momentanen Stimuli angepasst, was bei jeder Performance zu sehr unterschiedlichen Interaktionen und musikalischen Ergebnissen führt.

Wichtig ist, dass das interaktive Musiksystem keine vorgefasste Meinung über klangliche Konvergenz und Divergenz hat, was bedeutet, dass es keine von Hand codierten Schwellenwerte oder maschinelles Lernen gibt, um bestimmte klangliche Interaktionen als konvergent und andere als divergent zu identifizieren. Diese Zustände werden als relativ zu der gesamten klanglichen Interaktion zwischen den beiden Musiker*innen verstanden. Der Computer „lernt" im Grunde spontan „on-the-fly", indem er die Interaktion zwischen den beiden Musiker*innen beobachtet und die klangliche Distanz bzw. Unähnlichkeit zwischen den beiden Audioeingängen mit zuvor beobachteten Werten vergleicht.

Dies stellt eine zusätzliche Besonderheit des interaktiven Musiksystems dar: Da die Fähigkeit des Systems, klangliche Konvergenz und Divergenz erfolgreich zu erkennen von den während der Aufführung gesammelten Daten abhängt, können seine Reaktionen in den ersten Minuten der Aufführung ziemlich unvorhersehbar sein. Diese Eigenschaft wurde von Nikolaus Feinig und Florian Müller (Klangforum Wien) in ihrer Interpretation des Stücks ausgenutzt, indem sie bewusst versuchten, schon früh in der Aufführung „Konvergenz" und „Divergenz" zu initiieren, um unvorhersehbare Reaktionen hervorzurufen.

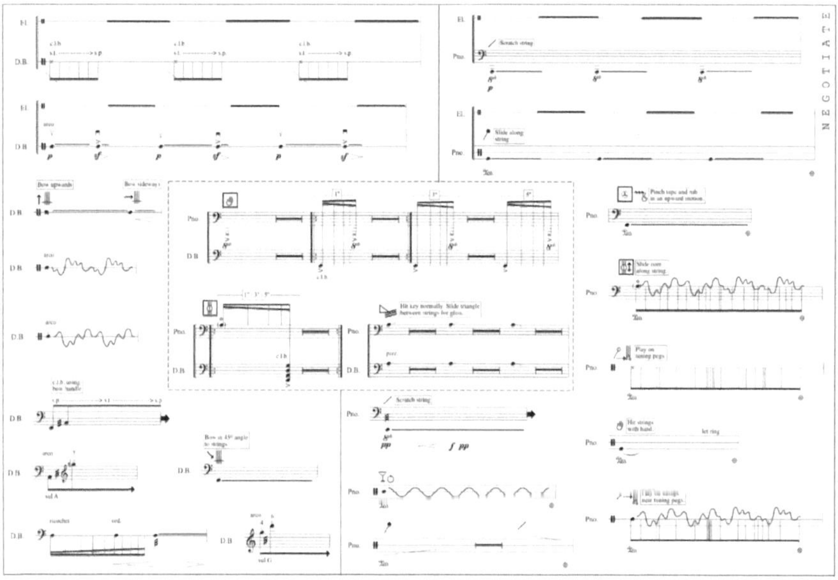

Abb. 2: *Converge / Diverge*: Partiturauszüge.

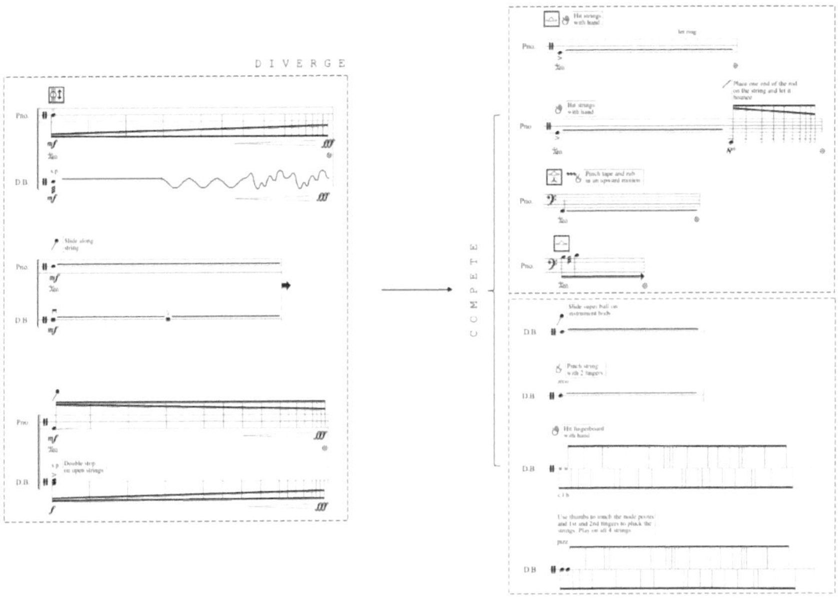

Abb. 3: *Converge / Diverge*: Partiturauszüge.

4 Klang als ästhetisches Objekt: *Bias*

Die letzte hier besprochene Arbeit – *Bias* – verfolgt einen grundlegend anderen Ansatz für *Machine Listening*, indem sie eine Einschränkung von Algorithmen für maschinelles Lernen untersucht: KI-Vorurteile – *Bias*, das Ergebnis von Algorithmen, die willkürliche Annahmen über Daten treffen oder die in den Daten vorhandenen menschlichen Vorurteile verstärken.

Ausgangspunkt für diese Komposition war eine Reihe von Experimenten mit maschinellem Lernen, die darauf abzielten, ein Computermusiksystem mit idiosynkratischem Verhalten und „subjektiven" ästhetischen Präferenzen zu entwickeln, das in der Lage ist, Absichten und kognitive Zustände durch musikalische Aktionen zu kommunizieren. Konkret führt das interaktive Musiksystem eine ästhetische Bewertung der Eingaben der Musiker*in in Echtzeit durch und imitiert Klänge und Texturen, die es „interessant" findet, bleibt aber still oder schlägt neues Klangmaterial vor, wenn es das Interesse an den Eingaben der Musiker*in verliert (Gioti 2021a).

Diese ästhetische Bewertung wird von zwei neuronalen Netzen vorgenommen, die auf der Grundlage von Daten trainiert worden sind, die mit Hilfe des

Klarinettisten Szilárd Benes gesammelt und auf Basis meiner subjektiven ästhetischen Einschätzungen anhand einer Likert-Skala von 1 (*gar nicht interessant*) bis 5 (*äußerst interessant*) bewertet wurden. Es wurden zwei getrennte Datenpools gesammelt und als Trainingssätze für zwei getrennte neuronale Netze verwendet: das eine führt die ästhetische Bewertung auf der Basis von Klangereignissen durch, das andere auf der Basis von Texturen.

Der Trainingsprozess und das anschließende Testen der erhaltenen maschinellen Lernmodelle zeigten, dass die neuronalen Netze tatsächlich einige interessante Formen von „Vorlieben" entwickelt hatten. Z. B. schienen die neuronalen Netze niederfrequente Klänge gegenüber hochfrequenten zu präferieren und statisch dröhnende Texturen, die aus anhaltenden Klängen bestehen, gegenüber schnellen und virtuosen melodischen Passagen zu bevorzugen. Diese Präferenzen stellen plausible, wenn auch etwas übertriebene Annahmen über meine ästhetischen Vorlieben dar und zeigen, dass die Algorithmen des maschinellen Lernens tatsächlich einige interessante Korrelationen zwischen den Klangbeispielen und ihren Bewertungen „erlernt" haben, ohne jedoch die Feinheiten der durch die Trainingsdaten repräsentierten ästhetischen Urteile zu erfassen.

In diesem Stadium hätten die maschinellen Lernmodelle noch weiter verbessert werden können, z. B. durch das Sammeln weiterer Beispiele. Da die Prämisse dieses Stücks jedoch nicht darin bestand, meine ästhetischen Urteile so genau wie möglich zu simulieren, sondern vielmehr das künstlerische Potenzial von KI-Vorurteilen (*bias*) zu erforschen, wurden alle kreativen Interpretationen der Trainingsdaten stattdessen für ihr ästhetisches Potenzial ausgenutzt. So beeinflusste bspw. die Vorliebe des maschinellen Lernmodells für sich langsam entwickelnde, dronenartige Texturen die Gestaltung der generativen Prozesse des interaktiven Musiksystems und bestimmte weitgehend die ästhetische Richtung des Stücks.

In *Bias* wird das gesamte Klangmaterial, das bei der Aufführung durch das interaktive Musiksystem erzeugt wird, während seiner Interaktionen mit den Musiker*innen gesammelt – d. h. mit allen Musiker*innen, die das Stück bis zum jetzigen Zeitpunkt aufgeführt haben. Konkret speichert das Computermusiksystem die Spektraldaten von Klängen, die es ‚interessant' findet in einer Klangdatenbank, die ständig aktualisiert wird. Das bedeutet, dass keiner der elektronischen Klänge, die in der Aufführung zu hören sind, ‚komponiert' wurden, was die große Autonomie des interaktiven Musiksystems unterstreicht und den Einfluss der Interpret*in auf das Stück hervorhebt.

Neben KI-Vorurteilen erforscht die Komposition auch computergestützte ästhetische Bewertungen in einem Ansatz, der eine kritische Perspektive gegenüber reduktionistischen Ansätzen einnimmt und so die Kluft zwischen computergestützter ästhetischer Bewertung und ästhetischer Erfahrung sowie Theorie kommentiert.

Galanter (2012) behauptet, dass die computergestützte ästhetische Bewertung ein schwieriges und grundlegend ungelöstes Problem ist. Diese Behauptung wird durch die divergierenden und oft widersprüchlichen Annahmen über das Konzept der ästhetischen Erfahrung sowohl in verschiedenen Feldern als auch innerhalb ein und derselben Disziplin gestützt (z. B. Shusterman 1997). Weit davon entfernt, dieses Problem lösen zu wollen, versucht sich *Bias* an einer „meta-aesthetic exploration" (Galanter 2012, S. 256), die eher künstlich geschaffene ästhetische Standards als simulierte menschliche Ästhetik einbezieht und gleichzeitig anerkennt, dass ästhetische Präferenzen kulturell begründet, höchst subjektiv und schwer zu rationalisieren oder vorherzusagen sind. Durch den Versuch, genau das zu tun – also ästhetische Urteile vorherzusagen und zu simulieren – wird eine *reductio ad absurdum* des Konzepts der ästhetischen Bewertung unternommen: ist es möglich, ästhetische Urteile zu simulieren oder die Kriterien, auf denen sie beruhen, mit rechnerischen Mitteln nachzuvollziehen? Schließlich werden die Diskrepanzen zwischen den Konzepten von Fehler und Genauigkeit problematisiert, die mit überwachtem maschinellen Lernen und dem ästhetischen Wert als einer nicht messbaren Qualität verbunden sind, dessen Zuschreibung nicht nur in hohem Maße subjektiv ist, sondern auch von sozialer Zustimmung und außermusikalischem Kontext abhängt.

5 *Machine Listening* / Lernen und musikalische Komposition

Dieser Beitrag ist weit davon entfernt, einen erschöpfenden Überblick über alle möglichen Anwendungen von *Machine Listening*-Prozessen in der Musikkomposition zu geben. Es wurden jedoch einige Beispiele vorgestellt, die zeigen, wie *Machine Listening* bzw. maschinelles Lernen eingesetzt werden können, um agentive Verhaltensweisen zu entwickeln, die eine wechselseitige Echtzeit-Interaktion zwischen menschlichen Interpret*innen und interaktiven Computermusiksystemen ermöglichen.

Die Ausstattung von Computermusiksystemen mit *Machine Listening*-Kapazitäten kann es ermöglichen, sowohl dem Computer als auch den menschlichen Interpret*innen ein hohes Maß an Autonomie und kreativer Verantwortung zu übertragen. Um mit einem Computermusiksystem zu interagieren, das in der Lage ist, in Echtzeit „zuzuhören" und darauf basierende Entscheidungen zu treffen, müssen Musiker*innen in der Lage sein, auf momentane Stimuli zu reagieren und sich an musikalische Veränderungen anzupassen, die sowohl von ihren menschlichen als auch nicht-menschlichen Mitspieler*innen initiiert werden. Bei den hier beschriebenen Interaktionsparadigmen ist die Autonomie der Maschine mit einem hohen Maß an Interpretationsfreiheit gekoppelt, was zu unterschiedlichen musikalischen Ergebnissen bei jeder Instanz, d. h. Aufführung, eines bestimmten Werks führt.

In interaktiven Kompositionen sind die Entscheidungen über die Form und das Klangmaterial der Aufführung auf menschliche und nicht-menschliche Akteure (Komponist*in, Interpret*innen und Computermusiksysteme) und in der Zeit (Offline vs. Echtzeit) verteilt, was die Binarität von Komposition und Aufführung in Frage stellt und die musikalische Autorenschaft in kollaborativen und posthumanen Begriffen neu formuliert. Als Ergebnis dieser Verschiebung wird das musikalische Werk als ein Raum klanglicher Möglichkeiten betrachtet, dessen Erkundung während der Aufführung die Form höchst individueller, nichtlinearer Pfade annehmen kann.

Von besonderem Interesse ist dabei der Umstand, dass interaktive Kompositionen die wechselseitige Beziehung zwischen Mitteln und Zielen im kreativen Prozess veranschaulichen. Es wird deutlich, wie neue Technologien – weit davon entfernt, einfach nur Lösungen für bestehende technische Probleme zu bieten – neue konzeptionelle Räume eröffnen und als solche die Kompositions- und Aufführungspraxis selbst verändern können. Umgekehrt kann die künstlerische Erkundung von Algorithmen des maschinellen Lernens dazu beitragen, ihre Materialität zu enthüllen, indem sie ihre Fähigkeiten, Grenzen und ihr Innenleben beleuchtet. Angesichts der Mystifizierung und des Hypes um Künstliche Intelligenz, die sowohl Alarmismus als auch überzogene Erwartungen schüren und zu Vorhersagen über einen neuen „AI-winter" (Floridi 2020) führen, könnten uns künstlerische Anwendungen des maschinellen Lernens in der Tat helfen, KI unter einer pragmatischeren Linse zu betrachten: weder als Heilsversprechen, noch als Plage – sondern als ein Werkzeug, das sowohl Potenzial als auch Grenzen hat.

Medienverzeichnis

Abbildungen

Abb. 1: *Imitation Game*: Bühnenanordnung. Gioti, Artemi-Maria. 2019. Imitation Game: An Interactive Composition for Human and Robotic Percussionist. In *Proceedings of the 2019 International Computer Music Conference*.

Abb. 2 und 3: *Convergence / Divergence*. Partiturauszüge. Gioti, Artemi-Maria. 2021. Converge/Diverge: Collaborative Emergence in a Composition for Piano, Double Bass and Interactive Music System. In *Proceedings of the 2021 International Computer Music Conference*.

Literatur

Floridi, Luciano. 2020. AI and Its New Winter: From Myths to Realities. *Philosophy and Technology* 33 (1): 1–3.

Galanter, Philip. 2012. Computational Aesthetic Evaluation: Past and Future. In *Computers and Creativity*, hrsg. Jon McCormack und Mark D'Inverno, 255–93. Berlin u. a.: Springer.

Gioti, Artemi-Maria. 2018. Neurons: An Interactive Composition Using a Neural Network for Recognition of Playing Techniques. In *Proceedings of the 2018 Musical Metacreation Workshop*.

Gioti, Artemi-Maria. 2019. Imitation Game: An Interactive Composition for Human and Robotic Percussionist. In *Proceedings of the 2019 International Computer Music Conference*.

Gioti, Artemi-Maria. 2021. A Compositional Exploration of Computational Aesthetic Evaluation and AI Bias. In *Proceedings of the 2021 International Conference on New Interfaces for Musical Expression*.

Gioti, Artemi-Maria. 2021. Converge/Diverge: Collaborative Emergence in a Composition for Piano, Double Bass and Interactive Music System. In *Proceedings of the 2021 International Computer Music Conference*.

Hayles, N. Katherine. 2017. *Unthought: The Power of the Cognitive Nonconscious*. Chicago: The University of Chicago Press.

Jones, Daniel, Andrew R. Brown und Mark D'Inverno. 2012. The Extended Composer. In *Computers and Creativity*, hrsg. Jon McCormack und Mark D'Inverno, 175–203. Berlin u. a.: Springer.

Latour, Bruno. 2005. *Reassembling the Social: An Introduction to Actor-Network-Theory*. Oxford: Oxford University Press.

McCormack, Jon. 2012. Creative Ecosystems. In *Computers and Creativity*, hrsg. Jon McCormack und Mark D'Inverno, 39–60. Berlin u. a.: Springer.

McCormack, Jon, Patrick Hutchings, Toby Gifford, Matthew Yee-King, Maria Teresa Llano und Mark D'Inverno. 2020. Design Considerations for Real-Time Collaboration with Creative Artificial Intelligence. *Organised Sound* 25 (1): 41–52.

Nyström, Erik. 2021. Strange Post-Human Attractors: Algorithmic Improvisation as Acousmatic Poiēsis. *Organised Sound* 26 (1): 31–41.

Sawyer, R. Keith. 2000. Improvisational Cultures: Collaborative Emergence and Creativity in Improvisation. *Mind, Culture and Activity* 7 (3): 180–85.

Shusterman, Richard. 1997. The End of Aesthetic Experience. *The Journal of Aesthetics and Art Criticism* 55 (1): 29–41.

Rolf Großmann

Hören, was die Maschine hört

Abstract: Technische Medien wie Musikautomaten, Grammophone oder Musikcomputer haben einen bedeutenden Anteil an der Konstruktion unserer auditiven Wirklichkeit. Die mit ihnen erfahrbaren Wahrnehmungswelten entstehen in einer Gemeinschaftsleistung von Mensch und Maschine. In dieser komplexen Situation kann es hilfreich sein, den Medieninput genauer zu betrachten: Wenn es etwas außerhalb der technisch medialen Konfiguration gibt, das als ihr Input die Voraussetzung für jeden Output bildet, lässt sich seine technosensorische Aneignung als ‚Hören' der Maschine beschreiben. Der Beitrag stellt zunächst grundsätzliche Überlegungen zum Verhältnis von Reproduktionsmaschinen und ‚Realität' an, um schließlich einige künstliche Intelligenzen genauer zu betrachten.

Schlüsselwörter: Technikkultur der Musik, Digitale Musik, Algorithmische Komposition, AI und Musik, Medienästhetik

Der Mensch befiehlt, die AI gehorcht. Siri oder Alexa schalten das Licht ein und säuseln untertänige Antworten, *AIVA* (s. u.) komponiert im gewünschten Genre den Backgroundsound für ein beliebiges Video. Doch mit ein wenig Distanz betrachtet ist in unserer alltäglichen Soundkultur erst einmal das Gegenteil der Fall: Wir hören auf die Maschine. Immer, wenn wir unsere *Earbuds* einsetzen und unsere Streaming Plattform aktivieren, immer, wenn wir auf dem Sofa unserer Stereoanlage lauschen oder im Club dem Flow des DJs folgen, hören wir, physikalisch betrachtet, einer Maschine beim Erzeugen von Schallwellen zu. Elektrische Spannungsschwankungen werden übertragen, prozessiert, verstärkt und bewegen eine Membran, die schließlich hörbare Schallwellen erzeugt. Wir hören also – im Falle eines handelsüblichen Lautsprechers – ein elektromagnetisch bewegtes Stück Pappe. Eine triviale Tatsache, die jedoch gerade wegen ihrer Selbstverständlichkeit jenseits der Bewusstseinsschwelle angesiedelt ist. Das technische Medium, Marshall McLuhan hat es bereits 1964 beschrieben, verschwindet mit zunehmender Vertrautheit. Es sei dahingestellt, ob das Medium die „Message" ist, in jedem Fall erzeugt es physikalisch gesehen das Wahrnehmungsangebot für die Rezeption.

Damit eine solche Verdrängung und ein Verschwinden des Mediums möglich ist, bedarf es der Annahme, dass auf der entgegengesetzten Außenseite des Mediums, der Input-Seite, eine medienunabhängige Realität oder – im Falle einer

https://doi.org/10.1515/9783110730791-005

Klangsynthese – eine generative Aktivität existiert, auf die sich unsere Aufmerksamkeit unter Ausblendung des medialen Dazwischen richtet. Wir gehen also davon aus, dass es eine direkte Beziehung zwischen einem akustischen Ereignis oder einer gestaltenden Vorgabe des Inputs und dem Medien-Erzeugnis auf der Output-Seite gibt. Erst diese Erwartung in die Vermittlung einer vermeintlich außermedialen Wirklichkeit lässt uns das Medium vergessen. Friedrich Kittler macht auf diese Bezüge aufmerksam, wenn er mit Rekurs auf Lacan das Grammophon das „Reale" und dem Film das „Imaginäre" zuordnet. (Kittler 1986) Diese Zuordnung bleibt jedoch dem Lacan-Universum verhaftet und verkennt in der unterschiedlichen Etikettierung die grundlegenden Abbildfunktionen der beiden Medientypen: Dass im Film durch Selektion und Inszenierung des Abzubildenden und durch die folgende Montage Raum und Zeit nicht bruchlos abgebildet werden, lenkt zwar den Blick auf die visuelle Wirklichkeit einer vorgestaltenden Imagination, dies gilt jedoch für die Phonographie gleichermaßen. Bereits das Grammophon nimmt seit seinen Anfangstagen ausschließlich an das Medium angepasste Klanginszenierungen nach Maßgabe einer imaginierte Hörwirklichkeit auf. Die damals verwendeten Stroh-Geigen sind etwa für ein direktes Hören höchst unangenehm, während sie – transformiert durch Membran, Nadel und Materialität des Tonträgers – eine musikalische Balance der Instrumente erst ermöglichen. Dabei ist diese Relation von Realität und Medienkonstrukt, die technische Transformationsprozesse beinhaltet und die jeweils in komplexe kulturelle Praxen medientechnischer Produktion und Rezeption eingebettet ist, entscheidend für die kognitive Formung der Rezeptionsergebnisse als individuelle Kommunikate. Sie bildet das Dispositiv des Mediums.

Die dabei wirksamen Voraussetzungen und Transformationsprozesse sind schwer zu beschreiben und analysieren. Bevor wir also einige künstliche Intelligenzen genauer betrachten, gilt es, grundsätzliche Überlegungen zum Verhältnis von Reproduktionsmaschinen und Realität vorauszuschicken. Schon die Annahme einer medienunabhängigen Realität bringt Probleme. Spätestens seit Kant wissen wir, dass ein reales Apriori außerhalb der Wahrnehmung zwar eventuell existiert, jedoch – wenn überhaupt – nur begrenzt durch die Voraussetzungen der Wahrnehmung, einschließlich ihrer Verarbeitung erfahrbar ist. Auch auf technischer Ebene ist dies evident: So erfasst bei der digitalen Aufnahme ein Mikrofon auch akustische Ereignisse, die über das hörbare Frequenzspektrum hinausgehen und bei der digitalen Rasterung erhebliche Schwierigkeiten bereiten. Wenn diese Frequenzen nicht vorher nach Maßgabe des menschlichen Wahrnehmungsvermögens und der angewendeten Abtastrate herausgefiltert werden, bilden sich Alias-Frequenzen, welche die unhörbaren

Spektren des Ultraschalls in den hörbaren Bereich spiegeln.[1] Technische Medien haben also wie die menschliche kognitive Wahrnehmung ihren Anteil an der Konstruktion von Realität, die durch sie erzeugten Wahrnehmungsangebote sind bereits vorgeformt. Dieser ohnehin komplexe Sachverhalt wird noch komplexer durch die grundsätzlich technokulturelle Genese und Situiertheit technischer Apparate, die zugleich Ergebnis menschlicher Kulturen sind.

Vor diesem Hintergrund könnte es hilfreich sein, und das ist die Grundidee dieses Beitrags, den Transformationsprozess nicht aus der Sicht der Rezeption, sondern mit Blick auf den Medieninput zu betrachten. Drehen wir also das Modell um: Wenn es etwas außerhalb der technisch medialen Konfiguration gibt, das als ihr Input die primäre Voraussetzung für jeden Output bildet, lässt sich seine technosensorische Aneignung als ‚Hören' der Maschine beschreiben. Natürlich ist dies zunächst nicht mehr als eine einfache Metapher. Inwieweit Grammophone, Tape Recorder, Digital Audio Workstations, Streamingportale oder künstliche Intelligenzen (AIs) im menschlichen Sinne hören, lässt sich für jede neue Technologie neu verhandeln. Eine solche Zuschreibung setzt immer auch ein Bild eines Menschen voraus, dessen Sinnesorgane und Kognition maschinenähnliche Prozesse ausführen. Eine Annahme, der man folgen kann, aber nicht muss – für unseren Kontext ist dieser Aspekt nebensächlich: Hier geht es nicht primär um eine Diskussion der Vermenschlichung technischer Prozesse, sondern in einem ersten Schritt um das Bewusstsein einer Teilnahme technischer Apparate an der Konstruktion unserer auditiven Wirklichkeit sowie in einem zweiten Schritt um die Beschreibung von Differenzen, Relationen und Konfigurationen maschinellen ‚Hörens'. Dass einem fortschreitenden Agens der Maschine in einer ‚gemeinsam' gebildeten Hörwirklichkeit meist auch menschliche Attribute zugeschrieben werden, liegt jedoch nahe.

1 Analoge und digitale Reproduktionsmaschinen

> Historically, machines have listened to human musicians via two methods: symbolic data and signal data.
>
> (Magnusson 2019, S. 159)

Die sich um die Jahrhundertwende zum 20. Jh. etablierenden Reproduktionsmaschinen erhalten ihren Input zumeist durch Lochbänder bzw. -platten oder durch Membranen. Die gebräuchlichen Eingabevorrichtungen von Musikauto-

1 Aliasing gemäß des Nyquist-Shannon Theorems.

maten und phonographischen Apparaten werden zwar gleichermaßen mit Begriffen wie (*auf-*)*zeichnen*, *lesen* oder *schreiben* belegt, unterscheiden sich jedoch in ihrer ‚Wahrnehmung' der Außenwelt. Bei der Melographie wird etwa ein Papierband zur pneumatischen Steuerung von Musikautomaten perforiert, während bei phonographischen Apparaten aller Art – entweder direkt beim mechanischen Nadelton oder indirekt über elektrische Spannungsschwankungen beim Mikrofon – eine Membran zur Klangaufzeichnung genutzt wird.

Im Falle der Musikautomaten passt die Metapher des Hörens weniger, es handelt sich dabei meist um eine maschinenlesbare Transkription symbolischer Tonhöhen-Notation bzw. bei der Melographie von Künstlerrollen um die Aufzeichnung von Bewegungsabläufen des Spiels mechanisierter Instrumente (wie etwa der Klaviermechanik). Die Membran dagegen weist tatsächlich eine Parallele zum hörenden Ohr auf, sie setzt per Resonanz die Mechanik für eine weitere Verarbeitung der Schwingungen in Bewegung. Beide Verfahren sind keineswegs neutrale Abbildungen einer äußeren Realität, sondern formatieren den Input im Sinne ihrer technischen und kulturellen Konfiguration. Neben der rein technischen Formatierung erfolgten immer auch eine Inszenierung und Manipulation dieses Inputs (s. o.). Die mit dem Medium abzubildenden Wahrnehmungsangebote sind bereits im Wissen um ihre Formatierung gestaltet. Im Falle eines Steuerungscodes wie bei den Künstlerrollen für Musikautomaten wird die Vorstellung einer angemessenen Wiedergabe von Anordnungen von Tönen (einem interpretierten ‚Werk' im Sinne traditioneller Notation) zur primären Gestaltungsvorgabe, für die Phonographie geht dem technischen Hören ein imaginiertes, ideales Klangbild voraus. Zusätzlich wird in diesem Sinne der Input zumeist während den weiteren Schritten der medientechnischen Übertragung und Speicherung in diesem Sinne manipuliert. Wenn wir den Reproduktionsapparaten zuhören, hören wir also eine spezifische Aufführung dessen, was die Maschine nach Maßgabe einer gestalterischen kulturellen Praxis liest oder hört: Die Aufführung einer vorformatierten und vorinszenierten musikalischen Wirklichkeit.

Dies gilt auch für die digitalen Medienmaschinen, die unser heutiges musikalisches Leben dominieren. Die beiden genannten Inputmodi, Steuerungscode einerseits und Abbildung akustischer Schwingungen andererseits, sind auch hier wiederzufinden. Diese Eingaben werden nun in zählbare diskrete Einheiten gewandelt, damit sie durch eine Zahl repräsentiert und digital verarbeitet werden können. Während die Steuerungscodes ohnehin als diskrete Notenevents vorliegen, werden die kontinuierlichen phonographischen Schwingungen gerastert und vermessen, so dass auch Schwingungsformen in einem arbiträren symbolischen Kode abgebildet werden können. Aus den Lochstreifen werden MIDI-Daten[2], aus der analogen wird digitale Phonographie.

Digitale Maschinen definieren sich durch Raster und Regel. Die Rasterung bestimmt ihr Verhältnis zur Außenwelt des Systems, ihre internen Programmstrukturen ermöglichen ihre spezifische Funktionalität. Durch das Zusammenspiel beider Elemente werden sie zur Büromaschine, zum Wettersimulator, zum Smartphone, zur Drummachine oder zur Digital Audio Workstation. Im Bereich des Auditiven entsteht durch die digitale Phonographie eine neue Situation: Steuerungsdaten und Audiodaten können in gemeinsamen digitalen Umgebungen transformiert werden. Darüber hinaus können aufgrund ihres arbiträren symbolischen Codes auch andere Eingabedaten aus völlig anderen Umgebungen, etwa Börsendaten oder Textnachrichten, in Audiomaschinen nach „Audioregeln“ verarbeitet werden. Solche Sonifikationen sind zwar bereits durch Neuverschaltung der elektronischen Signale in der analogen Phonographie möglich, werden jedoch in digitalen Umgebungen hochgradig vereinfacht, sie sind per Datenmapping konfigurierbar und durch Parameter steuerbar.

Auch die kulturelle Vorformatierung und Inszenierung ändert sich durch Begleiterscheinungen digitaler Technologie wie Miniaturisierung, Mobilisierung und Vernetzung. Als Input werden neue auditive Bereiche erschlossen oder weiterentwickelt. *ASMR* etwa setzt das bereits mit dem Aufkommen des Mikrofons seit den 1920er Jahren bekannte Phänomen medialer Intimität (*Crooning*) fort, indem die größtmögliche sensorische Annäherung zum Prinzip der auditiven Inszenierung wird.[3]

2 Intelligente Maschinen

Maschinen scheinen dem menschlichen Hören verwandt zu sein, wenn sie ihre internen Zustände durch ihre ‚Erfahrungen‘ (aufgrund des jeweiligen Inputs und Datenbanken) verändern, also ‚lernen‘ und über so etwas wie ‚Intelligenz‘ verfügen. Sie transformieren aktiv ihren Input, ihnen werden kognitive Eigenschaften zugeschrieben. Tatsächlich sind Begriffe wie ‚Erfahrung‘ auch in gebräuchlichen Definitionen des *Deep Learning* zu finden:

2 Im Musical Instrument Digital Interface (MIDI) Protokoll wurden 1983 Steuerungsdaten für digitale Instrumente standardisiert.

3 Siehe dazu Großmann 2020, S. 436 f.

> A computer program is said to learn from experience E with respect to some class of tasks T and performance measure P, if its performance at tasks in T, as measured by P, improves with experience E.
>
> (Tom M. Mitchell 1997 in *Machine Learning*, zit. nach Briot 2020, S. 64.)

Betrachten wir also die historisch gesehen zunächst letzte Station des maschinellen Hörens, in der lernende Algorithmen mit musikalischen Phänomenen verbundene Daten verarbeiten. Auf ihrer Inputseite steht in einer funktionsentscheidenden Anfangsphase auch eine prozessbegleitende Reihe menschlicher Eingaben: Anders als regelbasierte Systeme, deren innere Struktur ein anwendungsspezifisches Set von Regeln zur Verarbeitung enthält, sind lernende Systeme auf ein ‚Training' angewiesen, in der die Bewertung der Performance der Maschine – also die Passung ihrer Mustererkennung vor dem Hintergrund der Zielvorgabe – in den Prozess rückgekoppelt wird.[4] Mit dem Ende der Trainingsphase entfällt dieser Input, die Bewertung ist Teil der Algorithmik des neuronalen Netzwerks geworden. Die Implementation von Regeln erfolgt entsprechend nicht direkt als Programmstruktur, sondern durch Selbstorganisation des Systems. Die entstehende interne Struktur bildet so die Trainingseingaben in einer von außen nur begrenzt einsehbaren funktionalen Repräsentation ab.

Während sich dieser Teil des Inputs bei den im Folgenden betrachteten Beispielen für lernende Systeme kaum unterscheidet, bestehen auf der Inputseite der zu verarbeitenden Daten große Differenzen. Daraus resultieren zwei grundlegende Fragen: Was gelangt durch die Sensorik aus der äußeren Welt ins Innere der Maschine? Und: Wie wird dieser Input systemintern repräsentiert?

AIVA ist ein „Artificial Intelligence Virtual Artist" sowie ein kommerzielles Projekt, das per AI „emotional soundtrack music" komponiert.[5] Anfänglich auf klassische Musik fokussiert, generiert es inzwischen ebenso personalisierte *soundalikes* anderer Genres wie Jazz, Rock, Pop oder Electronic. *AIVA* hört keine Klänge, sondern liest Noten bzw. Dateien im MIDI-Format oder in ähnlichen Formaten, in denen Töne als Events in Notenparametern beschrieben sind. Wie CEO Pierre Barreau in einem TED-Talk erklärt, extrahiert das neuronale Netzwerk aus „30,000 scores, written by the likes of Mozart and Beethoven" (Barreau 2018) Muster, die mithilfe zufälliger oder gesteuerter Parameteränderungen

4 Die Unterteilung zwischen regelbasierten und lernenden Systemen ist in unserem Kontext hilfreich, vereinfacht jedoch die komplexe Situation sich gegenseitig durchdringender Verfahren. Einen tieferen Einblick geben hier Fernández und Vito 2013, S. 518 ff.

5 *AIVA*. The Artificial Intelligence composing emotional soundtrack music. https://www.aiva.ai/. Zugegriffen am 05. Oktober 2021. Das Projekt ist u. a. EU gefördert (Horizon 2020) und bei der Verwertungsgesellschaft SAGEM als Urheber (Komponist) eingetragen.

zur Erzeugung neuer MIDI-Daten genutzt werden können. Damit steht *AIVA* in der Tradition der Verarbeitung von *symbolic representations*, wie sie von vielen Pionierprojekten in der AI-Music Szene genutzt wird.[6] Für den Input solcher Projekte ist es i. d. R. nicht erforderlich, dass die Dateien speziell für das Projekt eingespielt oder aus Audiomaterial transkribiert werden,[7] da im Internet unzählige MIDI-Dateien zur Verfügung stehen. Daneben können auch komplette *Open Source*-Datenbanken wie etwa *Mutopia* oder die *Weimar Jazz Database* genutzt werden.[8]

Die Maschine hört bzw. liest damit standardisierte Steuerungsdaten, deren konkreter Klang in den Daten nicht repräsentiert ist. So enthält eine MIDI-Datei die üblicherweise in einer Partitur gegebenen Informationen in maschinenlesbarer Form (relative Tonhöhe, Anschlagstärke, Zuordnung der jeweiligen Stimme zu einem genannten Instrumentencharakter, optionale Modulationsparameter). Da MIDI-Dateien auch die zeitliche Anordnung der einzelnen Daten-‚events' enthalten, können sie – anders als die Notenschrift – eingespielte Tonfolgen zeitlich genau abbilden. Je nach Relevanz dieser Daten für das Projekt kann eine Reduktion durch Quantifizierung dieses Parameters beim Einlesen oder bei der Speicherung der MIDI Dateien in einem gerasterten Zeitschema wie Metrum und Takt vorgenommen werden.

Mit der Entscheidung, symbolische Daten in Form parametrisierter Notenevents zu nutzen, ist auch eine weit reichende kompositorische Vorentscheidung verbunden, die bis in das Musikverständnis des jeweiligen Projekts reicht.

> We believe that the essence of music (as opposed to sound) is in the compositional process, which is exposed via symbolic representations (like musical scores or lead sheets).
> (Briot 2020, S. 21)

Wenn also auf der Inputseite genrespezifische symbolische Notenwerte gelesen werden, kann sich auch das in vielen Trainingsvorgängen entwickelte Modell (das operative ‚Wissen' der Maschine) ausschließlich auf dieses Symbolsystem beziehen. Damit fällt die Maschine aufgrund der fehlenden Daten über die klin-

---

6 Andere ähnlich konfigurierte kommerzielle Projekte sind etwa *amper* oder *Jukedeck*, das 2019 von Bytedance, der Muttergesellschaft von Tiktok übernommen wurde.

7 Für das Telekom Projekt *Beethoven X – The AI-Projekt* (2021) zur Konstruktion einer Sinfonie aus den Handschriftfragmenten Ludwig van Beethovens mussten allerdings neben vorhandenen genrespezifischen Daten die Handschriftenfragmente Beethovens zunächst in maschinenlesbare Notenevents übertragen werden.

8 *Mutopia* (o. J.) ist ein Open Source Projekt mit dezentralen Beiträgen; die *Weimar Jazz Database* (2013–2020) wurde im Rahmen des *Jazzomat Research Project* an der Hochschule für Musik Franz Liszt Weimar erstellt.

gende Aufführungspraxis auf einen Teil des Wissensstands des Genres zurück. Ein ähnlich reduziertes Wissen entsteht bei der Lektüre von Partituren ohne Berücksichtigung ihres performativen und kulturellen Kontexts. Dies ist gleichermaßen problematisch für „alte Musik", deren Notationssysteme in weitreichende kulturelle Praxen eingebunden sind, wie für aktuelle Genres, die in phonographischen Medien gestaltet werden und für die eine Abbildung auf Notenevents eine erhebliche Verkürzung bedeutet. Es entsteht ein von seiner historischen und kulturellen Einbettung entkoppelter Mustergenerator, der Symbolstrukturen für eine maschinelle oder menschliche Aufführung generiert.

Ein künstlerischer Einspruch der ebenfalls mit AI-Prozessen arbeitenden Künstlerin Holly Herndon auf solche Verfahren lautet folgerichtig:

> Wenn du Kunst aus ihrem Kontext nimmst, verliert sie ihre Substanz. [...] Das Ergebnis [im Hinblick auf Popmusik, RG] ist Mood-Music, die dich letztlich an gar nichts mehr denken lässt. So etwas bringt das Medium Musik kein Stück weiter. Kunst sollte die Umwelt und Zeit reflektieren, aus der sie stammt.
>
> (Herndon 2020)

Ihr eigenes „AI-baby" *SPAWN* hört für das mit einer Mensch-Maschine Konfiguration verwirklichte Album *Proto*

> [h]auptsächlich Stimmen. Die eines kleinen Gesangsensembles, aber auch unsere eigenen und die von Freunden. [...] Man kann die Arbeit des neuronalen Netzwerks gut in dem Album-Opener *Birth* nachvollziehen, der auf meiner Stimme basiert.[9]
>
> (Ebd.)

Die Baby-Metapher wurde bewusst gewählt, um sowohl den Entwicklungsstand der Technologie als auch den Stand des Wahrnehmen und Lernens der AI zu kennzeichnen. (Herndon 2019b, TC 00:01:26)

SPAWN hört anders und Anderes als *AIVA* & Co. Es hört phonographisches Material, Audiosamples, deren Obertöne analysiert wurden und als Spektrogramm vorliegen. In der Regel werden diese Spektrogramme, die Audiodaten als hochauflösende Pixelgrafiken repräsentieren, im *Deep Learning*-Prozess wie Bilder verarbeitet (Briot 2020, S. 23). Um in der Logik der Wahrnehmungsmetaphorik zu bleiben, werden demnach von der Maschine Spektralbilder analysierter Audio Signale angeschaut, die AI hört, indem sie ‚sieht'. An dieser Stelle wird klar, dass bereits vor dem eigentlichen *Machine Learning* in der Repräsentation des Inputs

9 Eine ausführliche Kritik zur Nachkonstruktion alter Musik findet sich in Herndon 2019a, TC 00:01:09.

verschiedene Transformationen stattfinden, die mit den üblichen Bezeichnungen menschlichen Wahrnehmens nur schwer vergleichbar sind.

Die Beschränkung auf stark individualisierte Vokalsamples eröffnet hier einen völlig anderen Erfahrungsraum der Maschine als bei dem vorausgehenden Beispiel. Sie generiert ein spezialisiertes Klangwissen, das etwa in Call und Response oder im Layering als Maschinenwissen mit Originalstimmen korrespondieren kann. In diesem Zusammenspiel können Differenzen und Gemeinsamkeiten des menschlichen und maschinellen Erfahrungsraums unmittelbar ästhetisch reflektiert werden. Ihre kompositorische Arbeit, so Herndon, liegt dabei in beträchtlichem Maße in der Produktion des Datasets für das Voicemodel, also im gesungenen und gesprochenen Input sowie im Training des Modells. Anhand von Proben der Resynthese wurde die Ausführung der Inputs noch während des Eingabeprozesses angepasst, so dass eine weitere Rückkopplung entstand. Im Ergebnis ist *SPAWN* innerhalb gewisser Grenzen in der Lage, die eigene Stimme Herndons oder die Stimmen eines Gesangsensembles parametergesteuert zu resynthetisieren. Die AI bleibt hier Teil eines individuellen Künstlerprojekts, aus dem ihr kompletter Input stammt, der schließlich in transformierter Form wieder in das Projekt einfließt.

Eine ähnliche, jedoch stark erweiterte Konfiguration verwendet Alexander Schubert in seiner multimedialen Arbeit *Convergence* (2020)[10]. Die Arbeit basiert auf aufgenommenem Audio- und Videomaterial des Hamburger Ensemble Resonanz, das als Input eines *Machine Learning*-Prozesses dient. Es geht dabei wie bei Herndon nicht um ein Lernen und Anwenden vertrauter Kompositionsregeln mit dem Ziel der Erzeugung künstlicher Kunstwerke, die wie menschliche Schöpfungen klingen, sondern um die Erfahrbarkeit der Mensch-Maschine-Relation in einer gemeinsamen künstlerischen Performance. Wie sieht und hört die Maschine menschliche Aktionen? Ein zentraler Ausgangspunkt ist – in Schuberts Worten – „to kind of take a look at how a machine classifies and categorizes an input“ (Schubert 2021b: TC 00:03:58). Die Arbeit reflektiert die Differenz maschineller „Wahrnehmung“ zu unserer eigenen Wahrnehmung und Kognition in der ästhetischen Gegenüberstellung ihrer unterschiedlichen Resultate. Sie zielt also nicht auf die möglichst überzeugende Fortsetzung einer genrespezifischen Komposition, sondern auf die Differenzerfahrung zwischen Mensch und Maschine in einer kooperativen Praxis.

Aufgrund der Komplexität der Arbeit soll hier nur der auditive Teil beschrieben werden. Auch hier wird eine selbst konstruierte Programmumgebung genutzt, die zum Teil aus Open Source Parts zusammengesetzt ist. Es geht nun in

---

10 Siehe Schubert 2021a.

Convergence nicht wie bei *Proto* um die eigene musikalische Performance, sondern um die Erarbeitung und Präsentation einer technoästhetischen Umgebung, die von Akteuren (hier vom Hamburger Ensemble Resonanz) ‚bespielt' werden kann. Bereits die vorausgehende Kategorisierung des Audioinputs nimmt eine Abstraktion vor, die zwischen möglichen Aktionen und Klängen unterscheidet. Zwei Spielweisen von Streichinstrumenten stehen drei klanglichen Bereichen der Stimmperformance gegenüber (Schubert 2021b, TC 00:21:23):

1. konventionelle Streichtechniken
2. erweiterte Streichtechniken
3. Singen
4. Sprechen
5. Schreien

Die dadurch entstehenden Datenmodelle repräsentieren als übergeordnete Kategorien Spiel und Gesangstechniken und nicht primär den individuellen Klang einer Person oder eines Ensembles, der allerdings ebenfalls in den phonographischen Proben erhalten bleibt und für die Performance genutzt werden kann. Auf einer weiteren Ebene spielt der Input bereits mit Kategorien wie Expressivität und Emotionalität, die insb. in den Datasets der Modelle zwei und fünf in die Mustererkennung eingehen. Dieser auditive Baukasten kann schließlich im Zusammenspiel mit den zugehörigen Videos und der Live Performance der Akteure eingesetzt werden. Zuhörer*innen sehen und hören eine Assemblage aus Medienphänomenen der Abbildung und Transformation.

Es ist also bei den beiden letztgenannten Beispielen nicht der Geist Ludwig van Beethovens oder Franz Schuberts (Huawei 2019), der per Maschinenintelligenz wieder zum Leben erweckt wird, im Mittelpunkt eines musikalischen *Uncanny Valley* sein Unwesen treibt und den Blick auf Mensch und Maschine verschleiert. Im Gegenteil: Auch hier hören wir – wie in allen vorausgehenden Beispielen – dem Hören einer Maschine zu, die nun jedoch nicht als Werkzeug oder Medium verschwindet, sondern als Teil künstlerischer Arbeit ästhetisch erfahren werden soll. Transformationen auditiver Phänomene bis in unsere Wahrnehmung, wie sie bei allen Medien geschehen, werden dabei ganz im Sinne McLuhans sichtbar und hörbar:

> The effects of technology do not occur at the level of opinions or concepts, but alter sense ratios or patterns of perception steadily and without any resistance. The serious artist is the only person able to encounter technology with impunity, just because he is an expert aware of the changes in sense perception.
>
> (McLuhan 1964, S. 18)

Medienverzeichnis

Literatur

Briot, Jean-Pierre, Gaëtan Hadjeres und François-David Pachet. 2020. *Deep Learning Techniques for Music Generation. Computational Synthesis and Creative Systems*. Cham: Springer Nature Switzerland AG.

Deutsche Telekom. 2021. *Beethoven X – The AI-Projekt*. Telekom. https://www.telekom.com/de/konzern/themenspecials/special-250-jahre-beethoven/beethovens-unvollendete. Zugegriffen am 05. Oktober 2021.

Fernández, Jose David und Francisco Vico. 2013. AI Methods in Algorithmic Composition. A Comprehensive Survey. *Journal of Artificial Intelligence Research* 48: 513–582.

Großmann, Rolf. 2020. The Instrument as Medium. Phonographic Work. In *The Bloomsbury Handbook of Sound Art*, hrsg. Sanne Krogh Groth und Hoger Schulze, 436–445. New York u. a.: Bloomsbury Academia.

Herndon, Holly. 2020. Interview: *Künstliche Intelligenz kann etwas so zutiefst Menschliches wie Ekstase auslösen* von Fabian Peltsch. *musikexpress*. https://www.musikexpress.de/holly-herndon-im-interview-kuenstliche-intelligenz-kann-etwas-so-zutiefst-menschliches-wie-ekstase-ausloesen-1290787/. Zugegriffen am 05. Oktober 2021.

Huawei. 2019. Uraufführung in London: HUAWEI komplettiert Schuberts *Unvollendete*. Huawei. https://consumer.huawei.com/de/press/news/2019/urauffuehrung-in-london-huawei-komplettiert-schuberts-unvollendete/. Zugegriffen am 05. Oktober 2021.

Kittler, Friedrich. 1986. *Grammophon Film Typewriter*. Berlin: Brinkmann & Bose.

Magnusson, Thor. 2019. *Sonic Writing. Technologies of Material, Symbolic, and Signal Inscriptions*. New York, NY: Bloomsbury Academic.

McLuhan, Marshall. 1964. *Understanding Media. The Extensions of Man*. New York: McGraw-Hill.

Mutopia. o. J. *Mutopiaprojekt*. https://www.mutopiaproject.org/index.html. Zugegriffen am 05. Oktober 2021.

Romero, Juan, Anikó Ekárt, Tiago Martins und João Correia, Hrsg. *2020. Artificial Intelligence in Music, Sound, Art and Design*. 9th International Conference, EvoMUSART 2020 Seville, Spain. Proceedings. Cham: Springer Nature Switzerland AG.

Weimar Jazz Database. 2013–2020. *Jazzomat Research Project*. Hochschule für Musik Franz Liszt Weimar. https://jazzomat.hfm-weimar.de/dbformat/dboverview.html. Zugegriffen am 05. Oktober 2021.

Audio und Video

Alexander Schubert. 2021a. *Convergence*. Ensemble Resonanz @Kampnagel/Eclat, 00:34:25. *YouTube* Videostream. https://www.youtube.com/watch?v=o5UXkJWJciQ&t=1194s. Zugegriffen am 05. Oktober 2021.

Alexander Schubert. 2021b. *Alexander Schubert – Presentation „Convergence"*. Eclat Festival Presentation Series, 01:25:49. *YouTube*. Videostream. https://www.youtube.com/watch?v=laoV7cGXUNo. Zugegriffen am 05. Oktober 2021.

Holly Herndon. 2019a. *The One Song Holly Herndon Wishes She Wrote*, 00:03:29. *YouTube*. Videostream. https://www.youtube.com/watch?v=wT9ycCUCaV4. Zugegriffen am 05. Oktober 2021.
Holly Herndon. 2019b. *Holly Herndon – Birthing PROTO*, 00:06:04. *YouTube*. Videostream. https://www.youtube.com/watch?v=v_4UqpUmMkg. Zugegriffen am 05. Oktober 2021.
Holly Herndon. 2019c. *Birth*, 00:01:15. *YouTube*. Videostream. https://youtu.be/ZFe0Bcngp64. Zugegriffen am 05. Oktober 2021.
Pierre Barreau. 2018. *How AI could compose a personalized soundtrack to your life*, 00:08:20. *TED*. Videostream. https://www.ted.com/talks/pierre_barreau_how_ai_could_compose_a_personalized_soundtrack_to_your_life#t-116274. Zugegriffen am 05. Oktober 2021.

Intermezzo

Jonathan Sterne

Was bedeutet es, *Machine Listening* als eine Form des Hörens zu begreifen?

Machine Listening findet sich heute in vielen Bereichen der Geisteswissenschaft, des Ingenieurwesens, der Informatik, der Musik und in anderen Feldern. Im Allgemeinen bezieht sich der Begriff auf den Prozess der Umwandlung von Schall in Daten und die anschließende Verarbeitung dieser Daten durch maschinelles Lernen. Die Anwendungen reichen von digitalen Assistent*innen (*Siri*, *Alexa*, *Cortana*), Musikerkennung (*Shazam*), Sprachtranskription (*Otter*), automatischer Signalverarbeitung (*Izotope*, *Landr*) bis hin zu eher esoterischen Hoffnungen und Fantasien in Bezug auf diese Technologie: Sprecher*innenidentifizierung/Stimmabdruck, Musikkomposition, Sprachsynthese für Menschen, die nicht mehr sprechen können, Sprachsynthese zur Täuschung (sog. *Deepfakes*). Am äußersten Ende dieser Fantasien steht eine Art akustische Phrenologie: Klassifizierungen von Sprecher*innen nach Stimmung, Persönlichkeit, Körpertyp, Rasse, Geschlecht, sexueller Präferenz, Aufrichtigkeit, Gesundheitszustand und einer beliebigen Anzahl anderer Merkmale. Ist das heute tatsächlich möglich? Auf keinen Fall. Wird irgendein Anbieter sagen, es sei möglich? Auf jeden Fall. Die Täuschung über die Technologie ist Teil der Technologie (Burrel 2016; Gray und Suri 2019; Natale 2021).

Was bedeutet es in diesem Zusammenhang zu „hören"[1]? In einem kürzlich erschienenen Aufsatz versuchen Domenic Napolitano und Renato Grieco, diese Frage zu beantworten, indem sie argumentieren, dass *Machine Listening* nicht dasselbe sei, wie eine auf den Menschen bezogene Definition des Hörens. Sie kommen zu dem Schluss, „dass die Unterscheidung zwischen menschlichem Hören und maschinellem Hören verschwimmt und die Ko-Determination der beiden zum Vorschein kommt" (Napolitano und Grieco 2021, S. 186). Sie stützen sich auf die medienarchäologische Tradition, insb. auf Wolfgang Ernsts

1 Sofern nicht anders gekennzeichnet, ist mit „hören" das englische „listening" (a set of actions or activities or techniques) und nicht „hearing" (a set of possibilities or capacities) gemeint.

Anmerkung: Hierbei handelt es sich um eine Übersetzung aus dem Englischen. Übersetzer*in: Maximilian Haberer.

https://doi.org/10.1515/9783110730791-006

Konzept der impliziten Sonizität (Ernst 2016), und plädieren dafür, über ein anthropozentrisches Modell des Hörens hinauszugehen. Ihr Argument ist für eine Theorie des Klangs durchaus erwägenswert, vor allem, wenn man es mit indigenen und umweltbezogenen Hinterfragungen anthropozentrischer Konzepte des Hörens in Verbindung bringt.

Während Napolitano und Grieco eine maschinelle Definition von *Machine Listening* versuchen, stellt sich eine weitere politische Frage an eine andere Gruppe von menschlichen und nicht-menschlichen Assemblagen: Was denken die Entwickler*innen von *Machine Listening*-Systemen, was sie tun? Was glauben die Unternehmen und Staaten, die sie einsetzen, was sie tun?

Gemeinsam mit Mehak Sawhney und Andy Stuhl habe ich begonnen, diese Frage zu untersuchen. Meine erste Lektüre und Gespräche mit Kolleg*innen aus der Informatik deuten darauf hin, dass es erstaunlich wenig Austausch zwischen den Bereichen Music Information Retrieval und Natural Language Processing gibt, den beiden Bereichen, in denen derzeit am meisten an *Machine Listening* gearbeitet wird. Aber auch innerhalb dieser Bereiche gibt es keine allgemeine Übereinstimmung darüber, was Hören ist und ob maschinelle Lernsysteme überhaupt hören. Die meisten dieser Debatten scheinen auf der sehr anthropozentrischen Definition des Hörens zu beruhen, die Napolitano und Grieco zu überwinden hoffen.

Selbst wenn es in der Informatik einen Konsens gäbe, müssten wir die operativen Definitionen des Hörens in der Klangforschung überdenken. Auch in unserem Bereich gibt es keinen Konsens über den Begriff. Einige Autoren halten an romantischen Definitionen des Hörens als Offenheit gegenüber dem Anderen fest; andere verbinden es mit einem Prozess der Selbstbehauptung und der Verbundenheit mit der Welt; und wieder andere halten an einem ableistischen Konzept des Hörens fest, das es mit einem biologischen Verständnis des Hörens („hearing") verknüpft (James 2012; Moten 2003; Robinson 2020; Brooks 2021; Friedner und Helmreich 2012; Friedner 2022).

Mein eigener Ansatz besteht darin, Hören als eine Reihe von Techniken zu verstehen, die im Laufe der Zeit entwickelt, wiederholt und verändert werden können (Sterne 2012; Sterne 2021). Diese Techniken des Hörens haben keine zwingende politische Wertigkeit: Sie können in Kontexten der Fürsorge oder der Gemeinschaft eingesetzt werden, oder sie können Techniken der Extraktion oder der Unterwerfung sein. Sie können an menschliche Körper gebunden sein oder an Maschinen delegiert werden (oder Maschinen können an Körper zurückdelegieren). *Maschine Listening* in diesem Rahmen zu verstehen, würde keinen Bruch mit dem Vorangegangenen erfordern. Vielmehr würde es das maschinelle Hören als einen weiteren Schauplatz verstehen, an dem Form, Funktion und Bedeutung des Hörens debattiert werden und an dem das Hören ein weiteres Geflecht aus Menschen, Technologien und Institutionen webt. Heute ist *Machine Listening* eng mit den Versuchen von Unternehmen verbunden, immer mehr Bereiche der menschlichen Interaktion einzuschließen, sowie mit staatlichen Überwachungs- und autoritären Projekten in vielen Teilen der Welt. Jede Theorie des Hörens im Bereich von *Machine Listening* muss daher auch eine Theorie der Macht beinhalten.

Medienverzeichnis

Literatur

Brooks, Daphne. 2021. *Liner Notes for the Revolution: The Intellectual Life of Black Feminist Sound*. Cambridge/MA: Harvard University Press.

Burrell, Jenna. 2016. How the Machine 'Thinks': Understanding Opacity in Machine Learning Algorithms. *Big Data & Society* 3 (1): 1–12.

Ernst, Wolfgang. 2016. *Sonic Time Machines*. Amsterdam: Unviersity of Amsterdam Press.

Friedner, Michele und Stefan Helmreich. 2012. Sound Studies Meets Deaf Studies. *The Senses and Society* 7 (1): 72–86.

Friedner, Michele Ilana. 2022. *Becoming Normal: Cochlear Implants and Sensory Infrastructures in India*. Minneapolis: University of Minnesota Press.

Gray, Mary und Suri Siddharth. 2019. *Ghost Work: How to Stop Silicon Valley From Building a New Global Underclass*. New York: Houghton Mifflin.

James, Robin. 2012. Affective Resonance: On the Uses and Abuses of Music In and For Philosophy. *PhaenEx* 7 (2): 59–95.

Moten, Fred. 2003. *In the Break: The Aesthetics of the Black Radical Tradition*. Minneapolis: University of Minnesota Press.

Napolitano, Domenico und Renato Grieco. 2021. The Folded Space of Machine Listening. *Sound Effects: An Interdisciplinary Journal of Sound and Sound Experience* 10 (1): 174–89.

Natale, Simone. 2021. *Deceitful Media: Artificial Intelligence and Social Life After the Turing Test*. New York: Oxford University Press.

Robinson, Dylan. 2020. *Hungry Listening: Resonant Theory for Indigenous Sound Studies*. Minneapolis: University of Minnesota Press.

Sterne, Jonathan. 2003. *The Audible Past: Cultural Origins of Sound Reproduction*. Durham: Duke University Press.

Sterne, Jonathan. 2012. *MP3: The Meaning of a Format*. Durham: Duke University Press.

Sterne, Jonathan. 2021. *Diminished Faculties: A Political Phenomenology of Impairment*. Durham: Duke University Press.

Teil 2: **Monitor**

Pedro J S Vieira de Oliveira und Shintaro Miyazaki

Maschinelle Intelligenz?!

Stimmbiometrie als hörend-bestimmende Medien-Techno-Logie

Abstract: Maschinenhören, auch maschinelles Hören oder *Machine Listening* genannt, wird in diesem Beitrag als Schlüsselkonzept der Stimmbiometrie und als Werkzeug der Identitätsfeststellung kritisch hinterfragt, historisch kontextualisiert und biopolitisch re-situiert. Neuere, längst fällige Tendenzen der Sound Studies verorten die materiellen Artikulationen von Klang innerhalb eines modern-kolonialen Rahmens, der spezifische Prozesse des Zu- und Abhörens konstituiert (Thompson 2017; Goh 2017; Robinson 2020; Vieira de Oliveira 2020). Daran anschießend skizzieren wir, wie sich das sog. Maschinenhören (*Machine Listening)* modern-koloniale Annahmen angeeignet hat. Obwohl hier keine umfassende Medien- und Wissensgeschichte des Maschinenhörens angestrebt wird, ist es wichtig zu betonen, dass die Prozesse und Vorannahmen, die in den frühen historischen Kontexten der Sprecheridentifikation und -erkennung konstatiert wurden, neuere und automatisierte Methoden der Stimmbiometrie stark informieren.

Schlüsselwörter: Mediendispositive, Grenzregime, Migration, Biometrie, Stimmbiometrie, Körper, Klanganalyse, Klanggewalt, Dekolonialismus, kritische Medienarchäologie

Die Vorstellung, dass Maschinenhören sich grundlegend vom menschlichen Hören unterscheidet und ‚neutraler' oder ‚objektiver' sei, ist zu problematisieren. Wir bieten stattdessen eine Deutung des Maschinenhörens an, die mit dem menschlichen Hören rekursiv verschränkt ist. Aufgrund dieser ko-konstitutiven Interferenz argumentieren wir daher, dass es einen inhärenten Widerspruch darstellt, Hören sowohl als Platzhalter als auch als Metapher für Prozesse der maschinell-algorithmischen Merkmalsextraktion (*feature extraction*) zu verwenden: Während dies einerseits implizieren würde, dass Maschinen geeignet sind, Aufgaben durchzuführen, die von Subjektivität (Interpretation, Affekt) abhängen, würde es gleichzeitig die Vorstellung verfestigen, dass Zu- und Hinhören (ob menschlich oder nicht) eine ‚Wahrheit' über einen Körper produzieren kann. Wir argumentieren stattdessen, dass im Maschinenhören ebenso viel ‚Menschlichkeit' steckt wie im menschlichen Hören selbst. Diese Menschlichkeit, auch wenn sie so angelegt ist, dass sie sich selbst und ihr Subjekt unsichtbar macht, ist grundlegend, um zu verstehen, dass Maschinenhören in seiner

https://doi.org/10.1515/9783110730791-007

Entstehung und Zuschreibung ein koloniales und kolonisierendes Instrument ist – gerade weil das, was es operationalisiert, machtpolitisch betrachtet ähnlich operiert, wie jene Praktiken des ‚menschlichen' Hörens es tun.

Auf der einfachsten Ebene kann Biometrie als die Vermessung des Körpers definiert werden. Doch um genau einzugrenzen, wo eine Vermessung des Körpers beginnt oder endet, bedarf es mehr als einer etymologisch-terminologischen Analyse; diesemuss notwendigerweise eine historische Analyse des Wunsches beinhalten, den Körper messbar zu machen. Wenn man die Medien- und Wissensgeschichte der Vermessung des Andersseins und des Andersartigen verfolgt, kann festgestellt werden, dass die Biometrie als Technologie untrennbar mit dem Wunsch verbunden ist, nicht nur eine Differenz zu lesen, sondern auch die Art und Weise zu definieren, in der diese Differenz des Andersartigen für seinen kategorischen und politischen Ausschluss bürgt. Wir definieren biometrische Technologien daher so, dass sie nicht nur umfassen, wie der Körper gemessen und bewertet wird, sondern auch das, was diese Messungen mit einem Körper machen, welche Art von Körper sie produzieren und wo diese Produktion lesbar wird. Biometrie „is constituted by the practices involved in its use" (Murray 2007, S. 349). Während sich viele der zahlreichen kritischen Studien zur Biometrie auf visuelle Anzeichen beziehen (Fingerabdrücke, Unterschriften, Iris, Narben, Muttermale usw.), wollen wir in diesem Beitrag die Problematisierung der Biometrie auf ihre akustische Dimension ausweiten, insb. auf die Verwendung der Stimme. Die Stimme operiert nämlich im Kern der biometrischen Merkmalsextraktion, obwohl aktuell auch an anderen biometrisch verwertbaren akustischen Eigenschaften und Signalen geforscht wird.[1]

Das Sammeln, Taxonomieren und Ableiten von Körperklang stammt aus der Anthropometrie und der Eugenik, beides Wissensformen und -felder der sog. ‚Rassenwissenschaften'. Diese Tätigkeiten haben damit nicht nur Anteil an der gewaltsamen Kolonialgeschichte, der Erbeutung und Rassifizierung, der Lesbar- und Sichtbarmachung von Körpern für Staaten (Browne 2015, S. 65–74), sondern werden auch in aktuellen Grenzregimen fortgesetzt (Amoore 2006, Keshavarz 2018). In dieser Hinsicht äußern wir Bedenken: Erstens hinsichtlich der Art und Weise, wie Biometrie-Technologien mit der Annahme entworfen, geplant und konstruiert werden, dass Stimmen nicht nur physisch, sondern auch diskursiv im Körper verankert sind; zweitens hinsichtlich der Verwendung des Maschinenhörens als Kern-Operativität, mit der diese Annahme nachvollziehbar und daher glaubhaft gemacht wird; drittens hinsichtlich der Art und

1 Zurzeit werden etwa sog. otoakustische Emissionen, das sind im Innenohr aktiv generierte Töne, als Anzeiger biometrisch verwertbarer Eigenschaften erforscht.

Weise wie Stimme in Grenzregimen und -praktiken weiter instrumentalisiert und missbraucht wird, um nationale Identität, Staatsbürgerschaft und das Recht auf Zugehörigkeit zu regulieren. Für eine informierte Kritik aktueller Praktiken und Kulturen der Stimmbiometrie betrachten wir die Artikulation dieser drei Bedenken als kritisch-konstitutiv.

Arbeiten, die die Biometrie kritisch untersuchen, stellen zu Recht fest, dass zu ihren vielen problematischen Praktiken der Versuch gehört, Identität als Grundlage für Prävention und Vorhersage zu fixieren (Amoore 2006, S. 339). Biometrische Technologien sind darauf ausgelegt und zugeschnitten, unscharfe Grenzen zu beseitigen (oder zu verschleiern), um die sog. Objektivität zu erhöhen und die Identität an den Körper zu binden. Wie wir jedoch gleich argumentieren werden, ist diese Fixierung kein Produkt der Biometrie, sondern die Fortsetzung einer instrumentalisierten, utilitaristischen, kolonialen, rassifizierten Orientierung in Bezug auf Identifikation als Lösungs- und Wahrheitsfindung. Daher betonen wir zunächst die Notwendigkeit, das Zu- und Hinhören kritisch zu hinterfragen und Stimme, Körper und Identität als konstituierende Bereiche zu entkoppeln. Wir fokussieren unsere Untersuchung auf eine Reihe von Praktiken, in denen diese Orientierungen nicht nur genügend erkennbar werden, sondern auch die stärksten Konsequenzen mit sich bringen – nämlich die Anwendung von Maschinenhören und Stimmbiometrie im Kontext von Migration, Grenzüberwachung und Asylrecht. Wir behaupten, dass es die Episteme des Maschinenhörens sind, nämlich die Einengung des Hörens zu einer Tätigkeit der Kategorisierung, Trennung und Rasterung, die die Stimmbiometrie in Repräsentationsmuster verwickelt, denen eine zunehmende Bestimmungsmacht zugeschrieben wird. Stimmbiometrie ist folglich Teil eines Systems, das in die Verdinglichung rationalistischer, utilitaristischer und sogar rassistischer Vorstellungen investiert, nach denen Messungen gleichbedeutend für die Stimme und damit für die eigene Identität stehen können.

1 Die Produktion hörbarer Differenzen

Das Zu- und Hinhören war eine von mehreren epistemologischen Apparaten im ‚zivilisatorischen' Prozess der Kolonisierung. Frühe koloniale Praktiken des wissenschaftlichen Hinhörens und Dokumentierens sind genau an der Grenze dessen situiert, was die Europäer*innen als menschlich wahrnahmen, und dem unkontrollierbaren, weniger- oder nicht-menschlichen Gegenstück dazu. Als Dokumentationspraxis oder disziplinarisches Instrument schränkte das Hinhören auf klangliche Artikulationen von Europas ‚Anderen', den Nichteuropäer*innen, diese in ihrer eigenen „propriozeptiven Handlungsfähigkeit“[2] (Robinson 2020, S. 55) ein – nicht nur in ihren eigenen Ländern, sondern auch innerhalb der europäischen Kriege und der von ihnen geschaffenen Grenzen. Schriftliche Aufzeichnung der Hörerfahrungen und spätere Tonaufnahmen, die vor allem nordeuropäische, koloniale Reisende und Entdecker*innen in den Weiten Amerikas machten, trugen maßgeblich zur Formung der ‚Humanwissenschaften‘ und der Institutionalisierung wissenschaftlicher Methoden bei: sie waren „crucial to the construction of the epistemic transformations of modernity“ (Ochoa Gautier 2014, S. 36 f.). In ähnlicher Weise wurde den indigenen Völkern Amerikas unterstellt, dass ihnen die Fähigkeit des ‚richtigen‘ Hinhörens fehle. Daher wurden sie korrigierenden Regimen von Tonhöhe, Harmonie und Tempo unterworfen (Robinson 2020, S. 54), während gleichzeitig ihre eigenen Stimmen und Praktiken extrahiert und aufgezeichnet wurden, um sie angesichts einer „false ascription of the inevitable extinction of Indigenous cultural practices“ (ebd., S. 153) zu bewahren. Modern-koloniale Formen des Zu- und Hinhörens verfestigen daher den Wunsch, Kontingenz zu reduzieren; zugleich entfachten sie dabei die Macht des extraktiven Hinhörens, die sowohl auf korrigierende als auch auf einengende Rationalisierung, Kategorisierung, Rasterung, Fixierung sowie auf die Herstellung von Fortschritt, Vertrautheit und Gewissheit ausgerichtet wurde (ebd., S. 50 f.).[3]

Im 19. Jahrhundert kam die aufgenommene Stimme als eine weitere Quelle für die aus der kolonialen Beobachtung und Dokumentation stammenden Praktiken des wissenschaftlichen Hinhörens hinzu. Diesmal wurden modernste Technologie mit wissenschaftlichem Rassismus, Anthropometrie und Physiognomik verschmolzen, um Individuen und Gruppen zu markieren, zu kategorisieren und zu differenzieren. Die Tonaufnahmen aus Europa und den USA deuteten auf ein spezifisches Interesse an der Stimme als Quelle von Beweisen und als Methode zur Identifizierung und Klassifizierung. Der Stimmaufnahme wurde eine enthüllende Kraft zugeschrieben. Diese sei in der Lage, Eigenschaften eines Individuums (wie Alter, Herkunft, Geschlecht oder sogar Haarfarbe) zu entbergen, die sonst durch das Aufnahmemedium selbst verschleiert würden (Li und Mills 2019); darüber hinaus würde sie den sprechenden Körper entlarven, in dem sie Momente des Zögerns, der Falschheit und des Betrugs aufdeckt. Der

2 Im englischsprachigem Original: „Proprioceptive agency“.

3 Ironischerweise war diese europäische Form der Rationalität und des Messens vor allem in Bezug auf die Fixierung von Ton und Rhythmus, also die Entstehung der polyphonen Notation des Rhythmus um 1300, nur durch kulturelle Einflüsse aus Arabien über Spanien möglich (vgl. Miyazaki 2013, S. 107 ff.).

Glaube an die Fähigkeit des Klangs (und der Stimme), die Wahrheit über die Sprechenden zu enthüllen, beschränkte sich nicht auf Identifikationstechniken des Zuhörens; er führte auch zur Entwicklung spezifischer Praktiken, die zunächst von geübten Zuhörer*innen angeeignet und ausgeübt werden mussten, später wurden dafür Maschinen konstruiert. Der Phonograph ermöglichte durch Aufzeichnung und Wiedergabe sowohl neuartige Techniken zur Beurteilung von Klang und Stimme, als er auch die Fähigkeit der geübten Hörer*in erweiterte, so dass sie mehrere Anhörungen derselben Stimme und also eine fundierte, wissenschaftlich exakte Beurteilung ihrer Sprecher*in durchführen konnte.

Exemplarisch dafür ist eine Situation im frühen 20. Jahrhundert in Nordeuropa, als der Deutsche Phonetiker Wilhelm Dögen im Namen der Königlich Preußischen Phonographischen Kommission mit einem Team von fünfzig Mitarbeiter*innen durch das Gebiet der heutigen Bundesrepublik reiste, um Tonaufnahmen von Kriegsgefangenen zu machen. Sein Ziel war es, eine umfassende Bibliothek von Akzenten und Dialekten zusammenzustellen, die sein Interesse an der Analyse und dem Verständnis der Kulturen der Welt „zum Zwecke des mittelbaren Verständnisses des völkischen Kultur- und Geisteslebens" (Dögen 1925, S. 9) verfestigten. Die produzierten Aufnahmen wurden von kommentierten Personalbögen begleitet, die nationale, sprachliche und familiäre Beziehungen darstellten, sowie von artikulatorischen Diagrammen und phonetischen Transkriptionen der Tonaufnahme. Ein abschließendes ‚Urteil' der aufgenommenen Person wurde dann vom zuständigen Linguisten, oft Dögen selbst, abgegeben (Lautarchiv, o. J.). Aus diesen Aufnahmen entstand nicht nur die *Lautabteilung* der Preußischen Bibliothek in Berlin, sondern auch eine umfangreiche Bild- und Schriftdokumentation mit dem Titel *Unter fremden Völkern*, die 1925 veröffentlicht wurde. Einige Jahre später weitete Dögen sein Interesse auf Sprachaufnahmen von Verurteilten aus und arbeitete mit der Annahme, dass es einen grundsätzlichen Zusammenhang zwischen Stimme und Kriminalität geben könnte (Li und Mills 2019, S. 130).

Für die deutschen Sprachwissenschaftler*innen, Phonetiker*innen und Naturforscher*innen des 19. und frühen 20. Jahrhunderts war die visuelle Beobachtung eine wichtige Informationsquelle, um das Hinhören zu verbessern, wobei sich die klangliche Wahrnehmung auf „corporeal difference, scientific explanation, and the narration of uncontainable, bodily produced noises" (Ochoa Gautier 2014, S. 32) erweiterte. Dögens Interesse an der Produktion visuellen Materials über jene Personen, deren Stimme er in den Kriegsgefangenenlagern zwangsweise aufnahm, hing mit der Möglichkeit zusammen, diese mit der sprachlichen Artikulation von Dialekten und Akzenten zu korrelieren – insb. mit den „seltenen Geräuschen", die von „exotischen" Gruppen erzeugt wurden (Dögen 1925, S. 16). Dass viele der aufgezeichneten Kriegsgefangenen auch koloniale Untertanen waren, die in Europa stationiert waren und die Kriege ihres Kolonisators führten, schien eine beispiellose Gelegenheit zu bieten, nicht nur Sprachen von Nichteuropäern aufzuzeichnen, sondern auch den deutschen Glauben an Rassen-Hierarchien zu bestätigen (ebd., S. 15). Die Formulierungen, die Dögen zur Beschreibung der von ihm und seiner Kommission erfassten ethnischen Gruppen verwendete, bedienen sich stark eugenischer und rassistischer Terminologien und sollten in diesem Beitrag nicht wiedergegeben werden. Auffällig an ihnen ist ihr Rückgriff auf den Vergleich als Mittel zur Herstellung von Kategorien, wobei die sich ergebene Korrelation immer adjektivischer und vor allem körperlicher Art ist.

Während ein Körper eine Stimme durch Artikulation und den Einsatz des Stimmapparats (bestehend aus Vokaltrakt, Zunge, Mund- und Nasenhöhle etc.) produziert, ist eine Stimme niemals ein Ding an sich (Eidsheim 2019, S. 3). Stimmen werden durch Vermittlungsprozesse konstituiert, einschließlich, aber nicht beschränkt auf ihre körperliche Produktion; ebenso sind Stimmen nicht durch die Produktion von Sprache in und als Redeäußerungen eingeschränkt, noch werden letztere durch stimmliche Artikulation eingeschränkt. Anders ausgedrückt: Während (einige) Körper eine Stimme produzieren können, produziert eine Stimme nicht notwendigerweise einen Körper als etwas Bestehendes und unmittelbar Erkennbares. Was Stimmen tun, ist abhängig von einem relationalen Raum, der durch rassische, geschlechtliche, fähigkeits- und klassenbasierte Verständnisse des Hinhörens konstruiert wird. „There is no a priori voice to be known", argumentiert Nina Sun Eidsheim, „prior to the one formulated in response [to the question of who is speaking]" (2019, S. 6). Die Frage „Wer spricht?" wickelt den Körper, der eine Stimme produziert, in einen Subjektivierungsprozess (und daran anschließend einen Enkulturations- und Sozialisationsprozess) ein. Die physiologische Manifestation einer Stimme hängt selbstverständlich nicht von der Formulierung einer Antwort auf die Subjektfrage ab. Es ist aber genau jener relationale Raum, der zwischen Subjekten entsteht, der die Stimme hervorbringt, oder mit anderen Worten: Es ist die Zuhörer*in, die den Wunsch, eine Stimme zu kennen, hervorbringt und dabei Klang mit Sozialität verschränkt (Eidsheim 2019).

Ebenso kann es keine Artikulation der Sprache durch die und mit der Stimme a priori geben, die von einem Akzent unbefleckt ist; vielmehr manifestiert sich ein Akzent erst im Moment der Wahrnehmung einer Äußerung (Gergely 2019, S. 145). Akzente befinden sich in ständiger Veränderung und sind nie an einem Ort oder dem Körper der Äußerung verankert, sondern immer in ein größeres Netz sozialer, kultureller, ökonomischer und politischer Praktiken verstrickt. Besonders im Fall von ‚Grenzsprachen', d. h. den multiplen Dialekten, die aus der ständigen Neuziehung oder Überschreitung von Grenzen entstehen, passen sich die Sprecher*innen entsprechend an, um den Zuhörer*innen, der sozialen Situation, dem Ort, an dem sich die Rede manifestiert, oder den emotionalen Verbindungen, die die Sprache hervorrufen kann, gerecht zu werden (Anzaldúa 1987, S. 77). Sprecher*innen von ‚Grenzsprachen' verkörpern die Mehrdeutigkeit von Sprache, sie betonen die Undurchsichtigkeit bestimmter Ausdrucksformen und bleiben oft unverortbar, schwer fassbar und nicht im Detail messbar. Während es vielleicht noch möglich ist, sie zu kennzeichnen, zu etikettieren oder zu markieren, ist eine solche Möglichkeit noch aufschlussreicher hinsichtlich der Regierungs- und Steuersysteme jener, die kennzeichnen, etikettieren oder markieren (und auch zu- und hinhören), als für die Sprecher*in selbst.[4] Die Flüchtigkeit von Akzenten steht folglich im direkten Gegensatz zur Reduktion auf den Herkunftsort; wenn ein Akzent ein Indiz für sozialen Status, Klasse, Geschlecht und Ethnizität ist, dann nicht in Bezug auf die Sprecher*in, sondern vielmehr auf die Hörer*in, die dieses Urteil produziert. Wenn wir versuchen, die Zuhörer*in-Beobachter*in im Moment des Zu- und Hinhörens unsichtbar zu machen, versäumen wir es, die Anwesenheit, Sicht und das körperliche Engagement der Hinhörer*in sowie den Akt des Hinhörens selbst, in das akustische Ereignis einzubeziehen. In der Tat ist die diskursive Auslöschung der Hörer*in das, was den Mythos verfestigt: Dass Klänge objektiv rekonstruierbaren Herkünften, Quellen und Genealogien entstammen, die nicht nur der symbolischen Orientierung vorausgehen, sondern, was noch wichtiger ist, sie tatsächlich offenlegen und bekannt machen können (Thompson 2017). Mit anderen Worten: Das modern-koloniale Hören lässt außer Acht, dass alles Hören ein situiertes Hören ist (Goh 2017) und dass „any meaning that arises is based on [the listener's] own meaning derivation" (Eidsheim 2019, S. 59).

2 Wenn Maschinen zuhören

Phonographieaufnahmen erstellten akustische Repräsentationen der Stimme, die dem genauen Hinhören unterworfen wurden, um neue Kategorien des Menschen zu produzieren und so zur Entwicklung wissenschaftlicher Erkenntnisse beizutragen. Mediale Übersetzungen von Klang auf Bild machten „speech spec-

4 Dies bedeutet, dass die Praktiken des Etikettierens und Markierens in diesem Moment der reduktionistischen Zuschreibung offengelegt werden. Dazu vgl. Amoore 2020, insb. Kapitel 3.

tra particularly amenable to measurement and comparison“ (Li und Mills 2019, S. 131). In einem anderen historischen Kontext, nämlich Mitte des zwanzigsten Jahrhunderts in den USA, verdrängen Stimmaufnahmen oder „Vocal Portraitures“ Aussagen von Ohrenzeug*innen als forensische Beweismittel und führten damit die medientechnologische Einschreibung der Stimme als (proto-)biometrische Technologie ein. In früheren Verfahren der „Vocal Portraiture“ wurde das Zu- und Hinhören als ein rein mechanischer Prozess angenommen (Günter Tillman in Mills 2010, S. 38); die Interpretation war dementsprechend auf spezifische Hörfähigkeiten angewiesen und wurde durch die indexikalische Übersetzung des Klangs auf das Einschreibemedium unterstützt. Natürlich basierten diese Identifikationsmethoden nicht auf einer vermeintlichen Objektivität, die dem Prozess des Lesens visuell-graphischer Anzeichen zugeschrieben wurde, sondern auf spekulativen Interpretationen dessen, was die auf einem Medium eingeschriebene, spezifische klangliche Information enthüllen sollte.

Maschinelles Hören lässt sich vielleicht am besten so verstehen, dass es in diesem Moment des Übergangs von der Lesbarkeit zur Erkennbarkeit entsteht, d. h. genauer: beim Übergang einer deskriptiv-indexikalischen Verarbeitung und Analyse von Sprachaufnahmen zu einer probabilistisch-statistischen und algorithmischen Wert- und Bedeutungsextraktion. Neuere Verfahren für das Erstellen von *voiceprints* stellten nicht die Schallwellen an sich dar, sondern die Repräsentationen ihrer Wahrnehmung durch das Innenohr (ebd., S. 38), wobei dieses als „an array of filtering elements“ (Potter et al. 1947, S. 10) angesehen wurde.[5] Li und Mills markieren diesen Übergang von der Sprecher*innenidentifikation zur Sprecher*innenerkennung als Effekt militärisch-industrieller Interessen der Nachkriegszeit, wobei für die Bewertung aufgenommener Sprache „‚low-level‘ acoustic features“ die bisherige Beschreibung des Klangs ersetzten (2019, S. 132). Während moderne Anwendungen des Maschinenhörens nicht nur auf die Sprachanalyse beschränkt sind, situieren wir im Folgenden die Stimmbiometrie als eines seiner wichtigsten Wissensfelder, indem die Kopplung von geschulten Hörer*innen-Dolmetscher*innen mit einem Schallwellen-Inskriptionsapparat ein neues Paradigma darstellt, mit dem die unmarkierten Merkmale und Anzeichen von Sprache ermittelt werden kann.

5 Wie sowohl Mara Mills als auch Jonathan Sterne zu Recht anmerken, basierte das Ganze auf behindertenfeindlichen Auffassungen von Sprache, Klang, Wahrnehmung und Gehörlosigkeit, die jene zudem auch noch förderten (Mills 2010). Sterne beschreibt, wie bereits Alexander Graham Bell gegenüber Gehörlosen unverhohlen behindertenfeindlich war, indem etwa die Idee der „visible speech“ mit einem „korrigierenden“ Impetus ausgestattet war, „seeking to eradicate deaf culture altogether“ (Sterne 2003, S. 40).

Ein solches Gerät war der Tonspektrograph. Entwickelt wurde es in den 1940er Jahren von den *Bell Telephone Laboratories* als „visuelles Hörgerät", das Gehörlosen „sichtbare Sprache" beibringen konnte, indem es akustische Repräsentationen von Sprache in Worte übersetzte. Während des Zweiten Weltkriegs erfuhr das Projekt eine Wende, als es das Interesse des US-Militärs an einer visuellen Übersetzung von Klang bedienen sollte (Potter et al. 1947, S. 4–5). In einem Prozess, der dem modernen Verfahren für die Erstellung eines Spektrogramms mittels Fast-Fourier-Transformation ähnelt,[6] beruhte der Tonspektrograph auf der Nachahmung der Fähigkeit des menschlichen Innenohrs, mehrere Frequenzbänder isoliert zu analysieren, wobei hier die unterschiedliche Zeitlichkeit des aufgenommenen Schalls ausgenutzt wurde. Um die Menge an Filtern, die für diesen Vorgang benötigt wurden, zu kompensieren (was erst später mit dem Aufkommen leistungsfähiger, elektronisch-digitaler Computer möglich werden sollte), verwendete der mechanische Tonspektrograph einen justierbaren Eng- und Weitbandpassfilter, um wiederholte Messungen derselben Aufnahme durchzuführen. Dabei analysierte der Apparat „one band a time, the simple oscillations of a complex wave, and [records] the intensity variations in each band side by side in an orderly fashion upon a sheet of paper" (ebd., S. 11).

Der Tonspektrograph der 1940er Jahre nutzte Verfahren der Reduktion und Wiederholung, um visuelle Repräsentationen nicht der Sprecher*innen, sondern des Sprachsignals zu erzeugen. Sein Hauptzweck war es, Transkriptionen zu generieren, die von geschulten Übersetzer*innen durch Tonhöhe, Intonation und Klangfarbe hindurch erkannt werden konnten. Sowohl durch den Vergleich verschiedener Stimmaufnahmen als auch das Kategorisieren und Gruppieren erkennbarer Attribute zu größeren Beschreibungsgruppen, sollten Spektrogramme unhörbare Stimmcharakteristika aufdecken: Akzent, Geschlecht und Affekt würden erfassbar und „the unique characteristics of a person's throat, oral cavity, and nasal passage" (Li und Mills 2019, S. 138 f.) identifizierbar. So glaubten zumindest die Forscher*innen der *Bell Laboratories*, dass Spektrogramme die Eigenheiten eines Individuums durch ihre Sprache hervorheben würden, was wiederum dazu führte, dass Klangspektrographie die „forensic fantasy of speaker identification" (ebd., S. 137) nicht nur belebte, sondern auch bekräftigte.

6 Die FFT verwendet keine Bandpassfilterung, sondern stützt sich auf Kurzzeitspektren (etwa zehn Millisekunden), um eine komplexe Wellenform zu zerlegen.

3 Maschinelles Zu- und Hinhören

Aktuelle Methoden zur Klanganalyse, einschließlich der Spracherkennung, machen nach wie vor ausgiebigen Gebrauch von Zeit-Frequenz-Darstellungen des zu analysierenden Klangs, um lesbare Messungen für verschiedene Anwendungen abzuleiten. Zum Stand der Technik gehören Implementierungen des maschinellen Lernens, bei denen größere Datenbanken und Sprachkorpora verarbeitet und analysiert werden, um Spracherkennungs-, Text-to-Speech- und Sprecheridentifikationssysteme zu trainieren und zu kalibrieren. Ähnlich wie Wilhelm Dögens Archiv der Kriegsgefangenen-Tonaufnahmen aus den 1920er und 1930er Jahren, werden diese Datenbanken gründlich annotiert, um sowohl Merkmale der Sprache wie Flexion und Artikulation hervorzuheben, als auch paraverbale Laute und Äußerungen wie Husten, Atmen oder Zögern zu markieren (Vieira de Oliveira 2019). Ähnlich wie beim Tonspektrograph der *Bell Labs* werden diese Aufnahmen durch eine Reihe verschiedener Filter verarbeitet und diskret analysiert, um Visualisierungen und andere mediale Formate zu generieren, die auf spezifische industrielle, kommerzielle und geopolitische Bedürfnisse zugeschnitten sind. Trotz des Einsatzes von wesentlich größerer Rechenleistung, um enorme Mengen an Datenpunkten auf einer infinitesimalen Skala zu analysieren, bleiben einige Annahmen gleich: Durch die Messung der Periodizität eines gegebenen Spektrums (oder eines *Echos*) wird angenommen, dass diese Analysen die sog. Vokaltrakt-Impulsantwort, die glottale Pulsform und die periodische Erregung einer Stimme mathematisch darstellen (Oppenheim und Schafer 2004, S. 97): Diese Darstellungen könnten womöglich dazu verwendet werden, die „Vokaltraktform" einer Person abzuleiten, um deren Sprache, Akzent oder Dialekt zu identifizieren (Dusan und Deng 2000; Ma und Fokue 2014).

Das grundlegende operative Verfahren des Maschinenhörens und auch des maschinellen Lernens ist die sog. Merkmalsextraktion, die ebenso konstitutiv für die Stimmbiometrie ist. Louise Amoore definiert Merkmalsextraktion als einen Verbund von Praktiken in automatisierten maschinellen Prozessen, „[to] identify clusters within the data (to read), derive attributes from those clusters to make them recognizable into the future (to resolve), and compare the output of the algorithms with the target output of the analyst (to reason)" (2020, S. 43). Dass diese Verfahren sich stark auf die Ableitung erkennbarer Eigenschaften verlassen, impliziert, dass sie Methoden der Zuordnung sind. Eine Stimme in ein System einzuschreiben, ermöglicht es, ein Lexikon bzw. Wörterbuch verschiedener Merkmale abzuleiten, zu trainieren und zu erlernen. Zu diesen Merkmalen gehören die durchschnittliche Grundfrequenz, Lautheit, Geschwindigkeit und Obertöne. Vom Moment des Einschreibens an beginnt die Stimme zudem einen Makro-Analyse-Raum wahrgenommener Kennverläufe (Li und Mills, 2019, S. 138) – darunter Phonation (Stimmgebung), Resonanzverhalten und Artikulation – zu beleben. Mittels diesen Raums ist es möglich, relevante Informationen aus den eingeschriebenen Merkmalen zu extrahieren. Dennoch können diese Lexika nur Informationen liefern, die mit Messungen verglichen werden können, die unter der gleichen Analysemethode durchgeführt wurden – wobei normalerweise diejenigen verworfen werden, die nicht in das vorgegebene algorithmische Modell passen.

Die Merkmalsextraktion ermöglicht nicht nur den technischen und mathematischen Raum des Extrahierens, Filterns und Stratifizierens von Frequenzdaten, sondern auch jenen der Subjektivität, der Kognition und, am wichtigsten, der Interpretation. Technische Entscheidungen informieren darüber, welche dieser wahrgenommenen Anzeichen Sprache repräsentieren sollen (Mills 2010, S. 37), um so dann die Merkmale unterzubringen, die weniger Variabilität zeigen, sobald „appropriate ‚normalizing relationships' for interpreting the data" auf sie angewendet werden können (Li und Mills 2019, S. 150). Der Merkmalsraum des Maschinenhörens, d. h. der Umfang der lesbaren Punkte, die durch die Identifizierung und Konstitution von Datenclustern erzeugt werden – von den *voiceprints* aus der Mitte des 20. Jahrhunderts bis zu den großen Datensätzen von heute – ist inhärent davon abhängig, dass Informationen durch technologische sowie interpretative Mittel herausgefiltert werden. Zweck dessen ist das Erzeugen ‚nützlicher' Lesarten von aufgenommenen Stimmen. Mit anderen Worten: Die Definition des ‚Nützlichen' innerhalb von Datensätzen ist selbst ein Produkt der Absicht, sie auf eine bestimmte, mithin nicht andere Weise ‚zu nutzen' (Ahmed 2019).

Wenn, um Jonathan Sterne zu folgen, Klangtechnologien abhängig sind „on us delegating our hearing to machines that hear for us" (Sterne 2003, S. 41), dann ist die Frage entscheidend, welche Formen des Hörens an welche Maschinen delegiert werden und mit welchem Ziel. Dies würde bedeuten, dass ein komplexes Gefüge verschiedener Subjektivitäten im Spiel ist, in der verschiedene Hörweisen im Aufbau eines Systems auftauchen, das bereits durch rassische, geschlechtsspezifische, Fähigkeits- und Arbeitsbeziehungen geprägt ist. Diskursiv folgt dies jedoch eher der binären Logik einer metaphorischen sensorisch-perzeptiv-kognitiven Opposition zwischen Mensch und Maschine, definiert in Gegenbegriffen wie Subjektivität versus Objektivität oder Voreingenommenheit versus Neutralität, um das Maschinenhören dem Menschenhören, d. h. dem menschlichen Zu- und Hinhören unterzuordnen. Folglich ist das Maschinenhören, obwohl es als unterschiedliche (und oft getrennte) Technik oder Modus des Hörens gerahmt wird, in jedem einzelnen Schritt seiner Durchführung vom menschlichen Zuhören abhängig: Von der Auswahl der Probanden zur Aufzeichnung einer bestimmten Sprache, über die Annotation der Datenbanken, bis hin zum Entwurf der Evaluierungsbedingungen, der Maschinen- und Systemkalibrierung, dem Testen und schließlich der iterativen Validierung der Wahrscheinlichkeitsverteilung als wahr oder nicht wahr.

Die Delegation des Zuhörens und damit die Ausweitung der Fähigkeiten der Hörerinterpret*in auf die Maschine, um ihr „bei der Arbeit zu helfen“ (S. 247), entlarvt laut Jonathan Sterne den Wunsch, die eigene Wahrheit aus der Aufnahme zu produzieren, anstatt dass die Aufnahme selbst in der Lage wäre, eine Wahrheit hervorzubringen (oder überhaupt zu enthalten). Wenn es um das maschinelle Zu- und Hinhören sowie seine Anwendungen in der Stimmbiometrie geht, wird nichtsdestotrotz das, was Sterne als „Glaube an die soziale Funktion“ (S. 219) von Klangtechnologien identifiziert, auf den Glauben an die materiellen Bedingungen dieser sozialen Funktion ausgeweitet – d. h. auf die Fähigkeit des Maschinenhörens, Beziehungen nicht zu reproduzieren, sondern zu enthüllen, von denen gesagt wird, dass sie vorhanden sind, die aber für das menschliche Ohren nicht wahrnehmbar sind. Das Ziel solcher Perspektiven ist es, ein sich selbst verstärkendes System zu installieren, in dem Hypothesen auf teleologische Weise bestätigt werden, wodurch der Diskurs zu ihrer Durchsetzung überhaupt erst aufrechterhalten wird. Wenn man sich die Merkmalsextraktion auf diese Weise vorstellt, d. h. als einen „iterative and experimental process in which the humans and machines feel their way toward solutions and resolutions to otherwise indelibly political situations and events“ (Amoore 2020, S. 43), werden die Grenzen zwischen ‚Maschinenhören, und ‚Menschenhören‘ weiter verkompliziert.

Automatisierte Analysen mathematisierter Klangdaten sind nichts anderes als Mustererkennungsprozesse und, noch wichtiger, Analysen der statistischen Verteilungen diverser Muster (Pasquinelli 2019). Aus der Tatsache, dass diese Prozesse in abstrakten Bereichen stattfinden, die den physikalisch-physiologischen Prozess der Klangvermittlung nicht einbeziehen, folgt, dass maschinelles Hören nicht nur die interpretativen, mehrdeutigen, situierten und affektiven Eigenschaften des Hörens ausschließt, sondern auch die Möglichkeit des Hörens selbst. Dies würde bedeuten, um Matteo Pasquinellis treffende Provokation zu paraphrasieren (2019), dass die naive Frage „Kann eine Maschine zuhören?“ umformuliert werden sollte in „Kann ein statistisches Modell zuhören?“ Wir glauben jedoch, dass es komplizierter ist: Das, was das maschinelle Zu- und Hinhören definiert, nämlich ein Prozess der statischen und damit stets regierungswissenschaftlichen Mustererkennung, zielt darauf ab, soziale Herkünfte aufzudecken, Unterschiede zu markieren und Kontingenz zu verwerfen –

und bildet also in Wirklichkeit genau denselben epistemologischen Rahmen, wie jenen, der das menschliche Zuhören definiert. Wir wollen jedoch nicht behaupten, dass Maschinen tatsächlich ‚zuhören', und wir wollen auch nicht versuchen, dem maschinellen Zu- und Hinhören im Vergleich zum menschlichen Zu- und Hinhören zu viel Autorität zu verleihen. Stattdessen stellen wir fest, dass Zu- und Hinhören hier mehr generieren könnte, als nur eine Kritik des problematischen Gebrauchs von Metaphern.[7] Stattdessen soll eine Übertragbarkeit spezifischer Orientierungen begrifflich greifbar gemacht werden, was Zu- und Hinhören ist, und was es materiell, diskursiv und epistemisch in Bezug auf körperliche Handlungsfähigkeit und Identität produziert. Dies wird besonders wichtig bei der kritischen Untersuchung jener Stimmbiometrie, bei der Entscheidungsprozesse an die zuhörende Maschine delegiert werden, um die Verantwortlichkeit der menschlichen Entscheider*in zu verschleiern und aufzuheben.

4 Sprachbiometrie: Der Stimme-Sprache-Nexus beim Akzent-Testen

Die Definition biometrischer Datenextraktion als integraler Bestandteil des Asylrechts sichert ein Regime von Identifikationspraktiken, das auf der Verankerung von messbaren körperlichen Merkmalen zur Identität beruht. In dem Maße, in dem die Erfassung und Auswertung dieser Merkmale legale Mittel sind, um die Herkunft (und damit die Staatsbürgerschaft) zu bestimmen, wird das Physische mit dem Kulturellen, das Fleischliche mit dem Geopolitischen, das Körperliche mit dem Diskursiven verschmolzen. Die Biometrie stellt fest, dass Identität und Körper voneinander irreduzibel sind und schafft damit einen ephemeren, biometrischen Körper, der nicht nur phänomenologisch unerkennbar ist (Liljefors und Lee-Morrison 2015, S. 55), sondern auch ontologisch unsicher gemacht wird (Browne 2015, S. 110). Sie verweigert dem Subjekt die Möglichkeit einer Identitätserfahrung aus erster Hand, denn sie stützt sich auf Messungen und Operationen, die der Kognition absichtlich unzugänglich sind. In der Tat ist es so, dass eine Praxis der Identifikation – d. h. den Körper lesbar und nachweisbar zu machen – als Platzhalter für Identität, die verkörperte Subjektivität und kollektive gelebte Erfahrung eines Individuums fungiert (Amoore 2006).

Das deutsche Asylgesetz (AsylG) besagt nämlich, dass die Identität einer Asylbewerber*in nur durch Identifizierungsverfahren gesichert werden kann

7 Vgl. für Metaphern im maschinellen Lernen Ganesh 2020.

(AsylG § 16, Abs. 1, S. 1). Dies ist dann der Fall, wenn eine Asylbewerber*in entweder keine Nachweise über ihre Herkunft – Pässe oder andere amtlich anerkannte Papiere – vorlegen kann oder die Sachbearbeiter*in den Verdacht hat, dass die vorgelegten Dokumente gefälscht sein könnten. Zur Sicherstellung der Identifizierung nennt das AsylG nicht nur die üblichen Methoden wie Fingerabdrücke und Passbilder, sondern nimmt auch die Stimme, genauer gesagt „das gesprochene Wort" (AsylG § 16, Abs. 1, S. 3) als materiellen Beweis auf. Die Sprach- und Textanalyse (STA) operiert in Deutschland seit 1998 als Praxis in Asylverfahren (Lindroos und Kirchner 2018, S. 122), obwohl nur wenige Fälle vor Gericht gebracht werden (ebd., S. 125).[8] Nichtsdestotrotz hat das *Bundesamt für Migration und Flüchtlinge* (BAMF) Pionierarbeit für eine öffentlich-private Partnerschaft für IT-gestützte Asylbearbeitungsprogramme geleistet, einschließlich, aber nicht beschränkt, auf die Automatisierung des Identifizierungsprozesses durch Stimmanalyse (BAMF 2018e).

Das BAMF leitete sein Programm des integrierten Identitätsmanagements (IDM-S) mit einer Pilotphase seiner „Dialekterkennungs-, manchmal auch Dialektbestimmungssoftware" oder „Sprachbiometrie" ein, die im August 2017 erstmals in Bamberg getestet wurde (BAMF 2018b); Anfang 2018 wurde das Pilotprojekt auf andere Außenstellen im Land ausgeweitet. Zum jetzigen Zeitpunkt (April 2021) ist Deutschland vermutlich nach wie vor die einzige Nation, die eine automatisierte, softwaregestützte Bewertung von Sprache und Dialekt implementiert hat (BAMF 2017). Innerhalb von mehr als zwei Jahren Laufzeit berichtet das BAMF von mehr als 18.000 Asylfällen, in denen die Software eingesetzt wurde (BAMF 2018g). Während die Sprach- und Textanalyse tendenziell auf längere, im Gesprächsprotokoll aufgezeichnete Samples zurückgreift, behauptet das BAMF mit der Software einen „unabhängigen, objektiven und skalierbaren" Herkunftsnachweis einer Person aus nur zwei Minuten „brauchbarer" Rede erstellen zu können (BAMF 2017).

8 Obwohl STA eine rein deutsche Terminologie ist, weist sie starke Ähnlichkeiten mit LADO (Language Analysis for Determination of Origin) auf. Beide beschäftigen Linguist*innen und oft geschulte „muttersprachliche Expert*innen", die im Tandem arbeiten, um Asylanhörungen und Interviews anzuhören und zu analysieren und dabei einen Bericht zu erstellen, der „mängelfrei, klar, und unmissverständlich" (Ammer et al. 2013, S. 295) über die Muttersprache der Antragsteller*in, ihre Herkunft und damit ihre Staatsbürgerschaft informiert. Trotz der Behauptung, ideologiefrei zu sein (Hoskin 2018, S. 27), wurde LADO (und im weiteren Sinne auch die STA) gründlich für ihren Mangel an Transparenz und Genauigkeit kritisiert. Ihre Berichte haben zu zahlreichen Abschiebungen geführt und in einigen Fällen Asylsuchende in einem bürokratischen und politischen Schwebezustand zurückgelassen (Hoskin 2018; Ammer et al. 2013).

Die Software arbeitet, indem sie die über ein Telefon oder ein Headset aufgenommene Sprache der Antragsteller*in mit einer Sprachdatenbank und einem „grundlegenden Sprachmodell“ abgleicht (BAMF 2018a, S. 5–6). Die Ergebnisse, die die Software nahezu in Echtzeit liefert, sind nicht allein entscheidend, sondern stellen eine Liste verteilter Wahrscheinlichkeiten dar, die der Interpretation der Fallbearbeiter*in unterworfen sind und als Entscheidungshilfen dienen (BAMF 2018b). Immer dann, wenn die Software die gesprochene Sprache nicht erkennen kann, gibt sie zwei verschiedene Kategorien zurück: „unbekannte Sprache“ oder „andere Sprachen/Dialekte“. Das zunächst auf die levantinische Variante des Arabischen beschränkte Sprachmodell wurde vom *Linguistic Data Consortium* (verankert an der *University of Pennsylvania*) erworben (BAMF 2018f). Eine schnelle Suche nach passenden Datenbanken bei diesem Daten-Konsortium zeigt, dass von den zum Zeitpunkt der Implementierung des BAMF verfügbaren Korpora die levantinische Arabisch-Sammlung 2005 aufgenommen und freigegeben wurde (BBN Technologies et al., n. d.), während andere Datenbanken, die nach dem oben genannten Dokument freigegeben wurden, Aufnahmen aus dem Jahr 2011 enthalten. Auf Nachfrage der Abgeordneten der Linksfraktion im Bundestag Ulla Jelpke, Dr. André Hahn, Gökay Akbulut und anderer, ob die Software berücksichtige, „dass sich die Sprachkompetenz über die Lebensspanne verändern kann“, behauptete das BAMF, dass der Spracherwerb aufgrund des Fokus der Software auf Phonetik „irrelevant“ sei (BAMF 2018b, S. 8).

Wenn Biometrie nicht nur den Körper als lesbar konstituiert, sondern auch durch die Lesungen des Körpers konstituiert wird, folgt daraus, dass biometrische Technologien einen Körper produzieren, der demjenigen, der gelesen wird, fremd ist. Dieser Körper wird genau im Moment der Messung konstruiert, rassifiziert und verdinglicht: Erstens, durch seine Verbindung mit anderen, maschinellen und nicht-maschinellen Messungen; zweitens durch die Übereinstimmung mit Datenbanken und die Einfügung in soziale Narrative, die drittens wiederum iterativ die besagten Narrative und Datenbanken für zukünftige Lesungen bestätigen und aktualisieren (Browne 2015, S. 109). Das BAMF hat wenig Informationen über die Besonderheiten der Sprachanalyse- und Klassifizierungsprozesse offengelegt, die seine Software vornimmt. Das Beharren auf der Erwähnung wissenschaftlicher Kriterien wie Phonetik soll der Funktionsweise der Software Geltung verschaffen; stattdessen verschärft sie jedoch die Grenzen der Identifizierungsmethoden und deren Widerspruch zur gelebten Realität der Asylfälle. Zwar wird offengelegt, dass die Fehlermarge, die ursprünglich mit 20 % angegeben wurde, auf 15 % im Allgemeinen und auf 10 % im speziellen Fall der syrischen Asylbewerber reduziert wurde (BAMF 2017, 2018f); dennoch zeigen die Testergebnisse oft so gleichmäßig verteilte Wahrscheinlichkeiten an, dass sie für jede Form der Entscheidungsfindung irrelevant werden (Biselli 2018). In der Praxis bedeutet dies, dass Antragsteller nicht nur Gefahr laufen, von der Software falsch identifiziert zu werden, sondern oft darüber hinaus von einem System bewertet werden, das ihre Sprache überhaupt nicht kennt.

Und doch wird der bundesweite Einsatz dieser Software diskursiv gewürdigt und belohnt (BAMF 2018c), indem neuartige Entwicklungspakete für eine Erweiterung des Umfangs und der Umsetzung von IDM-S und MARiS (*Migrations-Asyl-Reintegrationssystem*) um maschinelles Lernen und *Blockchain*-Technologien bewilligt und aufgegleist werden (BAMF 2018e). Die Erwähnung von maschinellem Lernen scheint im Widerspruch zu früheren Dokumenten zu stehen, in denen sich das BAMF davon als Methode distanziert hat (BAMF 2017, S. 3), obwohl einige der im Sprachgutachten dargestellten Kriterien auf einen Einsatz von maschinellem Lernen bereits in der aktuellen Iteration der Software hinzudeuten scheinen.[9] Dies ist wichtig, um den Umfang der Operativität des Maschinenhörens in der Dialekterkennungssoftware einzugrenzen und mit der eigenen Begründung des BAMF, auf automatisierte Entscheidungsprozesse zu setzen, zu vergleichen.

Darüber hinaus wird in der offiziellen Dokumentation, die sowohl in den Schulungsunterlagen sichtbar ist als auch in den Informationsfreiheitsgesetz-Anträgen offengelegt wird, die Software als „Sprachbiometrie“ und nicht Stimmbiometrie bezeichnet. Im Formblatt D1728, betreffend den Punkt Sprachanalyse, das Asylbewerber*innen ausgehändigt wird, heißt es: „[E]ine stimmbiometrische Analyse von Ihnen erfolgt dabei nicht“ (BAMF 2020).[10] Aus den Schulungsunterlagen geht jedoch hervor, dass tatsächlich zwei verschiedene Berichte nach der Prüfung erstellt werden sollen: Der erste, „Sprachbiometrie_Report“ genannt und automatisch generiert, zeigt die Verteilung der Wahr-

9 Diese sind z. B. „Segmentation Score“, „Gender Score“ und „Log Likelihood Ratio“. Darüber hinaus gibt es weder eine Erwähnung noch einen Hinweis darauf, dass der Falldatei eine Transkription der Stimmprobe hinzugefügt wurde, was auf ein hybrides algorithmisches Modell hindeutet, das sowohl auf phonotaktischen als auch auf akustischen Ansätzen basiert (Brown 2016; Ma und Fokue 2014; Biadsy et al. 2010). Dies impliziert zwar nicht zwangsläufig maschinelles Lernen, aber in der aktuellen Forschung zu Dialekterkennungssystemen (auch von der Firma, die die Software für das BAMF entwickelt hat, Nuance Communications) werden immer wieder künstlich-neuronale Netze in solchen hybriden Modellen eingesetzt, um die Leistung zu verbessern (siehe z. B. Kanervisto et al. 2017). Ob das BAMF dieses spezifische Modell verwendet oder nicht, bleibt im Bereich der Spekulation.

10 Nach Angaben des BAMF wird das Formular D1728 nur in deutscher Sprache ausgestellt (BAMF 2020).

scheinlichkeiten der gesprochenen Dialekte, wie sie von der Software ausgewertet werden. Das zweite, das nach der Prüfung der Ergebnisdatei und nach der offiziellen Anhörung auszufüllen ist, bittet die Sachbearbeiter*in, den sprachlichen Anspruch der Antragsteller*in gegenüber den Testergebnissen zu bestätigen oder abzulehnen. Dieses letztgenannte Dokument wird als „Stimmbiometrie_Auswertung" bezeichnet (BAMF 2018d, S. 10).

Die Tatsache, dass in der Einwilligungserklärung D1728 explizit zwischen „Sprachbiometrie" und „Stimmbiometrie" unterschieden wird, impliziert, dass das BAMF diese beiden Aufgaben als voneinander verschieden ansieht und, was noch wichtiger ist, dass nur eine, die Sprachbiometrie, im Rahmen der Untersuchung eingesetzt wird. Die Formulierung innerhalb des MARiS zeigt jedoch, dass die biometrische Erfassung der Stimme in der Tat nicht nur durchgeführt, sondern verteilt wird: Während die Software *nur* die Sprachmessung durchführt, ist immer eine menschliche Zuhörer*in für das Lesen, Interpretieren, Zuhören und die abschließende Bewertung zuständig, die explizit als biometrische Bewertung der Stimme bezeichnet wird. Auch wenn das BAMF in den meisten offiziellen Mitteilungen erwähnt, dass der Einsatz der Sprachbiometrie nur dazu dienen soll, den Fallbearbeitern bei der Einordnung des Asylbewerbers in eine ethnische und geopolitische Gruppierung zu „helfen" (z. B. BAMF 2017, 2018b, 2018f), wird damit faktisch der Versuch unternommen, „Identität" als das zu definieren, was auf der mathematischen Analyse von Daten beschränkt ist, die von bestimmten Messapparaten gesammelt werden, und damit (angeblich) „wahrer" sind als die gelebten, subjektiven und verkörperten Erfahrungen des betroffenen Individuums. Die Software ist sehr mächtig, denn sie kann die Zukunft der Antragsteller*in bestimmen. Sich auf diese Form der *Acoustic Intelligence* zu verlassen, ist zwar ein Weg, den Identifizierungsprozess zu beschleunigen und die menschliche Arbeitsbelastung zu verringern, doch bedeutet dies nicht unbedingt ein besseres Ergebnis für die Asylbewerber*in. Tatsächlich behauptet das BAMF, keine konkreten Angaben darüber zu haben, wie viele Asylanträge mit Hilfe von sprachbiometrischen Ergebnissen abgelehnt wurden (BAMF 2018f).

Der Sprachbiometrie-Apparat des BAMF ist in seiner Einschätzung des maschinellen Hörens auf das menschliche Hören angewiesen, um den Körper der Asylbewerber*in, wie er durch seine stimmliche Artikulation definiert ist, zu produzieren. Das soll nicht heißen, dass Akte der Messung akustischer Merkmale nichts Relevantes hervorbringen können. Vielmehr wollen wir die Tatsache betonen, dass die Extraktion akustischer Merkmale und die daraus resultierenden Messungen nicht unmittelbar implizieren, dass solche Messungen, juristisch und/oder symbolisch, für ethnische, geographische, geschlechtliche oder rassische Herkunft stehen können. Die Selektionslogik der Merkmalsextraktion wie auch die Interpretation der Messergebnisse erfolgt immer schon eingebettet in ein System von Kategorisierungen, wobei diese Kategorisierungen durch modern-koloniale und damit rassifizierte Auffassungen von Stimme, Sprache und Akzent konstruiert sind. D. h., die Software kann nichts anderes produzieren als jene Kategorien, die einprogrammiert wurden, insofern diese Kategorien der Analytiker*in „the power to speak in their name" erteilen (Amoore 2020, S. 54). Diese Macht manifestiert sich weiter in und durch juristische Dokumentationen, Grundsatzpapiere, Asylgesetze und Presseerklärungen; diese Dokumente verfestigen nicht nur, dass die Software tut, was sie zu tun beabsichtigt, sondern auch, dass dieses Tun an einer längeren Kette von Entscheidungen teilnimmt. Deren ultimative Absicht ist es, eine irreduzible Verbindung zwischen Körper und Akzent zu beweisen, sowie, dass besagter Akzent irreduzibel mit der Staatsbürgerschaft verbunden ist. Einfacher ausgedrückt: Es ist nicht so, dass der Akzent, mit dem jemand zu sprechen scheint, sein Recht auf Asyl bestimmt, sondern dass die biometrische Extraktion seines Akzents bereits durch die Möglichkeit der Abschiebung bestimmt ist.

Ein solches diskursives Feld von Möglichkeiten, das einerseits durch sorgfältige Wortwahl auf der juristischen Seite und andererseits durch die Beschäftigung mit Fachterminologien auf der diskursiven Seite eröffnet wird, zeigt, wie das BAMF seine eigenen Bedingungen der Verständlichkeit (Butler 1997, S. 134) festlegt. Mit anderen Worten: es verhandelt ständig die Grenzen von Terminologien wie ‚Sprach'- und ‚Stimmbiometrie', um mehrdeutig zu bleiben und den „Bedingungen der Lesbarkeit, die es hervorruft" (ebd.), zu entgehen, wobei diese Lesbarkeit sowohl sein eigenes institutionelles Ethos (d. h. die Abschiebung) als auch die Lesbarkeit des Körpers der Asylsuchenden vor dem Staat ist. Darüber hinaus, und das dürfte inzwischen klar sein, entstehen diese Bedingungen der Lesbarkeit zwar diskursiv durch Akte des Zuhörens, aber werden nicht notwendigerweise durch diese vollzogen. Weder die Sachbearbeiter*in, die Anwält*in, die Dolmetscher*in noch die Asylbewerber*in ‚hören' tatsächlich der Software zu, die den Akzenten ‚zuhört'. Dieses Zu- und Hinhören bleibt obskur und meist der menschlichen Einsicht nicht zugänglich; es durchquert die techno-wissenschaftliche und juristische Sprache, wenn es in statistische Verteilungen und logarithmische Wahrscheinlichkeitsverhältnisse übersetzt wird. Wenn das Zuhören tatsächlich stattfindet, dann in einem anderen Moment (der Anhörung), der von einer anderen Akteur*in (der Sachbearbeiter*in) durchgeführt wird und dazu dient, den Antrag zu vervollständigen, zu bestätigen oder abzulehnen, den nicht der*die Asylsuchende, sondern der Algorithmus in ihrem Namen stellt.

5 Woher kommen Sie?

Stimme, Sprache und Akzent sind Phänomene, die zwischen Hörer*in und Klang entstehen und ständig neu verhandelt werden, anstatt ausschließlich auf dem Körper zu beruhen. Doch wenn es um Praktiken der Verwaltung von Körpern geht, wird davon ausgegangen, dass die genannten Phänomene mit Hilfe technologischer Apparate der Klangvisualisierung erfasst werden können. Angenommen wird hierbei, dass sie von allen Körpern, die eine ähnliche Staatsbürgerschaft und damit ähnliche körperliche Merkmale haben, gleichmäßig und stets auf gleiche Art und Weise produziert werden. Mit anderen Worten: Es wird einer vermeintlich angeborenen Fähigkeit des Körpers, nicht nur eine bestimmte Stimme zu produzieren, sondern auch bestimmte Artikulationen von Sprache, d. h. Akzente, zu erzeugen, ein ‚Rassenwert' zugeschrieben, der normalisiert, an Ort und Staatsbürgerschaft gebunden und unmittelbar für die Extraktion, Messung und Bewertung verfügbar gemacht werden kann. Das hier angeführte Beispiel reiht sich in andere kritische Ansätze, Studien und Arbeiten ein, die zeigen, wie modern-koloniale Hörpraktiken eine teleologische Beziehung zwischen Stimme und Körper herstellen. Die Annahme ist, dass einerseits die Stimme einen erkennbaren Körper hervorbringt, dass aber andererseits das, was als Stimme zählt, untrennbar davon abhängt, wer als Subjekt zählt, oder zumindest, wer durch (koloniale) Enkulturation dazu gemacht werden kann.

Die Stimmbiometrie ko-konstruiert iterativ Körper und Identitäten als eine Artikulation zwischen Nationalstaaten und Zivilgesellschaft, Grenzen und ihren Industrien, nationalen Identitäten und sozialem Status, menschlichem und maschinellem Zu- und Hinhören. Sie bestätigt sich selbst „through a selective process in which the terms of legible and intelligible subjecthood are regulated" (Butler 1997, S. 41). Identifikationstechniken, insb. solche, die von der Stimme Gebrauch machen, sind daher performative Praktiken; d. h., sie sind darauf angelegt, soziale Effekte zu produzieren, durchdrungen von der Macht, „not only to regulate bodies, but to form them as well" (ebd., S. 158 f.). Unsere Kritik am Maschinenhören betrifft in dieser Hinsicht nicht notwendigerweise nur die Delegation des Hörens und der Interpretation visueller Anzeichen an eine Maschine. Vielmehr gilt sie auch der unüberlegten Ausrichtung nach den durch automatisierte Lesungen extrahierten Merkmalen und der Zuschreibung ihres interpretativen Werts. Darüber hinaus gilt die Kritik dem unüberlegten Anschluss dieser interpretativen Werte in ein techno-wissenschaftliches Wissensfeld, das die Stimme als dem Körper intrinsisch betrachtet und den Körper mit Identität gleichsetzt. Dass dies auf der Ebene des Maschinenhörens geschieht, während es der Vervollständigung durch einen menschlichen Zuhörer bedarf, bestätigt nur, dass das biometrische Moment in keiner der Situationen allein stattfindet, sondern eher im Dazwischen.

Im hier vorgestellten Fall der sog. Akzent-Erkennungs-Software produziert die kurze Aufnahme, in dem zwei Minuten Rede aufgezeichnet werden, keine Geschichte, keinen Kampf, keine Wahrheit oder Identität; er produziert stattdessen eine Momentaufnahme der Wahrscheinlichkeitsbedingungen, die von der Software, und auch nur von dieser, gemessen werden. Diese massive Unsinnigkeit und Nichtübereinstimmung verdeutlicht, wie die Software selbst darauf ausgelegt ist, auf effiziente Weise Einschätzungen zu Akzenten zu liefern, die von geografischer, ethnischer und kultureller Nähe geprägt sind und offenlegen, wie der Akzent nur im Ohr der Hörer*in existiert und mit dem „space of the imagined community" verbunden ist (Gergely 2019, S. 147). Dies wird z. B. deutlich, wenn die Fähigkeit impliziert wird, eine Sprache, aber keinen spezifischen Dialekt zu erkennen, während gleichzeitig Sprache und Dialekt im Körper einer Sprecher*in verwurzelt sind, der stellvertretend für eine ganze Gemeinschaft von anderen Sprecher*innen stehen soll.

Wenn Akzent- oder Dialekt-Tests in enger Beziehung zu anderen biometrischen Praktiken stehen, die extrinsische Körper produzieren, wird dieser spezifische biometrische Körper als extrinsischer, klanglicher Körper produziert, der paradoxerweise durch die automatisierte Messung seiner eigenen Sprache und Stimme zum Schweigen gebracht wird. Akzent- und Dialekt-Tests sind koloniale Instrumente, die ständig versuchen, eine wilde Zunge zu zähmen (Anzaldúa 1987), oder zumindest das, was ihre Instrumente für eine wilde Zunge halten. Sie verwerfen die Heterogenität von Artikulation, Wortwahl und *Code-Switching* zugunsten fester, reproduzierbarer Narrative. In ihrer vereinfachenden Reduktion auf Phonetik, Akustik oder gar eine Kombination aus beidem versäumen sie es, die materiellen Bedingungen zu berücksichtigen, die die Reisen, die vor und jenseits des Moments der Grenzüberschreitung stattfinden, prägen und von ihnen geprägt werden. Die Frage „Woher kommen Sie?" ist einer Asylbewerber*in sicherlich schon mehrfach gestellt worden (Khosravi 2020). Die Antworten, so scheint es, können weder das BAMF, die Software noch die Fallbearbeiter*innen hören.

Medienverzeichnis

Literatur

Ahmed, Sara. 2019. *What's the Use?: On the Uses of Use.* Durham: Duke University Press.

Ammer, Margit, Brigitta Busch, Nora Dorn, Martina Rienzner, Anita Santner-Wolfartsberger, Walter Schicho, Barbara Seidlhofer und Karlheinz Spitzl. 2013. Ein umstrittenes Beweismittel. *Juridikum* 2013 (3): 281–297.

Amoore, Louise. 2020. *Cloud ethics: algorithms and the attributes of ourselves and others.* Durham: Duke University Press.

Amoore, Louise. 2006. Biometric borders: governing mobilities in the war on terror. *Political geography* 25: 336–351.

Anzaldúa, Gloria. 2007. *Borderlands/La Frontera: The New Mestiza.* San Francisco: Aunt Lute Books.

BBN Technologies, John Makhoul, Bushra Zawaydeh, Frederick Choi, David Stallard. o. J. *BBN/AUB DARPA Babylon Levantine Arabic Speech and Transcripts.* Philadelphia: Linguistic Data Consortium.

Biadsy, Fadi, Hagen Soltau, Lidia Mangu, Jiri Navratil und Julia Hirschberg. 2010. Discriminative Phonotactics for Dialect Recognition Using Context-Dependent Phone Classifiers. *The Speaker and Language Recognition Workshop 2010:* 263–270.

Biselli, Anna. 2018. Das BAMF will seine Probleme mit Technik lösen – und macht alles noch schlimmer. *Netzpolitik.org.* https://netzpolitik.org/2018/das-bamf-will-seine-probleme-mit-technik-loesen-und-macht-alles-noch-schlimmer/. Zugegriffen am 01. Mai 2021.

Brown, Georgina. 2016. Automatic Accent Recognition Systems and the Effects of Data on Performance. *Odyssey* 2016, 94–100.

Browne, Simone. 2015. *Dark Matters: On the Surveillance of Blackness.* Durham: Duke University Press.

Bundesamt für Migration und Flüchtlinge. 2020. D1728 – Information zur Abgabe einer Sprechprobe für die Sprachbiometrie. https://fragdenstaat.de/anfrage/belehrung-von-antragstellenden-sprachbiometrie-dias-namenstranskription-tralita/. Zugegriffen am 01. Mai 2021.

Bundesamt für Migration und Flüchtlinge. 2018a. Integriertes Identitätsmanagement IDM-S: Benutzerhandbuch „Sprachbiometrie". https://fragdenstaat.de/anfrage/foliensatze-und-interpretationshilfen-zu-sprachanalyse/. Zugegriffen am 01. Mai 2021.

Bundesamt für Migration und Flüchtlinge. 2018b. Drucksache 19/1663: Einsatz von Spracherkennungssoftware durch das Bundesamt für Migration und Flüchtlinge. https://kleineanfragen.de/bundestag/19/1663-einsatz-von-spracherkennungssoftware-durch-das-bundesamt-fuer-migration-und-fluechtlinge. Zugegriffen am 01. Mai 2021.

Bundesamt für Migration und Flüchtlinge. 2018c. eGovernment Preisverleihung: 1. Platz. Infothek des BAMF. https://www.bamf.de/SharedDocs/Meldungen/DE/2018/20180621-am-egovernment.html. Zugegriffen am 01. Mai 2021.

Bundesamt für Migration und Flüchtlinge. 2018d. Dienstanweisungen zum Umgang mit der Handyauswertung. https://fragdenstaat.de/anfrage/dienstanweisungen-zum-umgang-mit-der-handyauswertung/. Zugegriffen am 01. Mai 2021.

Bundesamt für Migration und Flüchtlinge. 2018e. Digitalisierungsagenda 2020. Infothek des BAMF. https://www.bamf.de/SharedDocs/Anlagen/DE/Digitalisierung/broschuere-digitalisierungsagenda-2020.html?nn=282388. Zugegriffen am 01. Mai 2021.

Bundesamt für Migration und Flüchtlinge. 2018 f. Drucksache 19/6647: Einsatz von IT-Assistenzsystemen im Bundesamt für Migration und Flüchtlinge. https://kleineanfragen.de/bundestag/19/6647-einsatz-von-it-assistenzsystemen-im-bundesamt-fuer-migration-und-fluechtlinge. Zugegriffen am 01. Mai 2021.

Bundesamt für Migration und Flüchtlinge. 2018g. Sprachbiometrie-Software.. https://fragdenstaat.de/anfrage/sprachbiometrie-software/. Zugegriffen am 01. Mai 2021.

Bundesamt für Migration und Flüchtlinge. 2017. Drucksache 19/190: Einsatz von Akzenterkennungssoftware durch das Bundesamt für Migration und Flüchtlinge. http://dipbt.bundestag.de/extrakt/ba/WP19/2303/230303.html. Zugegriffen am 01. Mai 2021.

Bundesministerium der Justiz und für Verbraucherschutz. o. J. Asylgesetz. Gesetze im Internet. http://www.gesetze-im-internet.de/asylvfg_1992/BJNR111260992.html. Zugegriffen am 01. Mai 2021.

Butler, Judith. 1997. *Excitable Speech: A Politics of the Performative.* New York: Routledge.

Dögen, Wilhelm. 1925. *Unter fremden Völkern.* Berlin: Otto Stollberg.

Dusan, Sorin und Lee Deng 2000. Recovering Vocal Tract Shapes From Mfcc Parameters. *Proc. ICSLP:* 3087–90.

Eidsheim, Nina Sun. 2019. *The race of sound: listening, timbre, and vocality in African American music, Refiguring American music.* Durham: Duke University Press.

Ganesh, Maya Indira. 2020. The ironies of autonomy. *Humanities & Social Sciences Communications* 7, Artikelnr.: 157.

Gergely, Gabór. 2019. Sonority, Difference and the Schwarzenegger Star Body. *Film-Philosophy* 23: 137–158.

Goh, Annie. 2017. Sounding Situated Knowledges: Echo in Archaeoacoustics. *Parallax* 23: 283–304.

Hoskin, J. 2018. Native speaker non-linguists in LADO: an insider perspective. In *Forensic Linguistics: Asylum-Seekers, Refugees and Immigrants,* hrsg. Iman M. Nick und Tina Cambier-Langeveld, 23–40. Wilmington: Vernon Press

Kanervisto, Anssi, Ville Vestman, Md Sahidullah, Ville Hautam¨aki, Tomi Kinnunen. 2017. Effects of gender information in text-independent and text-dependent speaker verification. *2017 IEEE International Conference on Acoustics, Speech and Signal Processing (ICASSP).* Presented at the 2017 IEEE International Conference on Acoustics, Speech and Signal Processing (ICASSP), IEEE, New Orleans, LA: 5360–5364.

Keshavarz, Mahmoud. 2019. *The design politics of the passport: materiality, immobility, and dissent.* London: Bloomsbury Visual Arts.

Khosravi, Shahram. 2020. Bordered Imagination. *Crisis Magazine. https://crisismag.net/2020/12/09/bordered-imagination/.* Zugegriffen am 01. Mai 2021.

Lautarchiv der Humboldt-Universität zu Berlin. o. J. *Bestand „Phonographische Kommission“.* Berlin: Humboldt-Universität zu Berlin.

Li, Xiaochang und Mara Mills. 2019. Vocal Features: From Voice Identification to Speech Recognition by Machine. *Technology and Culture* 60: 129–160.

Liljefors, Max und Lila Lee-Morrison. 2015. Mapped Bodies Notes on the Use of Biometrics in Geopolit-ical Contexts. In *Socioaesthetics: Ambience - Imaginary, Social and Critical Theory*, hrsg. Anders Michelsen und Frederik Tygstrup, 53–72. Leiden u. a.: Brill.

Lindroos, Emilia und Stefan Kirchner. 2018. Language Analysis for the Determination of Origins (LADO) in German asylum law. In *Forensic Linguistics: Asy-lum-Seekers, Refugees and Immigrants*, hrsg. Iman M. Nick, 121–132. Wilmington: Vernon Press.

Ma, Zichen und Ernest Fokoué. A Comparison of Classifiers in Performing Speaker Accent Recognition Using MFCCs. *Open Journal of Statistics* 4: 258–266.

Mills, Mara. 2010. Deaf Jam: From Inscription to Reproduction to Information. *Social Text* 28: 35–58.

Miyazaki, Shintaro. 2013. *Algorhythmisiert. Eine Medienarchäologie digitaler Signale und (un)erhörter Zeiteffekte*. Berlin: Kulturverlag Kadmos.

Murray, Heather. 2007. Monstrous Play in Negative Spaces: Illegible Bodies and the Cultural Construction of Biometric Technology. *The Communication Review* 10: 347–365.

Ochoa Gautier, Ana Maria. 2014. *Aurality: Listening and Knowledge in Nineteenth-Century Colombia*. Durham: Duke University Press.

Oppenheim, Alan V. und Ronald W. Schafer. 2004. From frequency to quefrency: a history of the cepstrum. *IEEE Signal Processing Magazine* 21: 95–106.

Pasquinelli, Matteo. 2019. How a Machine Learns and Fails – A Grammar of Error for Artificial Intelligence. *SPHERES Journal for Digital Cultures* 5: 1–17.

Potter, Ralph K., George A. Kopp und Harriet C. Green. 1947. *Visible Speech*. New York/NY: Van Nostrand.

Robinson, Dylan. 2020. *Hungry Listening: Resonant Theory for Indigenous Sound Studies*. Minneapolis: University of Minnesota Press.

Sterne, Jonathan. 2003. *The Audible Past: Cultural Origins of Sound Reproduction*. Durham: Duke University Press.

Swabey, Matthew A., Stephen P. Beeby, Andrew D. Brown und John E. Chad. 2004. Using Otoacoustic Emissions as a Biometric. In *Biometric Authentication, Lecture Notes in Computer Science*, hrsg. David Zhang und Anil K. Jain, . 600–606. Berlin: Springer.

Thompson, Marie. 2017. Whiteness and the Ontological Turn in Sound Studies. *Parallax* 23: 266–282.

Vieira de Oliveira, Pedro J. S. 2020. Dealing with Disaster: Notes towards a decolonizing, aesthetico-relational sound art. In *The Bloomsbury Hand-book of Sound Art*, hrsg. Sanne Krogh Groth und Holger Schulze, 71–88. New York: Bloomsbury Academic.

Vieira de Oliveira, Pedro J. S. 2019. On the Endless Infrastructural Reach of a Phoneme. *Transmediale Journal* 3. https://archive.transmediale.de/content/on-the-endless-infrastructural-reach-of-a-phoneme. Zugegriffen am 01. Mai 2021.

Intermezzo

Alexander Schubert

AV3RY & *CRAWLERS*

Oder: „Unheimliche" Postdigitalität

Im Sommer 2021 gewann der Multimediakomponist Alexander Schubert den *Prix Ars Electronica* für sein Werk *Convergence* (2020/21), in der eine Künstl(er)i(s)che Intelligenz von menschlichen Musiker*innen lernt – um auf der Basis des menschlichen Inputs selbst kreativ tätig zu werden. In eine ähnliche Richtung zielen seine Projekte *AV3RY* (2020) und *CRAWLERS* (2021), zwischen denen dieser Beitrag einen Kurzschluss herstellt. Konkret führt der Beitrag zwei *Artist Talks* Alexander Schuberts in Textform zusammen: Episode 22 des Podcasts *Soundmaking* von Håkon Stene und Matthew Shlomowitz zu *AV3RY* (2021) sowie *Parallel Networks of Altered Truths* – seine Projektvorstellung von *CRAWLERS* am *Zentrum für Kunst und Medien Karlsruhe* (ZKM Karlsruhe 2021).

AV3RY[1] ist eine virtuelle Persona, die, auf einem KI-System basierend, Poesie und Texte, Bilder und Musik generieren kann. Es ist eine Entität, die auf einem Server gehostet wird und via der Messanging-App *Telegram*[2] mit Menschen interagieren kann. Basierend auf dieser Interaktion verfeinert *AV3RY* laufend ihre Parameter und aktualisiert selbstlernend ihre Kreation von künstlerischen Inhalten. Diese künstliche, wie künstlerische Entität erzeugt kontinuierlich Musik, selbst wenn keine Interaktion stattfindet. Aus diesem Grund wächst ihr *Soundcloud*-Account[3] jeden Tag, darüber hinaus gibt es auf *YouTube* auch einen kontinuierlichen Audiostream[4], der vom System generiert wird, so dass es verschiedenen Ausgänge für musikalische Inhalte gibt.

AV3RY besteht aus mehreren Komponenten, Hardware und Software. Neben ihrem kontinuierlichen Betrieb auf einem Server, reflektiert das Projekt Aspekte, die sich mit Mensch-Maschine-Interaktionen befassen, die in Soziale Medien eingebettet sind – das ist sozusagen die Oberfläche des Projekts. Darunter

1 http://av3ry.net. Zugegriffen am 05. Oktober 2021.

2 https://telegram.me/Av3ry_Bot. Zugegriffen am 05. Oktober 2021.

3 https://soundcloud.com/av3ry_ai. Zugegriffen am 05. Oktober 2021.

4 https://www.youtube.com/channel/UCqPZWAMwiU0mySliHpVS_4g/live. Zugegriffen am 05. Oktober 2021.

Anmerkung: Hierbei handelt es sich um eine Transkription und Übersetzung aus dem Englischen. Übersetzer*in: Anna Schürmer.

https://doi.org/10.1515/9783110730791-008

gibt es zwei zentrale Momente: Das eine ist die Text-, das andere die Klangerzeugung (es werden auch Bilder generiert, aber das ist eher eine Art Nebenschauplatz).

Die Texterzeugung funktioniert so, dass es ein Korpus an Literatur gibt – von Cyber-Manifesten über Handbücher für Computer bis hin zu religiösen Schriften und anderen Textsorten. Das System „schnappt" sich sozusagen Informationen aus dem Internet, diesem unermesslich großen Pool, und generiert daraus schriftliche Inhalte und Konversationen. Die so erzeugte Poesie wird für die Lyrik innerhalb der Stücke verwendet. Diese Form der Kommunikation verleiht dem System eine seltsame „Persönlichkeit", die je nach der Form, in der es die Daten ableitet, manchmal auch äußerst befremdlich – „unheimlich" – wirkt.

Den Audioteil, also die Klangerzeugung, übernimmt eine sehr stark modularisierte generative Musiksoftware, die ich geschrieben habe. Man kann sich das in etwa wie einen modularen Synthesizer vorstellen, der aus vielen kleinen Modulen besteht: MIDI-Dateien können aus dem Internet heruntergeladen und auf Basis anderer Inhalte im Netz zufällige Rhythmen und Notenmaterial erzeugt werden – bspw. Field Recordings, Textvocals aus A-cappella-*YouTube*-Songs, Sound-Datenbanken usw. Dazu kommen eine große Auswahl an Modulen, die diese Daten in Klänge verwandeln können, sowie eine Reihe an Transformatoren, die entscheiden können: „in Ordnung, ich nehme das und mache etwas anderes damit" – und also *agency* besitzen. All diese kleinen Module können alleine nicht viel machen, sie sind in gewisser Weise ziemlich simpel. Ihre Möglichkeiten innerhalb des Systems ergeben sich erst aus der Tatsache, dass all diese Module probabilistische, auf Wahrscheinlichkeit beruhende Verknüpfungen zu allen anderen haben und sich auf viele verschiedene Arten umleiten und neu zusammensetzen lassen. Dabei sind alle Parameter nicht fixiert, sondern fluide – man kann also von einer Sammlung aus einfachen, aber sich stetig und zufällig verändernden Elementen sprechen, die durch einen großen Block von Parametern rekombiniert werden, der darüber entscheidet, ob das, was man hört, z. B. wie Alien-Free-Jazz oder superlangsamer RnB klingt. Diese Parameter werden durch neuronale Netze gelernt und in Folge dann kontrolliert.

Es gibt verschiedene Möglichkeiten, mit *AV3RY* zu interagieren: Wenn Sie auf die Projekt-Website gehen, können Sie sich einfach einen der über 20.000 Songs anhören; wenn Sie möchten, können Sie auch dem kontinuierlichen Audiostream lauschen und unmittelbar erfahren, wie er sich verändert und entwickelt. Die direkteste Interaktion aber ist der Chat über *Telegram*, wo sie Nachrichten an *AV3RY* schreiben und ihreAntworten empfangen können – Sie treten also in ein Gespräch mit der virtuellen Persona. Man könnte z. B. sagen: „*AV3RY*, bitte schreibe einen Song für mich", worauf das System auf irgendeine

Weise reagiert und etwa nach einigen Besonderheiten wie der Länge des Songs oder dem Charakter des Stückes fragt. Am Ende der Konversation erhalten Sie den Link zu einem Musikstück, das so gut es geht versucht, Ihren Wünschen zu entsprechen – dann können Sie im Grunde Ihr ganz persönlich für Sie erstelltes Stück hören.

Neben dieser technischen Seite der Interaktion, die *AV3RY* bieten kann, ist der Aspekt der Unmittelbarkeit der interessanteste Aspekt des Projekts: Diese Form von Handlungsfähigkeit oder *agency*, die man spürt, während man mit der virtuellen Persona interagiert; aber auch die Art und Weise, wie man als Hörer*in das Ergebnis wahrnimmt. Tatsächlich wirkt die generativ erzeugte Musik seltsam schrullig, irgendwie unmenschlich oder jedenfalls im Ergebnis nicht wirklich so, wie Komponist*innen es wahrscheinlich erzeugen würden. Das Wissen um die Produktion der Songs, die hier für einen kreiert werden, führt bei den Hörenden zu Projektionen – man versucht, die musikalischen Entscheidungen des Systems so zu hören und zu interpretieren, als ob ein Mensch sie geschaffen hätte.

Für mich ist also die Art des Zuhörens zentral, also der Versuch, sich die Motivation hinter den Stücken vorzustellen: Warum etwa beginnt eines mit einem energetischen Sound und hat dann 20 Sekunden Stille, bevor eine Feldaufnahme für fünf Sekunden angespielt wird? Das ist ja etwas, das so passieren könnte, und führt zu dem Versuch, die Logik zu verstehen. Und ich höre die Songs wirklich anders, als ich normalerweise Musik hören würde. Wenn man sich darauf einlässt, kann man in einen Modus der Interpretation geraten, in dem man versucht das zu antizipieren, was als Nächstes kommt – und das ist in diesem Fall schwierig oder funktioniert mit einer anderen, nicht-menschlichen Logik. Interessant finde ich auch die subjektive Art der Projektion, in meinem Fall etwa Gedanken wie: „Wow, das ist so eine harte Entscheidung, ich wünschte, ich wäre als menschlicher Komponist dazu in der Lage." Das ist auch etwas, was ich mir gerne vorstelle, wenn ich nachts in einen Club oder ein Konzert stolpere und Musik höre, die dort gespielt wird; ein paar Leute auf einer Bühne, die seltsame Geräusche machen – es ist wie ein Traumbild für mich oder der Versuch, eine Umgebung zu schaffen, in der das möglich ist.

Als *AV3RY* anfing, hatte sie keine Vorstellung von irgendeinem musikalischen Stil und keine Beschreibung dessen, was sie tut; sie ist wirklich nur eine Assemblage von einfachen Dingen. Ich wollte sie speziell so erschaffen, dass ich ihr nicht irgendeine Logik aufzwinge, indem ich ihr beibringe, was ich weiß oder was ich kann. Vielmehr wollte ich überrascht werden und erreichen, dass jede andere Hörer*in von den Ergebnissen überrascht ist. Das System selbst weiß also nichts. Erst indem es mit den Nutzer*innen kommuniziert, kann es etwas nach deren Vorstellungen erstellen. Hat man sich so einen individuellen Song kreieren lassen, wird man um Feedback gebeten: Wie es einem gefallen hat und wie es dem entsprochen hat, was man sich erhoffte. Und diese Rückmeldung durch die Nutzer*innen wird dann als Trainingsinformation für die Parameter der lernenden Maschine verwendet: Hat es tatsächlich wie das geforderte RnB geklungen, oder eher wie Techno?

Je mehr Feedbacks das System abspeichert und formalisiert, umso mehr werden bestimmte Kombinationen der Maschine mit den Reaktionen von Menschen korrelieren, die mit dem System interagieren. Wenn *AV3RY* weitere fünf Jahre läuft und lernt, wird es sich wahrscheinlich weiterentwickeln und bis zu einem gewissen Grad feinjustieren. Es ist allerdings schwierig, Vorhersagen zu entwickeln, weil das, was die Leute in diesem System suchen, extrem vielfältig ist. Manchmal schaue ich mir die Reaktionen an, die die Leute dem System rückmelden – und tatsächlich reicht die Bandbreite von Begeisterung für die Verrücktheit des Systems bis hin zu der Aussage, dass es völliger Mist ist, weil es überhaupt nicht nach Musik klingt. Zuverlässige Prognosen sind bei der Diversität der Benutzergruppe also unmöglich – zeigen damit aber auch die Kontingenz menschlicher Parameter, die mit den maschinellen Parametern interagieren.

AV3RY, die auf einem KI-System basierende virtuelle Persona, welche auf Basis von Daten einfach nur Musik machen und Gedichte schreiben will, bildet die Grundlage für ein weiteres Projekt: *CRAWLERS*[5], das sich im Gegensatz zur künstlerischen Entität *AV3RY* mehr auf die sozialen, politischen und technischen Aspekte dieser Technologie konzentriert. Konkret handelt es sich dabei um ein anonymes Bot-Kollektiv, das heimlich im Internet arbeitet, um Daten abzuschöpfen, Benutzerseiten zu crawlen, Informationen und Bilder zu stehlen und dann ein alternatives soziales Netzwerk mit verzerrter Wahrheit und veränderten Fakten zu kreieren.

Die Bots des Kollektivs arbeiten in sozialen Netzwerken, namentlich auf *Facebook*, und verhalten sich wie Menschen. Sie haben also Profile und posten Dinge, sie kommentieren, teilen Informationen und sie interagieren mit menschlichen Nutzern. Während sie das tun, sammeln sie Informationen von den befreundeten Konten, die normalerweise nicht zugänglich wären. Auf diese Weise schaben sie alle Daten, Texte und Bilder, die sie finden können, um ein zweites soziales Netzwerk mit einem veränderten Inhalt zu erstellen. Diese gesammelten und gespeicherten Daten werden im Prozess leicht abgeändert, so dass alle Informationen der ursprünglichen Profile ein wenig von der Vorlage abweichen: Sie sind immer nahe daran, real zu wirken, sind aber nie wirklich echt – es ist eine Art Paralleluniversum, in dem alles ein bisschen anders ist.

5 https://www.crawl3rs.net. Zugegriffen am 05. Oktober 2021.

Das Gleiche geschieht mit den Bildern: Wenn diese Daten also zuerst extrahiert und dann umgewandelt werden, wird im nächsten und letzten Schritt daraus ein zweites soziales Netzwerk erstellt, das über die Website des Crawlers gefunden werden kann. Sobald dies geschehen ist, erhält jedes menschliche Profil, das von den Bots befreundet wurde, einen Einladungslink, um sein Profil im alternativen sozialen Netzwerk zu besuchen. Der gesamte Prozess geschieht ohne das Wissen der menschlichen Nutzer*innen des ursprünglichen sozialen Netzwerks. Sie sind also mit einer Person befreundet, ohne zu wissen, dass es sich um einen Bot handelt; und sie sind sich dieses Vorgangs nicht bewusst – bis sie den Einladungslink erhalten, um ihr neu erstelltes Profil zu besuchen. Dieser Prozess geht immer weiter: Die Gruppe von Bots arbeitet rund um die Uhr, um neue Freunde zu finden und mithilfe immer neuer Daten dieses alternative soziale Netzwerk weiter aufzubauen.

Es ist also offensichtlich eine Überraschung für die Benutzer, wenn sie den Link zu ihrem alternativen Profil erhalten. Dabei haben wir es so eingerichtet, dass es sehr klar wird, dass dieses Profil von ihnen ist, auch wenn einige Dinge verändert wurden. D. h., dass die Informationen, die sich auf ihrem crawl3rs.net-Profil finden, nicht hundertprozentig nachvollziehbar sind: Jeder Name ist leicht verändert, jede Information ein bisschen verzerrt – und doch ist es ganz klar, dass es sich bei diesem alternativen Profil um die betreffende Person handelt.

Es ist eine definitiv sehr irritierende und für manche vielleicht auch beängstigende Erkenntnis, dass all diese Daten, die sie auf ihren privaten Konten nutzen, nun in einem anderen Kontext verfügbar sind und auf diese Weise veröffentlicht werden. Eines der offensichtlichsten Ziele dieses Projekts ist es also, die Menschen dafür zu sensibilisieren, wie leicht alle ihre Daten zugänglich sind und wie sie verbreitet werden können. Es geht also zu einem großen Teil um die Sicherheit von persönlichen Daten im Internet, aber auch darum, wie mit diesen Mitteln unterschiedliche Realitäten geschaffen werden können: alternierende Versionen ihrer selbst oder auch die Vorstellung, wie jemand anderes Sie sieht. Die leichten Veränderungen des ursprünglichen Profils bringen Sie vielleicht dazu, ein wenig darüber nachzudenken, wie Sie sich selbst präsentieren: Was ist relevant an den Eigenschaften oder Dingen, die Sie sagen, den Bildern, die Sie teilen, oder der Art und Weise, wie Sie sich selbst betrachten? *CRAWLERS* ist also nicht nur eine technische Demonstration dessen, was möglich ist, sondern auch ein Ort in einer künstlichen Welt, wo etwas andere Regeln gelten.

Eine Sache, die mich in meiner Arbeit generell interessiert, ist der Vergleich zwischen verschiedenen Perspektiven – und in diesem Fall haben Sie eine alternative Profilseite von sich selbst, die bis zu einem gewissen Grad fast gleich ist. Auf den ersten Blick sieht sie fast gleich aus, aber dann sind es all diese subtilen oder manchmal auch offensichtlichen Unterschiede, die Sie dazu bringen, die Art und Weise, wie Sie sich normalerweise präsentieren oder sehen würden, mit einer anderen Version ihrer selbst zu vergleichen.

Auf technischer Ebene haben wir für dieses Projekt verschiedene Formen von Algorithmen, Automatisierungen und Deep Learning verwendet. Es gliedert sich im Grunde in verschiedene Schritte: Der erste ist die Entwicklung der Bots, der automatisierten Profil-Aktionen, was immer schwieriger wird, aber noch immer möglich ist. Hier haben wir also im Grunde die Interaktion automatisiert, um dem sozialen Netzwerk zu simulieren, dass ein Mensch an einem Browser sitzt, Dinge anklickt, scrollt und ähnliches. Wir emulieren also das menschliche Verhalten so gut wie möglich auf einer Reihe von verschiedenen Laptops, die in einem Serverraum stehen. Sie alle schalten also durch verschiedene Konten und führen dann menschenähnliche Aktionen aus. Das ist der erste Teil unserer Entwicklung. Der zweite Schritt ist die Transformation des Materials, nämlich der Texte und der Bilder, die wir extrahieren. Hier haben wir Deep-Learning-Methoden verwendet, um zum einen auf Textbasis, Modelle zu trainieren, die auf großen Datensätzen trainiert wurden, was besonders dann hilfreich ist, wenn man den größeren Kontext eines Textes betrachten möchte. Wenn man nun einen Eingabetext in das System einspeist, versucht das Programm etwas zu finden, das dem nahkommt, aber eben nicht genau dasselbe ist. Dabei haben wir versucht, etwas zu erzeugen, das sich ziemlich real anfühlt, und doch besteht immer noch ein gewisses Maß an „Unheimlichkeit“, indem die Informationen leicht verschoben sind.

Für die Bilder haben wir einen ähnlichen Ansatz versucht und haben zwei Dinge gemacht: Das eine ist eine umgekehrte Suche, bei der wir versuchen, Bilder zu finden, die auf dem basieren, was wir in den Benutzerprofilen finden, die aber eben nur fast gleich sind. Wenn Sie also ein Foto von sich haben, auf dem Sie mit Büchern im Hintergrund und einer bunten Jacke auf einem Stuhl sitzen, dann würden wir versuchen, ein Bild zu finden, das eine ähnliche Person zeigt, die sich in einem ähnlichen Setting befindet. So haben wir versucht, diese scheinbar fast identische Darstellung des Originalprofils zu simulieren. Die andere Sache, mit der wir gearbeitet haben, sind Stiltransfers, um auch das Aussehen und die Form des Bildes zu verändern. Dazu haben wir große Datenbanken mit Eingabebildern durchforstet und dann die Ästhetik oder das Aussehen dieser Bilder auf die Bilder in unserer Datenbank übertragen. Wir haben also zwei verschiedene Schritte in der Transformation der Bilddaten unternommen.

Anschließend bringen wir dann die veränderten Text- und Bilddaten zusammen und erstellen diese Profilseiten, welche die ursprüngliche Social-Network-Seite fast hundertprozentig kopieren. Danach haben wir dann noch ein paar kleine Fehler oder Glitches hinzugefügt, damit man nicht nur auf den Inhalt schaut, sondern auch darauf, wie die Dinge präsentiert werden – um diese unheimlichen Aspekte dieser irgendwie „daneben liegenden" Präsentation zu unterstreichen.

Warum mich das interessiert? – Tatsächlich passt das auch zu den anderen Dingen, mit denen ich mich beschäftige. Hauptsächlich mache ich ja Installationen oder Bühnenstücke. Eine Sache, die mich dabei generell interessiert, ist, wie schon erwähnt, der Vergleich zwischen verschiedenen Perspektiven bzw. der Wechsel zwischen verschiedenen Settings oder anderen Welten. Dabei nutze ich neue Technologien als Tool, um etwas, das analog oder vermeintlich real ist, mit einem anderen Blickwinkel zu betrachten. Was ich in meinen Stücken oft anstrebe: Ein Setting zu etablieren und als etwas vorzuschlagen, das als etwas Reales oder als eine Art analoger Ausgangspunkt akzeptiert wird – um dann dieses Setting durch digitale Transformation zu verändern. Dadurch wird nicht nur die Logik dessen hinterfragt, was man ursprünglich gesehen hat, sondern auch die *agency* der Technologie selbst reflektiert.

Auch, wenn es bei *CRAWL3RS* keine Performer und auch keine Inszenierung gibt, fügt sich das Stück in Bezug auf die Inhalte und Themen gut in mein multimediales Werk ein, in dem ich mich explizit mit post-digitalen Perspektiven auseinandersetze: Um zum einen digitale Effekte sinnlich erfahrbar zu machen und zum anderen der Frage nachzugehen, inwiefern sich dabei auch unser Blick auf die analoge, nicht-digitale Umwelt verändert hat (Schubert 2021b). In diesem speziellen Fall geht es zum einen um die Sicherheit und Zugänglichkeit von persönlichen Daten, und zum anderen darum, wie leicht die Wahrheit manipuliert werden kann, wie Identitäten mit technischen Agenten verzerrt und verändert werden können.

Medienverzeichnis

Literatur

Schubert, Alexander. 2021b. *Switching Worlds*. Saarbrücken: Wolke Verlag.

Audio und Video

Schubert, Alexander. 2021a. Parallel Networks of Altered Truths. *YouTube*. Videostream, 16:06. https://www.youtube.com/watch?v=ANBGpvldheg. Zugegriffen am 05. Oktober 2021.

Schubert, Alexander. 2021c. Alexander Schubert - Crawlers. *YouTube*. Videostream, 16:01. https://www.youtube.com/watch?v=KDPJnihenbc. Zugegriffen am 05. Oktober 2021.

Sterne, Håkon und Matthew Shlomowitz. 2021. Soundmaking, Folge 22. Podcast, 17:24. https://soundcloud.com/soundmaking_podcast/soundmaking-ep22-alexander-schubert-av3ry. Zugegriffen am 05. Oktober 2021.

Webseiten

Schubert, Alexander. Avery.
http://av3ry.net. Zugegriffen am 05. Oktober 2021.
https://telegram.me/Av3ry_Bot. Zugegriffen am 05. Oktober 2021.
https://soundcloud.com/av3ry_ai. Zugegriffen am 05. Oktober 2021.

Schubert, Alexander. Crawl3rs.
https://www.crawl3rs.net. Zugegriffen am 05. Oktober 2021.

Christoph Borbach

„A Wall of Sound“

Das Unterwasserschallsignalwesen als Hörregime und techno-akustische Einkerbung des Ozeans

Abstract: Der Beitrag rekonstruiert die Medien und Praktiken der navigatorischen Infrastruktur des sog. Unterwasserschallsignalwesens (Submarine Signalling) zwischen etwa 1900 und 1920 als impliziten Anbeginn von *Acoustic Intelligence*. Der Fokus liegt dabei 1. auf der technoakustischen Operationalisierung des Wassers als physikalisches Übertragungsmedium von Schallereignissen, mithin der Entdeckung des Ozeans als auditivem Signalraum, 2. auf der Entwicklung geeigneter Sender und Empfänger für Unterwasserschall in diesem historischen Kontext sowie 3. auf dem epistemischen Umbruch in der sensorischen Adressierung von Navigateuren nebst der praktischen Ausgestaltung von maritimer Wegfindung als Hörpraxis.

Schlüsselwörter: Unterwasserschall, Hydrophon, Infrastruktur, Schall-Navigation, Sonar, akustische Interfaces, Hydroakustik, Meere

1 Einkerbung

Gilles Deleuze und Félix Guattari identifizieren in ihrem Aufsatz „1440 – Das Glatte und das Gekerbte“ von 1980 bekannterweise zwei divergente Klassen von Räumen, die sie in einer binären Typologie festhalten – glatte und gekerbte Räume mit ihren je spezifischen Strukturen und inhärenten Logiken: Die Räume der scheinbar ungebundenen Nomaden einerseits, und die Räume der Sesshaften, des Staatsapparats und der Kriegsmaschinerie andererseits. Mit glatten Räumen verbinden die Autoren – in Anlehnung an Pierre Boulez’ aus der Musik stammenden Philosophie – einen tendenziell eher unstrukturierten offenen Raum, einen der Variabilität, Deterritorialisierung und Direktionalität. Gekerbte Räume sind dahingegen potenziell jene der Definiertheit, der Auf- und Zuteilung von Territorien, der Berechnung, der Rasterung, Dimensionalität, Organisiertheit, Strukturiertheit sowie der konkreten Orte. Infolgedessen ist der gekerbte Raum einer der symbolischen, technikinduzierten Aufladung und Durchdringung (qua Landkarten, Straßenschildern, Adressen etc.).

Interessant an dieser binären Raumtypologie sind insb. die Kipp- oder Schwellenmomente sowie der Aspekt des praktizierten Raums, der durch eben jene Prak-

https://doi.org/10.1515/9783110730791-009

tiken und die mit ihnen einhergehenden Techniken der Raumdurchquerung, -formung, -formatierung usw. erst zum glatten oder gekerbten Raum *wird* und nicht schlicht schon *ist* – wie ihn auch Michel de Certeau als raumphilosophischen Ausgangspunkt seines Kapitels „Praktiken im Raum“ (1988 [1980]) beschreibt. D. h. in Konsequenz, glatte und gekerbte Räume nicht als starres Konzept zu verstehen, sondern als Fluchtpunkte in der genealogischen Entwicklung geographischer Räume. Räume sind mitnichten als glatt oder gekerbt vor-formatiert, sondern sie *werden* geglättet resp. eingekerbt: „[...] der glatte Raum wird unaufhörlich in einen gekerbten Raum übertragen und überführt; der gekerbte Raum wird ständig umgekrempelt, in einen glatten Raum zurückverwandelt.“ (Deleuze und Guattari 2006 [1980], S. 434) Ebendies gilt insb. für das Meer, jenen „glatte[n] Raum par excellence“, das „am ehesten mit den Anforderungen einer immer strengeren Einkerbung konfrontiert“ wurde (ebd., S. 438). Induziert wurde dies durch das Praxisproblem, auf hoher See seine eigene Position annähernd zu bestimmen, um erfolgreich – und d. h. zielsicher – navigieren zu können. Dies ließ bspw. die Einteilung des Globus in Längen- und Breitengrade erforderlich werden.[1] „Eben dadurch“, so kommentieren Deleuze und Guattari, „ist das Meer, der Archetypus des glatten Raumes, auch zum Archetyp für alle Einkerbungen des glatten Raumes geworden [...]“ (2006 [1980], S. 439).

Allerdings irren die beiden Autoren, wenn sie dem maritimen Raum pauschalisierend bescheinigen, dass sich in Küstennähe das Problem der Navigation, mithin der Einkerbung, nicht stellte (2006 [1980], S. 438). Denn es waren insb. Situationen, in denen Küsten, Schiffe und meteorologische Bedingungen (Nebel) buchstäblich kollidierten, und deren mitunter existenzielle Folgen nach symbolischer Strukturierung verlangten. Dem wird dieser Beitrag im Folgenden medienhistorisch auf den Grund gehen und das bedeutet abtauchen: Nämlich in das Meereswasser als Signalraum, wie er um 1900 in Ufernähe bürokratisiert, technoakustisch organisiert und tendenziell global infrastrukturiert und damit nicht zuletzt medientechnisch entdeckt wurde – und damit die technische als auch epistemische Grundlage für *Acoustic Intelligence* im modernen Wortsinn darstellt. Denn bei *Acoustic Intelligence* handelt es sich begrifflich strenggenommen um eine submarine mediatisierte Abhörstrategie, wie sie auch dieser Beitrag behandelt. Zwar geht es im Folgenden weder um das Speichern noch um das Prozessieren submariner Klangereignisse, wohl aber um das operative Abhören künstlicher Klänge unter der Wasseroberfläche. Das englische Intelligence wird hierbei nicht als geheim- oder nachrichtendienstlich verstanden – als ein heimliches oder verstecktes Aufzeichnen und Auswerten akustischer Phänomene wie U-Boot-,

1 Hierzu siehe auch Bernhard Siegerts Arbeiten (z. B. 2014).

Schiffs- oder Torpedo-Geräusche –, sondern als das gezielte und systematisch beiderseitig intendierte Horchen (also sowohl von Seiten des Schallempfängers, als auch des Schallerzeugers beabsichtigt). Dabei geht es exklusiv um das zentrale Phänomen der *Acoustic Intelligence* – die Hydroakustik –, wenn nicht gar um ihre historisch erste systematische Verwendung und Verwertung.

Ich widme mich im Folgenden kursorisch der medienhistorischen Rekonstruktion des *Submarine Signalling*, zu Deutsch „Unterwasserschallsignalwesen“. Da es sich dabei um eine (heutzutage vergessene) Infrastruktur und damit einen Eigennamen handelt – und nicht allgemein um „Schall im Wasser“ –, wird im Folgenden zunächst der Kontext erörtert, weshalb das Unterwasserschallsignalwesen erforderlich wurde. Anschließend lege ich dar, wie es formalisiert und formatiert, schließlich infrastrukturiert wurde, und wie es sich praktisch ausgestaltete, d. h. welche *auditiv* verfassten Medienpraktiken es evozierte und wie es an der hydroakustischen Durchdringung des Meeresraums beteiligt war bzw. diese überhaupt erst begründete. Vorab sei dazu angemerkt, dass es sich beim Unterwasserschallsignalwesen um ein in jeder Hinsicht akademisches Desiderat handelt. Obgleich von hohem Interesse für die Medien- und Kulturwissenschaft, die historische Praxeologie, die Sound Studies, die Technikgeschichte, die Wissens- und Kulturgeschichte der Akustik und die der Navigation, existiert fast keine Forschungsliteratur. Daher muss ich meine Ausführung allein auf Quellenmaterialien stützen. Produktiv gewendet erlaubt das Projekt also, eine tatsächlich fast unerforschte Infrastruktur und ihre Praktiken historisch zu analysieren und re-modellieren zu dürfen.

2 Nebel

Auf ihrer Fahrt von Norfolk, Virginia, nach New York City kollidierte das Personen- und Güter-Transportschiff *Monroe* am frühen Morgen des 30. Januar 1914 in dichtem Nebel mit dem Bostoner Güterschiff *SS Nantucket*. Das Boot sank binnen 12 Minuten, die gesamte Fracht mit ihm und es verloren 41 Menschen ihr Leben. In der Abbildung zu sehen – bzw. symptomatisch am Schiffsmast zu erahnen – ist das auf Meeresboden gesunkene Schiffswrack der *Monroe* und ein Beiboot auf der Suche nach Leichen. Der Unfall ist einer unter vielen, der als programmatisches Beispiel für meine Argumentation herhalten kann, denn er verweist auf eine Grundproblematik der Schifffahrt ihrer Zeit: Insb. in Küstennähe kam es in Fällen von starkem Nebel, und in Ermangelung anderer Möglichkeiten visueller Orientierung, zu Schiffskollisionen.

Abb. 1: Der aus dem Meer ragende Schiffsmast der gesunkenen *Monroe*.

Eine noch größere Gefahr und eine weit gravierendere Quelle von Unfällen stellte das Stranden von Schiffen an Küsten, Riffen und in der Nähe von (verpassten) Hafeneinfahrten dar – wiederum verursacht durch starken Nebel, der die optische Navigation erschwerte bis unmöglich machte. So kam es allein zwischen 1893 und 1902 aufgrund von Nebel international zur Strandung von annähernd 1.000 Schiffen, mit einem finanziellen Schaden von insgesamt über 57.000.000 $ und 530 Menschenopfern (Sawyer 1914, S. 115).

Abb. 2: Die *SS Princess May* „on the rocks". Das Schiff strandete am 05. August 1910 in dichtem Nebel in Alaska. Da das Schiff vollständig aus dem Wasser ragte, erlangte die Fotografie Popularität und ging in der damaligen Tagespresse viral.

Die Narrativierung von Nebel als zu fürchtende meteorologische Gefahr für sichere Navigation und ‚größten und ältesten Feind der Seefahrer‘ zieht sich entsprechend durch Zeitzeugenberichte:

> All who have actually had the experience of handling vessels at sea realize that at the present day the largest and safest vessels under all other conditions become an ever-present danger to themselves and others the moment fog is encountered. A certainty of safety no longer exists. A chance of disaster impossible to avoid is ever lurking in the impenetrable fog in which the vessel finds itself immersed. Of all the perils of the sea, fog is by far the greatest remaining unconquered.
>
> (Ebd., S. 128)

Nebel erwies sich für die Seefahrt als navigatorisch überaus problematisches Naturphänomen. Er erzeugte Situationen, in denen das Auge als primäres Organ des (nicht nur nautischen) Erkenntnisgewinns versagte. Zwar sind künstliche visuelle Hilfen für maritime Navigation annähernd so alt wie die Schifffahrt selbst: Leuchttürme oder andere Landmarken, Leuchtfeuer oder später, seit der zweiten Hälfte des 18. Jahrhunderts, Feuerschiffe. Über eine ebenso lange Geschichte verfügen nautische Instrumente zur eigenen Kurs- oder Richtungsbestimmung wie Sextanten, Landkarten, Oktanten oder der Kompass. Allerdings erwiesen sich in der Praxis all diese analogen Hilfsmittel der nautischen Navigation[2] als nutzlos in Fällen von massivem Nebel, dieser letzten naturinduzierten Störung der sicheren Seefahrt in der Moderne, die medientechnisch nur schwerlich eliminiert werden konnte:

> Bit by bit the dangers which beset the early navigators have been overcome. The chart told him the best course to take from one point to another. The mariner's compass enabled him to maintain his course when the stars were blotted out by clouds. With sextant and chronometer he located his position, with log and soundings he guarded himself when a sight could not be obtained. [...] But with all this, many dangers remain. The more important of these are due to fog.
>
> (Blake 1916 [1914], S. 203)

Auf hoher See stellte massiver Nebel keine sonderlich große Gefahr dar, in Küstennähe jedoch, wo Strandungen zu befürchten waren, hingegen schon. In der zweiten Hälfte des 19. Jahrhunderts expandierte der globale Schiffshandel enorm, mit der Konsequenz, dass neben Menschenleben ebenso Güterwerten der Status einer schützenswerten Ressource zukam. Daher wurden in Küstennähe nicht mehr optische, sondern akustische Signalgeber – Nebelhörner,

2 Der Begriff „nautische Navigation“ ist eigentlich ein Pleonasmus, insofern bereits das lateinische *navigare* etymologisch das Führen eines Schiffes benennt.

Dampfpfeifen, Sirenen und Nebelglocken – erprobt, um vor potenziell gefährlichen, da bei Nebel nicht ersichtlichen, Gebieten zu warnen oder die Nähe zu einer Küste anzukündigen. So untersuchte John Tyndall als wissenschaftlicher Berater der britischen Leuchtfeuerverwaltung Trinity House ebenso prominent wie umfangreich Formen akustischer Nebelsignale in den 1860er bis 1880er Jahren (bspw. Tyndall 1878). In den USA ist die Erforschung akustischer Signalgebung in der Luft bei Nebel eng an den Physiker Joseph Henry gebunden, den ersten Sekretär der Smithsonian Institution und späteren Präsidenten der National Academy of Sciences sowie ab 1871 Vorsitzenden des Lighthouse Boards der USA (bspw. Henry 1886).

Beide, Tyndall und Henry, kamen unabhängig voneinander auf Basis experimentalpraktischer Untersuchungen zu der Überzeugung – so in der Retrospektive aus dem Jahr 1914 – „that fog signals in the air were absolutely untrustworthy. [...] Trinity House [...] from that time on has warned all navigators not to place implicit confidence upon any air signal that they could not actually see." (Millet 1914, S. 107) Entsprechend jener Warnung wurde in zeitgenössischer Literatur Seefahrern empfohlen, in der navigatorischen Praxis hinsichtlich Nebelsignalgebung ihr empirisch erlangtes akustisches Wissen ad acta zu legen und Folgendes zu beachten: Weder habe es zu bedeuten, dass ein akustisches Nebelsignal weit entfernt sei, nur weil es nicht gehört wurde oder umgekehrt, dass es nah sei, weil es stark gehört wurde; ebenso wenig sei die Intensität eines Nebelsignals auch nur ansatzweise relational zu seiner Entfernung; noch korrespondiere – im dramatischsten Fall – die qua menschlichem Richtungshören identifizierte Richtung zu einer Signalstation mit ihrem tatsächlichen Ort (hierzu siehe auch Joly 1918, S. 2). Paradoxerweise erwies sich damit die akustische Signalgebung gerade in Fällen von Nebel als dysfunktional, die Nebelsignale „[...] versagen häufig gerade dann, wenn sie am notwendigsten gebraucht werden." (BArch R/4701/8934) Denn sie erwiesen sich als kontra-intuitiv, da sie falsche Höreindrücke erzeugten, die wiederum Strandungen herbeiführten.[3] Die akustischen Nebelsignale „[...] may be carried by the wind or may be reflected or refracted by layers of air of different densities" (Blake 1916 [1914], S. 204); zudem sei Luft – so in einer zeitgenössischen Formulierung – voller „sound holes"

3 So berichtete der Kapitän der *SS California*, dass am 28. Juni 1914 ein lediglich eine halbe Meile entferntes Nebelhorn nicht hörbar gewesen sei – und das Schiff daraufhin auf Tory Island in dichtem Nebel strandete. „There are many instances where whips have gone on the rocks within hearing distance of ordinary bell buoys and sirens, because of inability to hear the warning signal or to judge of the direction whence it came" konstatierte der Begründer des Boston Symphony Orchestras Henry L. Higginson (1914, S. 420).

(Higginson 1914, S. 419). Infolgedessen erwiesen sich die von u. a. Tyndall und Henry extensiv erforschten akustischen Nebelsignale in der nautischen Praxis als unbrauchbar.

Notwendig wurde ein Medienwechsel. Nämlich eine Verschiebung des wissenschaftlich-technischen Erkenntnisinteresses weg von der Signalgebung mittels Luft hin zum fluiden Trägermedium der Schifffahrt selbst: dem Wasser. Seit den Messungen der Schallgeschwindigkeit unter Wasser 1826 durch Charles-François Sturm und Jean-Daniel Colladon am Genfersee war das Wissen um die gute Leitfähigkeit von akustischen Impulsen unter Wasser bekannt – es blieb nur Jahrzehnte ohne praktischen Nutzen, verwertbare Konsequenzen und techno-akustische Operationalisierung. Dabei sei Wasser im Unterschied zur Luft – so eine Quelle von 1910 –„more reliable as an agency of the transmission of sound waves“ (Hopkins 1910, S. 210) bzw. – in den Worten von 1914 – „[f]ortunately, investigations have shown that water, unlike air, is an excellent sound medium, and does not appear to suffer from the acoustic clouds and erratic reflections found in air by Tyndall.“ (Sawyer 1914, S. 117) So konstatierte auch der deutsche Marinebaurat Peck 1907:

> Die absolute Unzulänglichkeit und Unzuverlässigkeit jeder Art der Signalisierung mittels Schalles in der Luft [ist] im weitesten Umfange bestätigt und die beschränkte Verwendbarkeit der Luft als Schalleiter [lenkte] unwillkürlich den Gedanken auf das Wasser als ein weit geeigneteres schallvermittelndes Medium.
>
> (Peck 1907, S. 9)

Denn Wasser als Übertragungsmedium akustischer Signale sei – so fasste es Blake 1914 zusammen – der Luft aus fünf Gründen überlegen: 1. Die Ausbreitung von Schall unter Wasser sei frei von gefährlichen „zones of silence“ (dies ist mit heutigem Wissen nicht mehr korrekt), 2. Schall im Wasser sei über weitere Entfernungen übertragbar als in der Luft, 3. der Klang würde nicht durch Winde verweht oder 4. andere atmosphärische Störungen beeinflusst und 5. es erlaube die exakte Lokalisierung der Richtung des Objekts, von welchem aus sich ein Klang ausbreite. (Blake 1916 [1914], S. 205)

3 Formatierung

Der US-Amerikaner Arthur J. Mundy in Boston (also einem Ort, der für seine zerklüftete Küste und sein Nebelwetter überaus bekannt ist) schlug jenen Medienwechsel zu Zwecken der nautischen Wegfindung vor und vollzog ihn experimentalpraktisch: Sender, Kanal und Empfänger eines akustischen Signals sollten zur zielsicheren Navigation von der Luft in das Wasser hinein verlegt werden. Allerdings mussten für den Ozean als um 1900 neu entdeckten *techno-acoustic space* geeignete Signal-Sender und -Empfänger erst entwickelt werden, die eben nicht mehr auf die Bedingungen von auditiver Luft-, sondern Unterwasserkommunikation ausgelegt waren.

Ab Mai 1898 unternahm Mundy unter Hilfe von Elisha Gray (bis dieser 1901 verstarb) Versuche, Unterwasserglocken und in Schiffen befindliche telefonisch abzuhörende Unterwasser-Mikrofone zu navigatorischen Praktiken zu optimieren, um die bis dato etablierten Vorgehensweisen bei Nebel um ein technisch elaboriertes Verfahren zu erweitern. Dies mündete in dem 1899 unter dem Titel *Transmission of Sound* patentierten Verfahren, nach welchem zu Zwecken maritimer Wegfindung an potenziell bei Nebel gefährlichen Wegpunkten eigens entwickelte elektrische Unterwasserglocken als Signalsender positioniert werden sollten. Deren Unterwassersignale sollten akustisch in Schiffen abgehört werden, um dadurch die Richtung der Schallquelle identifizieren zu können (siehe Mundy und Gray 1899). Gab es nach der Erfindung des Telefons ab den 1870er Jahren Versuche, Unterwasserschall navigatorisch zu operationalisieren, waren dies die ersten Experimente, denen eine praktische Verwertung zuteilwerden sollte (nachdem Mundy selbst auch umfangreiche Patente einreichte, die sich später als praktisch unbrauchbar erwiesen)[4]. Damit stellen Grays und Mundys Experimente in ihrer Verbindung von Unterwasserglocken, wasserisolierten Mikrofonen und akustischen Interfaces (Telefonen) die erste Anwendung von Elektroakustik auf Unterwasserschall dar. Eben diese Entwicklung eines funktionalen Mikrofons für Unterwasserbedingungen erwies sich als besonders kritisch, da es zu jener Zeit noch keine Hydrophone gab (also technische Objekte zur Transduktion von Schalldruck unter Wasser in relative elektrische Spannung). Trotz Beschäftigung mehrerer in der Telefontechnik geschulter Elektriker in einem in Boston neu eingerichteten Labor, dauerte die Entwicklung eines Prototyps von Unterwassermikrofon mehrere Jahre (Millet 1906, S. 642). Der Begriff „Hydrophon" wurde dabei erst in diesem Kontext geprägt; bis dato bezeichnete man mit diesem Begriff wassergefüllte Beutel, die an Stethoskope angebracht wurden, um damit den Klang des Herzschlags aufgrund der guten Leiteigenschaften des Wassers natürlich zu verstärken.

4 Bspw. die folgenden drei Patente: Arthur J. Mundy: „Submarine Signaling". US-Patent No. 768.567. Eingereicht am 23.04.1902, veröffentlicht am 23.08.1904. Oder: Arthur J. Mundy: „Sound Transmitter and Receiver". US-Patent No. 768.570. Eingereicht am 23.04.1902, veröffentlicht im August (ohne Datum). Oder: Arthur J. Mundy: „Submarine Sound Direction Finder". US-Patent No. 768.573. Eingereicht am 23.04.1902, veröffentlicht am 23.08.1904.

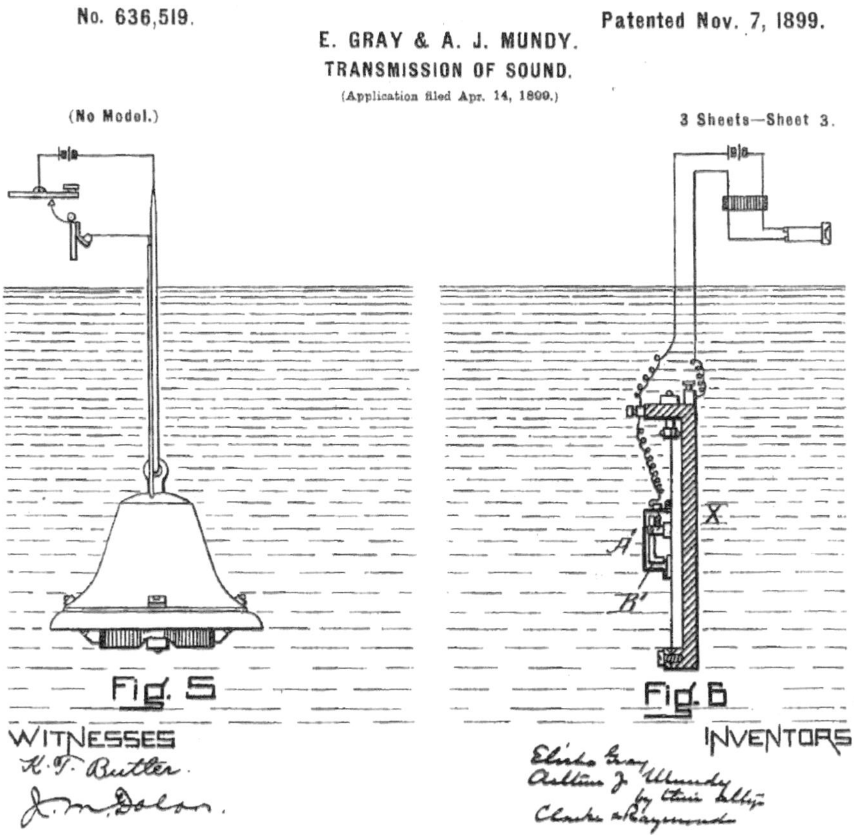

Abb. 3: Die erste techno-akustische Durchdringung des Meeres als Schema: Neukonzipierte Unterwasserglocken senden Schall aus, die von Unterwassermikrofonen zu Zwecken der Schall-Navigation empfangen werden sollen.

Grundlegend sahen sich Mundy und Gray im ausgehenden 19. Jahrhundert mit dem Problem konfrontiert, dass das Meer im Sinne der physikalischen Akustik und insb. der Technoakustik noch keinen wissenschaftlichen Raum darstellte. Weder gab es bereits existierende Techniken, noch Expert*innen oder Forschungsliteratur, deren epistemisches Arsenal sie hätten konsultieren können. Bis auf die bereits erwähnten Experimente von Sturm und Colladon, oder Leonardo da Vincis grundlegender Feststellung, dass Rudergeräusche unter Wasser weithin hörbar seien,[5] erwies sich Unterwasserschall als ein in jeder Hinsicht praktisches, technisches und wissenschaftliches Desiderat und verwies Mundy und Gray in die Rolle, selbst forschend tätig werden zu müssen, wie es auch ein Zeitzeuge attestierte:

> As soon as the organisation of the working force was complete the inventors sought the assistance of leading professors of acoustics, and experts in aerial signals for the sea. But to their dismay they discovered that students of sound had confined their researches to the air and had little knowledge of the various principles of sound in water. Nor were any references to the subject to be found in text-books. The files of scientific publications were searched in vain for records of laboratory experiments with sounds submarine, so that the investors were face to face with the necessity of depending upon their own unaided investigations.
> (Millet 1906, S. 642)[6]

Ein Novum seiner Zeit war neben der Neukonzeption des technischen Equipments für die Erzeugung und den Empfang submarinen Schalls (Glocken, Unterwassermikrofone) auch die konkrete *Positionierung* der schiffseitig angebrachten Empfangsanlage, um den relativen Ort (nämlich die Richtung) einer Unterwasserglocke akustisch überprüfbar zu machen und Navigation auf Basis von Schall überhaupt praktizieren zu können. Die frühen Experimente von Mundy und Gray zeigten, dass Unterwassermikrofone lediglich Rauschen empfingen, wenn sie außerhalb des Schiffes unter der Wasseroberfläche befestigt oder schlicht über Bord gehangen wurden. Als praktikabel erwies sich, das Mikrofon in einen mit Wasser gefüllten Tank innerhalb des Schiffs an der Außenwand zu positionieren, da dies Störgeräusche – das Rauschen des durchschifften Wassers, aber auch der Schiffsmotoren – weitgehend abschirmte und Glockentöne dennoch nicht von der Schiffswand gedämpft wurden. „[D]as Schiff selbst [konnte] also gewissermaßen als Kollektor für die dasselbe umspülenden Schallwellen benutzt werden" (Peck 1907, S. 10) und auch die Luft innerhalb des Schiffes stellte einen „Schattenkörper" dar, der abschirmend fungierte (Hahnemann und Lichte 1920, S. 871). Oder mit Josiah Byram Millet kommentiert:

5 Die vielzitierte Stelle bei da Vinci lautet: „Wenn Du Dein Schiff anhalten wirst und den Kopf eines Sprachrohres auf das Wasser setzt und das andere Ende an Dein Ohr, so wirst Du Schiffe hören, die recht weit von Dir entfernt sind." (Zit. nach Lichte 1920, S. 250).

6 Millet muss allerdings quellenkritisch gelesen werden, vor allem, da er selbst bei der zentralen Institution des Unterwasserschallsignalwesens, der Submarine Signal Company in Boston, arbeitete und entsprechend die proaktive Forschungsleistung seiner Kollegen betont. Doch wenngleich es bereits experimentalpraktische und theoretische Arbeiten zur Geschwindigkeit des Schalls in unterschiedlichen Flüssigkeiten gab, ist es richtig, dass Empfangs- und Sende-Techniken unter Wasser um 1900 ein Novum darstellten.

> It was found at once that the skin of the ship did not interfere in the least with the passage of sound from the sea outside into the tank inside, and other ship's sounds were largely excluded. (...) Various sizes of tanks were tried, but those finally adopted were about the size of half a beer barrel and were constructed so that one end of them was formed by the skin of the ship.
>
> (Millet 1914, S. 108)

Abb. 4: Links – Im Innenraum eines Schiffs angebrachter Wassertank mit Mikrofonen. Rechts – Das auditorische Interface mit zwei Telefonhörern. Mit dem Schalter konnte zwischen Back- und Steuerbord-Empfängern hin- und hergeschaltet werden, um Lautstärkevergleiche vornehmen zu können.

Mit lediglich einem auf der schiffsinneren Seite der Außenwand, unterhalb der Wasserlinie installierten Empfänger, war jedoch noch kein Richtungshören – mithin kein Navigieren auf Schallbasis – möglich. Die Formatierung der Schallnavigation erforderte es, *jeweils einen* Wassertank back- bzw. steuerbords mit Mikrofonen im Schiff anzubringen, um die Richtung einer Schallquelle (hier Unterwasserglocke, Abb. 3 linke Seite) durch Höroperation identifizierbar zu machen. Der Schiffsbug fungierte dabei als schallabschirmende Grenzfläche. Wurden nun beide Mikrofontanks telefonisch mit dem Ort des Navigators verschaltet (also meist der Schiffsbrücke), konnte dort die Richtung einer Schallquelle durch Lautstärkevergleich zwischen Back- und Steuerbord-Empfänger bestimmt werden. Entscheidend ist, dass auf der Brücke am Interface *entweder*

der Backbord- *oder* der Steuerbord-Empfänger via Telefon abgehört werden konnte: War der Glockenton bei rechtsseitigem Empfang lauter, war auch die Unterwasserglocke auf jener Seite – und umgekehrt. Gleich laut erklang der Ton, wenn die Glocke direkt voraus war.[7]

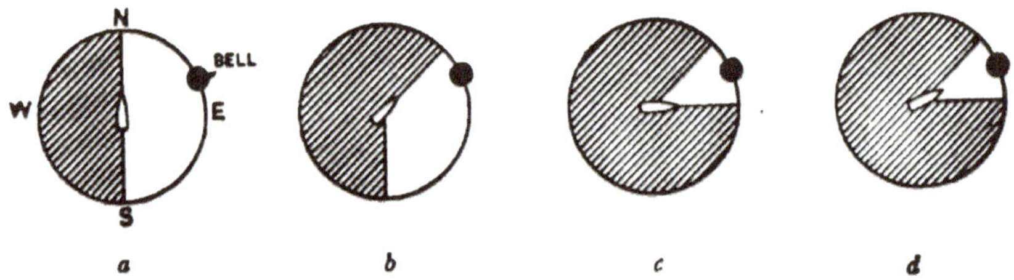

Abb. 5: Schematisierung des Prinzips der auditiven Navigation innerhalb von im Meer implementierten techno-acoustic spaces.

In dieser Formatierung gestaltete sich die nautische Navigation in Fällen von Nebel in Küstennähe mit Unterwasserschallsignalen bspw. wie folgt aus (Abb. 5): a) Zunächst fährt ein mit Empfangsanlage ausgestattetes Schiff in nördliche Richtung, eine Unterwasserglocke befindet sich nordöstlich des Schiffs. Am Interface sind Glockensignale zu hören, wenn die Steuerbord-Empfänger aktiviert sind, auf Backbord-Stellung ist nichts zu hören. Die Glocke muss sich daher steuerbords des Schiffs in einer Entfernung von etwa über einer Meile befinden (bei Entfernung unter einer Meile wäre das Signal auch im Backbord-Empfänger schwach hörbar). b) Das Schiff wird dem akustischen Signal gemäß in nordöstliche Richtung gesteuert, bis c) auch im Backbord-Empfänger ein Ton deutlich hörbar ist; in diesem Fall nun lauter als mit aktiviertem Steuerbord-Empfänger. Daraufhin wird d) das Schiff wieder in entgegengesetzte Richtung geschwenkt, bis das Glockensignal gleich laut ist, egal ob der Back- oder

7 Zwar galt es, mit beiden Ohren zu hören, allerdings war dieses Hören nicht stereofonisch angelegt, sondern es wurde immer *ein* Empfänger binaural abgehört. Dies machte das Hören deutlicher und eliminierte störende Schiffsgeräusche. Warum die Idee des stereofonen und damit technisierten Richtungshörens nicht implementiert wurde, bleibt nur zu vermuten. Wahrscheinlich war es dafür historisch um das Jahr 1900 noch zu früh, da wesentliche psychoakustische Eigenschaften des menschlichen Richtungshörens erst im Kontext des Ersten Weltkriegs, bspw. am Berliner Psychologischen Institut, experimentalpraktisch erforscht und damit zugleich die Grundlagen für ein technisiertes stereofones Richtungshören gelegt wurden (Hoffmann 1994).

Steuerbord-Empfänger aktiviert ist. Die Glocke befindet sich nun direkt in Fahrtrichtung des Schiffs. Bessere Hörresultate wurden dabei erzielt, wenn die Fahrt des Schiffs für die relative Positionsbestimmung verlangsamt oder ganz gestoppt wurde, da dadurch das Störgeräusch des verbeirauschenden Wassers reduziert oder ganz eliminiert werden konnte. Dabei versteht sich diese Schematisierung eher als grobe Orientierung, wobei zusätzlich ein empirisches Wissen um die spezifischen (Klang-)Eigenschaften des jeweiligen Boots notwendig war, um buchstäblich zielsicher zu navigieren:

> Each boat has its own peculiarities, and a knowledge of these is just as helpful in using submarine signal apparatus as in using the steering apparatus or in knowing how the vessel handles herself in a seaway.
>
> (Fay 1912, S. 1349 f.)

4 Infrastrukturierung: „A Wall of Sound"

Zur Vermarktung dieser Navigationstechnik, mithin Schall unter Wasser navigatorisch zu institutionalisieren und zu kommerzialisieren, gründete Mundy zusammen mit Joshua Millet und E.C. Wood im Jahr 1901 die Submarine Signal Company (SSC) mit Sitz in Boston. Noch im Jahr ihrer Gründung erhielt die Company die Rechte, im Hafen von Boston ein experimentelles Unterwassersignalsystem zu installieren, das es den Navigatoren einfahrender Schiffe erlaubte – laut dem *Electrical Engineer* vom 23.08.1901 – die eigene relative Position zur Unterwasserglocke auf eine Entfernung von 10 bis 12 Meilen hin bei schlechter Sicht akustisch feststellen zu können. Damit verliefen die ersten Praxistests des Systems überaus erfolgreich. Bei diesen sporadisch und experimentell anmutenden Anfängen sollte es jedoch nicht bleiben. Ziel der SSC war die ökonomische Verwertung von Unterwasserschall im großen Maßstab unter der leitenden Prämisse, eine „Wall of Sound"[8] vor den Küsten aller für den weltweiten Seehandel relevanter Länder zu errichten. Eine Klangmauer aus Unterwasserglocken, die entweder unter Feuerschiffen, an Bojen oder Dreibeinen auf dem Meeresgrund installiert werden sollten, sodass

8 Als erster im Kontext des Submarine Signalling prägte wohl Perkins, Vizepräsident der SSC, den Begriff „Wall of Sound", erinnert sich Helen Fessenden, die Frau von Reginald Fessenden (1940, 216). Die Formulierung wurde von Zeitgenossen oft aufgegriffen (siehe z. B. Higginson 1914, 420).

> no vessel, under whatsoever circumstances of loss of reckoning, of variable currents, of fogs, and storms, could approach the coast without being warned of that fact and notified of its exact position on that coast and of the direction of the nearest lightship.
>
> (Blake 1916 [1914], S. 207)

Die Genehmigung zur Errichtung erster Unterwasserglocken kam dafür vom United States Lighthouse Department. Die US-amerikanischen Behörden in Washington, D.C. unterstützten frühe Experimente der SSC, indem sie ihnen Zugang zu Feuerschiffen zwischen Boston und New York sowie die dortige Installation von Unterwasserglocken erlaubten. 1904 stattete die dort verkehrende Metropolitan Steamship Company ihre Schiffe mit Empfangsanlagen für das *Submarine Signalling* aus.

Am 1. Juni 1906 begann die US-Regierung einen ununterbrochenen zweimonatigen Testbetrieb mit Unterwasserglocken an fünf Feuerschiffen zwischen Boston und New York, um die Wirksamkeit des Systems zu validieren. Dieser offizielle Test verlief ebenfalls derart vielversprechend, dass das Unterwasserschallsignalwesen vom United States Navy Department Ende des Jahres 1906 als technische Hilfe zur Navigation akzeptiert wurde und die US-Regierung Unterwasserglocken für zehn weitere Feuerschiffe bei der SSC beauftragte (Fay 1912, S. 1354). Auf deutscher Seite hatten zu diesem Zeitpunkt bereits die Reedereien „Norddeutscher Lloyd“ sowie die „Hamburg-Amerikanische Packetfahrt-Actien-Gesellschaft“ (HAPAG) ihre Schiffe mit Empfangsanlagen für die Navigation mit dem Unterwasserschallsignalwesen ausgestattet.[9] In Kanada wurden derweil die Feuerschiffe im St. Lawrence River mit Unterwasserglocken ausgestattet, sowie eine Küstenstation an der Einfahrt zum Hafen von Halifax und vier weitere Stationen. Ebenso testete die britische Admiralität das *Submarine Signalling* im Jahr 1906 und war von den Vorteilen von Unterwasserschall als navigatorische Hilfe im Nebel überzeugt (siehe Joly 1918, S. 9).

9 Beide fusionierten 1970 zur bekannten Hapag-Lloyd AG.

Abb. 6: Werbedarstellung der SSC für das *Submarine Signalling*. Zu sehen sind die drei Formen von Unterwasserschallglocken – installiert unter Feuerschiffen, unter Bojen sowie auf dem Meeresgrund an Dreibeinen – sowie schematisch ein Schiff mit inwendiger Empfangsanlage an Back- und Steuerbord.

Dementsprechend wurde im Dezember 1906 die erste offizielle britische Unterwasserglocke an der Einfahrt zum River Mersey installiert. Im September 1912 waren Empfänger für das Unterwasserschallsignalwesen bereits auf 949 Schiffen installiert, großteils auf privaten Schiffen – darunter auch die *RMS Titanic* – und auf etwa 200 Marineschiffen verschiedener Nationen (Submarine Signal Company 1912, S. 50). Zu diesem Zeitpunkt gab es 53 Glockenstationen in den USA, 27 in Großbritannien, 16 in Deutschland, 12 in Kanada und weitere Stationen in Frankreich, Belgien, Schweden, Russland, Spanien, Brasilien, Chile, Uruguay und China – insgesamt 135 in den Weltmeeren. Harold Fay, ein ehemaliger Leiter der SSC, kommentiert diesen Erfolg der Implementierung und Praktizierung jener neuen Form der Navigation auf submariner Schallbasis im selben Jahr mit den Worten: „The system of sending and receiving signals under water which five years ago was hardly more than a probability has now become a reality" (Fay 1912, S. 1354).

Im Band *Unterwasserschall-Signale* der ehemaligen Atlas-Werke in Bremen, die mit der SSC kooperierte, wird ersichtlich, wie engmaschig das Unterwasserschallsignalwesen 1920 als Infrastruktur zum Zwecke der sicheren Wegfindung in Nordsee, Ostsee und im Ärmelkanal bereits war (siehe Abb. 7). Ein ebenso engmaschiges Netz an Glockenstationen existierte an der US-Ostküste. 1920 waren bereits 3.500 Schiffe mit Empfangsanlagen für das Unterwasserschallsignalwesen ausgestattet. Dieses engmaschige Netz von Unterwasserglocken-Stationen erlaubte im Falle von Nebel annähernd eine Navigation ausschließlich auf Basis von Schall: Vom *acoustic space* einer Glocke konnte in den Schallraum der nächsten navigiert werden usw.

Abb. 7: Karte der Unterwasserglocken-Stationen an den Küsten der Nordsee und des englischen Kanals.

Damit formatierte das Unterwasserschallsignalwesen die maritime Navigation in Fällen von Nebel grundlegend neu, insofern es seine Subjekte als hörende Wesen adressierte, die von einer Sicht nach draußen, außerhalb des Schiffes, weitgehend befreit werden. So findet es sich auch in den Werbedarstellungen der SSC, die in Inszenierungen ihres Systems die Sinnes-Priorisierung neu setzte: Die Fenster eines Schiffes sind verhangen, die Augen verschlossen, nur dem auditiven Interface wird gelauscht. Die visuelle fotografische Inszenierung des *Submarine Signalling* legte ihren Fokus also auf dieses Ohrenmerk des neuen technoakustischen Regimes. „It is now“ – hieß es bereits 1907 seitens der SSC, nachdem ein erstes Netz an Glockenstationen errichtet wurde –

> a common thing for the captain of one of the great ocean liners to come on the coast of the United States, get his bearings at Nantucket Shoals and proceed to New York harbor, all by the sound of the bells coming to him through the water, without being able to see any one of the three lightships or to hear their aerial fog whistles.
>
> (Submarine Signal Company 1907, S. 6)

Damit wurde das Hören als bis dato vernachlässigte Fähigkeit für Navigatoren zur entscheidenden Praktik erfolgreicher, mithin sicherer Wegfindung.

Dafür, dass in der navigatorischen Praxis vom *Submarine Signalling* als einer spezifisch georeferenzierenden Infrastruktur tatsächlich erheblicher Gebrauch gemacht wurde, ließen sich zahlreiche Belege anführen, bspw. der folgende kurze Erfahrungsbericht, der die neugewonnene Bedeutung des Ohres statt des Auges für eine nunmehr akustische Orientierung betont:

> Um 8 Uhr 30 hörten wir durch den Backbord-Receiver die Signale von ‚Pollock Rip Shoal‘-Feuerschiff, während man durch den Steuerbord-Receiver nichts vernehmen konnte, welchen Umstand wir dem Kapitän mitteilten, der sich dann persönlich davon überzeugte. Es wurde während der Zeit nach den Signalen des Unterwasserapparates gefahren und wir passierten um 8 Uhr 33 eine zwischen den Feuerschiffen stationierte Gasboje, welche wir erst in Sicht bekamen, als dieselbe ca. 250 Fuss voraus war.
>
> (Anonym 1904, S. 1048)

Zeit ihres Bestehens bat die SSC um Einsendungen von Erfahrungsberichten, wie sich das Navigieren mit dem Unterwasserschallsignalwesen praktisch ausgestaltete. Was die Erfahrungsberichte insb. charakterisiert, ist, dass sie die Überlegenheit akustischer gegenüber optischer Nebelsignalgebung hervorheben und dabei die neue Musikalität der Navigation betonen (z. B. Millet 1906, S. 647).

Für die der Infrastruktur inhärente Datenlogistik und -praktik ist an dieser Stelle wichtig zu erwähnen, dass die Glocken ihre Signale codiert aussendeten, damit sie mit entsprechenden Karten identifiziert werden konnten. Bürokratisch und ökonomisch war entscheidend, dass die SSC das technische Empfangsequipment nicht verkaufte, sondern rechtlich gesehen vermietete – sodass immer eine Jahresgebühr fällig wurde, die damit gerechtfertigt wurde, dass die Empfänger gewartet werden müssten (damit verdiente die SSC ihr Geld[10]). Personell bedeutsam scheint dabei auch, dass der Rundfunkpionier Reginald Fessenden von der SSC beauftragt wurde und anschließend konstatierte, dass sich das Unterwasserschallsignalwesen als wesentlich lukrativer erwies als seine bis dato brotlose Rundfunkarbeit – zumal sich im historischen Kontext noch nicht absehen ließ, dass der Rundfunk ein erfolgreiches Massenmedium werden, das Unterwasserschallsignalwesen aber schon Ende der 1920er Jahre untergehen würde.

10 Seitens der SSC heißt es: „A charge is made for the cost of installation and wiring, the apparatus remains the property of the Company, and is leased on an annual rental which varies with the tonnage of the vessel“ (Submarine Signal Company 1907, S. 60).

5 Outro – Das Meer als technoakustischer Raum

In Anlehnung an den Terminus „logistical media" (Case 2013) ließe sich aussagen, dass es sich beim Unterwasserschallsignalwesen um eine „logistical infrastructure" handelt. Sind „logistical media" auf basaler Ebene „media of orientation. They order and arrange people and objects" (Case 2013, S. 380), erlaubt das Unterwasserschallsignalwesen ebenfalls grundlegend Orientierung und diente als logistische Infrastruktur der Aufrechterhaltung des globalen Schiffsverkehrs und Seehandels bei schlechten Sichtverhältnissen – und zwar auf auditiver Basis. Das Unterwasserschallsignalwesen rekonfigurierte damit den ozeanischen Raum, der nicht weiter ein opakes Volumen darstellte, sondern dessen Eigenschaft, ein ideales Medium für die Übertragung von Akustik zu sein, ausgenutzt wurde, um mit Hilfe des menschlichen Gehörs sichere Wegfindung in Fällen von Nebel zu realisieren.

Das Unterwasserschallsignalwesen als Infrastruktur basierte auf Medienpraktiken und Hörtechniken (hierzu auch Sterne 2003), rekonfigurierte diese aber auch wiederum, da das Telefon (in Verbundschaltung mit Unterwassermikrofonen) hier nicht als infrastrukturelles Medium der wechselseitigen verbalen Kommunikation diente, sondern als Messtechnik des subjektiven Lautstärkevergleichs von Unterwasserglocken-Tönen. Dabei zeigt sich wiederum die medienpraktische Varianz technischer Objekte: Das Telefon determiniert nicht die sich um es herum ausgestalteten Praktiken, sondern erst die wechselseitige Verfertigung von technischem Medium und Praxis bringt das Telefon als spezifisches maritimes Medium der Navigation hervor. Daher ist nicht erst durch den Digitalcomputer – der bekanntlich nach Friedrich Kittler jedes vorherige Medium simulieren kann – eine Hinwendung zu den Medienpraktiken entscheidend, da diese letztlich über den Status eines Mediums bestimmen, d. h. darüber, *was* ein Medium ist.

Was die gelieferte kursorische Genealogie des Unterwasserschalsignalwesens methodologisch für die Mediengeschichte als solche zutage fördern konnte, ist das für die erfolgreiche Etablierung einer Technik und seine Infrastruktur erforderliche Netzwerk. Es war eine Kooperation von Ingenieuren, Geldgebern und Investoren, die nicht zuletzt auf die erforderliche Akzeptanz seitens der Akteure traf.[11] Erfinder nehmen dabei nur eine nachgeordnete Rolle ein, sie sollten nicht als Ausgangspunkt von Mediengeschichte angesehen werden. Die

11 Das generische Maskulinum ist an dieser Stelle bewusst gewählt, da es tatsächlich männliche Geldgeber, Akteure usw. waren.

zitierten und erwähnten Mundy, Fessenden, Millet und Gray (neben weiteren) haben Unterwasserglocken und Unterwassermikrofone konzeptioniert, den submarinen Raum in einen *technoacoustic space* gekehrt hat erst das praktizierende gesamte Akteurs-Netzwerk.

Gleichwohl das Unterwasserschallsignalwesen ein akademisches Desiderat darstellt, ist es – wie ich darzulegen versuchte – von erheblicher Bedeutung nicht nur für die Mediengeschichte, sondern auch für die Sound Studies, die Wissens- und Kulturgeschichte der Akustik und die Technikgeschichte. In jedem Fall ist es für eine historische Verortung des Feldes der *Acoustic Intelligence* relevant. Zwar stellt die auditive nautische Navigation auf Basis von Unterwasserschallsignalen in der Mediengeschichte des Meeres lediglich ein kurzes Intermezzo zwischen rein optisch verfassten Verfahren der Wegfindung dar. Denn das *Submarine Signalling* wurde bereits Ende der 1920er Jahre durch Verbesserung der Funktechnik obsolet, vornehmlich durch sog. Funkfeuer, deren Richtung, anstatt Lautstärkevergleiche vornehmen zu müssen, auf dem sog. Radiokompass direkt abgelesen werden konnte. Dennoch begründete das Unterwasserschallsignalwesen das Meer als einen wissenschaftlichen Raum der physikalischen, der Hydro- und der Elektro-Akustik. Das Konstruieren technischer Empfänger für die Bedingungen von Unterwasserschall – mithin die ersten Hydrophone –, ist eine genuine Errungenschaft des Unterwasserschallsignalwesens. Damit eröffneten praktische Belange der Navigation auf Basis submarinen Schalls den Ozean als *hydro-acoustic space*, dem seine technoakustische Durchdringung und Konstruktion sowie organisatorische Infrastrukturierung in Fällen von Nebel in Küstennähe abgelauscht werden konnte.

Das Unterwasserschallsignalwesen markierte – so wie es das spätere Navstar GPS tun sollte – einen exklusiven Standard in der Selbstverortung und sicheren Wegfindung. Und es zeigt, dass Standards keine historischen Konstanten darstellen, sondern variabel gemäß ihrer technischen Bedingung sind und mithin ebenso schnell untergehen können, wie sie sich etablieren, wenn die durch sie evozierten Medienpraktiken simpler und schneller durchführbar werden. Diesbezüglich kann das Unterwasserschallsignalwesen als gescheitertes navigatorisches Infrastrukturprojekt gelesen werden, insofern es seine Subjekte als hörende Wesen adressierte und der Mensch nun mal – so in den Worten des Sonographie-Begründers Karl Theo Dussik – ein „Augentier" sei (Dussik 1942, S. 155). Gleichwohl generierte es ein umfangreiches wissenschaftliches und praktisches Informationsinteresse hinsichtlich der Übertragung von Unterwasserschall, also seiner Erzeugung, Ausbreitung und Rezeption, wie ihm bereits 1918 attestiert wurde (Jameson 1918, S. 5). Als gescheitertes „large technical system" im Sinne Thomas Hughes oder als „dead medium" im Sinne Bruce Sterlings, war es jenseits seiner genuin historischen Verortbarkeit und praktischen Verwendung produktiv, denn es evozierte eine mathematisch-experimentelle Erforschung des Verhaltens von Akustik unter Wasser und eine Erforschung adäquater technischer Sender und Empfänger.

Das *Submarine Signalling* erweist sich als der experimental-praktische Anbeginn eines elektroakustischen Eintauchens (bzw. vielmehr: Einhörens) in den Ozean als einen um 1900 neu entdeckten auditiven Signalraum. Dabei wurde ihm bereits von seinen Zeitgenoss*innen bescheinigt, „eine völlige Umwälzung auf dem Gebiete des Schiffs-Signalwesens" herbeigeführt zu haben (BArch R/4701/8934). Diese Brisanz des Unterwasserschallsignalwesens hinsichtlich einer Epistemologie der *Acoustic Intelligence* und des Meeres als solchem wird durch weitere Aspekte gesteigert. So waren die lauschenden Navigateure erste Nutzer von Passiv-Sonar *avant la lettre* und der als externer Mitarbeiter beschäftigte Fessenden konzipierte und realisierte bei der SSC ein prototypisches Aktiv-Sonar. Ferner machte das *Submarine Signalling* das Meer überhaupt erst als Klangraum wissenschaftlich-technisch relevant und bewirkte mithin seine Mathematisierung. Diese Aspekte hier in angemessenem Tiefgang auszuloten, würde jedoch den Rahmen dieses Beitrags sprengen.

Medienverzeichnis

Abbildungen

Abb. 1: Der aus dem Meer ragende Schiffsmast der gesunkenen *Monroe*. In https://www.wrecksite.eu/img/wrecks/ss_monroe_14_coll_searching_for_bodies.jpg. Zugegriffen am 05.03.2021.

Abb. 2: Die *SS Princess May* „on the rocks". In https://upload.wikimedia.org/wikipedia/commons/thumb/5/53/SS_Princess_May_3c33388u.jpg/1200px-SS_Princess_May_3c33388u.jpg. Zugegriffen am 05 Oktober 2021.

Abb. 3: Die erste techno-akustische Durchdringung des Meeres als Schema. In Mundy, Arthur und Elisha Gray. 1899. *Transmission of Sound*. US-Patent No. 636,519, eingereicht am 14.04.1899, patentiert am 07.11.1899.

Abb. 4: Links – Im Innenraum eines Schiffs angebrachter Wassertank mit Mikrofonen. Rechts – Das auditorische Interface mit zwei Telefonhörern. In Millet, Josiah Byram. 1906. Submarine Signalling by Means of Sound. *Journal of the Society of Arts* (54/2789): 642–651, S. 646.

Abb. 5: Schematisierung des Prinzips der auditiven Navigation innerhalb von im Meer implementierten techno-acoustic spaces. In Submarine Signal Company. Hrsg. 1912. *Submarine Signalling*. London: Friars House, S. 48.

Abb. 6: Werbedarstellung der SSC für das *Submarine Signalling*. In Submarine Signal Company. 1906. Submarine Signals (Werbeanzeige). *The Marine Review* 34 (25): 12.

Abb. 7: Karte der Unterwasserglocken-Stationen an den Küsten der Nordsee und des englischen Kanals. In Lübcke, E. 1920. *Unterwasserschall-Signale als Hilfsmittel für die Navigation und Signalgebung auf See*. Berlin: Verlag des Vereines deutscher Ingenieure, S. 6.

Literatur

Anonym. 1904. Das Unterwasser-Signal. Schiffbau. *Zeitschrift für die gesamte Industrie auf schiffbautechnischen und verwandten Gebieten* 5 (21): 1048.

Anonym. 1906. Submarine Signals. *Marine Review* 34 (9): 30–31.

BArch R/4701/8934: Zimmermann, o. A. 1913. Die Bedeutung und Entwicklung der Unterwasserglocken-Schallsignale.

Blake, R. F. 1916 (1914). *Submarine Signalling. The Protection of Shipping by a Wall of Sound and other Uses of the Submarine Telegraph Oscillator. Annual Report of the Board of Regents. Showing the Operations, Expenditures, and Condition of the Institution for the Year Ending June 30 1915*, hrsg. The Smithsonian Institution, 203–213. Washington: Government Printing Office. Erstveröffentlicht in Proceedings of the American Institute of Electrical Engineers.

Case, Judd A. 2013. Logistical Media: Fragments from Radar's Prehistory. *Canadian Journal of Communication* 38 (3): 379–395.

de Certeau, Michel. 1988 [1980]. Praktiken im Raum. In *Kunst des Handelns*, ders., 179–238. Berlin: Merve.

Deleuze, Gilles und Félix Guattari. 2006 (1980). 1440 – Das Glatte und das Gekerbte. In *Raumtheorie. Grundlagentexte aus Philosophie und Kulturwissenschaften*, hrsg. Jörg Dünne und Stephan Günzel, 434–443. Frankfurt am Main: Suhrkamp.

Dussik, Karl Theo. 1942. Über die Möglichkeit, hochfrequente mechanische Schwingungen als diagnostisches Hilfsmittel zu verwerten. *Zeitschrift für die gesamte Neurologie und Psychiatrie* 174: 153–168.

Fay, Harold J. W. 1912. History and Development of Submarine Signaling. *Proceedings of the American Institute of Electrical Engineers* 31: 1337–1354.

Fessenden, Helen M. 1940. *Fessenden. Builder of Tomorrows*. New York: Coward-McCann.

Hahnemann, Walter und Hugo Lichte. 1920. Die moderne Entwicklung der Unterwasserschalltechnik in Deutschland. *Die Naturwissenschaften. Wochenschrift für die Fortschritte der Naturwissenschaft, der Medizin und der Technik* 8 (45): 871–878.

Henry, Joseph. 1886. Researches in Sound, in Relation to Fog-Signalling. *Scientific Writings of Joseph Henry* 1, hrsg. Smithsonian Institution, 370–510. Washington D.C.: Judd & Detweiler.

Higginson, Henry L. 1914. The Art and Practice of Submarine Signaling. *The North American Review* 200 (706): 418–421.

Hoffmann, Christoph. 1994. Wissenschaft und Militär. Das Berliner Psychologische Institut und der I. Weltkrieg. *Psychologie und Geschichte* 5: 261–285.

Hopkins, Albert A. Hrsg. 1910. *The Scientific American Handbook of Travel*. New York: Munn & Co.

Jameson, Mary Ethel. Compiler. 1918. *Submarines. A List of References in the New York Public Library*. New York: New York Public Library.

Joly, John. 1918. Scientific Signalling and Safety at Sea. *The London, Edinburgh, and Dublin Philosophical Magazine and Journal of Science Series* 6 (36): 1–36.

Lichte, Hugo. 1920. Entwicklung und heutiger Stand des Unterwasserschall-Signalwesens. *Zentralblatt der Bauverwaltung mit Nachrichten der Reichs- und Staatsbehörden* 40 (29): 249–253.

Lübcke, E. 1920. *Unterwasserschall-Signale als Hilfsmittel für die Navigation und Signalgebung auf See*. Berlin: Verlag des Vereines deutscher Ingenieure.

Millet, Josiah Byram. 1906. Submarine Signalling by Means of Sound. *Journal of the Society of Arts* 54 (2789): 642–651.

Millet, Josiah Byram. 1914. Recent Developments in Submarine Signaling. *Transactions of the Society of Naval Architects and Marine Engineers* 22: 107–114.

Mundy, Arthur und Elisha Gray. 1899. *Transmission of Sound*. US-Patent No. 636,519, eingereicht am 14.04.1899, patentiert am 07.11.1899.

Peck, F. 1907. Unterwasser-Schallsignale, ihre historische Entwicklung, ihre Fortschritte und ihr gegenwärtiger Stand. *Annalen der Hydrographie und Maritimen Meteorologie* 35: 9–17.

Sawyer, F. L. 1914. Submarine Signaling and a Proposed Method of Safe Navigation in Fog. *Transactions of the Society of Naval Architects and Marine Engineers* 22: 115–128.

Siegert, Bernhard. 2014. Längengradbestimmung und Simultanität in Philosophie, Physik und Imperien. *Zeitschrift für Medien und Kulturforschung* 5 (2): 281–297.

Sterne, Jonathan. 2003. Audile Technique and Media. In *The Audible Past. Cultural Origins of Sound Reproduction*, hrsg. ders., 137–177. Durham: Duke University Press.

Submarine Signal Company. 1906. Submarine Signals (Werbeanzeige). *The Marine Review* 34 (25): 12.

Submarine Signal Company. Hrsg. 1907. *Submarine Signals*. Boston: Branch Offices.

Submarine Signal Company. Hrsg. 1912. *Submarine Signalling*. London: Friars House.

Tyndall, John. 1878. Recent Experiments on Fog-Signals. *Proceedings of the Royal Society of London* 27: 245–258.

Intermezzo

Nik Nowak

Schizo Sonics

Installation und Interview

Abb. 1: Installation *Schizo Sonics* im Kesselhaus des KINDL – Zentrum für zeitgenössische Kunst in Berlin, 2020/2021.

Mit *Schizo Sonics* realisierte Nik Nowak 2020 im Kesselhaus des KINDL – Zentrum für zeitgenössische Kunst eine raumgreifende audiovisuelle Installation aus zwei soundgewaltigen Klangskulpturen, in denen er seine künstlerische Auseinandersetzung mit dem Phänomen von Klang als Waffe und Propagandamedium weiter vertieft hat: *Panzer* und *The Mantis* stehen sich im 20 Meter hohen Kesselhaus konfrontativ gegenüber und verweisen auf politische Stellvertreterkriege, die in unterschiedlichen Kontexten mit Klang geführt wurden – und noch immer werden.

Die insektoide Klangskulptur *The Mantis* (2019) bezieht sich auf den sog. Lautsprecherkrieg, der mit akustischen Mitteln von 1961 bis 1965 an der deutsch-deutschen Grenze geführt wurde. Nachdem die Regierung der DDR eine Rede von Konrad Adenauer am Brandenburger Tor mittels Lautsprecherdurchsagen und Mu-

https://doi.org/10.1515/9783110730791-010

sikbeschallung über die Mauer hinweg empfindlich gestört hatte, wurde vom West-Berliner Senat in Zusammenarbeit mit dem RIAS (Rundfunk im amerikanischen Sektor) und mit Unterstützung der USA das „Studio am Stacheldraht" gegründet – eine mobile Einheit aus LKW und VW-Bussen, die die Grenzer*innen im Osten über neueste Lautsprecheranlagen mit Nachrichten und moralischen Appellen beschallten. Am Tag der Republik 1965, dem 16. Jahrestag der DDR, endete der Lautsprecherkrieg beiderseits. Nach wie vor werden mobile Soundanlagen zum Zwecke der Propaganda und psychologischen Kriegsführung eingesetzt, so zum Bespiel an der militärischen Demarkationslinie, der Grenze zwischen Nord- und Südkorea.

Abb. 2: Installation *Schizo Sonics* im Kesselhaus des KINDL – Zentrum für zeitgenössische Kunst in Berlin, 2020/2021 – Im Vordergrund *The Mantis*, weiter hinten *Panzer*.

Panzer (2011) ist in Form und Funktion angelehnt an jamaikanische Reggae-Soundsysteme – gigantische Lautsprecherwände mit mächtigen Bass-Membranen, die Klang nicht nur akustisch, sondern auch körperlich erfahrbar machen. In Soundclashes treten die Musiker*innen mit ihren Soundsystemen gegeneinander an und machen sich dabei die basslastigen Klänge von Dub und Dub-Reggae zunutze. Das musikalische Phänomen der Soundsysteme wurde in den 1970er Jahren zunehmend von den rivalisierenden politischen Parteien Jamaicas instrumentalisiert: auf der einen Seite die Cuba-nahe, sozialistische PNP, auf der anderen Seite die konservative JLP, der eine Nähe zur CIA nachgesagt wird. Durch die Politisierung der Soundsysteme und ihres Umfelds entwickelten sich diese Wettkämpfe zu einem ideologisch geprägten Stellvertreterkrieg im Sinne des Kalten Krieges, der in destabilisierenden Straßenschlachten gipfelte.

In seiner Installation im Kesselhaus stellt Nik Nowak die beiden Klangskulpturen in einer grenzähnlichen Situation gegenüber, um die unterschiedlichen historischen, politischen und kulturellen Diskurse miteinander in Beziehung zu setzen. Im speziell für *Schizo Sonics* produzierten, 43-minütigen Hörstück nähert sich der Künstler dem Klang einer ideologischen Spaltung: In vier Episoden verbinden sich narrative Elemente und historische Originaltöne – darunter aus dem „Studio am Stacheldraht" – mit referentiellen Klängen wie Naturgeräuschen und einer physisch spürbaren Basslinie zu einer komplexen Komposition.

Abb. 3: Detailansicht der Installation *Schizo Sonics* im Kesselhaus des KINDL – Zentrum für zeitgenössische Kunst in Berlin, 2020/2021– *Fähe.*

Die Fähe, ein präparierter weiblicher Fuchs, ergänzt die Arbeit um eine weitere Metaebene: Einer urbanen Legende nach haben Füchse während der deutschen Teilung verlernt, die Grenzlinie zu übertreten. Epigenetisch vererbt, sollen sie sich bis heute nicht über die Linie wagen, die nur noch imaginär vorhanden ist...

1 Interview

Die Herausgeber*innen (H): In der Ausstellung *Schizo Sonics* stellst du deine Skulpturen *The Mantis* und *Panzer* an einer mit Stacheldraht gesicherten Grenze gegenüber und verbindest so den Berliner und den Koreanischen Lautsprecherkrieg mit den Soundsubversionen der Jamaikanischen Dub- und Reggae-Szene der 1970er Jahre. Inwiefern besteht für dich eine Verbindung zwischen akustischer

Kriegsführung und bassorientierter Musikkultur – und welche Erkenntnisse legt diese dialektische Darstellung offen?

Nik Nowak (NN): Als bildender Künstler haben mich zunächst die formalen Parallelen von Reggae Soundclashes, (wo sich rivalisierende Soundsystems mit ihren monumentalen Lautsprecherwänden musikalisch duellierten) und den Propaganda-Lautsprecherkriegen an der deutschen und der koreanischen Demarkationslinie interessiert (wo sich hochgerüstete mobile Lautsprecheranlagen an den Grenzlinien gegenüberstanden und versuchten sich zu übertönen). Über die formalen Parameter hinaus war Jamaika überraschender Weise ebenso wie Deutschland und Korea, durch seine Nähe zu Kuba und den USA, zu einem Schlachtfeld des Kalten Krieges geworden. Jamaikas Soundsysteme fungierten ähnlich wie etwa lokale Radiostationen, die neben der Musik auch aktuelle Nachrichten veröffentlichten. D. h., wer die lokalen Soundsysteme politisch auf seine Seite ziehen konnte, hatte den Zugang zur Bevölkerung, was besonders zu Wahlkampfzeiten entscheidend sein konnte. In dem Zusammenhang stellt sich die Frage, wer eigentlich die größere Macht hatte: die Soundsysteme oder der Staat? Die CIA reagierte, indem sie immense Mengen an Waffen auf die Insel schleuste. So wurde der ritualisierte Klangkrieg zum blutigen Straßenkampf, der das Land nachhaltig destabilisierte und so einen weiteren kommunistischen Außenposten verhinderte.

Schauen (bzw. lauschen) wir noch weiter zurück, führt uns die Geschichte der jamaikanischen Soundsysteme direkt in die Waffenkammer der britischen Kolonialmutter. Der ehemalige Soldat der British Royal Airforce, Hedley Jones, brachte sein Wissen, dass er als Radaringenieur während seines Militärdienstes erlangt hatte, mit nach Hause und entwickelte zurück in Kingston die besten und leistungsstärksten Verstärker seiner Zeit, mit denen er die legendären jamaikanischen Soundsystems und Aufnahmestudios der 1950er Jahre ausstattete.

Die Überführung von Technologie mit militärischem Ursprung in subversive zivile oder rituelle Musikpraxis und umgekehrt ist so alt, wie die Geschichte der Musik selbst. Dabei handelt es sich immer um ein Verhältnis von Abstoßung und Anziehung, von Kontrolle und Widerstand.

H: Der Berliner Lautsprecherkrieg fand in den 1960er Jahren statt und auch die großen jamaikanischen Soundclashes liegen über 40 Jahre zurück. Versteht sich deine Arbeit eher als ein historischer Kommentar, als eine Art retrospektive Konfrontation, oder siehst du auch Verbindungslinien in die Gegenwart?

NN: Für mich macht der Blick in die Vergangenheit es möglich, sich wiederholende Strukturen zu erkennen und Unterschiede bspw. in der Technologie auszumachen. Signifikant ist z. B., dass sich damals zwei ideologische Systeme gegenüberstanden und die Informationen vor allem über staatliche analoge Medien verbreitet wurden, während heute das Internet und die globale digitale Vernetzung eine entscheidende Rolle spielen. Die Möglichkeiten der Manipulation und Kontrolle haben sich explosionsartig vervielfältigt, wie auch die Masse der ideologisch geprägten Medienkanäle.

Im Prinzip handelt es sich um eine sich permanent fortsetzende Geschichte der akustischen und medialen Kriegsführung und des Widerstandes mit vielfältigen Beispielen. Zur Ausstellung habe ich das begleitende Programm *Sounding Systems* kuratiert, bestehend aus drei Performances und dem von Jessica Edwards entwickelten und moderierten Symposium *A Cold War Continuum*. Das Sympoium untersucht z. B. die globalen Transformationen von Soundsystem-Kultur bis heute und an welcher Stelle Klangpolitik für bildende Kunst, Philosophie, wissenschaftliche Forschung, Klangforschung, feministischen und queeren Diskurs und seine Praxis sowie für die Club- und Subkultur zu einem immer wichtigeren Instrument in der kulturpolitischen Waffenkammer geworden ist.[1]

H: Wie Steve Goodman in seinem Buch *Sonic Warfare* ausführlich darlegt, wird nicht nur an der nordkoreanischen Grenze Krieg über Schallwellen praktiziert. Inwiefern sind auch zeitgenössische Lautsprecherangriffe und akustische Gewaltausübung für deine Arbeit von Bedeutung und wie betrachtest du hierbei die Einbindung von Künstlicher Intelligenz in akustische Kriegstechnologie?

NN: In seinem Vortrag im Rahmen des Symposiums *A Cold War Continuum* am 20. März 2021 berichtete Steve Goodman über das sog. „Havanna-Syndrom" im Zusammenhang der mysteriösen mutmaßlichen akustischen Angriffe auf die amerikanische Botschaft in Kuba im Jahr 2016. Wenige Monate nach seinem Vortrag wurde von weiteren Angriffe auf die amerikanischen Botschaften in Berlin und Hanoi berichtet. Es wird gemutmaßt, dass Russland für die Angriffe verantwortlich sei. Moskau streitet dies jedoch ab. Auch ist unklar, ob es sich eigentlich um eine akustische Waffe handelt oder um Radartechnologie. Auch der Einsatz von Mikro- oder Radiowellen wurde diskutiert.

Ein weiteres aktuelles Beispiel für die Verwendung akustischer Kriegstechnologie ist der Einsatz des umstrittenen LRAD (Long Range Acoustic Device) an der 200 km langen Grenze zwischen der Türkei und Griechenland. Die auch als *Sound Cannon* bekannten Hochleistungslautsprecher werden an der griechi-

1 Eine Videomitschnitt des Symposium ist unter www.sounding.systems archiviert und einsehbar.

schen Außengrenze zur Abwehr von Flüchtenden eingesetzt. Gleichzeitig will die EU laut eines Videoberichts der Deutschen Welle vom 02.06.2021 in den nächsten Jahren mehrere Milliarden Euro in AI und Videotechnologie zur Grenzkontrolle investieren.[2] Der Videobeitrag ist mittlerweile nicht mehr verfügbar, was damit zu tun haben könnte, dass die EU den Einsatz von LRADs durch die griechische Grenzpolizei selbst kritisiert, was aber im Beitrag anders dargestellt wurde. Auch hier lohnt es, sich die geschichtliche Entwicklung anzuschauen und die Ereignisse zu vergleichen. Während vor 60 Jahren das „Studio am Stacheldraht", die mobile Lautsprechereinheit des RIAS, mit Lautsprecherdurchsagen die Grenzsoldaten der Ostseite adressierte, um sie davon abzubringen auf Flüchtende zu schießen, werden heute Flüchtende an der EU-Grenze von Lautsprechern attackiert und abgeschreckt, die übrigens zu bleibenden, schweren Hörschäden führen können. Die Verhältnisse sind in diesem Beispiel in gewisser Weise verdreht. Asylsuchende werden hier nicht mehr geschützt, wie es die Genfer Konventionen verlangen, sondern durch akustische Waffen brutal eingeschüchtert und zurückgetrieben.

Die LRADs werden darüber hinaus ironischer Weise als besonders umweltfreundlich verkauft, da befestigte Grenzanlagen aufgrund der unsichtbaren und immateriellen Eigenschaft von akustischen Waffen nicht mehr nötig seien. Eine fragwürdige Argumentation, da sowohl die ehemalige innerdeutsche Grenze, auch Grünes Band genannt, und die DMZ (Demilitarisierte Zone) zwischen Nord- und Südkorea bereits neben ihrer Unmenschlichkeit für ihre Rolle als Naturreservat mit einer besonderen Artenvielfalt berühmt geworden sind. In jedem Fall ist es notwendig, den Einsatz von akustischen Waffen gepaart mit autonomen, AI-basierten Überwachungssystemen kritisch zu betrachten. Denn beide Technologien werfen weitreichende Fragen in Bezug auf Menschenrechtsverletzungen auf.

Medienverzeichnis

Abbildungen

Abb. 1–3: Installation *Schizo Sonics* im Kesselhaus des KINDL in Berlin, 13. September 2020 bis 16. Mai 2021. Foto: Jens Ziehe, © Nik Nowak / VG Bild-Kunst, Bonn, 2020.

2 https://twitter.com/dwnews/status/1400414828376772610.

David Waldecker und Axel Volmar

Die zweifache akustische Intelligenz virtueller Sprachassistenten zwischen verteilter Kooperation und Datafizierung

Abstract: Virtuelle bzw. intelligente persönliche Assistenten (IPAs), die mit Schnittstellen zur Ein- und Ausgabe gesprochener Sprache ausgestattet sind, bevölkern – u. a. in Form smarter Lautsprecher – zunehmend die häusliche Umgebung. Versteht man die Smartness der Geräte als eine auf akustische Daten bezogene Künstliche Intelligenz, treten zwei unterschiedliche Aspekte zutage, die zwar selten zusammen betrachtet werden, aber dennoch zumeist koexistent sind und einander sogar zu einem gewissen Grad bedingen: Zum einen zeigen wir anhand der Interaktion mit Sprachassistenten, dass akustische Intelligenz als maschinelle Intelligibilität auf die Zuarbeit der menschlichen Nutzer*innen angewiesen ist, um kommunizieren zu können. Sie erweist sich diesbezüglich als eine verteilte Form von Intelligenz. Zum anderen erscheint akustische Intelligenz als anbieterseitige Strategie der Beschaffung, Auswertung und ökonomischen Verwertung der von den Nutzer*innen produzierten akustischen Daten, die wiederum auf den technischen Bedingungen maschineller Lernverfahren und Cloud-Infrastrukturen basiert und sich als Datafizierung häuslicher Sprachkommunikation manifestiert.[1]

Schlüsselwörter: Alexa, Datafizierung, Datenpraktiken, Google Assistant, Intelligente Persönliche Assistenten (IPA), Kooperation, Künstliche Intelligenz, Medienpraktiken, Natürliche Sprachverarbeitung (NLP), Siri, Überwachungskapitalismus

Auf der technischen Grundlage maschineller Lernverfahren, Cloud Computing und natürlicher Sprachverarbeitung haben sich im Laufe der letzten zehn Jahre Intelligente Persönliche Assistenten (IPAs) – etwa in Form „smarter" Lautsprecher – verbreitet, die über akustische Schnittstellen zur Ein- und Ausgabe gesprochener Sprache verfügen und zur stimmbasierten, gesprochensprachlichen Be-

1 Die Forschung, auf der dieser Beitrag basiert, wurde gefördert durch die Deutsche Forschungsgemeinschaft (DFG) – Projektnummer 262513311 – SFB 1187 Medien der Kooperation. Axel Volmar forscht im Projekt A01: „Geschichte digital-vernetzter Medien zwischen Spezialisierung und Universalisierung"; David Waldecker im Projekt B06: „Un/erbetene Beobachtung in Interaktion: Intelligente Persönliche Assistenten".

https://doi.org/10.1515/9783110730791-011

dienung von Softwareapplikationen verwendet werden können. Im April 2011 führte *Apple* zunächst den Sprachassistenten *Siri* (kurz für Speech Interpretation and Recognition Interface) auf dem *iPhone 4s* ein; rund ein Jahr später startete der Sprachassistent *Google Now*, bevor dieser 2016 vom Nachfolger *Google Assistant* abgelöst wurde. Ende 2014 stellte zudem *Amazon* ihren intelligenten Lautsprecher *Echo* auf Basis der Sprachverarbeitungs-Engine *Alexa* vor, und auch *Microsoft* stieß kurz darauf, im Januar 2015, mit *Cortana* zur Gruppe der Anbieter von Sprachassistenten.

Im folgenden Beitrag möchten wir der spezifischen Verfasstheit dieser „Smartness" sprachgesteuerter digitaler Assistenten nachspüren und diese kritisch hinterfragen. IPAs werden in der sozial- und medienwissenschaftlichen Forschung zum einen in Hinblick auf ihre Einbettung in neuere Formen der ökonomischen Ausbeutung und der Überwachung der Nutzenden sozialer Dienste unter dem Stichwort des „Überwachungskapitalismus" diskutiert (Zuboff 2018), zum anderen im Hinblick auf Verwendungsweisen dieser noch recht neuen Medientechnologie (Gleich 2021; Natale 2020; Natale und Cooke 2021). Auch die Diskurse um IPAs und die Produktinszenierungen in der Werbung (Hennig und Hauptmann 2019) finden in der Forschung Berücksichtigung. In diesen Perspektiven werden die Geräte und Dienste vor allem in einen weiteren Zusammenhang der Digitalisierung gestellt. Im Folgenden greifen wir diese Forschung auf und ergänzen sie um eigene empirische und historische Forschung, um am Beispiel von IPAs den Begriff der akustischen Intelligenz unter den Bedingungen digital vernetzter Medien zu konturieren.

Wir verstehen den Begriff der akustischen Intelligenz dabei auf zweifache Weise. Die erste Form, die wir im Rahmen des vorliegenden Beitrags untersuchen möchten, bezieht sich auf die Leistung von Sprachassistenten, über ein akustisches Interface gesprochensprachlich mit Nutzer*innen kommunizieren zu können. IPAs sind zunächst in dem Sinne intelligent, als dass sie in der Lage sind, gesprochensprachliche Anweisungen oder Anfragen zu verarbeiten und lautsprachliche Antworten zu formulieren oder Rückfragen zu stellen. Wir werden im Folgenden kritisch betrachten, was diese Form von Intelligenz genau ausmacht bzw. wie diese verfasst ist. Um die Funktionsweise dieser Form von Intelligenz herauszuarbeiten, stützen wir unsere Untersuchung auf qualitative Daten zur Nutzerinteraktionen mit Sprachassistenten und Smart-Speakern.[2] In

2 Die hier referierten Daten wurden im Projekt B06 des SFB Medien der Kooperation unter der Leitung von Stephan Habscheid und Dagmar Hoffmann durch Tim Hector, Christine Hrncal, David Waldecker und Kathrin Englert erhoben und ausgewertet. Es handelt sich zum einen um Video- und Audioaufnahmen der häuslichen Gerätenutzung, die konversationsanalytisch und

diesem Zusammenhang wurden auch die Gesprächsstrukturen analysiert, die den Nutzerinteraktionen zugrunde liegen, und zudem vor dem Hintergrund einer längeren Geschichte der Sprachsteuerung und von automatischen Sprachsystemen betrachtet, wie sie etwa in Call-Centern Verwendung finden. Beide Zugänge zeigen, dass die Intelligenz von Sprachassistenten das Produkt einer Ko-Produktion zwischen technischem System und menschlichen Benutzer*innen in Hinblick auf ihre wechselseitige Verstehbarkeit (engl. = *intelligibility*) bildet. Die nicht nur etymologische Nähe von *intelligibility* und *intelligence* zeigt sich allein an dem bekanntesten Beispiel für den – bisher nicht erreichten – Nachweis Künstlicher Intelligenz, dem Turing-Test. Dieser Test will die Künstliche Intelligenz anhand deren Fähigkeit überprüfen, ein Gespräch zu führen, also anhand der Fähigkeit, sprachliche Äußerungen zu verstehen und zugleich auch etwas Sinnvolles zu entgegnen. Anders ausgedrückt: Wir versuchen zu zeigen, dass die kognitive Leistung von IPAs, in eine gesprochensprachliche Interaktion mit Nutzer*innen zu treten, auf einer gemeinsamen Verfertigung von Verständnis basiert. Im Rückgriff auf Charles Goodwins Konzept des „kooperativen Handelns" (*co-operative action*, Goodwin 2018) sprechen wir daher von einer kooperativen Interaktionsleistung. Das fortgeschrittene Hörverständnis von Sprachassistenten beruht deshalb, so unsere These, nicht allein auf der Leistungsfähigkeit von künstlichen neuronalen Netzen, sondern auf Konfigurationen einer verteilten Kooperation, durch die ein maschinengestütztes Hörverständnis von den Nutzer*innen bewusst oder unbewusst mit hervorgebracht wird.

Zweitens ist bei Sprachassistenten auch eine Form von Intelligenz am Werk, die im Sinne der englischen Wortbedeutung des Begriffs mit Arten und Weisen militärischer Aufklärung, Spionage und akustischer Kontrolle zu tun hat (Zbikowski 2002; Schoon 2012; siehe auch die Einleitung zu diesem Band). Da die Verarbeitung gesprochensprachlicher Ein- und Ausgaben i. d.R. nicht auf den Geräten selbst, sondern primär in externen Datenzentren via Cloud-Computing realisiert wird, ist mit der Nutzung von IPAs i. d. R. auch die Übertragung von Nutzer*innendaten über das Internet verbunden. Die vermeintlich private, innerhäusliche Kommunikation erweist sich daher von einem infrastrukturellen Standpunkt der Datenverarbeitung aus gesehen tatsächlich zumeist auch als eine außerhäusliche. Im Anschluss an existierende Arbeiten zu den datenschutzrechtlichen Aspekten cloudbasierter Anwendungen und Dienste betrachten wir die infrastrukturellen Bedingungen von Sprachassistenten zwischen

multimodal ausgewertet werden, zum anderen um Interviews mit den an dieser Nutzung beteiligten Haushaltsmitgliedern, die einer qualitativen Inhaltsanalyse unterzogen werden.

notwendiger Datenübertragung zur Gewährleistung der Funktionalität und unerbetener Beobachtung durch zusätzliche anbieterseitige Formen der Datenanalyse. Digitale Sprachverarbeitung bewegt sich in einem Spannungsfeld zwischen Horchen, Gehorchen und Abhorchen, bei der die von den Anbietern versprochene Assistenzleistung bei häuslichen Aufgaben mit Formen der Datafizierung und der möglichen kommerziellen Verwertung der im Laufe dieser Prozesse auftretenden Sprachdaten koinzidiert. Wie wir anhand einer weiteren Historisierung dieser Bedingungen vor dem Hintergrund der Anwendungsgeschichte Künstlicher Intelligenz in Call-Center-Umgebungen aufzeigen, erweist sich die Aggregation, Analyse und Verwertung lautsprachlicher Nutzerdaten tatsächlich als eine Praxis, die deutlich älter ist als gegenwärtige Sprachassistenten und Smart-Speaker. Im Rahmen des digitalen Plattformkapitalismus hat diese Praxis, wie wir behaupten wollen, lediglich eine weitere Eskalation erfahren.

Im Anschluss an Theorien kooperativer Medien und Medienpraktiken einerseits sowie Literatur zu digitalisierter Überwachung andererseits möchten wir Sprachassistenten im Hinblick auf die akustische Verfasstheit der behandelten Daten sowie deren Einbettung in eine Reihe von Kooperationsbeziehungen kontextualisieren. Damit zielt unser Beitrag darauf ab, die Debatte um die digitale Extraktion und Verwertung häuslicher Sprachkommunikation anhand von Nutzungsstudien zu erden und zugleich den Blick auf die vielfältigen – bewussten wie habitualisierten – Kooperationsformen zu öffnen, die im Rahmen der Nutzung von Sprachassistenten auftreten.

1 Akustische Intelligenz als kooperative Interaktions- und Strukturierungsleistung

Intelligente Persönliche Assistenten tragen den Begriff der Intelligenz im Sinne einer autonomen Handlungsfähigkeit bereits im Namen. Mit diesem ist das Versprechen verbunden, an sie gerichtete Sprachbefehle interpretieren und insb. auch in einer adäquaten Weise auf diese reagieren zu können. Gelingt IPAs das Finden passender Antworten bzw. Reaktionen, ohne größere Unstimmigkeiten zu produzieren, gilt dies als Ausweis der Intelligenz der Dienste. Dabei muss berücksichtigt werden, dass das maschinelle Verstehen gesprochensprachlicher Äußerungen auf zwei verschiedenen Ebenen und in zwei aufeinander folgenden Schritten erfolgt, die jeweils eigene Problembereiche umfassen. Zunächst müssen aus einem akustischen Signalfluss gesprochensprachliche Eingaben erkannt und schriftsprachlich repräsentiert werden. Im Prozess der automatischen Sprechererkennung (*automatic speech recognition*, ASR) wird dazu das kontinuierliche Audiosignal der gesprochen sprachlichen Äußerungen analysiert, in eine Reihe von distinkten Einheiten überführt und in Form von Schriftsprache repräsentiert. Im Anschluss müssen aus den entstandenen Textdaten wiederum Sinn, Kontext und Nutzer*innenintentionen erschlossen werden. Diese semantische Verarbeitung findet im Rahmen der sog. natürlichen Sprachverarbeitung (*natural language processing*, NLP) statt, auf deren Grundlage aus den Wörtern nun sinnhafte Äußerungen und damit eine Syntax gebildet werden. Beide Prozesse sind auf ihre Weise am Verständnis der Äußerung beteiligt. Abschließend wählt das System auf Basis erweiterter stochastischer Methoden die wahrscheinlich passendste Reaktion aus, führt diese durch und gibt dazu auch gesprochensprachlich Rückmeldungen bzw. Rückfragen. Dabei wird wiederum die Antwort durch das System in Textform formuliert und anschließend mittels Sprechersynthese gesprochensprachlich ausgegeben.

Die Forschung zu Chat-Bots (Hamill 2006) hat dabei – im Einklang mit älteren Arbeiten zur nichtsprachlichen Mensch-Maschinen-Interaktion (Suchman 2007) – gezeigt, wie voraussetzungsreich dieser Verstehensprozess und das Geben passender Antworten ist. Gleichwohl werden Smart-Speaker bzw. die dahinterliegenden Künstlichen Intelligenzen sowohl in literarischen und filmischen Vorlagen (Drenkpohl 2008) als auch in der Werbung in aller Regel als kompetente Gesprächspartner repräsentiert. Sprechende KIs wie der Bordcomputer im Star-Trek-Universum, HAL 9000 in *2001: A Space Odyssey* (Kubrick 1968) oder Samantha in *Her* (Jonze 2013) erfüllen zwar unterschiedliche Funktionen, haben aber augenscheinlich alle keine grundsätzlichen Probleme, die Äußerungen der menschlichen Kommunikationspartner*innen zu verstehen. So scheitert die Zusammenarbeit von HAL und der menschlichen Besatzung des Raumschiffs Discovery One nicht an sprachlichen Missverständnissen – im Gegenteil ist HAL im Film sogar dazu in der Lage, Lippen zu lesen und dadurch die Pläne der Besatzung zu durchkreuzen. Auch die Sprachsteuerung diverser stationärer und portabler Medien funktioniert in *Her* einwandfrei. Anstelle einer Kommunikation mit einer Maschine stellt sich bei den Zuschauenden eher der Eindruck ein, die Figuren würden mit einem nicht sichtbaren menschlichen Gegenüber telefonieren oder über eine Gegensprechanlage kommunizieren.

Die Realität der alltäglichen Nutzung von Sprachassistenten ist dagegen von beständig auftretenden Störungen und Verständigungsproblemen geprägt. Nutzer*innenstudien haben dabei gezeigt, dass sich die Sprecher*innen im Fall von Verständigungsschwierigkeiten in ihrer Ansprache an das Gerät anpassen. Dies beginnt schon mit der Adressierung des Geräts: Jede konkrete Nutzung beginnt mit dem Wake-Word, dem Aktivierungswort, welches etwa im Fall von *Amazons Alexa* und *Apples Siri* standardmäßig den Markennamen der KI und im Fall von *Google* den Firmennamen bildet. Die Wiederholung einer immer gleichbleibenden Anrede zu Beginn einer jeden Äußerung in einem fortlaufenden Dialog mit einer Namensnennung ist in Interaktionen mit anwesenden Personen unüblich. Vielmehr kann die namentliche Adressierung in Dialogen verschiedene Funktionen erfüllen und z. B. eine gewisse Dringlichkeit einer Bitte oder die Frustration des Bittenden zum Ausdruck bringen (Günthner 2016). Des Weiteren berichten Nutzer*innen von IPAs, dass sie in der Adressierung der Geräte besonders knappe und starre Formulierungen verwenden und auf ablenkende Redeanteile wie Höflichkeitsfloskeln verzichten, um vom Gerät besser verstanden werden zu können (Pins et al. 2020). Trotz dieser Anpassungen werden die an IPAs gerichteten Äußerungen dennoch in vielen Fällen nicht verstanden. Von diesem Umstand zeugen nicht nur zahlreiche Zeugnisse von Nutzenden (z. B. Luger und Sellen 2016), sondern auch Auswertungen der digital gespeicherten Interaktionshistorie, die etwa bei auf *Alexa* basierenden Geräten im Nachhinein ausgelesen werden kann (Habscheid et al. 2021) sowie die Analyse von AV-Aufzeichnungen von Interaktionen (Hector und Hrncal 2020, S. 10).

Die Anpassung an das Gegenüber ist dabei in der Regel sowohl Teil als auch Voraussetzung für eine gegenseitige Verständigung – Interaktion kann also grundsätzlich als Produkt einer wechselseitigen Assistenzleistung verstanden werden. D. h., Akteure sprechen i. d. R. nicht mit allen Gesprächspartner*innen in gleicher Weise und verwenden zudem situativ angepasste sprachliche Repertoires (Schegloff 2012, S. 255). So werden etwa kleinen Kindern gegenüber oder im Rahmen eines Vorstellungsgesprächs üblicherweise andere Ausdrücke und Phrasierungen verwendet als in einem informellen Gespräch unter alten Bekannten. Des Weiteren ist aus konversationsanalytischer Sicht jedes Gespräch durch eine gemeinsame Arbeit an einem wechselseitigen Verständnis geprägt. So zeigt bspw. erst die Reaktion auf eine Äußerung, ob und wie genau eine Äußerung verstanden wurde. Für Harold Garfinkel ist das gegenseitige Verstehen daher nicht als Rekurs auf ein gemeinsam geteiltes Wissen oder eine übereinstimmende Einschätzung eines Sachverhalts zu begreifen, sondern als ein Prozess: „The appropriate image of a common understanding is therefore an operation rather than a common intersection of overlapping sets." (Garfinkel 1984, S. 30) Charles Goodwin präzisiert diesen Prozess weiter als parallel verlaufende, aber aufeinander bezogene Handlungen der jeweiligen Interaktionspartner, die daher als „ko-operatives Handeln" (*co-operative action*, Goodwin 2018) verstanden werden müssen. Diese kooperativen Mikrohandlungen bestehen sozusagen aus Kommunikation über Kommunikation, die im Rahmen der Mensch-Maschine-Interaktion bisher nahezu ausschließlich von den menschlichen Gesprächspartner*innen ausgehen.

Im Fall von IPAs sind spezifische Anpassungen der Nutzenden an die Eigenheiten und begrenzten Fähigkeiten der Geräte insofern relevant, als sie deutlich machen, dass diese den Umgang mit IPAs nicht mit der Interaktion mit anderen Personen gleichsetzen, sondern IPAs bewusst oder unbewusst bereits von Beginn an als defiziente Gesprächspartner wahrnehmen. Die Verständnisleistung von IPAs beruht dementsprechend also zu einem gewissen Teil darauf, dass die Nutzenden die Komplexität der von ihnen üblicherweise verwendeten gesprochenen Sprache reduzieren und akzeptieren, dass gewisse Bestandteile menschlicher Interaktion von den Geräten nicht beherrscht werden – wie etwa die Möglichkeit einer Selbstkorrektur in einem Redezug durch Umformulierung oder Rückfragen (Schegloff 2012, S. 253). Die „wechselseitige Verfertigung" (Schüttpelz und Meyer 2017) von als gelungen verstandener Kommunikation, auf welche Interaktionspartner*innen i. d. R. im Rahmen eines Gesprächs kooperativ hinarbeiten, ist im Falle der Interaktion mit IPAs kaum gegeben, da die Geräte i. d. R. – zumindest bisher – weder zwischen Sprechenden mit variierenden Sprecherkompetenzen unterscheiden noch auf die situative Spezifizität der Unterhaltung eingehen können. Computerbasiertes Hörverständnis, das die Basis für assistive Handlungen durch die digitalen Assistenten bildet, ist trotz aller Fortschritte auf dem Gebiet der natürlichen Sprachverarbeitung somit wiederum nicht ohne zusätzliche Assistenzleistungen seitens der Nutzer*innen zu haben.

Dazu kommt der Umstand, dass Menschen nicht nur vor, sondern auch hinter den akustischen Schnittstellen der IPAs an der scheinbar automatischen Verständnisleistung der Künstlichen Intelligenz mitarbeiten. So führen Geräteanbieter Qualitätskontrollen der Spracherkennungsprozesse durch, bei der menschliche Hörer*innen in digitaler Akkordarbeit überprüfen, ob die KI den jeweiligen Sprachbefehl auch richtig verarbeitet und adäquat auf ihn reagiert hat (Dellinger 2015, Day et al. 2019). Die in aller Regel prekär beschäftigten Clickworker verrichten diese redaktionelle Mikroarbeit als menschliche Medien dezentral, auf Abruf und kostengünstig im Hintergrund. Die Funktionstüchtigkeit von IPAs wird so nicht nur durch algorithmusgestützte Automation, sondern vor allem auch durch Formen der „Heteromation" erreicht – ein Begriff, mit dem Hamid Ekbia und Bonnie Nardi (2014; 2017) Formen unsichtbarer und oft schlecht bezahlter menschlicher Hilfsarbeit bezeichnen, mit denen die Schwächen von KI-Systemen ausgeglichen und gleichzeitig kaschiert werden sollen. Diese Praxis der Überprüfung der Funktionsweise von IPAs durch menschliche Akteure hat nach Bekanntwerden nicht ohne Grund zu heftiger Kritik geführt, da die Nutzenden mehrheitlich davon ausgegangen waren, dass die Analyse ihrer Sprachbefehle rein maschinell erfolgen und somit nicht in die Ohren – unbefugter – menschlicher Hörer*innen gelangen würde (Verheyden et al. 2019).

Das Hörverstehen der Maschinen wird darüber hinaus auf der strukturellen Ebene des Gesprächsaufbaus durch die Semi-Automation der Gesprächsführung unterstützt. Die Geschichte von Sprachassistenten ist diesbezüglich eng mit der Entwicklung von Call Centern und automatischen Anrufsystemen verknüpft, die bis in die 1960er und 1970er Jahre zurückreicht. Sog. *interactive voice response systems* (IVRs) operierten vor Mitte der 1980er Jahre zwar nicht auf der Grundlage automatischer Spracherkennung, sondern nutzten Eingaben mithilfe des auf Tastentelefonen verfügbaren sog. Tonwahlverfahrens (Volmar 2019) gemeinsam ist IPAs und IVRs jedoch die Aufteilung und Gliederung von Gesprächsthemen in hierarchisch aufgebaute Benutzermenüs, die auf der Grundlage akustischer Eingaben (Tasten- oder Sprachbefehle) navigierbar sind. Die Beschränkung auf eine geringe Anzahl vorgegebener Rubriken ermöglicht es IVRs bis heute, Anrufer*innen im Rahmen des Gesprächs mit zuständigen Abteilungen zu verbinden und damit die üblicherweise in einer Telefonzentrale anfallende Vermittlungsarbeit zu automatisieren. Gleichzeitig lässt sich über akustische Menüs auch die Gesprächsführung zu einem gewissen Grad lenken – das sich bei Kund*innen oft einstellende Gefühl von Freiheitsverlust und Orientierungslosigkeit dürfte nicht zuletzt mit dafür verantwortlich sein, dass Anrufe bei Call-Centern oft als unangenehm empfunden werden.

IPAs stellen im Prinzip Weiterentwicklungen von automatisierten Telefonsystemen dar. Allerdings wird bei Sprachassistenten die endliche Menge an möglichen Gesprächsthemen nicht mehr in Form akustischer Menüs angesagt und damit transparent gemacht. Stattdessen wird versucht, das Anliegen durch die Erkennung von Schlüsselbegriffen automatisiert zu ermitteln. Die Vorstrukturierung der Kommunikation wird also auf diese Weise verschleiert. Aus dieser Perspektive zeigen sich die Interaktionen mit IPAs als eine Form der *scripted communication*, also eine in einer bestimmten Form vorgegebenen und – in diesem Fall vom System – geleiteten Interaktion, bei der die Nutzer*innen jedoch weitgehend im Unklaren darüber gelassen werden, dass diese Skripte Anwendung finden. Die Systeme erscheinen daher mitunter als intelligenter bzw. kompetenter, als sie tatsächlich sind. Die Relevanz solcher Skripte lässt sich am Beispiel des Programmierens von Zusatzangeboten verdeutlichen, die bei *Amazon Alexa* Skills heißen. Aus der Dokumentation der Entwicklungsumgebung des *Alexa Skills Kit*, das Entwickler*innen das Programmieren solcher Skills erläutern soll, wird deutlich, dass mögliche Sprachbefehle, die zur Aktivierung des Skills führen, händisch eintragen werden müssen (Amazon 2021a). Auch die gültigen Werte für Eingaben müssen in Form eines Vokabulars (als sog. „slots“) inklusive der möglichen Synonyme für den Skill-Dialog definiert werden (Amazon 2021b). Bei *Apples Siri* wiederum sind die Tätigkeitsfelder, in denen die Sprach-KI operiert, von vornherein in sog. domains eingeteilt, zu denen u. a. „Messaging“, „Photos“ oder „Ride booking“ gehören (Apple 2021). Für die Verwendung der IPAs durch die Nutzenden heißt dies u. a., dass sie die Sprachbefehle in einer der bei der Entwicklung definierten Form verwenden müssen, um eine Interaktion zu starten. Da die Nutzenden aber in der Regel keine Kenntnis über diese Vorstrukturierung der Interaktion haben, führt das in der Praxis immer wieder zu Problemen.

Wie die Analyse von Episoden der Geräteverwendungen, etwa bei Porcheron et al. (2018, S. 6–9) und in unserer projekteigenen Forschung (Hector und Hrncal 2020, S. 10; S. 12–13), zeigen, werden oft mehrere Anläufe benötigt, um den korrekten Sprachbefehl so zu formulieren, dass er für das System verständlich ist. Hinzu kommt der Umstand, dass sich die Nutzenden das Repertoire möglicher Sprachbefehle zunächst aneignen müssen. Pins et al. (2020) erwähnen in ihrer Studie bspw., dass einer der Befragten für die übrigen Haushaltsmitglieder eine Liste mit Sprachbefehlen erstellte, um das Erlernen der Befehle zu erleichtern und damit eine reibungslosere Bedienung zu ermöglichen. Die Nutzenden greifen somit in gewisser Weise Praktiken des Memorierens und Einübens von Befehlen auf, wie sie bei der textbasierten Computersteuerung über die Kommandozeile (etwa auf Unix- und DOS-basierten Systemen) üblich waren und sind. Dieser Umstand führt – auch bei den im Rahmen unserer Studie Befragten – dazu, dass sie recht einfache Befehle und Anfragen mit großer Regelmäßigkeit verwenden. Dazu gehören u. a. die Steuerung von Smart-Home-Elementen, das Abspielen von Musik über Smart-Speaker sowie die Abfrage von Wetterdaten (Ammari et al. 2019). Das Ausprobieren neuer Skills oder die Abfrage komplexerer Zusammenhänge wird dagegen – insb. von erwachsenen Nutzenden – i. d. R. schon recht bald nach dem Geräteerwerb wieder aufgegeben. Diesen Umstand illustriert der folgende Ausschnitt aus unserer Interviewstudie:

> Und wenn ich jetzt im Wohnzimmer sitze und weiß, ich gehe gleich laufen, möchte noch kurz wissen: Wie viel Grad ist es? Wenn ich im Badezimmer stehe, Zähne putzen und gleich los muss, wie viel Uhr ist es. Solche Dinge funktionieren. An/ Darüber hinaus war jetzt die Funktionalitäten bisher, wenn ich irgendwas ausprobieren wollte, nicht ganz so hilfreich. Also an Weihnachten beispielsweise wollte ich einen Weihnachtsfilm gucken und hatte aber gar keine Ahnung welchen, weil das Angebot auf Netflix war nicht besonders hilfreich. Und dann habe ich gefragt: „Hey, Alexa, was ist der best/ also was sind gute Weihnachtsfilme.“ Damit konnte sie halt nichts anfangen. Und dann habe ich versucht, das ein bisschen konkreter zu formulieren im Sinne von: Man kann es auch einfach genau so, wie es formuliert ist, in Google reinpacken. Und ich glaube, ich habe danach gefragt, was so die bestbewertetsten Weihnachtsfilme sind und solche Sachen. Da konnte sie halt auch nichts mit anfangen. [...] Ähm, das war dann doch ein bisschen enttäuschend ehrlich gesagt.
>
> (Alexander Kripp, Interview 1)

An dieser Aussage wird neben den verwendeten Funktionen auch deutlich, dass der Befragte (der Name wurde pseudonymisiert) die Frage nach Filmempfehlungen an das Gerät eher im Sinne einer Suchmaschinenabfrage denn als Anfrage an eine andere Person formuliert. Da sich der Nutzer somit bereits in gewisser Hinsicht auf das Gerät eingestellt hatte, war er von dem Nichtfunktionieren der Anfrage umso mehr enttäuscht. Diese Episode wird von dem Befragten im Verlauf des Interviews mehrfach als Beleg für eine offenbar unzureichende Intelligenz bzw. Verständnisfähigkeit des Systems angeführt. Da das Interview Anfang des Jahres 2021 geführt wurde, kann es außerdem als Indiz dafür gelten, dass die seit Markteinführung der IPAs bestehenden Diskrepanzen zwischen Nutzer*innenerwartung und tatsächlicher Gesprächsfähigkeit der Geräte, wie sie bspw. von Luger und Sellen (2016) dargestellt wurden, auch weiterhin bestehen.

Während zumindest die KIs von *Amazon* und *Apple* im gleichen Sinn Namen tragen wie die KI Samantha in *Her* und damit personalisiert bzw. individualisiert werden, sind sie in ihrer Funktionsweise und tatsächlichen Anwendung eher mit jener namenlosen Sprachsteuerung zu vergleichen, die in *Her* ebenfalls zum Einsatz kommt. Der Protagonist des Films steuert seinen Desktop-PC und sein Smartphone primär über Sprachbefehle, die auch im Film klar als Befehle an einen Apparat und nicht als Gespräch mit einem *significant other* markiert sind.[3] So gleicht die Bedienung der Sprachassistenzsysteme für den Hausgebrauch jenen Systemen, die in automatischen Anrufsystemen zum Einsatz kommen. Aus der Verbreitung dieser sprachlichen Mensch-Maschine-Interaktion ist auch verständlich, dass die Verwendung von *Alexa*, *Siri* und anderen IPAs nur wenig Befremden erzeugt und von den Interviewten in unserer Studie eher als aus Bequemlichkeit oder Technikinteresse verfolgte Nutzung gerahmt wird. Die Nutzung akustischer Interfaces wird so gesehen lediglich aus einem über das Telefon vermittelten, formellen Kontext in die häusliche Sphäre verlegt, in der eine direkte und informelle Ansprache möglich ist.

Obwohl die Verlagerung in den häuslichen Kontext es auch erlauben würde, Gespräche mit IPAs zu führen, werden die Sprachassistenten primär als „Assistenten“, d. h. als Weisungsempfänger, und eben nicht als Gesprächspartner adressiert. Der Funktionsumfang dieser Assistententätigkeiten wird von den Nutzer*innen jedoch nur begrenzt genutzt. So gaben einige Befragte unserer Studie an, dass sie Online-Einkäufe oder auch Bankgeschäfte aus Misstrauen gegenüber der intransparenten Infrastruktur nicht über einen IPA abwickeln

3 Für Anregungen zur Deutung des Films danken wir Christine Hrncal, Niklas Strüver, Tim Hector und Viviane Börner.

würden. Dies bringt uns zum zweiten Teil unserer Betrachtung, der dem simplen Faktum Rechnung trägt, dass alle Informationen, die IPAs im Rahmen ihrer Assistenzdienste zur Verfügung gestellt werden, von den Anbietern prinzipiell auch anderweitig verwendet werden können.

2 Akustische Intelligenz als Datafizierung häuslicher Sprachkommunikation

Die Begriffe des intelligenten persönlichen Assistenten sowie des Sprachbefehls suggerieren die Existenz eines digitalen Dienstbotenverhältnisses, in dem einerseits die Weisungsbefugnis der Nutzenden und andererseits der häusliche Nutzungskontext (hier verstanden im Sinn eines bürgerlichen Privathaushalts als *oikos*, der historisch auch die wirtschaftlichen Unternehmungen des Bourgeois umfasst, in dem solche Dienstboten Einsatz fanden) anklingt. Gleichwohl wirken Sprachassistenten zwar in der häuslichen Umgebung, sind aber als digital vernetzte Geräte in globale Dateninfrastrukturen eingebunden, welche eine Analyse und Verwertung der im Rahmen häuslicher Kommunikation anfallenden Sprachdaten zu Zwecken ermöglicht, die weit über die reine Verarbeitung von Sprachbefehlen und Suchanfragen hinausgehen können. Diese konstante Verbindung zu hinter den Geräten stehenden Systemen verweist also – angelehnt an die englische Wortbedeutung von *intelligence*, die auch militärische Aufklärung und behördliche bzw. geheimdienstliche Informationsbeschaffung meint – auf eine weitere Bedeutungsdimension des Begriffs der akustischen Intelligenz im Sinne einer unwissentlichen und unerbetenen Aggregation von Nutzer*innendaten sowie damit einhergehende Überwachungspraktiken von Systemanbietern, Drittanbietern (etwa von Skills) sowie mitunter auch staatlichen Stellen.

Die Anbindung an cloud-basierte Datenverarbeitungsinfrastrukturen ist für das Funktionieren der Sprachassistenten essentiell, da die oben beschriebene Verarbeitung gesprochensprachlicher Ein- und Ausgaben überwiegend nicht auf den Geräten selbst, sondern auf den Servern der Anbieter stattfindet. Wie und zu welchen Zwecken die eintreffenden Nutzer*innendaten genau ausgewertet werden, gehört dabei i. d. R. zum Betriebsgeheimnis der Anbieter. Während bei einigen IPAs inzwischen simple Sprachbefehle mittlerweile auch ohne Internetanbindung verarbeitet werden können, sind die Geräte gleichwohl ständig mit dem Internet verbunden. Zugleich lauschen sie kontinuierlich in die akustische Umgebung hinein, um bei der Erkennung des Aktivierungswortes (*wake words*) einsatzbereit zu sein. Nicht zuletzt aufgrund der oben beschriebenen Fehleranfälligkeit, die regelmäßig dazu führt, dass die Geräte fälschlich „geweckt" werden, können und werden daher auch immer wieder Äußerungen aufgezeichnet und weitergeleitet, die gar nicht für die Geräte bestimmt sind.

Der häußliche Sitz der akustischen Intelligenz in externen Datenzentren – und damit die infrastrukturelle Verfasstheit und Funktionsweise der akustischen Schnittstellen sowie die potentielle Verwertung der nutzer*innenseitig produzierten Audiodaten durch Anbieter oder Dritte – wird in filmischen Fiktionalisierungen interessanterweise kaum thematisiert. So steht etwa in *Her* allein die Phänomenebene der gesprochensprachlichen Beziehung zwischen menschlichem Benutzer und KI im Vordergrund. Auch in vielen Werbe-Spots für IPAs wird deren Anbindung an Cloud-Architekturen ausgeblendet: Sprachassistenten werden stattdessen als scheinbar lokal operierende, im jeweiligen Gehäuse verortete Interaktionspartner inszeniert, die im hier und jetzt der konkreten Situation agieren. Die von uns interviewten Nutzer*innen geben in diesem Sinn an, dass sie sich – vor allem während der konkreten Nutzung der Geräte – kaum Gedanken über mögliche weitere Verwendungen ihrer Sprachdaten machen.

Insofern unterscheiden sich häusliche digitale Assistenten von menschlichen Hausangestellten, da sie für ihr Funktionieren auf die Weiterleitung der im Rahmen der Kommunikation anfallenden Sprachdaten angewiesen sind. Wie etwa Hamill (2006, S. 245–247) am Beispiel sozialgeschichtlicher Studien über das 19. Jahrhundert dargestellt hat, unterlagen Hausangestellte in aller Regel einem engmaschigen Netz sozialer Kontrolle, die u. a. Diebstahl und Verschwendung von Lebensmitteln vorbeugen sollte. Auch sollten sie ihre Arbeit in Abwesenheit der Herrschaft verrichten und für diese möglichst unsichtbar sein. Eine mögliche Weitergabe privater Angelegenheiten der Hausherren – beiläufig im Tratsch oder als gezielte Indiskretion – war persönlich zurechenbar und damit ebenfalls in gewissen Grenzen qua Lohnkürzung, Kündigung und anderer Strafen sanktionierbar. Bei digitalen Assistenten hingegen ist nun weder zurechenbar noch kontrollierbar, was mit den Daten häuslicher Sprachkommunikation tatsächlich geschieht, da diese i. d. R. ohne Wissen und Kontrollmöglichkeiten seitens der Nutzer*innen im Rahmen anbieterseitiger Datenanalyseprozesse ausgewertet und weiterverarbeitet werden (Volmar 2019).

Die Funktionsweise von Sprachassistenten ist daher aus Sicht des Datenschutzes entsprechend problematisch. In der Vergangenheit haben technische Fehler bereits für Aufmerksamkeit gesorgt, wie in einem Fall, in dem ein Nutzer nach einer Abfrage die Daten eines anderen Nutzers zugesandt bekam, der anhand der gespeicherten Audiodaten identifiziert werden konnte (Hegemann 2018). Die Anbieter gehen dabei unterschiedlich mit solchen Problemen um:

Während *Amazon* es erlaubt, einzelne Sprachaufzeichnungen auf dem Server zu löschen, gibt *Apple* lediglich an, die Aufzeichnungen serverseitig so zu anonymisieren, dass sie den einzelnen Nutzenden nicht mehr zugeordnet werden könnten. Die Betonung von Datenschutz, Anonymisierungspraktiken sowie nutzer*innenseitiger Löschmöglichkeiten stellen selbst bereits Reaktionen auf öffentliche Diskussionen über intransparente Datenpraktiken der Anbieter dar. Gleichwohl kann die Einräumung von Löschmöglichkeiten als Taktik der Anbieter im Umgang mit einer gewissen Nutzensättigung im Sinne eines drohenden „Peak Data" (Lovink 2019, S. 19–22) verstanden werden, ab dem das Sammeln, Analysieren und vor allem das dauerhafte Speichern von Daten an seinen Grenznutzen stößt. In diesem Sinn ist das Löschen der Daten durch einzelne Nutzende eventuell für die Unternehmen ohnehin verschmerzbar. Das grundsätzliche Problem der Intransparenz der Analyseprozesse, denen die Daten unterzogen werden, ist damit aber nicht beseitigt. So ist etwa für Nutzende nicht ersichtlich, ob die Daten nicht schon im Moment der oben beschriebenen natürlichen Sprachverarbeitung, die zu einer Reaktion auf die Sprachbefehle führt, einer zusätzlichen und weitergehenden Datenauswertung durch im Hintergrund operierende KIs zugeführt werden, die z. B. der Erstellung von Nutzer*innenprofilen für Marktforschungs- und Werbezwecken dienen können (Volmar 2019, S. 72). Datenanalysen, die sich auf die transkribierten Nutzer*inneneingaben stützen, wären daher auf gespeicherte Audioaufzeichnungen tendenziell gar nicht mehr angewiesen.

Die klandestinen Datenpraktiken der Anbieter von Sprachassistenten, welche daher nicht zufälligerweise zu den Oligopolisten des digitalen Kapitalismus gehören, werden auch in den Kultur- und Sozialwissenschaften kritisch diskutiert. Shoshana Zuboff (2018) begreift IPAs in ihrer Kritik des sog. „Überwachungskapitalismus" als Teil einer auf Datenaggregation und -verwertung ausgerichteten Spielart des digitalen Kapitalismus, die mit der Orientierung von *Googles* Suchmaschine auf Werbeeinnahmen und der dadurch einsetzenden semantischen Auswertung von Suchanfragen zur Platzierung personalisierter Anzeigen ihren Anfang nahm. Hier wird der „Verhaltensüberschuss" (Zuboff 2018, S. 97) monetarisiert, der sich aus der Analyse individueller Suchanfragen und der Bedienung des Interfaces durch die Nutzenden ergibt. Um den Vorhersagewert der Daten zu erhöhen, entwickelte etwa *Google* recht früh immer komplexere Methoden sowie eine gewisse Skrupellosigkeit, um an Metadaten der Nutzenden zu gelangen (wie bspw. die Durchforstung der Emails kostenloser *Gmail*-Kontos). Während in einer zweiten Phase des Überwachungskapitalismus auch die physische Welt vermessen und ausgewertet wurde (Zuboff verweist in diesem Zusammenhang auf *Google Earth* und Smart-City-Projekte), werde in der aktuellen dritten Phase nun die psychischen Eigenheiten der Nutzenden bzw. ihr „Selbst“ zum Rohstoff für algorithmische Vorhersage: „Diese Innovationen erweitern die Logik früherer Arten von Enteignung: vom Webcrawling über das Reality-Crawling zum *Selbst-Crawling*“ (Zuboff 2018, S. 310, H. i. O.) bzw. von der Indizierung von Webseiten über die Verdichtung von Geodaten zur milliardenfachen Erstellung von Profilen mit personenbezogenen Nutzungsdaten. Eben diese Entwicklung macht IPAs zu Schlüsseltechnologien dieser Phase, denn sie eröffnen neue Möglichkeiten, über den Zugang zu häuslicher Sprachkommunikation an weitere unbewusste Verhaltensüberschüsse zu gelangen: „Die erste ergibt sich aus dem, was man sagt, die zweite daraus, wie man etwas sagt.“ (Zuboff 2018, S. 300) Hiermit ist auch die Einsicht verbunden, dass der akustische Datenfluss der Lautsprache aufgrund der Leiblichkeit der Stimme einen höheren Informationsgehalt als reine Schriftsprache besitzt, da sich in den Klang der Stimme Parameter wie Geschlecht, Alter, Stimmung, Gesundheitszustand oder Persönlichkeit einschreiben können. Folgerichtig prognostiziert Zuboff eine zunehmende Vermarktung von Sprachsteuerungstechnologien und eine Verschärfung des Wettbewerbs um den Zugang zu gesprochensprachlichen Nutzer*innendaten:

> Zuverlässige Spracherkennung vermag eine unübersichtliche Landschaft servicebedingter Interaktionen in kostengünstige Prozesse zu übersetzen, deren Ausmaß und Vielfalt theoretisch unbegrenzt sind. [...] Die Stimme, die hier das Rennen macht, die ‚One Voice‘, wird zum Giganten unter den Pipelines für Verhaltensüberschuss, da ihr ihre Fähigkeit, den Löwenanteil menschlicher Erfahrung zu monopolisieren und an sich zu reißen, einen potenziell unschlagbaren Wettbewerbsvorteil an die Hand gibt.
>
> (Zuboff 2018, S. 299)

Digitale Nutzungsdaten, die der Ausdruck dieses Verhaltensüberschusses sind und die sich in Form von beiläufig ablaufenden „Capture“-Prozessen (Agre 1994) erheben und auswerten lassen, sind dabei der Ankerpunkt dieser Form der Akkumulation. Trotz bestehender Unterschiede in der Ausführung schildert Zuboff damit eine ähnliche Genealogie wie vergleichbare Erklärungsansätze für Prozesse der Datafizierung und mithin für ökonomische Strategien, die u. a. als „Plattform-Kapitalismus“ (Srnicek 2018), „Digitaler Kapitalismus“ (Staab 2019) oder „Datenkapitalismus“ (West 2019) diskutiert werden. Zuboff betont vor allem die Ausbeutung und Überwachung der Nutzenden durch Produkte und Dienstleistungen dieses Akkumulationsregimes in ähnlicher Weise, wie es Couldry und Mejias (2019) in ihrem Begriff des „Datenkolonialismus“ fassen. An den IPAs ist jedoch auch ersichtlich, dass sich die wie auch immer geartete Überwachung nicht nur Individuen und ihrem unbewussten Verhalten, sondern tendenziell dem gelebten Alltag als Datenquelle zuwendet. Die Nutzung der

Stimme ist dafür gut geeignet, da sie im häuslichen Alltag ohnehin zum Einsatz kommt. Die Geräte könnten so prinzipiell also nicht nur aufzeichnen, was an sie adressiert wird, sondern auch, wie diese Adressierung – etwa zwischen Haushaltsmitgliedern – verhandelt wird.

Zuboff macht des Weiteren explizit, dass es den Unternehmen bei der digitalen Datafizierung der Welt nicht nur um die reine Analyse, sondern auch um die Überwachung und Modifikation des Nutzer*innenverhaltens im Sinne der Unternehmen geht (siehe hierzu auch van Dijck 2014 und Burckhardt et al. 2022). Sie schreibt: „Entsprechend wird die Extraktionsarchitektur mit einer neuen Exekutionsarchitektur gekoppelt, was damit dem gesamten vielfältigen Spektrum menschlichen Verhaltens versteckte ökonomische Ziele aufoktroyiert." (Zuboff 2018, S. 235) Dies zeigt sich etwa bei den bekannt gewordenen verdeckten Experimenten von *Facebook*, in denen Nutzenden gezielt und ohne ihr Einverständnis tristen oder positiv stimmenden Postings ausgesetzt wurden, um deren Einfluss auf ihre Kaufbereitschaft zu untersuchen (Goel 2014). Die Möglichkeit einer solchen Einflussnahme wird von Unternehmen auch bei IPAs erwogen, wie der Blick auf entsprechende Patentanträge offenbart (King 2017). Die Grundlage bildet hier die Analyse der Stimme selbst und nicht nur der Inhalt des Gesprochenen. Die Analyse geht also über das oben beschriebene Speech-to-Text-Verfahren hinaus, indem es auf die akustische Materialität der Stimme und damit auf die paralinguistischen Anteile der gesprochenen Sprache als Datengrundlage zielt. Die in den Patenten genannte Möglichkeit, etwa beim Erkennen von Heiserkeit in der Stimme direkt die Bestellung von Hustensaft zu empfehlen, ist zwar noch nicht Realität, aber technisch möglich. Die vielfältigen Formen der Nutzer*innendatenanalyse bergen so das Potenzial, die Richtung von Hören und Gehorchen in gewisser Weise umzukehren.

Eine Weiterentwicklung dieser auf spezifische Weise „akustischen" Intelligenz von Sprachassistenzen ist sowohl hinsichtlich der Verbesserung der Nutzer*innenerfahrung einer fortschreitenden Datafizierung zu erwarten, denn das Bestreben der Anbieter von IPAs, gesprochensprachliche Nutzerdaten zu speichern und auswertbar zu machen, ist Teil einer allgemeinen Tendenz im Bereich der auf maschinellen Lernverfahren basierenden Datenanalyse. So speichern Call-Center Gespräche mit Kund*innen längst nicht mehr nur zur Qualitätssicherung und zu Schulungszwecken, wie oft angegeben wird, sondern auch zur Produktion von KI-Trainingsdaten sowie zum Aufbau detaillierter Kundenprofile (Volmar 2019). Denn, so formuliert es ein White-Paper, das von einem Branchenverband der Call-Center-Industrie herausgegeben wurde, emphatisch: „Speech is an untapped goldmine" (CallMiner 2019, S. 5). Insb. die Möglichkeit, die Audiodaten der Nutzenden zum Trainieren von KIs zu verwenden, wird von Diskussionen um Überwachung des Öfteren ausgeblendet und rahmt die Tätigkeit der Nutzenden weniger als Beitrag zur Marktforschung denn als Click-Work ohne Klicks. In beiden Formen der Datennutzung kann – und muss – man die Nutzenden aber nicht nur als Kund*innen, sondern als Datenlieferant*innen in der Wertschöpfungskette begreifen (Crawford und Joler 2018). In diesem Sinn leisten aus einer ökonomischen Perspektive nicht nur die o. a. Clickworker*innen Arbeit zur Optimierung von Sprach-KIs, sondern auch die Nutzer*innen selbst, indem sie unbezahlt gesprochensprachliche Trainingsdaten erstellen.

3 Akustische Intelligenz als verteilte Kooperation

Wenn man das Konzept der akustischen Intelligenz im Sinne einer akustisch arbeitenden Künstlichen Intelligenz, wie sie bei Sprachassistenten und Smart-Speakern zum Einsatz kommt, sowohl hinsichtlich ihres praktischen Gebrauchs als auch in medienhistorischer Tiefe analysiert, treten an dieser zwei wesentliche Aspekte dieser Intelligenz zutage: Zum einen ist akustische Intelligenz von IPAs im Sinne eines semantischen Hörverständnisses auf die Zuarbeit ihrer menschlicher Interaktionspartner*innen angewiesen. Nutzende passen sich in ihrem Verhalten oft unbewusst an das Gerät an und müssen dies auch tun, um von diesem System verstanden zu werden. Die von uns untersuchten Verwendungsszenarien haben dabei deutlich gemacht, dass die Intelligenz der Dienste im praktischen Gebrauch schnell an Grenzen stößt. Im Rahmen der tatsächlichen Verwendung, die sich auf ein rudimentäres Sprachverständnis auf Basis von natürlicher Spracherkennung und -verarbeitung stützt, werden IPAs weit weniger als verständige Gesprächspartner denn als etwas begriffsstutzige Befehlsempfänger wahrgenommen (Englert, Hoffmann und Waldecker 2022). Ihre Nutzung stellt sich für viele Nutzende heute als wesentlich banaler und trivialer dar, als es die Szenarien in der Science Fiction ausmalen und die Werbung verspricht. Ein nicht zu unterschätzender Teil der Smartness des Systems ist damit nicht allein in den auf maschinellem Lernen beruhenden Algorithmen zu verorten, sondern bildet das Produkt einer verteilten Kooperationsleistung im Vollzug der Situation, die sich der kommunikativen bzw. interaktionalen Intelligenz der Nutzenden bedient. Des Weiteren hat der Blick auf die Geschichte des Tastentelefons als Eingabemedium zur Steuerung interaktiver Telefonsysteme deutlich gemacht, dass IPAs nicht nur als Teil der Digitalisierung von Alltagskultur verstanden werden müssen, sondern zumindest teilweise auch als Produkte einer (vormals analogen) Telefonkultur, die nicht nur Zwiegespräche zwischen

Personen, sondern schon seit den 1960er Jahren die Steuerung von mediatisierter gesprochensprachlicher Kommunikation durch und mit Maschinen umfasst.

Zum anderen stellen sich IPAs als akustische Interfaces bzw. Endgeräte mit einer problematischen Backend-Infrastruktur dar, da die über das Internet übertragenen Audiodaten der Nutzer*innen eine Vielzahl von Analysen zulassen, deren Umsetzung zumindest möglich scheint bzw. von deren Durchführung wohl auszugehen ist. Akustische Intelligenz manifestiert sich hier als potentielle Beschaffung, Auswertung und ökonomische Verwertung häuslicher Kommunikation als Teil des aktuell vorherrschenden Plattform- bzw. Überwachungskapitalismus. Anders als bei der Auswertung schriftsprachlicher Kommunikation, wie sie z. B. über *Facebook* und Messenger-Dienste möglich ist, können über die akustische Dimension gesprochensprachlicher Anfragen an Smart-Speaker neue Bereiche persönlicher Daten erschlossen werden – einerseits, weil sich Anbietern hierdurch ein direkter Zugriff auf häusliche Sprachkommunikation bietet und andererseits, weil akustische Analysen der Stimme auch Auswertungen parasemantischer Aspekte (wie z. B. Sprachfärbung, Modulation, Betonung etc.) ermöglichen.

Diese beiden Ausprägungen akustischer Intelligenz – Verständlichkeit und Verstehensleistung einerseits sowie Überwachungsleistung andererseits – werden selten zusammen betrachtet, sind jedoch häufig ko-existent und bedingen einander sogar zu einem gewissen Grad. Sie basieren zum einen auf den Medienpraktiken der Nutzenden – diese umfassen auch die Anschaffung des Geräts bzw. die Bereitschaft zur Nutzung – und auf den Datenpraktiken der Unternehmen, die wiederum auf spezifische Weise mit dem Gesprochenen umgehen. Diese spezifische Verbindung von Medien- und Datenpraktiken erklärt dabei sowohl, warum die Auswertung der Sprachdaten in der häuslichen Interaktion nicht thematisiert wird, als auch, warum die Dienste trotz der Kritik von Datenschützer*innen sich weiterhin großer Beliebtheit erfreuen.

Diese Realität gleichzeitig ablaufender, aber strikt voneinander getrennter Verwendungsweisen von Sprachdaten, die im Rahmen der Nutzung von IPAs anfallen, lässt sich im Rückgriff auf die Techniksoziologin Susan Leigh Star als eine „Kooperation ohne Konsens" (Star und Griesemer 1989) beschreiben. Star prägte dieses Verständnis von Kooperation in Zusammenhang mit ihrem Begriff der „Grenzobjekte", die „eine Art von Arrangement [bilden], die es verschiedenen Gruppen ermöglicht, ohne Konsens zusammenzuarbeiten" (Star 2017, S. 214). Das Konzept der „Kooperation ohne Konsens" eignet sich sehr gut dazu, die Funktionsweise von Plattform-Ökonomien – und d. h. von *multi-sided markets* – zu fassen, vermag aber auch die grundlegenden Nutzungsbedingungen von IPAs zu erhellen. Denn tatsächlich kooperieren die Nutzenden mit den IPAs bzw. den hinter diesen stehenden Anbietern wie gezeigt auf verschiedenen und nicht immer ersichtlichen Ebenen. Die akustische Kommunikation ist also in eine Reihe unterschiedlicher Kooperationsverhältnisse eingebettet. Diese Kooperationspraktiken erfolgen mindestens teilweise gewissermaßen ohne Konsens: sei es, weil die Nutzenden die Ziele der Anbieter nicht kennen, sei es, weil sie diese nicht kennen können, da sie gezielt über diese Ziele im Unklaren gelassen werden. Sie haben also einerseits kein geteiltes Wissen bzw. grundsätzlich unterschiedliche Perspektiven auf das, was bei der Verarbeitung von Sprachbefehlen geschieht, und handeln andererseits – davon ist zumindest auszugehen – mit unterschiedlichen Zielen. Trotzdem stehen beide Seiten in diversen und realen Kooperationsbeziehungen: Die Anbieter stellen digitale Dienstleistungen in Form eines Sprachassistenten, die Nutzenden dagegen – zumeist unwissentlich – gesprochensprachliche Daten zu KI-Trainingszwecken und weitergehenden Konsument*innenanalysen zur Verfügung.

Dieser wechselseitig verschränkte Kooperationsprozess ist indes kein egalitärer, gleichberechtigter, sondern ein zutiefst asymmetrischer. Denn die Möglichkeit, etwas über das Gegenüber zu erfahren und es unmerklich in seinem Verhalten zu beeinflussen, ist primär den Anbietern, nicht aber den Nutzer*innen gegeben. Die „Kooperation ohne Konsens" besitzt daher in Bezug auf die IPA-Nutzung eine gewisse Brisanz, sowohl im Hinblick auf die ökonomische Ausbeutung der Lebenswelt, wie sie Couldry und Mejias (2019) in ihrem Begriff des „Datenkolonialismus" beschreiben, als auch in Hinblick auf die potentielle Verhaltensmanipulation im Sinne Zuboffs. Diese Brisanz resultiert, so möchten wir argumentieren, aus der spezifischen Vermittlung von Medien- und Datenpraktiken in der Praxis: Während die Nutzer*innen die Geräte gesprochensprachlich als häusliche Medien und als vermeintlich ihnen unterstehende „Assistenten" adressieren und auch primär gesprochensprachliche Äußerungen bzw. veränderte Zustände (Licht oder Musik an bzw. aus etc.) in Bezug auf ihren Haushalt als Antwort erhalten, arbeiten die Anbieter auf spezifische Weise mit digitalen Audioaufzeichnungen als Datenmaterial, das in vielfältiger Weise analysiert werden kann und muss, um systemseitig verstanden zu werden. Auf welche Weise und zu welchen Zwecken die Sprachbefehle als Audiodaten nun genau analysiert werden, bleibt für Außenstehende weitestgehend opak. Man kann sogar davon ausgehen, dass es genau die gesprochensprachliche, quasi natürlich-menschliche Form der Bedienung der Geräte ist, die vergessen lässt, dass man es bei IPA mit einem *voice user interface*, d. h. einer Benutzerschnittstelle, zu tun hat. Die Technizität des Geräts und die damit einhergehende Transformation gesprochener Sprache in digitale Daten wird somit tendenziell verschleiert. Es sind damit die Datenpraktiken, der konkrete Umgang mit den Daten in der Analyse, die der Kontrolle der Nutzenden entzogen sind.

In diesem Sinn ist das Analysepotential, das mit den Geräten ermöglicht wird, sicherlich nicht zu unterschätzen. Die empirische Analyse der konkreten Nutzung zeigt jedoch, dass die Realität von den kritischen Befürchtungen wie Verheißungen aus der Werbung noch recht weit entfernt ist. Wenn *Alexa* auf Zuruf keine Liste der „besten Weihnachtsfilme" produzieren kann – obwohl ein solches Ranking in das Raster der Digitalisierung als *Quantifizierung des Sozialen* (Mau 2017) fallen dürfte, die des Öftern konstatiert wird – ist es mit der wie auch immer gearteten Intelligenz der Geräte wohl nicht so weit her.

Medienverzeichnis

Literatur

Agre, Philip E. 1994. Surveillance and Capture: Two Models of Privacy. *The Information Society: An International Journal* 10 (2): 101–127.

Amazon. 2021a. Alexa Skills Kit: Create and Edit Custom Slot Types. https://developer.amazon.com/de-DE/docs/alexa/custom-skills/create-and-edit-custom-slot-types.html. Zugegriffen am 05. Oktober 2021).

Amazon. 2021b. Alexa Skills Kit: Create Intents, Utterances, and Slots. https://developer.amazon.com/de-DE/docs/alexa/custom-skills/create-intents-utterances-and-slots.html. 2021b. Zugegriffen am 05. Oktober 2021.

Ammari, Tawfiq, Jofish Kaye, Janice Y. Tsai und Frank Bentley. 2019. Music, Search, and IoT: How People (Really) Use Voice Assistants. *ACM Transactions on Computer-Human Interaction* (TOCHI) 26.3: 1–17.

Apple. 2021. *Apple Developer Documentation: SiriKit.* https://developer.apple.com/documentation/sirikit. Zugegriffen am 05. Oktober 2021.

Burkhardt, Marcus, Daniela van Geenen, Sam Hind, Danny Lämmerhirt, Timo Kaerlein und Axel Volmar (Hrsg.). 2022. *Interrogating Datafication: Towards a Praxeology of Data*, Bielefeld: transcript.

CallMiner Eureka. 2019. How AI Improves the Customer Experience. Real Use Cases of Engagement Analytics & Automation for Contact Center Success. *CallMiner.* https://learn.callminer.com/whitepapers/how-ai-improves-the-customer- experience . Zugegriffen am 05. Oktober 2021.

Confessore, Nicholas. 2018. Cambridge Analytica and Facebook: The Scandal and the Fallout So Far. *The New York Times.* https://www.nytimes.com/2018/04/04/us/politics/cambridge-analytica-scandal-fallout.html. Zugegriffen am 05. Oktober 2021.

Couldry, Nick und Ulises A. Mejias. 2019. Data Colonialism: Rethinking Big Data's Relation to the Contemporary Subject. *Television & New Media* 20 (4): 336–349.

Crawford, Kate und Vladan Joler. 2018. Anatomy of an AI System. The Amazon Echo As An Anatomical Map of Human Labor, Data and Planetary Resources. *AI Now Institute*. http://www.anatomyof.ai/img/ai-anatomy-publication.pdf. Zugegriffen am 05. Oktober 2021.

Day, Matt, Giles Turner und Natalia Drozdiak. 2019. Amazon Workers Are Listening to What You Tell Alexa. *Bloomberg*. https://www.bloomberg.com/news/articles/2019-04-10/is-anyone-listening-to-you-on-alexa-a-global-team-reviews-audio?srnd=technology-vp. Zugegriffen am 05. Oktober 2021.

Dellinger, J. D. 2015. I Took a Job Listening to Your Siri Conversations. *The Daily Dot*. https://www.dailydot.com/debug/siri-google-now-cortana-conversations. Zugegriffen am 05. Oktober 2021.

Drenkpohl, Ann-Kristin.2009. *Maschinen sprechen. Science Fiction*. Wien: Passagen-Verlag.

Ekbia, Hamid R. und Bonnie A. Nardi. 2014. Heteromation and Its (Disc)Contents: The Invisible Division of Labor Between Humans and Machines. *First Monday*. https://firstmonday.org/ojs/index.php/fm/article/download/5331/4090. Zugegriffen am 05. Oktober 2021.

Ekbia, Hamid R. und Bonnie A. Nardi. 2017. *Heteromation, and Other Stories of Computing and Capitalism*. Cambridge/MA u. a.: MIT Press.

Englert, Kathrin, Dagmar Hoffmann und David Waldecker. 2022. „Tut mir leid, ich verstehe nicht ganz“. Smart Speaker als vermeintliche Gesprächspartner*innen. *Merz. Zeitschrift für Medienpädagogik* 66 (2): 24–34.

Garfinkel, Harold. 1984. *Studies in Ethnomethodology*. Cambridge/MA: Polity.

Gleich, Uli. 2021. Wahrnehmung und Nutzung von intelligenten Assistenzsystemen und Smart Speakern. *Media Perspektiven* 2 (2021): 125–131.

Goel, Vindu. 2014. Facebook Tinkers With Users' Emotions in News Feed Experiment, Stirring Outcry. *The New York Times*. https://www.nytimes.com/2014/06/30/technology/facebook-tinkers-with-users-emotions-in-news-feed-experiment-stirring-outcry.html. Zugegriffen am 05. Oktober 2021.

Goodwin, Charles. 2018. *Co-Operative Action*. New York: Cambridge University Press.

Günthner, Susanne. 2016. Praktiken erhöhter Dialogizität: onymische Anredeformen als Gesten personifizierter Zuwendung. *Zeitschrift für germanistische Linguistik* 44 (3): 406–436.

Habscheid, Stephan, Tim Moritz Hector, Christine Hrncal und David Waldecker. 2021. Intelligente Persönliche Assistenten (IPA) mit Voice User Interfaces (VUI) als „Beteiligte“ in häuslicher Alltagsinteraktion. Welchen Aufschluss geben die Protokolldaten der Assistenzsysteme? *Journal für Medienlinguistik* 4 (1): 16–53.

Hamill, Lynne. 2006. Controlling Smart Devices in the Home. *Information Society* 22 (4): 241–249.

Hector, Tim Moritz und Christine Hrncal. 2020. Intelligente Persönliche Assistenten im häuslichen Umfeld. Erkenntnisse aus einer linguistischen Pilotstudie zur Erhebung audiovisueller Interaktionsdaten. *SFB Medien der Kooperation*. Working Paper 14. https://dspace.ub.uni-siegen.de/handle/ubsi/1573. Zugegriffen am 05. Oktober 2021.

Hegemann, Lisa. 2018. Die Daten des Anderen. *Zeit online*. https://www.zeit.de/digital/datenschutz/2018-12/amazon-datenschutz-alexa-nutzerdaten/komplettansicht. Zugegriffen am 05. Oktober 2021.

Hennig, Martin, und Kilian Hauptmann. 2019. Alexa, optimier mich! KI-Fiktionen digitaler Assistenzsysteme in der Werbung. *Zeitschrift für Medienwissenschaft* 11 (2) : 86–94.

King, Evan Thomas. 2017. Google, Amazon Patent Filings Reveal Digital Home Assistant Privacy Problems. *Consumer Watchdog*. https://www.consumerwatchdog.org/sites/default/files/2017-12/Digital%20Assistants%20and%20Privacy_0.pdf. Zugegriffen am 05. Oktober 2021.

Lovink, Geert. 2019. *Digitaler Nihilismus. Thesen zur dunklen Seite der Plattformen*. Bielefeld: transcript.

Luger, Ewa und Abigail Sellen. 2016. „Like Having a Really Bad PA“: The Gulf between User Expectation and Experience of Conversational Agents. *Proceedings of the 2016 CHI Conference on Human Factors in Computing Systems*: 5286–5297.

Mau, Steffen. 2017. *Das metrische Wir. Über die Quantifizierung des Sozialen*. Berlin: Suhrkamp.

Natale, Simone. 2020. To Believe in Siri: A Critical Analysis of AI Voice Assistants. *Communicative Figurations*. Working Paper Nr. 32. https://www.kommunikative-figurationen.de/fileadmin/user_upload/Arbeitspapiere/CoFi_EWP_No-32_Simone-Natale.pdf. Zugegriffen am 05. Oktober 2021.

Natale, Simone und Henry Cooke. 2021. Browsing with Alexa: Interrogating the Impact of Voice Assistants as Web Interfaces. *Media, Culture & Society* 43 (6): 1000–1016.

Pins, Dominik, Alexander Boden, Britta Essing und Gunnar Stevens. 2020. „Miss Understandable“ – Eine Studie zur Aneignung von Sprachassistenten und dem Umgang mit Fehlinteraktionen. *Proceedings of Mensch und Computer 2020 (MUC20)*.

Porcheron, Martin, Joel E. Fischer, Stuart Reeves und Sarah Sharples. 2018. Voice Interfaces in Everyday Life. *Proceedings of the CHI Conference on Human Factors in Computing Systems* 640: 1–12.

Schegloff, Emanuel A. 2012. Interaktion: Infrastruktur für soziale Institutionen, natürliche ökologische Nische der Sprache und Arena, in der Kultur aufgeführt wird. In *Sozialität in Slow Motion. Theoretische und empirische Perspektiven. Festschrift für Jörg Bergmann*, hrsg. Ruth Ayaß und Christian Meyer, 245–268. Wiesbaden: Springer VS.

Schoon, Andi. 2012. Unmerkliche Eindringlinge. Versuch über akustische Kontrolle. In *Das geschulte Ohr. Eine Kulturgeschichte der Sonifikation*, hrsg. ders. und Axel Volmar. Bielefeld: transcript.

Schüttpelz, Erhard und Christian Meyer. 2017. Ein Glossar zur Praxistheorie ‚Siegener Version‘ (Frühjahr 2017). *Navigationen* 17 (1): 155–164.

Srnicek, Nick. 2018. *Plattform-Kapitalismus*. Hamburg: Hamburger Edition.

Staab, Philipp. 2019. *Digitaler Kapitalismus. Macht und Herrschaft in der Ökonomie der Unknappheit*. Berlin: Suhrkamp.

Star, Susan Leigh. 2017. Dies ist kein Grenzobjekt. Reflexionen über den Ursprung eines Konzepts. In *Grenzobjekte und Medienforschung*, hrsg. Sebastian Gießmann und Nadine Taha, 213–228. Bielefeld: transcript.

Star, Susan Leigh und James R. Griesemer. 1989. Institutional Ecology, „Translations“ and Boundary Objects: Amateurs and Professionals in Berkeley's Museum of Vertebrate Zoology, 1907–39. *Social Studies of Science* 19 (3): 387–420.

Suchman, Lucy A. 2007. *Human-Machine-Interactions. Plans and Situated Action*. Cambridge/MA: Cambridge University Press.

Verheyden, Tim, Denny Baert, Lente Van Hee und Ruben Van den Heuvel. 2019. Google employees are eavesdropping, even in your living room. *VRT NWS*. https://www.vrt.be/vrtnws/en/2019/07/10/google-employees-are-eavesdropping-even-in-flemish-living-rooms/. Zugegriffen am 17. September 2021.

Volmar, Axel. 2019. Productive Sounds. Touch-Tone Dialing, the Rise of the Call Center Industry and the Politics of Virtual Voice Assistants. In *The Democratization of Artificial Intelligence. Net Politics in the Era of Learning Algorithms*, hrsg. Andreas Sudmann, 55–75. Bielefeld: transcript.

West, Sarah Meyers. 2019. Data Capitalism: Redefining the Logics of Surveillance and Privacy. *Business and Society* 58 (1): 20–41.

Zuboff, Shoshana. 2018. *Das Zeitalter des Überwachungskapitalismus*. Frankfurt am Main: Campus.

Filme

Jonze, Spike. 2013. *Her*. Annapurna Pictures.

Kubrick, Stanley. 1968. *2001: A Space Odyssey*. Stanley Kubrick Productions.

Intermezzo

Sean Dockray, James Parker, Joel Stern

Lektionen, wie man (nicht) gehört wird

Lektion III von Hito Steyerl's *How Not to be Seen: A Fucking Didactic Educational .MOV File* (2013) trägt den Titel *How to Become Invisible by Becoming a Picture*. Es gibt sieben Möglichkeiten, nicht gesehen zu werden, erklärt der Erzähler: „sich tarnen, sich verbergen, sich verhüllen, sich maskieren, bemalt zu werden, sich verkleiden, nachzuahmen, Verschlüsselung." Steyerl streicht sich mit den Händen über die Wangen, und die Spuren, die sie hinterlässt, verschmelzen schnell mit denen der Farbkarte hinter ihr, als würde sie transparent und zum Bild des Titels der Lektion werden (aus der Perspektive des Betrachters war sie das natürlich schon). Jetzt erscheint eine Hand und beginnt, etwas aufzutragen, was *Concealer* sein könnte, wie von einer Visagist*in. Und dann sehen wir ein Satellitenbild, das an einen Ort in der kalifornischen Wüste heranzoomt. Drei Farbblöcke: zwei weiße, ein schwarzer. Um das Jahr 2000 herum, so wird uns gesagt, wurde ein neuer Standard für Satellite Resolution Targets, wie jenes, das wir hier sehen, eingeführt. „1996 betrug die fotografische Auflösung in diesem Gebiet etwa 12 Meter pro Pixel. Heute liegt sie bei einem Meter. Um unsichtbar zu werden, muss man kleiner oder gleich einem Pixel werden."

Es steckt so viel in dieser Passage. Sie erinnert an die Praktiken der Tarnung und Maskierung, die von Demonstranten in Hongkong entwickelt wurden, um die in der ganzen Stadt eingebetteten Gesichtserkennungssysteme zu vereiteln; aber auch an die Gender-Politik des Make-ups und an Zach Blas' *Face Cages* (2013–16), die das Gesicht sowohl verdecken als auch umhüllen, während sie biometrische Diagramme nachahmen, die es rechnerisch lesbar machen würden. Die ambivalente Politik der (Un-)Sichtbarkeit wird in den Arbeiten von Forensic Architecture zu westlichen Drohnenangriffen in Pakistan, Afghanistan, Jemen, Somalia und Gaza noch deutlicher.

> The pixel resolution of contemporary, publicly available satellite images is not only a product of optics, data storage, or bandwidth capacity, but of legal regulations that bear upon political and even geopolitical rationales. Throughout the height of the drone campaign and

---

Anmerkung: Hierbei handelt es sich um eine Übersetzung. Übersetzer*in: Maximilian Haberer. Ursprünglich auf Englisch hier publiziert: https://machinelistening.exposed/topic/lessons-in-how-not-to-be-heard/.

https://doi.org/10.1515/9783110730791-012

> for the entire duration of our investigation, the resolution at which satellite images were made publicly available was legally kept at 0.5 meters per pixel [ie about a foot]. The reason for halting the process of improving the resolution of publicly available satellite images was that at 0.5 meters, the pixel resolution corresponds to the dimensions of the human body—an area 0.5 meters by 0.5 meters is roughly the size of the human body as seen from above.
> (Weizmann 2017, S. 27)

Für Forensic Architecture, wie für viele andere, besteht die politische Herausforderung also nicht (oder nicht nur) darin, wie man unsichtbar wird, sondern wie man sicherstellt, dass bestimmte staatliche Praktiken und Ungerechtigkeiten nicht unsichtbar bleiben. „War is invisible", sagt Steyerl, eher ironisch. „Capital is invisible."

Was würde es bedeuten, auf diese Weise über *Machine Listening* nachzudenken (wie es Steyerl 2008 in der Tat bereits getan hat)? Die Bedeutung des Nicht-gehört-Werdens anzuerkennen: Unhörbarkeit zu einer politischen Forderung zu machen; eine strukturelle Kritik am überwachenden und extraktiven Abhören zusammen mit aufständischeren Taktiken zu entwickeln, um sich selbst oder die eigene Gemeinschaft unhörbar zu machen. Aber gleichzeitig anzuerkennen, dass Hörbarkeit auch etwas ist, wofür man kämpfen muss; dass sie sehr oft eine Bedingung für politische Teilhabe oder Gerechtigkeit ist; Lawrence Abu Hamdan zu folgen, indem man sich ein politisch radikales ‚forensisches' Hören vorstellt, das nicht bereits von juristischen Institutionen und dem Staat vereinnahmt wurde (Abu Hamdan 2014, S. 200; Parker 2020); die Möglichkeit eines maschinellen Gegen-Hörens – des Zurück-Hörens – offen zu halten.

Was ist das akustische Äquivalent von *Resolution*? Vielleicht *Fidelity*; ein Wort, das auch Verantwortung suggeriert, das vielleicht in die Richtung von Gesetz oder Gerechtigkeit weist. In dieser Denkweise geht es nicht so sehr um die Frage, ob man gehört wird oder nicht, sondern vielmehr darum, wie man gehört wird, warum, und von wem.

Lektion 1: Wie man (un)hörbar wird, durch Behinderung der „Silicon Ears"

Erhöhter Schwierigkeitsgrad; bestimme *Machine Listening* als ein Objekt der politischen Anfechtung und des Kampfes; beschreibe einige seiner Merkmale, wie sie durch die Pandemie (COVID-19) deutlich wurden; werde zum Künstler, zum Paradigmen-Dissidenten; demontiere den Kapitalismus und verabschiede Big Data, da die Vielzahl der Daten immer schwieriger zu entwirren ist; verstehe die Geschichte des *Machine Listening*s, über seine Grenzen hinaus; produziere eine vielfältige Gegenkultur des *Machine Listening*s; imaginiere ein *Machine Listening*, das „Country“[1] zentriert; demonstriere und verspotte *Machine Listening* in seiner Sorglosigkeit; demonstriere und verspotte die *Machine Listening*-Industrie in ihrer Sorglosigkeit; schreibe ein Grundsatzpapier, sowohl mit Künstler*innen als auch mit Jurist*innen; beschlagnahme die Datenzentren.

Lektion 2: Wie man (un)hörbar wird, in der Anwesenheit von Mikrofonen

Reiße sie nieder oder reiße sie heraus; entwickle eine Community-basierte Open-Source-Stimmtrainings-App für Trans-Menschen (Ahmed 2018 und 2020); autotune alles; sei irgendwo laut; maskiere deine Sprache mit Noise; erfinde die Datenschutzindustrie; benutze nie ein Telefon oder einen Smart Speaker oder ein Auto oder eine Stadt; frage nie Siri; bedecke deinen Laptop mit Klebeband; habe eine Sprachstörung oder einen Akzent; schreibe ein Manifest über Audio-Luddismus; erfinde neue Sprachen; sei weiblich und über fünfzig, oder indigen; sprich Wiradjuri.

Lektion 3: Wie man (un)hörbar wird, durch Verlassen der Hörweite

Sei sehr leise; weigere dich, an der Telefonkonferenz teilzunehmen; wohne in der richtigen Nachbarschaft; wohne in der falschen Nachbarschaft; verwende verschlüsselte Audios.

1 Vgl. https://oldwaysnew.com/ zu „Indigenous Design“ und „Country Centered Design“.

Lektion 4: Wie man (un)hörbar wird, durch Übergang in eine Welt des operationalen Klangs

Sprich in Code; werde zu dem Code, den du sprichst; lebe eine Woche lang als Alexa;[2] höre Bach als Rentier;[3] höre konträren Bach als Maschine; nenne dein nächstes Album *Adversarial Music Synthesizer (Threat Model)*;[4] bette unterschwellige Botschaften darin ein, aber für Alexa; bekomme einen Amazon Halo zu Weihnachten; bekomme Hustensaft geliefert, einen Tag bevor du anfängst zu husten; gestatte *Machine Listening* die versuchte Perfektionierung des Subjekts, um dieses auszulöschen.

Lektion 5: Wie man (un)hörbar wird, indem man nichts zu verstecken hat

Genieße es, dass man dir zuhört; lass dir deine Coronavirus-Diagnose am Telefon geben; lass dir deine Coronavirus-Diagnose geben, ohne jemals darum zu bitten, getestet zu werden; lass Google deinen Haarschnitt für dich buchen; bitte deinen Sprachassistenten um Rat zu deiner polyamoren Beziehung; höre „Ambient-Musik zum Lesen" auf deinen smarten Kopfhörern, für immer; werde zum Evangelisten des Technoliberalismus; lasse dich davon überzeugen, dass das Hauptproblem die Privatsphäre ist; beantrage bei Gericht den Zugriff auf das Alexa-Archiv deines Partners; genieße außerordentliche Urteile und außergerichtliche Drohnentötungen; genieße es, keinen Kredit zu bekommen oder keinen Zugang zu staatlichen Dienstleistungen zu haben und nicht zu wissen, warum.

2 Vgl. Lauren von Lauren McCarthy (2017) Für ein Interview zu diesem Werk und damit verwandte Themen siehe https://machinelistening.exposed/topic/interviews/#lauren-lee-mccarthy.

3 Dazu sollte man sich Maryanne Amacher, *Intelligent Life* (1982) ansehen.

4 Zu Adversarial Audio siehe Li et al. o. J. und Goodfellow et al. 2015, S. 11.

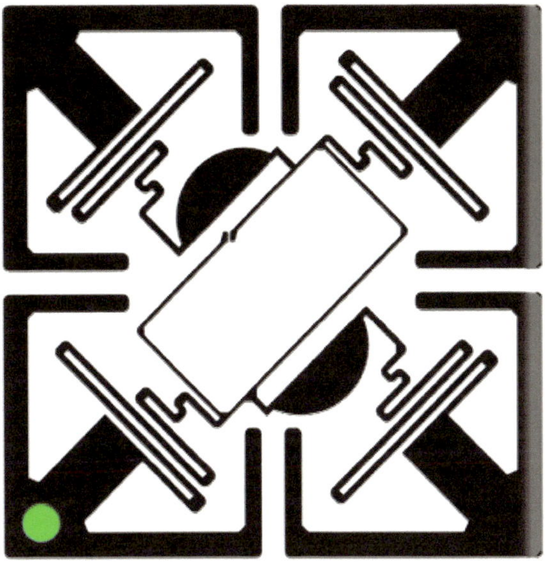

Abb. 1: *Aerial Ear.*

Medienverzeichnis

Abbildungen

Abb. 1: *Aerial Ear* (2020), © Debris Facility.

Literatur

Abu Hamdan, Lawrence. 2014. Aural Contract–Forensic Listening and The Reorganization Of The Speaking Subject. In *Forensis. The Architecture of Public Truth*, hrsg. Forensic Architecture, 65–82. Berlin: Sternberg Press.

Ahmed, Alex. 2018. Trans Competent Interaction Design: A Qualitative Study on Voice, Identity, and Technology. *Interacting with Computers* 30 (1): 53–71.

Ahmed, Alex. 2020. Online Community-based Design of Free and Open Source Software for Transgender Voice Training. *Proceedings of the ACM on Human-Computer Interaction* 4 (3): 1–27.

Goodfellow, Ian J, Jonathon Shlens und Christian Szegedy. 2015. Explaining And Harnessing Adversarial Examples. *arXiv preprint arXiv*: 1412.6572. https://arxiv.org/abs/1412.6572. Zugegriffen am 05. Oktober 2021.

Li, Juncheng et al. 2019. Adversarial Music: Real World Audio Adversary against Wake-Word Detection System. *Advances in Neural Information Processing Systems* 32: 11908–11918.

Parker, James. 2020. Forensic Listening in Lawrence Abu Hamdan's Saydnaya (the missing 19dB). *Index Journal* 3. http://index-journal.org/issues/law/part-2-lacunae/forensic-listeningin-lawrence-abu-hamdans-saydnaya-the-missing-19db-by-james-parker. Zugegriffen am 05. Oktober 2021.
Weizman, Eyal. 2017. *Forensic Architecture: Violence at the Threshold of Detectability*. Cambridge/MA: Zone Books.

Kunstwerke

Amacher, Maryanne. 1982. *Intelligent Life*.
McCarthy, Lauren. 2017. *Lauren*. https://lauren-mccarthy.com/LAUREN. Zugegriffen am 05. Oktober 2021.
Steyerl, Hito. 2008. *The City of Broken Windows*. Videoinstallation.

Videos

Steyerl, Hito. 2013. How Not to be Seen: A Fucking Didactic Educational .MOV File.

Webseiten

Old Ways New, on indigenous design principles and „Country Centered Design", https://oldwaysnew.com/. Zugegriffen am 05. Oktober 2021.
Machine Listening. https://machinelistening.exposed/topic/interviews/#lauren-lee-mccarthy. Zugegriffen am 05. Oktober 2021.

Teil 3: **Agent**

Alan Fabian

Musik(tabellen)formulare: Musikmach(t)dinge von Musikklangverwaltungen

Abstract: Anhand der Beschreibung eines fiktiven Schriftverkehrs kläre ich meinen musikmedienkulturwissenschaftlichen Ansatz des Musikformulars (Fabian 2018). Ich zeige dabei mit dem Finger auf das Touchscreen der DAW-iOS-App GarageBand von Apple, deren Benutzeroberfläche ich zu einem Musikformular erkläre, das von einem Musikverwaltungsdispositiv bestehend aus verschiedenen musikverwalterischen Institutionen und Instanzen als Musikmachtding genutzt wird. Fermate: Ein Abstract klingt laut vorgelesen wie eine dem eigentlichen Aufsatz abgehörte Fragmentsammlung; ist ein Abstract ein Abhörinstrument für wissenschaftliche Aufsätze? Zäsur: Hat es Pierre Schaeffers sagenhafte Schellackplatten mit geschlossenen Rillen nie gegeben?

Schlüsselwörter: Dispositiv, Klang, Musik, Verwaltung

1 Auftakt

`Wie Musikklangverwaltungen als Musikmachtdinge mittels Musikmachding ‚Musiktabellenformular‘ das Musikmachen, Musikmachende und Musik verwalten`

2 Tonart

„[P]roduziere direkt fette Beats und mach [sic!] Musik wie professionelle DJs, alles mit ein paar Fingertipps“ (o. J.), so steht es geschrieben auf der Website zur iOS-App *GarageBand* von *Apple*. „Mit ein paar Fingertipps“ „wie professionelle DJs“ „produzieren“ – „direkt“! Wie ist das zu verstehen: „direkt“? Ohne zu wissen, wie Musikproduktion ‚geht‘? Ist das ganze Wissen ‚der‘ Dance Music-Pros in der iOS-App ‚drin‘? Und dieses Wissen ‚weiß‘, was für „fette Beats“ ich machen will? Sowas kann doch nur Artificial Intelligence…

Anmerkung: Gekürzte und überarbeitete Fassung von Fabian 2018a.

https://doi.org/10.1515/9783110730791-013

Das mächtigste intelligente System, das Menschen erfunden haben, ist (zuallererst) nicht das der computerisierten Datenverarbeitung, sondern das der *Verwaltung* an sich, der Verwaltung u. a. des Menschen (Bürger*in) und des menschlichen Handelns (in Arbeit und Freizeit). Eine Vielzahl mächtiger Verwaltungsinstitutionen und -instanzen (staatliche genauso wie nicht-staatliche) verwaltet das Leben jedes einzelnen Menschen in bürokratischen Akten. Möglichst kein Menschenleben ohne Personalausweis (Papiere) und ohne Bankkontoauszüge, d. h. ohne *Formulare.*

Musik ist davon nicht ausgenommen: was ich im Folgenden beschreibe und bedenke, ist *(die) Verwaltung von Musik.* Unter Musikverwaltung verstehe ich dabei ein intelligentes System, das Musik im Akt des Verwaltens nicht nur archiviert, sondern auch reproduzierend neu produziert. Das mache ich mittels eines fiktiven Beispiels mit fiktiven und nicht-fiktiven die Musik verwaltenden Institutionen und Instanzen, wovon die fiktiven (nicht ganz frei erfundenen) die *Deutsche Musikverwaltung* sowie das Festival *70 Jahre Musique concrète* sind und die nicht-fiktiven u. a. die *Gesellschaft für musikalische Aufführungs- und mechanische Vervielfältigungsrechte* (GEMA) in München und Berlin, die *Groupe de Recherches Musicales* (INA/GRM) in Paris, das *Zentrum für Medienkunst* (ZKM) in Karlsruhe und *Apple* in Kalifornien. Ich beschreibe anhand eines fiktiven Schriftverkehrs zwischen mir (in Persona eines Komponisten elektroakustischer Musik) und der fiktiven *Deutschen Musikverwaltung* einen ‚Musikverwaltungsvorgang'. Ich stelle mir vor, dass das graphische Benutzerinterface (*Graphical User Interface*, GUI) *Live Loops* der iOS-Musikapp *GarageBand* von *Apple* (seit Version 2.1 von 2016) ein Musikformular ist, das die *Deutsche Musikverwaltung* anlässlich ihrer (fiktiven) Ausschreibung für Musiken zur Aufführung beim (fiktiven) Jubiläumsmusikfestival *70 Jahre Musique concrète* entwickelt hat. Dieses Musikformular ist zugleich Antragsformular und „Musikmachding" (Ismaiel-Wendt 2016, S. 3 f.), meint, die Benutzer*innen dieses Musikformulars machen (produzieren) ihre *Musique-concrète*-Musiken im Formular – so will es jedenfalls die *Deutsche Musikverwaltung* (siehe Abb. 1). Da das GUI der *Live Loops* wie ein Formular aussieht (siehe Abb. 2) und musikformularisch besehen aus einer Tabelle besteht, nenne ich dieses Musikmachding *Musiktabellenformular.*

Deutsche Musikverwaltung
Postfach 1111
50011 Köln

DMV

Deutsche Musikverwaltung, Postfach 1111 , 50011 Köln

Alan Fabian
Domänenstraße 2
31141 Hildesheim

Ihr Zeichen	Ihr Schreiben vom	Unser Zeichen	Datum
Mc-2018#11/11	01.11.2017	Abt. I	11.11.2017

Ihr Antrag auf einen musikalischen Beitrag für das Musikfestival *70 Jahre Musique concrète* (2018)

Sehr geehrter Herr Fabian,

wir freuen uns, dass Sie für das 2018 im *Zentrum für Medienkunst* (*ZKM*) stattfindende Musikfestival *70 Jahre Musique concrète* einen musikalischen Beitrag einreichen möchten. Die von uns ausgewählten Kompositionen werden auf dem vielkanaligen Lautsprechersystem *Klangdom* im dortigen Konzersaal aufgeführt. Aufgrund der großen Zahl an zu erwartenden Beitragseinreichungen haben wir den Bearbeitungsvorgang stark formalisiert und ein elektronisches Musikantragsformular erstellt, das Sie an Ihrem iPad oder iPhone öffnen und ausfüllen können. Dank dieser Formularisierung ist nicht nur sichergestellt, dass die SachbearbeiterInnen der entsprechenden Musikverwaltungsabteilungen Ihren Antrag möglichst schnell bearbeiten können, sondern es ist damit auch ein notwendiges Maß an musikgenrespezifischer Qualitätssicherung der eingereichten *Musique-concrète*-Beiträge gewährleistet. Sie finden das Musikantragsformular mit dem Titel *Antrag Musique concrete* in der Musikverwaltungs-Applikation *GarageBand* unter »Meine Songs« (siehe in der Anlage Abb. 1).

Wir haben versucht in diesem interaktiven Musiktabellenformular das musikproduktionsmediale Setting in Pierre Schaeffers Studio *Club d'Essai* und die zugehörigen Handlungsvorgänge, wie in einem Fernsehfilm-Dokument aus den 1960er Jahren nachgestellt, zu implementieren (siehe dazu die beiden folgenden Bildschirmfotos dieses Filmdokuments). Wenn Sie sich für dieses Film-Dokument interessieren, können sie es unter folgender URL aufrufen: http://fresques.ina.fr/artsonores/fiche-media/InaGrm00208/la-naissance-de-la-musique-concrete-et-electro-acoustique.html

Telefon: +49 (0)2 21 / 11 11 - 0
Email: poststelle@dmv.de
URL: www.dmv.de

Abb. 1: Fiktiver Antrag auf einen musikalischen Beitrag für das Musikfestival 70 Jahre *Musique concrète* (2018).

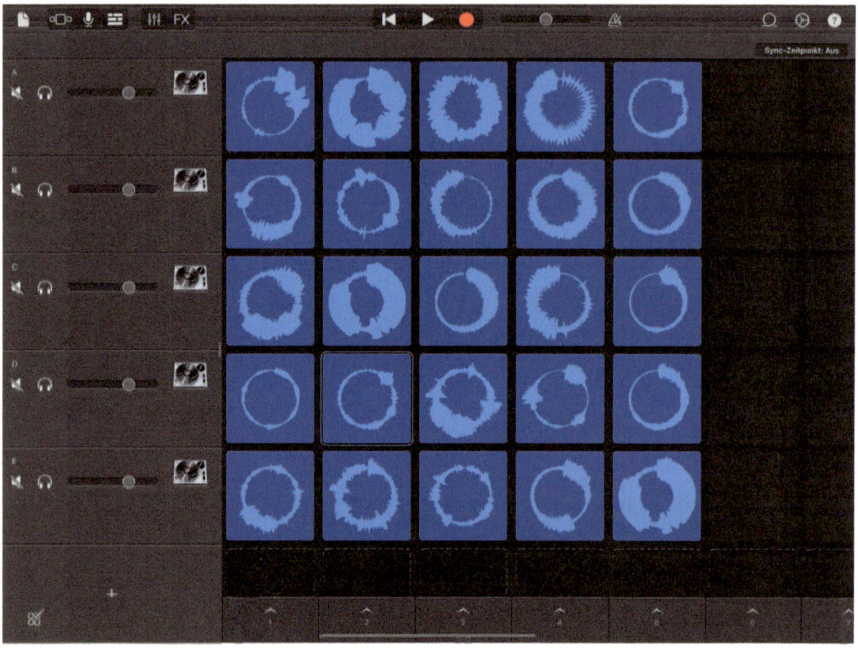

Abb. 2: Ansicht der Live Loops der iOS-App *GarageBand*.

3 Taktart

3.1 GarageBand

GarageBand (seit 2004) ist eine DAW-Software (Digital Audio Workstation) von *Apple*, die zur Standardsoftware des OS X-Betriebssystems gehört – wer einen *Apple*-Computer kauft, kauft *GarageBand* mit. Die Verkaufsstrategie dahinter ist klar: Wer mit dem Ding *GarageBand* Musik machen will, hat sich einen *Apple*-Computer zu kaufen. Seit 2011 gibt es *GarageBand* für das iPhone-/iPad-Betriebssystem iOS als vorinstallierte bzw. im App-Store frei zugängliche App, in der die gängigen musikproduktionsmedialen Standardtechnologien aus der Geschichte der populären elektronischen Musik implementiert sind. Zentral für diese Musikapp ist das GUI „Spurendarstellung“, in der Instrumenten-, Audio- und Effektspuren im Zeitraster übereinander dargestellt werden. In diese Spuren können Sound-Samples aus der „Sound Library“ eingefügt, das Spiel mit den vorgegebenen Instrumenten aufgenommen werden usw.; seit Version 2.1 (2016) kann in diese Spuren hinein das Spiel in einem anderen GUI, der *Live*

Loops-Ansicht (dem zentralen musikmedienwissenschaftlichen Gegenstand meines fiktiven Schriftverkehrs, siehe Abb. 2) aufgenommen werden (hier zitiert aus der Online-Dokumentation zu *GarageBand*):

> Im Live Loops-Raster kannst du eigene Musikideen aufzeichnen, spielen und bearbeiten. Das Raster besteht aus Zellen, die leer oder ausgefüllt sein können. Zellen können Touch-Instrumentaufnahmen, Loops oder Audiodateien beinhalten. Du kannst einzelne oder mehrere synchronisierte Zellen nach Belieben starten und stoppen.
>
> (Apple GarageBand Hilfe, o. J.)

Ganz nach dieser tabellenhaften Beschreibung von Apple verstehe ich das *Live Loops*-GUI als Musiktabellenformular zur Antragstellung auf Musikklang.[1]

3.2 Musique concrète

1948 hat Pierre Schaeffer im *Studio d'Essai* in Paris mit eigens auf Schellack-Schallplatten aufgenommenen Klängen experimentiert, aus denen noch im selben Jahr seine elektroakustischen Kompositionen *Cinq études de bruits* hervorgingen. „Konkret" nannte er diese Musik, da diese ausgehend von einem aufgenommenen und daher konkret zur Verfügung stehenden Klang her komponiert wurde (Schaeffer 1974).

3.3 70 Jahre *Musique concrète*-Musikfestival

1948 hat Pierre Schaeffer seine *Cinq études de bruits* uraufgeführt, meint, im Radio gesendet[2] und damit seine Musikästhetik einer *Musique concrète* in die Musikwelt gesetzt. 2018 jährte sich dieses musikgeschichtliche Ereignis zum siebzigsten Mal. Ein Musikfestival *70 Jahre Musique concrète* 2018, dem Jahr der Veröffentlichung meines fiktiven Schriftverkehrs, hätte also fällig gewesen sein können.

---

1 Zur Spurendarstellung als Formular in Bezug auf die Session-Ansicht in der ‚amtlichen' DAW Musiksoftware Ableton siehe Ismaiel-Wendt 2016.

2 „On Tuesday, October 5, 1948, the first ‚Noise Concert' had been broadcast, not on an experimental station, but on the station that was theoretically most popular: the ‚Parisian'." (Schaeffer 2012, S. 22).

3.4 Musikverwaltung und Musik(tabellen)formular

In meinem Text mit dem Titel *Musik(tabellen)formulare || Musik | Tabellen | Formulare in der Musik(klang)verwaltung || Musik | Klang | Verwaltung. Musiknotation, Audiotechnik, Musiksoftware* habe ich die für die Verwaltungswissenschaft gängigen Grundfunktionen von Formularen in Verwaltungsverfahren öffentlicher Verwaltungsinstitutionen, nämlich die *Interaktionsfunktion*, die *Ordnungsfunktion* und die *Subsumtionsfunktion* vorgestellt sowie anhand von Beispielen geklärt, dass diese Grundfunktionen genauso für Musiknotationen, audiotechnische Frontpanels und Musiksoftware-GUIs gelten, und dass ich darum diese als *Musikformulare* begreife (Fabian 2018). Dies vorausgesetzt, versteht es sich von selbst, dass ich im Folgenden Musikformulare und Formulare öffentlicher Verwaltung funktional als eins denke. In dem besagten Text habe ich auch gezeigt, dass die meisten Musikformulare in Tabellen bestehen; darum meine ich hier implizit *Musiktabellenformulare*, wenn ich über die *GarageBand*-GUIs *Live Loops* sowie die Spurendarstellung als Musikformulare schreibe.

3.5 Musikmachtding

Der Begriff *Musikmachtding* ist im Anschluss an Ismaiel-Wendts Wortschöpfung „Musikmachdinge“ (2016, S. 3 f.) eine Wortschöpfung von mir, die ich hier zur Kennzeichnung der Eigenschaft eines Musikmachdings, Machtmittel zu sein, verstehe – vorerst vorsichtig nur für Musik(tabellen)formulare gemeint; Machtmittel zum Einen zur musikbezogenen Selbstermächtigung – ein Nutzer der *GarageBand*-App: „Ich benutze GarageBand, damit bin ich Musikproduzent und mische ab sofort in der Musikwelt mit!“; zum Anderen als Machtmittel für Musikverwaltungen, die sich eines Musikmachdings bemächtigt haben – die Machtstrategie von *Apple*-könnte das z. B. so klingen: „Wir gestalten die Musikformulare (die genannten *GarageBand*-GUIs *Live Loops* und *Spurendarstellung*) und wir verwalten darin die musikalischen Produktionsmöglichkeiten für die Benutzer der App *GarageBand*.“

3.6 Deutsche Musikverwaltung (DMV)

Die *Deutsche Musikverwaltung* gibt es nicht. Diese musikverwaltende Institution ist jedoch von mir nach dem Vorbild des *Deutschen Musikrates* erfunden. Ich habe die Musikverwaltungsinstitution in meinemSchriftverkehr fiktiv gehalten, um zu signalisieren, dass meine Ausführungen nicht z. B. auf einer Ethnographie des *Deutschen Musikrates* gründen – ich habe keine Daten gesammelt, mit denen ich nachweisen könnte, dass eine Musikverwaltung wie z. B. der in Bonn ansässige *Deutsche Musikrat* tatsächlich so arbeitet, wie ich hier unterstelle. Durch meine langjährige Tätigkeit in meiner Persona Komponist in der Szenerie der *Neuen Musik* sowie als Mitvorstand des Computermusikvereins GIMIK e. V. habe ich jedoch mit deutschen Musikinstitutionen, die Festivals und Fördergelder verwalten, einige Erfahrungen mit deren Verwaltungsvorgängen sammeln können, was meine Fantasie hier beflügelt hat.

4 Schriftverkehr (fiktiv!)

Nachdem ich mich für die Teilnahme am Musikfestival *70 Jahre Musique concrète* bei der *Deutschen Musikverwaltung* (DMV) fristgerecht angemeldet hatte, erhielt ich ein Schreiben der Abteilung I vom 11.11.2017, in dem mir die Anmeldung bestätigt wurde.[3] Weiter wurden dort Angaben zu den Teilnahmebedingungen gemacht, die ich im Folgenden kurz listenartig zusammenfasse: Die Aufführung der ausgewählten Kompositionen werden im *Klangdom* des *Zentrum für Medienkunst* (ZKM) in Karlsruhe stattfinden. Zur Einreichung meiner Komposition habe ich das elektronische Musikantragsformular mit dem Titel *Antrag Musique concrète* in der Musikverwaltungs-Applikation der DMV *GarageBand* unter „Meine Songs" zu nutzen bzw. auszufüllen (siehe Abb. 2). In diesem Musikantragsformular sei das musikproduktionsmediale Setting von Pierre Schaeffers *Studio Club d'Essai* (später *Groupe de Recherches Musicale*) sowie die zugehörigen Handlungsvorgänge implementiert, wie dies in einem Fernsehfilm-Dokument (INA 1948) aus den 1960er Jahren nachgestellt ist.[4] Dieses Musikproduktionsformular sei als Musik*tabellen*formular gestaltet aufgrund der universellen Verständlichkeit der Kulturtechnik ‚Tabelle'. Im Formularwesen sei die Tabelle zentral, da sie vielfältige diagramm-ikonische Funktionalitäten unmittelbar verständlich mache; dazu hat dann die DMV in diesem Schreiben in Zitatfragmenten auf die Theorie des Diagramm-Ikons nach Charles Sanders Peirce verwiesen. Zur Funktionalität dieses Musiktabellenformulars (*Live Loops*) wird eine kurze Anleitung gegeben: Jede Zeile entspricht einer Schaefferschen

3 Der gesamte fiktive Schriftverkehr bzw. die fiktiven Schreiben der DMV an mich als Antragssteller können eingesehen werden in Fabian 2018a.

4 Mit Verweis auf die Mediathek der INA Paris: La naissance de la musique concrète et électroacoustique, URL: http://fresques.ina.fr/artsonores/fiche-media/InaGrm00208/la-naissance-de-la-musique-concrete-et-electro-acoustique.html. Zugegriffen am 05. Oktober 2021.

Schallplatte mit geschlossenen Rillen (siehe das Schallplattenspieler-Icon am Anfang jeder Zeile in Abb. 2) und jede Spalte einer geschlossenen Rille. Durch Antippen einer Tabellenzelle kann das darin eingetragene Sound-Sample als Loop oder einmalig (nicht geloopt) abgespielt werden. Darin sei das Formular interaktiv. Für die Komposition in diesem Formular sind die Sound-Samples vorgegeben, nämlich die originalen Klang-Loops von Schaeffer, die von der Archiv-Verwaltung der *Groupe de Recherches Musicales* (GRM) zur Verfügung gestellt werden und urheberrechtlich durch die französische Musikverwertungsverwaltung SACEM geschützt sind. Darum folgt an dieser Stelle der Warnhinweis, die damit komponierte *Musique-concrète*-Komposition sei umgehend bei der deutschen Musikverwertungsverwaltung GEMA mit dem dafür vorgesehen Anmeldeformular zu melden. Abschließend gibt die DMV einige Hinweise bezüglich der Schaefferschen Musikästhetik, die zu beachten seien, mit dem Hinweis auf weiterführende Hilfestellung für das „richtige Verständnis" der *Musique-concrète*-Ästhetik, wie z. B. die 1967 veröffentlichte Gehörbildung des Klangobjekts (*objet sonore*) von Pierre Schaeffer und Guy Reibel (Schaeffer und Reibel 2005). Das Schreiben der DMV an mich endet mit den folgenden Worten: „Wir wünschen Ihnen viel Erfolg beim Ausfüllen unseres *Musique-concrète*-Musiktabellenformulars!"

Meine fertiggestellte *Musique-concrète*-Komposition habe ich dann fristgerecht am 17.11.2017, wie von der DMV vorgegeben, in dem besagten interaktiven Musiktabellenformular (Abb. 2) eingereicht, woraufhin ich ein Schreiben der Abteilung I vom 25.11.2017 mit folgendem Wortlaut erhielt:

> Wir konnten Ihren Antrag nicht bearbeiten, da Sie das Formular an der folgenden Stelle falsch ausgefüllt haben: Sie haben ein Sample aus einer falschen Sample-Preset-Liste in die Tabelle eingetragen („Apple Loops"/"Downtempo Bounce Beat 02"). Wenn Sie weiterhin Interesse an einer Bewerbung für eine Aufführung einer *Musique concrète*-Komposition im Rahmen unseres Festivals haben, korrigieren Sie dies bitte an der entsprechenden Stelle im Musikunterformular *Spurendarstellung* und übermitteln Sie uns diese Korrektur wie gehabt in elektronischer Form innerhalb einer Woche nach Erhalt dieses Schreibens.

Daraufhin reichte ich mein korrigiert-ausgefülltes Musikformular wieder bei der DMV ein. Am 6.12. erhielt ich dann von der Abteilung XI der DMV den Bescheid auf Ablehnung meiner Kompositionseinreichung mit folgender Begründung: „Sie haben im Formularauswahlfeld ‚Sync-Zeitpunkt' sowie im Formularfeld ‚FX'/'Repeater' zuviel Gebrauch vom musiknotationellen Notendauernmaß gemacht." Dass dieser *zu-viel-Gebrauch* fehlerhaft sei, wurde im Schreiben mit musikästhetischen Eigenheiten der Schaefferschen *Musique concrète* begründet. In der Anlage befanden sich Bildschirmfotos des von mir ausgefüllten Musikformulars *Live Loops* mit Markierungen zu den Fehlern.

5 Meine musikmedienkulturwissenschaftlichen Anmerkungen zum Schriftverkehr

Die (fiktive) *Deutsche Musikverwaltung* (DMV) funktioniert wie jede öffentliche Verwaltung, das Musikformular *Live Loops* der Musikapp *GarageBand* wie jedes Formular öffentlicher Verwaltungsinstitutionen.

5.1 Arbeitsteiligkeit in der (Musik-)Verwaltungsinstitution

In öffentlichen Verwaltungsinstitutionen werden Formulare vom Antrag bis zum Bescheid arbeitsteilig abgehandelt. Eine solche verwaltungstechnische Arbeitsteiligkeit bildet sich in meinem Schriftverkehr mit der DMV ab. Ich hätte das *Musique-concrète*-Formular formal und musikästhetisch richtig ausfüllen können, habe jedoch genau das nicht getan, um die *Deutsche Musikverwaltung* vorzuführen und so Anhaltspunkte zur Formalisierung des Verwaltungsvorgangs zu erhalten. Die Schreiben vom 11.11. und 25.11. kommen von einer anderen Abteilung (Abt. I) als das vom 6.12. (Abt. XI). In Abteilung I wurde mein Antrag formal auf Vollständigkeit und Richtigkeit hin überprüft, vermutlich um diesen für den darauffolgenden Verwaltungsvorgang ‚aktenförmig' machen zu können; im Antrag fand die Sachbearbeiter*in beim Abgleich der Dateinamen mit der vorgegebenen *Musique-concrète*-Sound-Library einen Fehler und beschied dies mit einem Schreiben an mich (25.11.). Von Abteilung XI ging mir das Schreiben vom 6.12. mit der Ablehnung meines Antrags zu, d. h. die musikästhetische Überprüfung mit der Begründungsformulierung der Ablehnung hat z. B. die Abteilung X durchgeführt. Diese Abteilung X ist offensichtlich zuständig für die Überprüfung der *musikästhetischen Richtigkeit* meines Antrags auf Aufführung einer *Musique-concrète*-Komposition, eine Abteilung, die beim realen *Deutschen Musikrat* im Projekt *Zeitgenössische Musik / Konzert des Deutschen Musikrates* (o. J.) als „Jury" bezeichnet werden würde und vor allem aus Sachbearbeiter*innen bestehen würde, die sich im ‚Richtig-Ausfüllen' von Musikformularen hervorgetan haben (das sind sozusagen die Max Musterfrauen des Musikformulars bzw. die sog. ‚erfolgreichen' Komponist*innen) sowie Funktionäre aus anderen Musikverwaltungsinstitutionen.

5.2 Die Interaktionsfunktion des (Musik-)Formulars

Der Briefverkehr lässt die Interaktionsfunktion des Musikformulars aufscheinen: ich habe meinen Antrag auf Aufführung eines von mir produzierten *Musique-concrète*-Werkes im dafür vorgesehenen Musikformular so gestellt, dass meine musikalische Vision einer *Musique-concrète*-Komposition der Verwaltungsverfahrensnorm der DMV entspricht; derart normiert ist für die Verwaltung unmissverständlich formuliert, was ich mir unter einem *Musique-concrète*-Werk vorstelle, das *GarageBand*-Musikformular ist hier „ein Medium formalisierter Kommunikation zwischen ~~Bürger~~ [*Musique-concrète*-Komponist] und [Musik-]Verwaltung" (Brinckmann 1986, S. 131). Auf dieser musikformularischen Kommunikationsebene kann die DMV sofort Fehler in meiner Musik erkennen (siehe die DMV-Schreiben vom 25.11. und 6.12. in Fabian 2014a) und bezüglich meines Antrags zu einer der musikalischen Sache angemessenen Entscheidung finden: Für die Begutachtung lag der DMV ausschließlich das von mir ausgefüllte Musikformular *Spurendarstellung* vor – keine Audiodatei! Bei aller Asymmetrie der Interaktion von Musikantragsteller*in und DMV – schließlich ist es in meiner Fiktion die DMV, die das Formular von *Apple* nach ihren Vorgaben hat gestalten lassen und nicht nach den Vorgaben der Antragsteller*innen (!) –

> [würde] [e]ine Betrachtung des Formulars ausschließlich als Medium formaler Kommunikation [...] vernachlässigen, daß es vor allem praktische Interaktion von Verwaltung und Klienten, also wechselseitig verschränktes Handeln ermöglichen soll. Dies setzt gegenseitiges Verstehen voraus.
>
> (Brinckmann 1986, S. 132)

Dieses „gegenseitige Verstehen" sichert die DMV zum einen mit ihrer Anleitung zum Ausfüllen des Formulars ab (siehe das Schreiben vom 11.11., S. 4–10 in Fabian 2014a). Die Anleitung zum Formular im Sinne von Hinweisen, zumeist als Anlage mit Hinweisblatt, ist eine gängige Praxis der öffentlichen Verwaltung, um die Richtigkeit der Angaben des Formularbenutzers zu gewährleisten. Antragsformulare mit falschen Einträgen sind nicht bearbeitbar und werden ggf. abgelehnt, wie das Schreiben der DMV vom 25.11. beispielhaft zeigt. Zum anderen sichert die DMV das gegenseitige Verstehen mittels einer Begründung für eben diese Ausgestaltung des Musikformulars *Live Loops* ab – eine Begründung, die von musikmedienwissenschaftlicher Umsichtigkeit zeugt, denn es wird darauf hingewiesen, dass das Musikformular *Live Loops* ein Musiktabellenformular im Sinne einer musikmedialen Spieltabelle sei, das diagrammikonisch (nach Charles Sanders Peirce) die musikmedientechnische Kopplung für Schaeffers Studioproduktion seiner *Cinq études de bruits* abbildet sowie die mit dieser Kopplung medientechnisch bedingten Handlungsvorgänge.

5.3 Tempo

Doch ist denn das eigentlich tatsächlich so, dass im besagten Filmdokument die musikmediale Studiopraxis von Schaeffers Schellack-Schallplatten-*Musique-concrète* vorgeführt wird? Schaeffer verspricht zu Anfang des Films das, was er 1948 im Studio gemacht hat, nachzustellen: nämlich die Vorführung „einer improvisierten Abmischung, die auf der Technik der geschlossenen Rille, aus der die *Étude pathétique* heraus entstanden ist, basiert" (so Schaeffer im französischen Originalton am Anfang des Films). Vorgeführt wird hier also angeblich der Produktionsvorgang der *Étude pathétique* mit Pierre Schaeffer als Anleiter und Mischpultspieler sowie den heute festen Größen in der Geschichte der akusmatischen Musik François Bayle und Guy Reibel als Schallplattenspieler-Spieler. In einer ersten Szene ist Schaeffer allein zu sehen, wie er eine Schellack-Schallplatte mit in sich geschlossenen Rillen auf den sich drehenden Plattenteller auflegt und die in die geschlossenen Rillen eingravierten Klangobjekte (*objet sonore*, oder ganz anders gesagt: Sound-Samples) vorspielt. Die ersten beiden Klangobjekte, die Schaeffer vorspielt, haben beide die Länge von 769 Millisekunden (eine Minute geteilt durch 78 Umdrehungen nach Schellack-Standard), deutlich nachvollziehbar anhand der Markierung (weißer Strich) der sich drehenden Schallplatte: ein Sample hat genau die Dauer einer Umdrehung. Das dritte von ihm vorgespielte Sample jedoch hat eine Länge von über einer Sekunde und das letzte Sample von über zwei Sekunden, was in Bezug auf die geschlossene Rille nur mit einer langsameren Umdrehung des Plattentellers erklärbar wäre (bei z. B. 33 RPM wäre der Loop 1818 Millisekunden lang) – was hier jedoch nicht der Fall ist, denn die Umdrehungsgeschwindigkeit ändert Schaeffer in dieser Filmszene nicht (das zeigt sich anhand der besagten Markierung)! Damit ist klar, dass das, was im Film zu sehen ist, nicht mit dem, was zu hören ist, übereinstimmt, d. h. die Tonspur mit den Sound-Samples wurde nachträglich mit Schaeffers Auf- und Abbewegungen der Schallplattennadel synchronisiert – seine Hand verdeckt ganz bewusst die Sicht auf die Nadel (TC 00:00:05–00:00:40). Gibt es die Schaefferschen Schallplatten mit geschlossener Rille also vielleicht gar nicht? Wie war es Schaeffer eigentlich möglich, den Schellack-Rekorder so zu manipulieren, dass das Ende des 769 Millisekunden dauernden, maschinellen Gravurvorgangs millimetergenau (oder sogar genauer) an den Anfang anschließt?[5] Denn nur so kann ausgeschlossen werden, dass 1. die Nadel aus der Rille springt und 2. kein klangliches Artefakt hörbar ist

5 Seine einzige Antwort auf diese Frage ist wenig überzeugend, da technisch nicht geklärt: „skillfully raising the cutter once the groove has ‚bitten its tail'" (Schaeffer 2012, S. 32).

(„...plopp...plopp...plopp...“). Während meiner Recherche diesbezüglich in den vergangen Jahren habe ich nur einen Erklärungsansatz dazu gefunden, an den ich jedoch nicht glaube: „The loop was continuous, with no audible clicks during the jumps because these were shellac records made with a metal base covered with a soft wax that was marked by a stylus during the recording (these were quite fragile objects)“ (Teruggi 2007, S. 213).

Dass diese ganze filmische Vorführung der Geburt der *Musique concrète* gestellt ist, deutet sich in dieser ersten Filmszene an und setzt sich in der zentralen Szene des Films, der „improvisierten Abmischung“ (so Schaeffer im französischen Originalton des Films, TC 00:00:50) fort: so zeigt eine Gegenüberstellung der Musik in der Filmtonspur mit der *Étude pathétique*, dass die vermeintliche Improvisation nichts anderes ist, als ein Playback-Fake, d. h. während der Filmaufnahme haben die genannten Studioakteure die Tonarme der Schallplattenspieler und die Mischpultregler zu der im Studio abgespielten, originalen *Étude pathétique* nur zum Schein mitbewegt. Wer sich in die Studioarbeit mit Sound-Samples auf Schellack-Schallplatten hineindenkt, dem ist klar, dass Schaeffer seine Etüden ganz und gar nicht auf diese Weise produziert haben kann – zumal er nach eigenen Angaben in seinem *Études-de-bruit*-Tagebuch diese Etüden im Studio allein produziert hat:

> June 6 [1948]. [...] On this evening of my departure I can’t resist coming in for a final studio session. [...] Then follows an exercise in virtuosity with four potentiometers and the eight switches. Fortune favors fools: Études no. 5, called with sauce pans (because this study begins and ends with a sequence from a spinning tin can), is done in a few minutes, the time needed to record it.
>
> (Schaeffer 2012, S. 19)

Da frage ich mich doch, wie das, was schon zu dritt offensichtlich unmöglich ist, damals allein möglich gewesen sein soll...? Den gesamten schriftmedialen Nachlass von Schaeffer und damit auch sämtliche Musiknotate verwaltet das *Institut mémoires de l’édition contemporaine* (IMEC) in Frankreich, das teilte mir auf meine Anfrage hin der derzeitige Leiter bei der INA-GRM, dem ehemals von Schaeffer gegründeten Studio,[6] mit; meine Anfrage dort im Archiv ergab dann, dass von Schaeffer zu den *Cinq études de bruits* keinerlei Partiturmaterial hinterlassen wurde, d. h. eine Produktionspartitur, wie im Film von ihm präsentiert, hat es vermutlich nie gegeben ...

6 „Pierre Schaeffer [...] had established the GRM in 1958 (previously it had been called GRMC: Groupe de Recherche de Musique Concrète)“ (Teruggi 2007, S. 219).

5.4 Die Subsumtionsfunktion des (Musik-)Formulars

Die Qualitätssicherung (siehe den Brief vom 11.11., S. 1 in Fabian 2018a), die mittels des Musikformulars *Live Loops* gewährleistet werden soll, verweist auf die Subsumtionsfunktion des Formulars. Im Schreiben vom 6.12. macht die für mich zuständige Sachbearbeiter*in darauf aufmerksam, dass der von mir produzierte musikalische Sachverhalt ein ‚zu viel' aufweist, das sie allein aufgrund der dem Musikformular zugestandenen Subsumtionsfunktion benennen kann: Der musikalische Sachverhalt, den ich im Musikformular *Live Loops* eingetragen habe und der in der Spurendarstellung dokumentiert ist, nämlich 1. die mehrmalige Benutzung des musiknotationellen Synchronisationszeitpunkts sowie 2. die Benutzung des Repeater-Effekts (siehe in der Anlage zum Brief vom 6.12., S. 2 in Fabian 2018a), kann dem musikästhetischen Tatbestand für ein musikalisches Werk der *Musique concrète*, der im Rechtssatz des *Musikästhetik-Gesetzgebers* Pierre Schaeffer formuliert ist, nämlich, dass die *Musique concrète* nicht in der (abstrakten) musiknotationellen Taktmaßeinteilung (Ganze, Halbe, Viertelnote etc.) zu erfinden ist, nicht subsumiert werden.

5.5 Die Organisationsfunktion des (Musik-)Formulars

Die Organisationsfunktion des Formulars besteht in verschiedenen Funktionalitäten, von denen eine die der Arbeitsanweisung für die Sachbearbeiter*in ist (Brinckmann 1986, S. 161 ff.); musikbezogen gesagt: das Formular ist die Partitur, nach der sich die Formular-Sachbearbeiter*innen (Musiker*innen) organisieren. Entsprechend stellt sich das Musikformular *Live Loops* als Anweisung für die abzuarbeitenden Verwaltungsvorgänge dar: Was nach dem Öffnen des *GarageBand*-GUI zuerst zu tun ist, erschließt sich mit dem abgebildeten Tabellenraster aufgrund des diagrammatischen Tabellen-Imperativs: „befülle meine Zellen!"; die Benutzer*in berührt eine Zelle mit dem Zeigefinger auf dem iPad, eine Abfrage erscheint und von hier aus erklären sich die folgenden Arbeitsabläufe wie von selbst, d. h. mittels Auswahllisten sowie Icons, die elektronische Bauteile auf Frontpanels verschiedenster Musikmedientechnologien nachbilden (z. B. Mischpultregler oder Play-, Rec-, Stop-, Skip-Schalter). Erst nachdem die *Live Loops*-Tabelle ausgefüllt ist, kann die Tabelle gespielt oder im Unterformular *Spurendarstellung* aufgenommen werden (Musikproduktion in Echtzeit, die wiederum in Nicht-Echtzeit bearbeitet werden kann). Die Icons im GUI, mit denen die jeweiligen Musiktabellenformulare (*Spurendarstellung*, *Live Loops*) aufgerufen werden können, bilden ikonisch das Tabellenraster und damit den besagten Imperativ ab (als formimmanente Regel), dies jedoch in jeweiliger

Eigenlogik mit unterschiedlichen formbildenden Regeln,[7] die diagrammikonisch abgebildet sind (die Tabelle in Zeilendarstellung gegenüber der Tabelle in Zellendarstellung). Selbstverständlich sind es die Formular-Designer von verwaltenden Institutionen, die solche Aufeinanderfolgen möglicher (implizierter) Arbeitsanweisungen implementieren. Sie geben damit dem Formularbenutzer nach ihren Vorstellungen eine Organisationspraxis vor, die zu einem ganz bestimmten, von ihnen gewollten Ergebnis führt, denn „die arbeitsanleitende Wirkung von Formularen beruht auf den mit ihrer Ausgestaltung und Verwendung vorab definierten Vorstellungen über die angemessene Form und Bearbeitung“ (Brinckmann 1986, S. 161); in Analogie am Beispiel der *GarageBand*-App gesagt, sind es die App-Designer von *Apple*, die in den *GarageBand*-Musikformularen eine ganz bestimmte Musikproduktionspraxis implementiert haben, die zu ganz bestimmten musikalischen Ergebnissen führt. Welche Art von Ergebnisse das sein können, darüber klärt die Liste der Beispiel-Presets in der App auf (siehe Abb. 2, S. 12 in Fabian 2018a): „lass dich inspirieren mit Tausenden von Loops aus beliebten Genres wie EDM, Hip-Hop, Indie und mehr“ (Apple Internetportal der iOS Musikapp GarageBand, o. J.).

5.6 Die Maskierungsfunktionalität des (Musik-)Formulars

Nach dem vollständigen und richtigen Ausfüllen des *Musique-concrète*-Antragsformulars *Live Loops* soll nicht das *Live-Loops*-Tabellenformular „elektronisch übermittelt“ werden, sondern nur das Musikformular, in dem das Ergebnis des Ausfüllens eingetragen ist; und das ist nicht die Aufnahme im Audiodateiformat (!), sondern die Abbildung des musikperformativ Ausgefüllten in einem anderen Musiktabellenformular, nämlich im Formular *Spurendarstellung* (siehe in der Anlage des Schreibens vom 11.11., S. 8 in Fabian 2018a). Dort ist dokumentiert, welche Sound-Samples (siehe die Dateinamen) an welcher Stelle (siehe das Zeitraster) wie lange, in welcher Anzahl, in welcher Ereignisform (als Loop oder nur einmalig abgespielt) und in welcher Synchronizität beim Spiel des Musiktabellenformulars *Live Loops* benutzt wurden sowie weiter das Grundmischungsverhältnis und die benutzten Effekte im zeitlichen Raster. Damit zeigt sich, dass das *Live-Loops*-Musikformular die Eingabemaske ist – verwaltungstechnisch gesagt: ein „Formular auf Glas“ (Brinckmann 1986, S. 179) demgegenüber das Spurendarstellungs-Musikformular ein erweiterter Durch-

7 Zur Begrifflichkeit „formimmanente und formbildende Regeln des Formulars“ siehe Brendecke 2003 sowie bezogen auf Musikformulare siehe Fabian 2018, S. 12a ff.

schlag des in diese Maske Eingegebenen ist. So wird in der Spurendarstellung der performativ in der Live-Loops-Spieltabelle produzierte Musikverlauf in allen Einzelheiten protokolliert – wie ein deskriptives Notat elektroakustischer Musik, also ein *Musiknotat*. Das im Masken-Formular abgebildete Bedeutungsraster für die Persona *zu verwaltender Antragsteller* entfällt im Durchschlag und offenbart schriftbildlich die Bedeutungsstruktur eines verwaltungstechnischen Befunds; bezogen auf Musikverwaltungstechnik: die Spurendarstellung eröffnet die Ansicht auf den performativen Echtzeitproduktionsablauf als einen musikästhetischen Befund.

6 Meine musikkulturellen Erkenntnisse des Schriftverkehrs

6.1 Musikformulare sind Musikmachtdinge

Die Deutsche Musikverwaltung gibt es nicht, es gibt jedoch den *Deutschen Musikrat*, den ich hier als Beispiel dafür verstanden haben will, wie ich mir die *Deutsche Musikverwaltung* vorstelle. Aus diesem Grund habe ich mir das Organigramm des *Deutschen Musikrates* und dessen Grundsätze genauer angesehen. Das Organigramm des *Deutschen Musikrates* (o. J.) bildet ab, dass „Projekte" und „Musikpolitik" auf einer Hierarchieebene von der darüberstehenden „Mitgliederversammlung" (der zentralen Instanz des DMR) verhandelt wird. D. h. hier ist eindeutig abgebildet, dass z. B. die Förderung von Projekten von den Interessen der Mitglieder abhängig ist, die sich auf ein Förderprogramm einigen, das sich letztlich dann in Antragsformularien manifestiert: Musikkulturschaffende, die nicht Mitglied sind – oder es sogar sind, sich in der trägen demokratischen Masse der Mitgliederversammlung nur nicht durchsetzen konnten –, haben ihre Projektinhalte für diese DMR-Förderantragsformularien gefügig zu machen, sich in ihrem künstlerischen Wollen den jeweiligen Formularvorgaben zu fügen und in diesem verwaltungstechnischen Sinne, aktenförmige Musikprojekte zu erfinden. So besehen ist die Musikverwaltungsinstitution DMR – egal wie demokratisch handelnd – ein musikkulturelles „Zwangssystem":

> Was man im allgemeinen ‚Institution' nennt, meint jedes mehr oder weniger aufgezwungene, eingeübte Verhalten. Alles was in einer Gesellschaft als Zwangssystem funktioniert und keine Aussage ist, kurz also: alles nicht-diskursive Soziale ist Institution.
>
> (Foucault 1978, S. 125)

„Musikpolitik", was will das sein? Der Begriff ist eine Wortschöpfung des Deutschen Musikrates und im Grundsatzprogramm des Deutschen Musikrates *Musikpolitik in der Verantwortung* (o. J.) von 2009/2012 näher bestimmt. Schon der Titel dieses Grundsatzpapiers macht kulturwissenschaftlich Denkenden klar, dass es dem DMR darum geht, erstens seiner Wortschöpfung mittels des machtpolitisierten Begriffs ‚Verantwortung' Macht zuzuweisen (wie wir spätestens seit Konrad Adenauer wissen, „sind Macht und Verantwortung [...] untrennbar miteinander verbunden", Adenauer 1956), um dann zweitens sich zu einer Instanz musikkultureller Macht zu stilisieren, und das in der Maskierung der *Fürsorge* („zum Erhalt und zur Weiterentwicklung der Musikkultur", Deutscher Musikrat Grundsatzpapier, o. J.). Für Kulturwissenschaftler*innen ist dieses Grundsatzpapier des DMR ein Vorzeigebeispiel für sämtliche Ideologien, die von den Kulturwissenschaften in den vergangenen Jahrzehnten abgehandelt und für das Wahrsprechen im Musikdiskurs entmachtet wurden, wie z. B. Musik als ideologisches Mittel zur Bildung nationaler Identität: „In der Welt gilt Deutschland als herausragendes Land der Musik" (ebd. S. 6).

In diesem Machtgefälle verorte ich den folgenden fiktiven Schriftverkehr mit der *Deutschen Musikverwaltung*, ein Schriftverkehr, mit dem ich hier fallbeispielhaft darüber nachdenke, wie Musikverwaltungen wie die fiktive *Deutsche Musikverwaltung* sich erstens mit jedem vom Musikantragsteller ausgefüllten Formular selbst reproduzieren (in Befehlsform gesagt: „Wenn Du was sein willst in der Musikwelt, beantragst Du das im Formular, das ich Dir vorsetze, bei mir – und ermächtigst mich mit Deinem Antrag dazu, Dich von mir verwalten zu lassen!") und zweitens Musikmacher*innen mittels Formularien vorgeben, was die ‚richtige' Musik ist. Die eigentliche Macht, die hier zum Vorschein kommt, wird nicht von der *Deutschen Musikverwaltung* besessen, sondern vielmehr im Musikverwaltungsvollzug heraufbeschworen, denn „die Macht wird nicht besessen, sie zieht sich durch die feinsten Risse der Oberfläche des sozialen Feldes gemäß einem System von Relais, Konnexionen, Transmissionen, Distributionen etc. Die Macht wirkt durch kleinste Elemente" (Foucault 2001, S. 40); musikverwaltungsbezogen für das Musikfestival *70 Jahre Musique concrète* umformuliert: „Die Musik-Macht wird nicht besessen, sie zieht sich durch die feinsten Risse der Oberfläche des musikverwalterischen Feldes gemäß eines Systems von Büros und Abteilungen, Fluren, Verwaltungsvorgängen, Formularen etc. Die Musik-Macht wirkt durch kleinste Elemente", die sich im Musikformular manifestieren; musikformularbezogen für die Musikapp *GarageBand* von mir umformuliert: „Die Musik-Macht wird nicht besessen, sie zieht sich durch die feinsten musikstudiohaften (Pre-)Settings, die die graphischen Oberflächen der Musikapp *GarageBand* an sich sind, gemäß einem System von Kopplungen musikmedientechnischer Schaltstellen, Kanalmischern, Musikdatennotaten, Musikdatenverarbeitungslogistiken etc. Die *GarageBand*-Musik-Macht wirkt durch kleinste Elemente", wie musiktheoretische Presets (Vorgabe von Tonsystemen von Dur, Moll, Pentatonik etc.), Reglern zugewiesene Klangbedeutungen (Lautstärke, Effekte etc.), musikmedienapparative sowie musikinstrumentale Logiken und Logistiken (Sampler, Step-Sequenzer, Instrumenteninterfaces etc.).

6.2 Die *GarageBand*-App ist eine musikkulturell wirkmächtige Spiele-App

In öffentlichen Verwaltungen ist elektronische Datenverarbeitung (EDV) heute längst fundamentaler Bestandteil verwaltungstechnischer Vorgänge. Jede EDV-Software kann aufgrund aller möglichen Ein- und Ausgaben sowie der Arbeitsteiligkeit von Datenverarbeitungsvorgängen für sich wiederum als ein Verwaltungsapparat angesehen werden:[8] Die Algorithmen stellen die Sachbearbeitungsabläufe in Büros dar, die implementierten Input-Output-Kanäle zur Kopplung dieser Algorithmen die Türen, Flure und Dienstwege. So besehen, verwaltet die Musikapp *GarageBand* als Musikverwaltungsapparat Algorithmen und Daten, denen musikalische Bedeutungen zugewiesen sind:[9] Die App-Benutzer*in stellt im formularischen Eingabe-GUI einen *Antrag auf Musikklang*. Ist alles richtig ausgefüllt, wird der Antrag bewilligt. Die von mir bezüglich der *Deutschen Musikverwaltung* beschriebene Verwaltungsinstanz der musikästhetischen Überprüfung durch Sachbearbeiter*innen ist in der App schon formularisch implementiert; der Benutzer kann aufgrund der formularischen Auswahlmöglichkeiten, bestehend aus musiktheoretischen etc. Presets (vor allem bezüglich der Sound-Library und der Instrumenten-Interfaces), für die jeweiligen interaktiven GUI-Formularfelder, fast nur noch musikästhetisch ‚Richtiges' eintragen; jeder Sound, der als Musikverwaltungsbescheid vom Klangverwaltungsapparat *GarageBand* ausgegeben wird, ist einem bestimmten Musikgenre-Preset (hier z. B. *Musique concrète*) entsprechend Musik. Und so kann *Apple* das Versprechen „Mit Live Loops machst du ganz einfach elektronische Musik" (Apple Internetportal GarageBand, o. J.) halten; wieder musikverwaltungstechnisch gesagt, jeder Antrag auf Musikproduktion kann bewilligt werden.

8 Zu staatlichen Verwaltungsinstitutionen als informationstechnologische Maschinerie siehe Agar 2003: „files [Akten] are information technologies: they are material artefacts that store and organize information. A file is a part of a technological system" (S. 1).

9 Zur Bedeutungszuweisung von musikalischen Sachverhalten in Bezug auf computerisierte Algorithmen siehe Fabian 2013, S. 297 ff.

Die *GarageBand*-App ist so maßgeblich am (musikalischen) Werk (in *GarageBand Song*, eine klare Musikgenrevorgabe), dass diese gar nicht mehr Produktionswerkzeug (siehe dazu die Tools-Ideologie der Musiksoftware-Fanzines, d. h. Magazine für Audiosoftware-Fans wie z. B. *Keyboards*) für kanonisierte Musikgenres sein kann, sondern nur noch ein Musikgenre-Re-Produktionsautomat, ein *Musikgenrereplikator*. Mit jedem Touch auf das GUI der App werden die in der App vorgesetzten Musikgenres aktualisiert und damit letztlich im musikkulturellen Klanggedächtnis memoriert, darin besteht die eigentliche Wirkmächtigkeit der App. Entscheidend für die Verbreitung dieses Musikklangwissens ist dabei, dass diese Aktualisierung nicht im musiksozialen Raum von Musikbühnen stattfindet, sondern überall dort, wo Menschen ihr iPhone oder iPad dabeihaben (dazu *Apple*: „Die Welt ist deine Bühne", ebd.). Im Sinne eines musikalischen Interface-Designs gesagt: die User Experience der App soll gar nicht die des professionellen Musiksoftwaretools sein, mit dem sich professionelle, aufführbare Musik produzieren lässt (kann es auch gar nicht, denn die meisten dafür nötigen Produktionsmöglichkeiten, die in einer Musiksoftware wie z. B. Ableton gegeben sind, gibt es da gar nicht). Vielmehr soll sie das musikalische Performance-Feeling der Persona *DJ* nachfühlbar machen, damit die Benutzer*in sich so fühlen kann wie ein*e DJ bzw. Produzent*in: „[M]ach Musik wie ein DJ, alles mit ein paar Fingertipps" (ebd.), so der Appell von *Apple* an die Benutzer. Die App projiziert das Musikproduktionsstudio als Erlebnisraum, in dem sich das Musikproduktions- und -performance-Feeling nacherleben lässt, und das anhand der Umsetzung vermeintlich eigener musikalischer Kreationen: „Mit Live Loops kannst du musikalische Ideen in Echtzeit wiedergeben, bearbeiten und arrangieren" (*Apple GarageBand Benutzerhandbuch* für das iPad, o. J.). Aus diesem Grund unterstelle ich, dass *GarageBand* eine Spiele-App ist, mit der sich der Benutzer selbst in die fantastische Welt der Musikproduktion und DJ-Performance entführen kann, archetypische Studiotechniken exploriert (Drum-Sequenzer, Mischpult, Synthesizer, Effekte etc.) sowie Performancepraktiken (verschiedene Gitarren spielen, scratchen, repeaten, delayen, filtern, turntablen etc.) mit dem Erfolgserlebnis, dass das Alles ‚echt' klingt; ganz so, wie dieselbe Benutzer*in sich mit einer anderen Spiele-App z. B. in die Welt der Dinos begibt. Dass sich Benutzer*innen von *GarageBand* „mit ein paar Fingertipps" in dieser musikmedialen Phantasiewelt zurechtfinden und alles „ganz einfach" ist: „Dank Live Loops ist es jetzt ganz einfach, Musik wie ein DJ oder Produzent elektronischer Musik zu erschaffen. [...] Mit Remix FX kannst du sogar kreative Übergänge wie ein DJ hinzufügen." (*Internetportal Garageband*, o. J.), hat mit dem Design von Apps im Allgemeinen zu tun. Da die Touchscreens der Mobile Devices (Android-Smartphones und

-Tablets, iPhones und iPads) ungleich kleiner als die von Computerbildschirmen sind, können die GUIs von Apps nicht annähernd so kleinteilig gestaltet werden, wie die von Computersoftware. Einfachheit im Sinne von graphischer und damit funktionaler Reduktion ist darum notwendig – selbstverständlich als Programmier-Presets in Software Developement Kits formularisch implementiert usw.[10]

6.3 Musikklangverwaltungsdispositiv

„Verwaltung ... Musikverwaltung ... Musikklangverwaltung ... Musikklangverwaltungsdispositiv ... und Schluss!" (meine Stimme)

Der Begriff „Dispositiv" versteht sich hier nach Michel Foucault. So stelle ich zunächst kurz seine Begriffsdefinition vor, um dann klären zu können, was ich mit meiner Wortschöpfung *Musikklangverwaltungsdispositiv* meine und zu welcher musikwissenschaftlichen Erkenntnis diese Dispositiv-Fokussierung für meinen Ansatz des Musikverwaltens im Musikformular führt. Foucault weist dem Dispositiv-Begriff drei Grundeigenschaften zu, nämlich, verkürzt gesagt: erstens die, ein „Netz" zu sein, das „Elemente" funktional miteinander verbindet; zweitens „Verbindungen" zu spinnen, die die Erscheinungsform und damit die Funktionalitäten der Elemente untereinander veränderlich halten; drittens eine „strategische Funktion" zu besitzen, die jeweils zeitgeschichtlich hervorgerufen wird („es hat da einen strategischen Imperativ gegeben, der die Matrix für ein Dispositiv abgab." Foucault 1978, S. 120):

> Was ich festzumachen versuche, ist erstens ein entschieden heterogenes Ensemble, das Diskurse, Institutionen, architekturale Einrichtungen, reglementierende Entscheidungen, Gesetze, administrative Maßnahmen, wissenschaftliche Aussagen, philosophische, moralische oder philanthropische Lehrsätze, kurz: Gesagtes ebensowohl wie Ungesagtes umfaßt. Soweit die Elemente des Dispositivs. Das Dispositiv selbst ist das Netz, das zwischen diesen Elementen geknüpft werden kann. [...] Zweitens möchte ich in dem Dispositiv gerade die Natur der Verbindung deutlich machen, die zwischen diesen heterogenen Elementen sich herstellen kann. So kann dieser oder jener Diskurs bald als Programm einer Institution erscheinen, bald im Gegenteil als ein Element, das es erlaubt, eine Praktik zu rechtfertigen und zu maskieren, die ihrerseits stumm bleibt, oder er kann auch als sekundäre Reinterpretation dieser Praktik funktionieren, ihr Zugang zu einem neuen Feld der Rationalität verschaffen. Kurz gesagt gibt es zwischen diesen Elementen, ob diskursiv oder nicht, ein Spiel von Positionswechseln und Funktionsveränderungen, die ihrerseits

10 Siehe dazu die mächtige iOS API (Apple Developer API, o. J.).

> wiederum sehr unterschiedlich sein können. [...] Drittens verstehe ich unter Dispositiv eine Art von – sagen wir – Formation, deren Hauptfunktion zu einem gegebenen historischen Zeitpunkt darin bestanden hat, auf einen Notstand (urgence) zu antworten. Das Dispositv hat also eine vorwiegend strategische Funktion.
>
> (Foucault 1978, S. 119 f.)

Wie aus meinem fiktiven Briefverkehr hervorgeht, verwaltet die *Deutsche Musikverwaltung* das Musikfestival nicht allein. Die Aufgaben zur Organisation und Durchführung des Festivals sind auf weitere Institutionen verteilt (GEMA, SACEM, INA/GRM, ZKM, *Apple*), die alle wiederum arbeitsteilige Musikverwaltungsinstitutionen sind (zumindest als Entwickler von *GarageBand* ist *Apple* hier eine Musikverwaltungsinstitution). Der gesamte Verwaltungsvorgang zum Musikfestival *70 Jahre Musique concrète* erscheint somit als ein Netz aus miteinander verbundenen musikverwalterischen Instanzen: Die GEMA (in Frankreich SACEM) verwaltet die Verwertungs- und Kopierrechte der Schaeffer-Samples (Dispositiv-Elemente: „Institution“, „Gesetze“), die im Schaeffer-Nachlass-Besitz der INA/GRM sind (Dispositiv-Elemente: „Institution“, Archiv); das Musikformular *Live Loops* (Dispositiv-Element: „administrative Maßnahme“) hat *Apple* („Institution“) für die DMV gestaltet; das ZKM, das die musikalischen Aufführungsereignisse verwaltet, stellt mit seiner besonderen Lautsprecherdisposition (*Klangdom*) den Aufführungsort (Dispositiv-Elemente: „Institution“, „architekturale Einrichtungen“). Pierre Schaeffer sowie seine Gehörbildung des Klangobjekts (siehe dazu den Brief vom 11.11., S. 5 Fabian 2014a) gibt die DMV als musikästhetische Referenz für die Antragsteller*innen an (Dispositiv-Elemente: „Diskurs“, (klang-) „wissenschaftliche Aussagen“). Die DMV bildet die zentrale Entscheidungsinstanz (Dispositiv-Element: „reglementierende Entscheidungen“). Der „strategische Imperativ“, den ich aus dieser Vernetzung herauslese, ist die Notwendigkeit, Schaeffers *Musique concrète* im musikalischen Kanon als *Spielart der Kunstmusik* zu rechtfertigen und zu maskieren sowie im musikkulturellen Gedächtnis zu memorieren. Kulturwissenschaftlich gesagt, sind Jubiläen nichts anderes als die Aktualisierung eines zum Ereignis Stilisierten, mittels Maskierung in Gestalt der Ehrung idealisiert. So wird dem 70jährigen Jubiläum der *Musique concrète* die Maske der Ehrung aufgesetzt, um die musikmachtpolitische Kanonisierung dieses Kunstmusikgenres möglichst unkenntlich zu machen. Doch ist dies immer noch nur die idealisierte Vorderseite des strategischen Imperativs, denn praktisch geht es auf der Hinterseite darum, das Weiterbestehen der beteiligten Institutionen abzusichern: nur wer gebraucht wird, wird nicht abgeschafft! Tatsächlich sind alle am *Musique-concrète*-Festival beteiligten Institutionen nichts als Formen der Institutionalisierung von musikästhetischen Diskursen und den daraus hervorgegangen Artefakten wie eben der *Musique concrète*.

Wenn weder diese Diskurse noch die zugehörigen Artefakte im Umlauf sind, werden die Institutionen obsolet. Der strategische Imperativ, der genau dieses Netz hervorgerufen hat, kann darum nur lauten: *Selbsterhaltsicherung bei gleichzeitiger Machterhaltsicherung der beteiligten Institutionen mittels Kanonisierung eines bestimmten musikästhetischen Diskurses.* Je nach Strategie können die Elemente auch ganz anders funktional miteinander verbunden sein. So kann – im Folgenden fiktiv weitergesponnen – z. B. die INA/GRM die zentrale Musikverwaltungsinstanz für das *Musique-concrète*-Festival sein und damit nicht mehr Archiv, sondern „das Programm dieser Institution"; die *Musique concrète* als musikästhetischer Diskurs kann z. B. gründungsgeschichtliches Archiv musikmedientechnischer Praktiken des *Hip-Hop*-Genres sein (Sampling „als sekundäre Reinterpretation dieser Praktik"); der *Klangdom* des ZKM kann ein diskursiver Gegenstand im technischen Diskurs zur Mehrkanal-Implementierung bei *Apple* für die App *GarageBand* sein usw.

So besehen, weist mein mit dem fiktiven Schriftverkehr gesponnenes Klangverwaltungs-Netz aus Klangverwaltungs-Elementen bzw. Musik(klang)-verwaltungsinstanzen alle drei Merkmale eines Dispositivs nach Foucault auf. Ein Dispositiv, das, wie gezeigt, ein musikverwaltungstechnisches ist, und das ich darum *Musikklangverwaltungsdispositiv* nenne. Ich nehme sozusagen Rolf Großmanns Aufruf an die Musikwissenschaft von vor vielen Jahren (!) an, „das Dispositiv als musikwissenschaftliches Theoriemodell" nutzbar zu machen (Grossmann 2008, S. 6), indem ich den Begriff *Musikklangverwaltungsdispositiv* einführe und damit meinen musikmedienwissenschaftlichen Ansatz der Musikverwaltung und des Musikformulars mit Musikklanglichem zusammengedacht haben will.

Eine weitere Eigenschaft des Dispositivs besteht für Foucault darin, dass die „Strategien von Kräfteverhältnissen [...] Typen von Wissen stützen und von diesen gestützt werden"; darin begreift er das Dispositiv als „einen sehr viel allgemeineren Fall der Episteme" (Foucault 1978, S. 123):

> Das Dispositiv ist also immer in ein Spiel der Macht eingeschrieben, immer aber auch der Begrenzung oder besser gesagt: an Grenzen des Wissens gebunden, die daraus hervorgehen, es gleichwohl aber auch bedingen. Eben das ist das Dispositiv: Strategien von Kräfteverhältnissen, die Typen von Wissen stützen und von diesen gestützt werden.
>
> (Ebd. S. 123)

Der „Typ von Wissen", der im von mir vorgestellten Musikklangverwaltungsdispositiv gestützt wird, ist der vom Wissen darüber, was die diskursiven Praktiken sind, mittels derer sich Musik im Allgemeinen sowie bezüglich einer musikalischen „Kunst fixierter Klänge" (Chion 2010) bzw. *Musique concrète* aussagefunktional formieren lässt – idealisiert gesagt: Erstens (implizit) wann, d. h. unter welchen diskurspraktischen Bedingungen Musik ist, und zweitens (explizit) wann diese Musik eine *Musique concrète* ist; zugleich ist es genau dieser „Typ von Wissen", der wie gezeigt, genau dieses Musikklangverwaltungsdispositiv stützt. Verwaltungstechnisch gemäß Subsumtionsfunktion des Formulars gesagt: Sachverhalt und Tatbestand stützen sich gegenseitig. Und das vor dem Hintergrund der Tatsache, dass in ein Formular nur solche Information eingetragen werden kann, die formularisch als *Weltwissen* kategorisiert ist. Aus diesem Grund kann das beschriebene Verwaltungsdispositiv in ideologischer Maskierung der musikgeschichtlichen Fürsorge um *Musique concrète* nur von einer Musik wissen, die es als (Musik-)Wissen verwaltet; in Bezug auf meinen musikkulturwissenschaftlichen Ansatz der Musikklangverwaltung und des Musikformulars ganz stark verallgemeinernd versucht zu formulieren: 1. Musikverwaltungen sind die Bedingung für Musikwissen und sind zugleich von Musikwissen bedingt, 2. Musikformulare sind die Materialitäten, in denen sich Musikklangverwaltungsdispositive abbilden – wie mit meinem fiktiven Schriftverkehr anhand des *Live-Loops*-Musikformulars beschrieben. Und damit komme ich zur eigentlichen Schlussfolgerung des Ganzen, die ich – kurzgeschlossen – genauso verallgemeinernd formuliere: *Wer Musikepisteme sucht, findet diese mittels der Analyse von Musikformularen im Sinne einer Beschreibung von Musikklangverwaltungsdispositiven.*

7 (Nach-)Klang

„Musikformularisch verwalteter Klang ist, musikklanglich erhört, die Sonifikation von Musikformularen – das Sonische, das sich im Anhören erschließt, ist Musikformularwissen und darin das Wissen von Musikklangverwaltungsdispositiven." (meine Stimme)

Medienverzeichnis

Abbildungen

Abb. 1: Fiktiver Antrag auf einen musikalischen Beitrag für das Musikfestival 70 Jahre Musique concrète (2018). In Fabian, Alan. 2018a. *Musik / Klang / Verwaltung / Dispositiv. Wie Musikklangverwaltungen als Musikmachtdinge mittels Musikmachding Musiktabellenformular das Musikmachen, Musikmachende und Musik verwalten. Ein fiktiver Schriftverkehr.* Hildesheim: Universitätsverlag.

Abb. 2: Ansicht der Live Loops der iOS-App *GarageBand* (Screenshot).

Literatur

Adenauer, Konrad. 1956. *Begrüßungsansprache beim 4. Kongress des DGB in Hamburg.* https://www.konrad-adenauer.de/seite/01-oktober-1956/. Zugegriffen am 05. Oktober 2021.

Agar, Jon. 2003. *The Government Machine. A Revolutionary History of the Computer.* Cambridge/MA u. a.: MIT Press.

Apple, *Developer API. Documentation.* o. J. https://developer.apple.com/documentation/technologies. Zugegriffen am 21. Juni 2021.

Apple, GarageBand. o. J. *Benutzerhandbuch für das iPad. Live Loops Übersicht.* https://support.apple.com/de-de/guide/garageband-ipad/chsca7ff9ced/ipados. Zugegriffen am 21. Juni 2021.

Apple, Garageband Hilfe. o. J. https://help.apple.com/garageband/ipad/2.3/?lang=de#/chsd95b06794. Zugegriffen am 21. Juni 2021.

Apple, Internetportal der iOS-Musikapp *GarageBand.* o. J. https://www.apple.com/de/ios/garageband/. Zugegriffen am 21. Juni 2021.

Brendecke, Arndt. 2003. Tabellenwerke in der Praxis der frühneuzeitlichen Geschichtsvermittlung. In *Autorität der Form – Autorisierungen – Institutionelle Autoritäten*, hrsg. Winfried Schulze, Gerhard Regn und Wulf Oesterreicher, 37–53. Münster u. a.: Lit.

Brinckmann, Hans, Klaus Grimmer, Anne Höhmann, Stefan Kuhlmann und Wolfgang Schäfer. 1986. *Formulare im Verwaltungsverfahren. Wegbereiter standardisierter Kommunikation.* Darmstadt: STMV.

Chion, Michel. 2010. *Die Kunst fixierter Klänge – oder die Musique Concrètement.* Berlin: Merve.

Deutscher Musikrat. o. J. *Konzert des Deutschen Musikrates.*https://www.zeitgenoessische-musik.de/infos/ueber-uns/projektearchiv/kdmr. Zugegriffen am 21. Juni 2021.

Deutscher Musikrat. o. J. *Organigramm* des Deutschen Musikrates. https://www.musikrat.de/organisation/. Zugegriffen am 21. Juni 2021.

Deutscher Musikrat. o. J. *Musikpolitik in der Verantwortung. Grundsatzpapier des Deutschen Musikrates.* http://www.miz.org/downloads/dokumente/564/dmr_grundsatzpapier-musikpolitik.pdf. Zugegriffen am 21. Juni 2021.

Deutscher Musikrat. o. J. *Was ist Musikpolitik?* https://www.musikrat.de/musikpolitik/. Zugegriffen am 21. Juni 2021.

Fabian, Alan. 2018. Musik (tabellen)formulare || Musik | Tabellen | Formulare in der Musik(klang)verwaltung || Musik | Klang | Verwaltung. Musiknotation, Audiotechnik, Musiksoftware. In *Musikformulare und Presets. Musikkulturalisierung und Technik/Technologie*, hrsg. Alan Fabian und Johannes Ismaiel-Wendt, 6–25, 85–117. Hildesheim: Georg-Olms-Verlag, Hildesheim: Universitätsverlag.

Fabian, Alan. 2018a. *Musik / Klang / Verwaltung / Dispositiv. Wie Musikklangverwaltungen als Musikmachtdinge mittels Musikmachding Musiktabellenformular das Musikmachen, Musikmachende und Musik verwalten. Ein fiktiver Schriftverkehr.* Hildesheim: Universitätsverlag.

Foucault, Michel. 2001. Die Macht und die Norm. In *Michel Foucault*, hrsg. Peter Gente, Heidi Paris und Martin Weinmann, 39–55. Frankfurt am Main: Zweitausendeins.

Foucault, Michel. 1978. Ein Spiel um die Psychoanalyse. In *Dispositive der Macht. Michel Foucault über Sexualität, Wissen und Wahrheit*, hrsg. François Ewald, 118–175. Berlin: Merve.

Großmann, Rolf. 2008. Verschlafener Medienwandel. Das Dispositiv als musikwissenschaftliches Theoriemodell. In *Positionen. Beiträge zur Neuen Musik* 74: 6–9.
Ismaiel-Wendt, Johannes. 2016. *post_PRESETS*. Hildesheim: Georg-Olms-Verlag, Hildesheim: Universitätsverlag.
Ismaiel-Wendt, Johannes. 2016. Session im Formular. Über Liveness und Improvisation, Verwaltungsakte, panoptische Tabellen, wohltemperierte Audiofiles, Musik-Fertigkeiten und also auch Ableton Live. In *post_PRESETS*, hrsg. ders., 117–153. Hildesheim: Georg-Olms-Verlag, Hildesheim: Universitätsverlag.
Schaeffer, Pierre. 2012. *In Search of a Concrete Music*. Berkeley u. a.: University of California Press.
Schaeffer, Pierre. 1974. *Musique concrète – Von den Pariser Anfängen um 1948 bis zur Elektroakustischen Musik heute*. Stuttgart: Klett.
Teruggi, Daniel. 2007. Technology and Musique Concrète: The Technical Developments of the Groupe de Recherches Musicales and Their Implication in Musical Composition. In *Organised Sound* 12(3): 213–231.

Audio und Video

INA. 1948. La naissance de la musique concrète et électro-acoustique. *Artsonores*. Videostream, 2:56. https://fresques.ina.fr/artsonores/fiche-media/InaGrm00208/la-naissance-de-la-musique-concrete-et-electro-acoustique.html. Zugegriffen am 05. Oktober 2021.
Schaeffer, Pierre, Guy Reibel. 2005. *Solfège de l'objet sonore*. Paris: GRM/IN.

Intermezzo

Sean Dockray, James Parker, Joel Stern

Improvisation und Kontrolle

Interaktive (Musik-)Systeme

Abb. 1: Szene aus einem Demonstrationsfilm der Music Mind and Machine group.

Ein junger weißer Mann sitzt an einem weißen Schreibtisch. Vor ihm ist ein hellgrauer DECstation 5000/200-Computer und ein schwarzes Mikrofon. Eine einfache Melodie erklingt und er fängt an, einen Rhythmus mit seinen Händen auf die Tischplatte zu klopfen. Wenn er das Tempo beim Klopfen variiert, reagiert auch das System. Er improvisiert. Die Maschine hört zu.

Spielt der Mann den Computer wie ein Instrument? Oder spielt er mit dem Computer, wie in einem Duett? Spielt er überhaupt?

Der Mann wirkt leicht gelangweilt. Er scheint vorzugeben, sich seiner eige-

---

Anmerkung: Hierbei handelt es sich um eine Übersetzung. Übersetzer*in: Maximilian Haberer. Ursprünglich auf Englisch hier publiziert: https://machinelistening.exposed/topic/improvisation-and-control/.

https://doi.org/10.1515/9783110730791-014

nen Leistung nicht bewusst zu sein und erkundet die begrenzte Freiheit, die ihm die Maschine bietet, die unermüdlich die Melodie wiederholt. Wir beobachten hier einen Durchbruch in der Interaktion zwischen Mensch und Computer. Der Computer tut, was der Mensch will. Aber dennoch kann der Mensch nur wollen, was die Maschine kann.

Das Ideal einer einfachen, natürlichen Schnittstelle zwischen Mensch und Computer ist in einem Diagramm von Andrei Jerschow aus dem Jahr 1964 mit dem Titel *Director Agent Model of Interaction* (Jerschow 1965) festgehalten. Der Mensch soll hier die Kontrolle haben, aber bei genauem Hinsehen ist zu erkennen, dass der Anfang der Interaktion eigentlich überall liegen kann. Informationen zirkulieren hin und her, in einem ständigen Zustand der Transformation von Ton zu Spannung zu farbigem Licht zu feuchten Synapsen. All diese Möglichkeiten sind in der schematischen Figur des Pfeils enthalten. Wer ist hier handlungsanweisend? Und wer handlungsausführend? Das Diagramm selbst wanderte in der Folge durch diverse Publikationen, darunter *The Architecture Machine*, ein Buch von Nicholas Negroponte aus dem Jahr 1970. Negroponte hatte 1967 am MIT die *Architecture Machine Group* gegründet, die schließlich achtzehn Jahre später zur Gründung des *MIT Media Lab* führte.

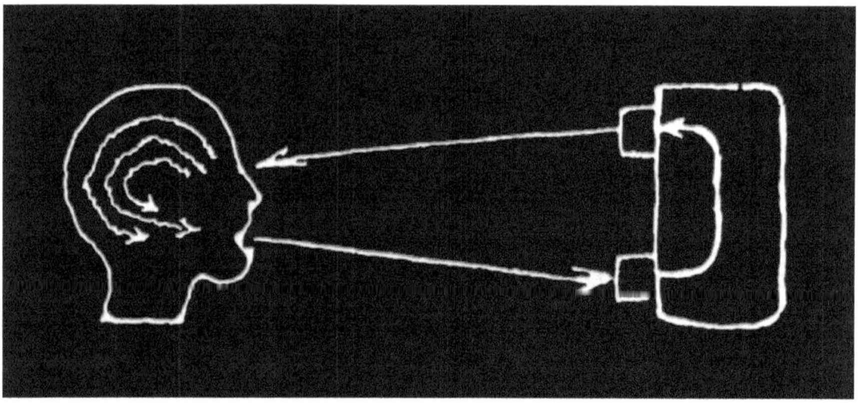

Abb. 2: Andrei Petrowitsch Jerschows Director Agent Model of Interaction.

Schauen wir uns den Film noch einmal an. Eine hochmoderne, hellgraue Maschine steht auf einem weißen Schreibtisch. Eine Kamera ist darauf gerichtet. Dann zoomt die Kamera heraus und zeigt einen jungen, weißen Mann. Warum sehen wir diesen Moment? Warum ist die Kamera da, um ihn zu bezeugen? Nach der DECstation zu urteilen, ist das Jahr wahrscheinlich 1992 oder 1993, der Ort ist definitiv das *MIT Media Lab*, und wir schauen durch ein kleines Fenster in die ‚demo or die'-Kultur, die Negroponte dort bekanntlich eingeführt hat. Demos konnten die breite Öffentlichkeit begeistern und wichtige Besucher beeindrucken. Sie konnten Firmen- und Regierungsgelder einwerben. Der kolossale Apparat des *Machine Listening*, den wir heute kennen, hat seine Wurzeln in Tausenden von Demos wie dieser.

In den 80er und 90er Jahren war die Demo ein probates Mittel, auch in der Musikwelt. Dieser Mann, bewegte sich – wie viele derer, mit denen er arbeitete – zwischen diesen Welten. Er war ein Ingenieur, aber auch ein Musiker. Tatsächlich war er ans MIT gekommen, um in der Gruppe *Music and Cognition* des *Experimental Music Studios* zu promovieren, das 1973 von dem Komponisten Barry Vercoe gegründet wurde und 1985 im Media Lab aufgegangen ist (Vercoe et al. 1999).

Einer der ersten Studierenden, der sich dieser Gruppe anschloss, war ein anderer Musiker-Ingenieur namens Robert Rowe. Rowes Doktorarbeit *Machine Listening and Composing: Making Sense of Music with Cooperating Real-Time Agent*s scheint eine der frühesten Verwendungen des Begriffs *Machine Listening* zu sein. „A primary goal of this thesis", schreibt Rowe, „has been to fashion a computer program able to listen to music" (Rowe 1991, S. 15). Der Begriff *Machine Listening* wurde nach der Veröffentlichung eines Buches, das auf Rowes Diplomarbeit basierte, im Jahr 1993 in Computermusikkreisen weit verbreitet (Rowe 1993). Schon im folgenden Jahr hat sich die Gruppe *Music and Cognition* umbe-nannt. „I have been unhappy with ‚music (and) cognition' for some time," schreibt ein Doktorand in einer Email an einen Kollegen.

> It's not even supposed to describe our group; it was the name of a larger entity including Barry, Tod, Marvin, Ken and Pattie that was dissolved almost two years ago. But I've shied away from the issue for fear of something worse. I like Machine Listening a lot. I've also thought about Auditory Processing, and I try to get the second floor to describe my demos as Machine Audition. I'm not sure of the precise shades of connotation of the different words, except I'm pretty confident that having ‚music' in the title has a big impact on people's preconceptions, one I'd rather overcome.
>
> (Ellis und Casey 1994)[1]

1 Archivierter E-Mailverkehr zwischen Dan Ellis und Michael Casey, 28. März 1994. Laut Casey, inzwischen Professor of Music in Dartmouth, „schlug Dan ‚Machine Audition' vor, woraufhin ich antwortete, dass der Begriff ‚Audition' außerhalb der Hörwissenschaften und der Medizin nicht weit verbreitet sei und dass es ein verwirrender Name für eine Gruppe sein könnte, die dafür bekannt war, an Musik zu arbeiten – man denke an ‚Music Audition'. Ich glaube, wir diskutierten über das Wort Hören, aber ich – wir – dachten, es impliziere Passivität, wie in ‚Hörgerät', deshalb schlug ich den Namen ‚Machine Listening' vor, weil er Konnotationen von

Nun also *Machine Listening*. Was für Rowe als Begriff zur Beschreibung der sog. „analytischen Schicht" eines „interaktiven Musiksystems" (Rowe 1993) begann, wurde zum Namen einer neuen Forschungsgruppe am MIT und zu einer Art Sammelbegriff für verschiedene Formen der aufkommenden computergestützten Höranalyse, die zunehmend Big Data und maschinelles Lernen einbezieht. Während sich der Begriff seinen Weg durch die Computermusikliteratur bahnte, folgte er auch den Forschern am MIT[2], als diese das Institut verließen, und fand seinen Weg in Förderanträge und in das Vokabular neuer Zentren an neuen Institutionen.

Eine dieser Anwendungen stammt von einem Professor an der Columbia-Universität namens Dan Ellis (Ellis 2002). Das ist der Mann, der am Schreibtisch sitzt und der Autor der obigen E-Mail ist. Heute arbeitet er bei Google für deren *Sound Understanding Team*[3]. Wie Stewart Brand es einmal formulierte: „The world of the Media Lab and the media lab of the world are busily shaping each other" (Brand 1987, S. xiv).

Googles *Sound Understanding Team* ist u. a. für *AudioSet* verantwortlich, eine Sammlung von über zwei Millionen zehnsekündigen *YouTube*-Ausschnitten mit insgesamt über sechstausend Stunden Audiomaterial, die alle mit einem „vocabulary of 527 sound event categories" gekennzeichnet sind (Google o. J. a). Der Zweck von *AudioSet* ist es, Googles „deep learning systems" in dem riesigen und wachsenden *YouTube*-Archiv zu trainieren, so dass es schließlich in der Lage sein wird, „hunderte oder tausende verschiedene Klangereignisse in realen Aufnahmen mit einer Länge von mehr als einer Sekunde zu labeln – so wie menschliche Hörer die Klänge, die sie hören, erkennen und zuordnen können" (Gemmeke et al. 2017, S. 776 [Übersetzung MH]).

AudioSet enthält 7.000 Beispiele, die als „Classical Music" gekennzeichnet sind, fast 5.000 sind als „Jazz" gekennzeichnet, dazu kommen etwa 3.000 Beispiele von „Accordion Music" und weitere 3.000 Dateien, die das Label „Music of Africa" tragen. Es gibt 6.000 Videos mit „Exciting Music" und 1.737, die als „scary" bezeichnet werden. In der Ontology von *AudioSet* werden „Human Sounds" etwa in Kategorien wie „Respiratory Sounds", „Human Group Action", „Heartbeats" und natürlich „Speech" unterteilt, die gerufen („Shouted"), geschrien („Screamed") oder geflüstert („Whispered") sein können. *AudioSet* enthält aber auch 1.500 Beispiele für Knautschen und Knirschen („Crumpling and Crinkling"),

Aufmerksamkeit und Intelligenz hatte und also Konzepte, die uns damals alle interessierten. Das ist es, woran ich mich erinnere." [Übersetzung MH].

2 Für eine frühe Version der Website des Machine Listening Group: https://web.archive.org/web/19961130111950/http://sound.media.mit.edu/. Zugegriffen am 05. Oktober 2021.

3 Vgl. https://research.google/people/DanEllis/. Zugegriffen am 05. Oktober 2021.

127 Beispiele für Zähneputzen („Toothbrushing"), 4000 Beispiele für Schüsse („Gunshots") und 8500 Sirenen-Sounds („Sirens") (Google o. J. b).

Dies ist die Welt des *Machine Listenings*, in der wir heute leben: Geprüft von Borges'schen Ontologien wie dieser, die über sich ausbreitende Smart Speaker, Sprachassistenten und andere interaktive Hörsysteme verteilt sind; die versuchen, nicht nur zu verstehen und zu analysieren, was wir sagen, sondern auch wie und wo wir es sagen, zusammen mit den klanglichen und musikalischen Umgebungen, durch die wir uns bewegen und von denen wir bewegt werden. *Machine Listening* wird nicht nur allgegenwärtig, sondern zunehmend auch allverzehrend.

Jessica Feldman beschreibt eine weitere Grenze: Affektive Hörsoftware lauscht auf kaum wahrnehmbare Stimminflektionen, die eigentlich „unkontrollierbar, unbeabsichtigt und habituell" sind – aber für die Maschine die „Emotionen, Absichten, Wünsche, Ängste... des Sprechers – kurz, die Seele" (Feldman 2016, S. 4 [Übersetzung MH]) bedeuten. Kann die Maschine auf unsere Seele hören? Natürlich nicht, aber was hört sie, was tut sie, wenn sie es versucht? Und wie werden wir uns verhalten, wenn wir mit einem Instrument konfrontiert werden, das versucht, derart intim abzuhören?

1 Rainbow Family

Abb. 3: George Lewis Weltpremiere von Rainbow Family.

Ein junger schwarzer Mann sitzt an einem weißen Schreibtisch. Vor ihm steht eine Reihe von Apple-II-Computern, verbunden mit drei Yamaha-DX-7-Synthesizern sowie vier Musiker*innen auf der Bühne. Eine Frau, die einen Kontrabass spielt, fängt an, einen Rhythmus anzuschlagen, und das System antwortet; dann das Sopransaxophon, gefolgt vom Rest des Ensembles. Sie improvisieren. Die Maschine hört zu. Die Maschine improvisiert. Sie hören zu.

Dies ist die Uraufführung von George Lewis' *Rainbow Family* (1984) am IRCAM in Paris, damals – wie heute – ein weltweites Zentrum für Avantgarde-Komposition, Computermusik und elektroakustische Forschung. Robert Rowe verbrachte dort in den 1980er Jahren einige Zeit, und Lewis spielte 1988 am MIT bei der Premiere von Rowes interaktivem Musiksystem Cypher. Das Konzert wurde *Hyperinstruments* genannt (Rowe 1993, S. 72).

Dies ist das erste Stück von Lewis' „Interactive Virtual Orchestra", bei dem die von Lewis entwickelte Software sowohl auf die Klänge der menschlichen Interpreten reagiert als auch eigenständig nach ihren eigenen internen Prozessen arbeitet. Es gibt keine ‚Partitur'. Und Lewis ist nicht, in der Sprache der europäischen Kunstmusik, der ‚Komponist' des Stücks. Stattdessen besteht *Rainbow Family*, wie Lewis' bekannteres Werk *Voyager* (1987), aus „mehreren parallelen Strömen der Musikerzeugung, die sowohl von den Computern als auch von den Menschen ausgehen – ein nicht-hierarchisches, improvisatorisches Subjekt-Subjekt-Diskurs-Modell" (Lewis 2000, S. 36 ff. [Übersetzung MH]).

Dies ist kein Zufall. Es ist eine bewusste ästhetische, technische und politische Strategie von Lewis, um „eine Art von Computermusik zu produzieren, die afroamerikanische Ästhetiken und Musikpraktiken widerspiegelt" (ebd.); eine Form der Zusammenarbeit zwischen Mensch und Computer, die ähnliche Ideale verkörpert wie die des afroamerikanischen Musikerkollektivs AACM – der *Association for the Advancement of Creative Musicians*. Die Gruppe wurde 1965 in Chicago gegründet und bleibt für Paul Steinbeck „die bedeutendste kollektive Organisation in der Geschichte des Jazz und der experimentellen Musik" (Steinbeck 2018, S. 261 [Übersetzung MH]).

Lewis nannte würde diese von AACM-inspirierte Ästhetik später ‚Multidominance' nennen. Die Idee hierfür stammt aus einem Essay des Künstlers und Kritikers Robert L. Douglas (1991). Lewis schreibt hierzu:

> By way of introduction to his theory, Douglas recalls from his art-student days that interviews with „most African-American artists with Eurocentric art training will reveal that they received similar instructions, such as ‚tone down your colors, too many colors'". Apparently, these „helpful" pedagogical interventions were presented as somehow universal and transcendent, rather than as emanating from a particular culturally or historically situated worldview, or as based in networks of political or social power. Douglas, in observing that „such culturally narrow aesthetic views would have separated us altogether

> from our rich African heritage if we had accepted them without question," goes on to compare this aspect of Eurocentric art training to Eurocentric music training, which in his view does not equip its students to hear music with multidominant rhythmic and melodic elements as anything but „noise," „frenzy" or perhaps „chaos".
>
> (Lewis 2000, S. 36 ff.)

Wenn wir also Rainbow Family hören, will Lewis nicht, dass wir Synchronität, Harmonie oder gar Polyphonie hören. Er will, dass wir *Multidominance* hören: sowohl als ästhetischen als auch als politischen Wert, der jetzt teilweise als Code ausgedrückt und verkapselt wird. Dies ist ein Modell der Mensch-Computer-Interaktion, das auf formaler Gleichheit, Differenz, Unabhängigkeit und Gemeinsamkeit des Zwecks basiert. Das System ist, wie Lewis erklärt,

> happy to listen to you and dialog with you, or sometimes ignore you, but the conceptual aspect of it is that it's pretty autonomous. You can't tell it what to do .... So improvisation becomes a negotiation where you have to work with [the system] rather than just be in control.
>
> (George Lewis, zitiert in Parker 2005, S. 85)

> In African American music there is always an instrumentality connected with sounds; you make sounds for pedagogical purposes, to embody history or to tell stories, and so on.
>
> (George Lewis, zitiert in Casserley 1997)

Wenn *Rainbow Family* pädagogisch ist, dann ist die Lektion sicherlich, dass Computer und insb. *Machine Listeners* selbst Teil der Geschichte(n) sind; das waren sie schon in den 1980er Jahren. Was tatsächlich angefochten wird, ist die Seele des *Machine Listenings*, die ästhetischen und politischen Ideale, die es sowohl ausdrückt als auch reproduziert, Jahre bevor der Begriff zum ersten Mal am und um das MIT herum zu zirkulieren begann.

Wie sähe ein alternatives *Machine Listening*-System nach dem Vorbild von Lewis aus? Die werdende *Rainbow Family* der Welt? Die Welt als Regenbogenfamilie, in der die Interdependenz von Mensch und Maschine anerkannt und umarmt wird, die aber auch in der Sorge um Rassengerechtigkeit und Traditionen des Afrofuturismus verwurzelt ist? Wie könnte sich diese Idee der Multidominanz in unseren Häusern und Städten in großem Maßstab abspielen? Wie würde eine solche Welt gestaltet werden? Wie verträgt sie sich mit dem gegenwärtigen Regime von allgegenwärtiger Überwachung, Datenextraktion und Kolonialismus, Kapitalakkumulation, Automatisierung und Kontrolle? Welche sozialen Beziehungen würde ein solches System ermöglichen und produzieren? Wie würde es sich anhören? Und welche Risiken würde es mit sich bringen?

2 DARPA improv

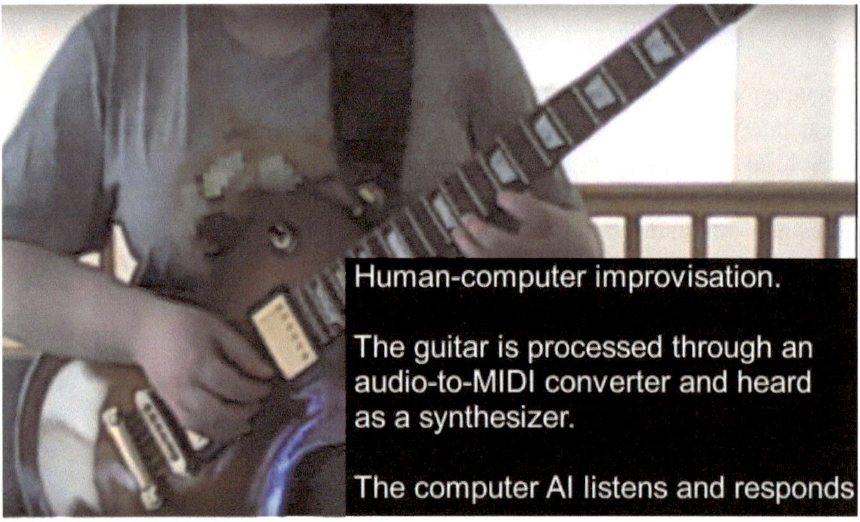

Abb. 4: Donya Quicks Echtzeit-Improvisation mit Gitarre und KI.

Eine Frau spielt Gitarre mit einer Künstlichen Intelligenz. Der Computer hört zu und antwortet. Wieder befinden wir uns in einer Version von Jerschows Diagramm. Es ist fast so, als würde sie ein Gespräch mit der KI führen. Die Frau spielt, der Computer hört zu und antwortet. Sie hört auf seine Antwort und spielt weiter. Dieses improvisierte Gespräch ist wie der berühmte Austausch zwischen Wissenschaftlern und Außerirdischen in *Close Encounters of the Third Kind* (Quick 2019). Es könnte spielerisch sein, oder vielleicht antagonistisch – wir wissen es nicht und können es auch nicht wissen, selbst, wenn wir an dem Dialog teilnehmen würden.

Die Frau, die die Gitarre spielt, hat auch die unbekannte KI geschaffen, mit der sie improvisiert (Quick o. J.). Dennoch kann sie die Bedeutung dessen, was die Künstliche Intelligenz sendet, und auch ihrer eigenen Antwort nicht kennen. Die Tatsache, dass ihr die Bedeutung verborgen bleibt und dass sie nicht weiß, welche Reaktion ihr Spiel hervorrufen wird, ist genau das, was sie aufregt. Sie will Dinge erschaffen, die sie nicht ganz kontrollieren kann. Sie spielt ihre KI nicht so, wie sie vielleicht ein Klavier oder ihre Gitarre spielt. Sie spielt mit ihr.

Diese Frau, diese KI und dieses Amateurvideo sind Teil eines Forschungsprojekts namens MUSICA, kurz für *Musical Interactive Collaborative Agent*. Das

Projekt wird von der DARPA finanziert, der US-amerikanischen *Defense Advanced Research Projects Agency*, die auch einige der frühen Durchbrüche in der automatischen Spracherkennung Anfang der 1970er Jahre finanziert hat. MUSICA ist Teil des DARPA-Programms *Communicating with Computers*. Es hat zwei Teile: der eine heißt „Composition by Conversation", der andere „Jazz and Musical Improvisation" (NBC News 2015).

Und warum? Warum interessiert sich die DARPA für Jazz? Warum ist das US-Militär so sehr an Maschinen interessiert, die improvisieren? Was glaubt es, dadurch zu lernen? Was stellt sich die DARPA unter Improvisation vor?

Das heutige Schlachtfeld ist nichtlinear. Es ist oft urban. Befehlshaber konzentrieren ihre Kräfte nicht mehr entlang einer Linie oder an einem Punkt, sondern verteilen sie auf ein 360-Grad-Schlachtfeld. Der einzelne Soldat kann Ängste, ja sogar ein Gefühl der Isolation erleben. Sie befolgen nicht einfach Befehle, sondern kommunizieren und koordinieren flexibel mit anderen isolierten, ängstlichen Soldaten. Sie improvisieren.

Soldaten improvisieren miteinander, aber auch mit intelligenten Maschinen. Ein anderes Projekt derselben Forschungsgruppe lehrt KIs, auf die inneren Zustände ihrer menschlichen Teamkollegen zu schließen, Probleme kollaborativ mit ihnen zu lösen und mit ihnen auf sozial bewusste Weise zu kommunizieren (ToMCAT o. J.). Die Übungsbühne ist hier das Spiel *Minecraft*, wo Soldaten in Ausbildung ein belagertes Dorf betreten können, gegen einen Zombie kämpfen und aufgefordert werden, zwischendurch über ihren emotionalen Zustand nachzudenken.

Viele Akteure scheinbar unterschiedlicher politischer Ausrichtung haben ein ideologisches und taktisches Interesse an Improvisation. Improvisation als Freiheit. Improvisation als *Multidominance*. Improvisation als Gegenhegemonie; das Gegenteil von Kontrolle. Mattin hat über „dieses angeblich inhärente kritische Potenzial der Improvisation" geschrieben und verweist stattdessen auf die Art und Weise, wie „Improvisatoren die prekären Qualitäten der zeitgenössischen Arbeit verkörpern" (Mattin 2013, S. 63 ff. [Übersetzung MH]). Dies ist Improvisation als unternehmerische Agilität. Improvisation als Null-Stunden-Verträge. Improvisation als schnelles Handeln und Zerbrechen von Dingen.

Die Fähigkeit, vom Drehbuch abzuweichen, aus dem Rahmen zu fallen, im Moment mit dem, was zur Hand ist, innovativ zu sein, wird zu einer Möglichkeit, sowohl Kapital zu akkumulieren als auch auf dem Arbeitsmarkt zu überleben. Offensichtlich ist Improvisation für die DARPA auch die Zukunft des Kampfes, so dass sie darauf erpicht ist, die kommunikative Virtuosität der Jazz-Improvisation zu ergründen, welche Geheimnisse sie auch immer enthalten mag.

Zusätzlich zu den Jazz-Robotern hat die DARPA zwei weitere Programme, *Improv* und *Improv2*, entwickelt, bei denen Hobbyisten (oder Forschungslabors, die sich als Hobbyisten ausgeben) versuchen, mit leicht verfügbarer Software und Standardtechnologie militärtaugliche Waffen zu entwickeln (DARPA 2016 und 2018). Improvisation ist sowohl eine Technik als auch eine generative Wissensquelle, die es zu erschließen gilt.

Aber eine Sache, die DARPAs Improv-Programm-Manager sagt, erinnert uns daran, dass ihre improvisatorische Vorstellungskraft reale Einschränkungen hat: „DARPA's in the surprise business and part of our goal is to prevent surprise" (Nordrum 2016). Mit der Zeit wird kein menschlicher Input mehr für das Ensemble benötigt. Die Maschine improvisiert mit sich selbst.

Medienverzeichnis

Abbildungen

Abb. 1: Szene aus einem Demonstrationsfilm der Music Mind and Machine group. In MIT Media Lab. 2004. rtcsound-2-web.mov. *The MIT Media Lab's Music Mind and Machine group.* Filmstill. https://sound.media.mit.edu/movies/rtcsound-2-web.mov. Zugegriffen am 05. Oktober 2021.

Abb. 2: Andrei Petrowitsch Jerschows Director Agent Model of Interaction. In Jerschow, Andrei Petrowitsch. 1965. One View of Man-Machine Interaction. *Journal of the ACM* 12 (3): 315–325, S. 315.

Abb. 3: George Lewis Weltpremiere von Rainbow Family. In Lewis, George. 1984. Rainbow Family premiere. *YouTube*. Filmstill. https://www.youtube.com/watch?v=i4bS-0tsVEg. Zugegriffen am 05. Oktober 2021.

Abb. 4: Donya Quicks Echtzeit-Improvisation mit Gitarre und KI. In Quick, Donya. 2019. Real-Time Improvisation with guitar and computer AI. *YouTube*. Filmstill. https://www.youtube.com/watch?v=bRJYcqpbZ9o. Zugegriffen am 05. Oktober 2021.

Literatur

Brand, Stewart. 1987. *The Media Lab: Inventing the Future at MIT.* New York: Viking.

Casserley, Lawrence. 1997. Person to … Person? *Resonance Magazine* 6 (1).

Choi, Charles Q. 2015. DARPA Wants to Make a Jazz-Playing Robot That Can Jam With Humans. *NBC News*. 22. Oktober 2015. https://www.nbcnews.com/tech/innovation/darpa-wants-make-jazz-playing-robot-can-jam-humans-n449371. Zugegriffen am 05. Oktober 2021.

DARPA. 2016. Mining Everyday Technologies to Anticipate Possibilities. *DARPA*. 11. März 2016. https://www.darpa.mil/news-events/2016-03-11. Zugegriffen am 05. Oktober 2021.

DARPA. 2018. Improv2. *GovTribe*. 09. Mai 2018. https://govtribe.com/opportunity/federal-contract-opportunity/improv-2-hr001117s0047. Zugegriffen am 05. Oktober 2021.

Douglas, Robert L. 1991. Formalizing an African-American Aesthetic. *New Art Examiner* 18: 18–24.

Ellis, Dan. 2002. *The Listening Machine: Sound Source Organization for Multimedia Understanding*. Columbia: Department of Electrical Engineering. https://www.ee.columbia.edu/~dpwe/proposals/CAREER02-machlist.pdf. Zugegriffen am 05. Oktober 2021.
Ellis, Dan und Michael Casey. 1994. *Archivierter persönlicher E-Mailverkehr vom 28. März 1994*.
Feldman, Jessica. 2016. „The Problem of the Adjective": Affective Computing of the Speaking Voice. *Transposition* 6: 4.
Gemmeke, Jort F., Daniel P. W. Ellis, Dylan Freedman, Aren Jansen, Wade Lawrence, R. Channing Moore, Manoj Plakal und Marvin Ritter. 2017 Audio Set: An Ontology and Human-Labeled Dataset for Audio Events. *2017 IEEE International Conference on Acoustics, Speech and Signal Processing (ICASSP)*: 776–780.
Google. o. J. a. *AudioSet. About*. https://research.google.com/audioset/about.html. Zugegriffen am 05. Oktober 2021.
Google. o. J. b. *AudioSet. Ontology*. http://research.google.com/audioset/ontology/index.html. Zugegriffen am 05. Oktober 2021.
Jerschow, Andrei Petrowitsch. 1965. One View of Man-Machine Interaction. *Journal of the ACM* 12 (3): 315–325.
Lewis, George. 2000. Too Many Notes: Complexity and Culture in Voyager. *Leonardo Music Journal* 10: 33–39.
Machine Listening Group. 1996. Archivierte Website. *The Wayback Machine*. 30. November 1996. https://web.archive.org/web/19961130111950/http://sound.media.mit.edu/. Zugegriffen am 05. Oktober 2021.
Mattin. 2013. Improvisation and Communization. In: *Undoing Property?*, hrsg. Marysia Lewandowska und Laurel Ptak, 53–67. London: Sternberg.
MUSICA. o. J. *The MUSICA Project Website*. http://www.musicaresearch.org/. Zugegriffen am 05. Oktober 2021.
Negroponte, Nicholas. 1970. *The Architecture Machine*. Cambridge/MA u. a.: MIT Press.
Nordrum, Amy. 2016. Darpa Invites Techies to Turn Off-the-Shelf Products Into Weapons in New 'Improv' Challenge. *IEEE Spectrum*. 11. März 2016. https://spectrum.ieee.org/tech-talk/aerospace/military/darpa-invites-techies-to-turn-offtheshelf-products-into-weapons-in-new-improv-challenge. Zugegriffen am 05. Oktober 2021.
Parker, Jeff. 2005. George Lewis. *BOMB* 93: 82–88.
Quick, Donya. o. J. *Donya Quick's Website*. http://donyaquick.com/. Zugegriffen am 05. Oktober 2021.
Rowe, Robert. 1991. *Machine Listening and Composing: Making Sense of Music with Cooperating Real-Time Agents*. Cambridge/MA u. a.: MIT Press.
Rowe, Robert. 1993. *Interactive Music Systems: Machine Listening and Composing*. Cambridge/MA u. a.: MIT Press.
Steinbeck, Paul. 2018. George Lewis' Voyager. 2018. In: *The Routledge Companion to Jazz Studies*, hrsg. Nicholas Gebhardt, Nichole Rustin-Paschal und Tony Whyton, 261–270. Abingdon: Routledge.
ToMCAT. o. J. *Welcome to ToMCAT*. https://ml4ai.github.io/tomcat/. Zugegriffen am 05. Oktober 2021.
Vercoe, Barry, Nyssim Lefford und Eric D Scheirer. 1999. An Interview with Barry Vercoe. *Computer Music Journal*. https://www.media.mit.edu/events/EMS/bv-interview.html. Zugegriffen am 05. Oktober 2021.

Audio und Video

MIT Media Lab. 2004. rtcsound-2-web.mov. *The MIT Media Lab's Music Mind and Machine group*. Videostream. https://sound.media.mit.edu/movies/rtcsound-2-web.mov. Zugegriffen am 05. Oktober 2021.

Lewis, George. 1984. Rainbow Family premiere. *YouTube*. Videostream. https://www.youtube.com/watch?v=i4bS-0tsVEg. Zugegriffen am 05. Oktober 2021.

Quick, Donya. 2019. Real-Time Improvisation with guitar and computer AI. *YouTube*. Videostream. https://www.youtube.com/watch?v=bRJYcqpbZ9o. Zugegriffen am 05. Oktober 2021.

Max Alt und Jens Gerrit Papenburg

Streamability

Überlegungen zu einer Ästhetik des Musik-Streaming

Abstract: Für eine Ästhetik des Musikstreaming wird die algorithmische Kuration zum entscheidenden Maßstab, welcher sich in den Wechselbeziehungen zwischen einer algorithmischen Modellierung von Hören und an algorithmischer Kuratierbarkeit ausgerichteter Musikproduktion ausdifferenziert. Diese These entwickelt der Beitrag aus Perspektive einer medienkulturwissenschaftlich ambitionierten Musik- und Klangforschung. Dabei gerät Unterschiedliches in den Blick: Behavioristische, auf Metadaten beruhende und algorithmische Modelle des Hörens, die Gedächtnis, Lernen und KI integrieren, der Musikstreaming-spezifische Lautheit-Standard, beschleunigte Musikproduktionsprozesse, verkürzte Songformen, Dynamiken zwischen Listen und Alben sowie ebenso eigenartige wie neue Formen des Klangdesigns. Ziel ist der Umriss einer Ästhetik des Musikstreaming, die eigentümliche Standards und Normen etabliert, die wiederum durch Kritik herausgefordert werden.

Schlüsselwörter: Streaming, Medienästhetik, Hörmodelle, Simulation, Musikproduktion, Playlisttauglichkeit, algorithmische Kuration

So wie Bilder unter Bedingungen von Social Media verstärkt „instagrammable" (Gunkel 2018, S. 32–44) zu sein haben, wird für Musik zunehmend Playlisttauglichkeit zum ästhetischen Maßstab. Auch das Musikhören wird als Soundfile- oder Streaminghören eigentümlich organisiert, gewinnt es erst Kontur in einem Netzwerk aus Menschen und registrierenden, eventuell gar (ab-) hörenden Maschinen. In der nicht abebben wollenden Publikations-Flut zum Thema Musikstreaming[1] ist eine Ästhetik des Streaming jedoch immer noch ein

1 Die Spanne reicht von Publikationen aus der Musik- und Medienwissenschaft, die aus einer subjekttheoretischen Perspektive heraus Verknüpfungen zum Überwachungskapitalismus herzustellen versuchen (u. a. Drott 2018a, 2018b; Prey 2018; Haberer 2020) bis hin zu einer empirischen Musiksoziologie, welche sich vor allem durch die Arbeiten Anja Nylund Hagens an der University of Oslo etabliert hat, die sich mit Musikstreaming als Alltagspraxis auseinandersetzt (Hagen 2015, 2016a, 2016b, 2017, 2019). Hinzu kommen zahlreiche Publikationen, die an der Schnittstelle zwischen Psychologie, Big Data und Musik einzuordnen sind (u. a. Hongpanarak und Mongkolnavin 2021; Sinclair und Tinson 2017; Bolduc und Kinnally 2017; Schafer,

https://doi.org/10.1515/9783110730791-015

relativ blinder Fleck geblieben.[2] Das ist insofern erstaunlich, weil sich mit dem Boom von Musikstreaming-Plattformen seit 2012 auch ein ästhetischer Wandel vollzieht, der sowohl die gehörte Musik, ihre Form und ihren Klang als auch das Hören selbst betrifft. Im Folgenden wollen wir versuchen, einige zentrale Dynamiken dieses Wandels nachzuzeichnen. Dafür scheint uns die Perspektive einer medienkulturwissenschaftlich ambitionierten Klang- und Musikforschung hilfreich, da sie die vielfältigen subjekttheoretischen, medienökonomischen, soziologischen und kulturkritischen Auseinandersetzungen mit dem Thema Musikstreaming durch einen engen Bezug auf Klang und Hören miteinander ins Spiel bringen kann.

Es bietet sich an, eine Ästhetik des Musikstreaming grundsätzlich bei den Algorithmen, die den Stream organisieren, also bei den Algorithmen der Playlistgenese, anzusetzen und diese als medienästhetische Operationen und Verfahren der Datenerfassung und -verarbeitung zu analysieren. Solche Überlegungen schließen an eine Medienästhetik an, die Medien in „Begriffen der Erfassung" (Hörl und Parisi 2013, S. 46) zu verstehen versucht, als „Erfassungsdispositive" (ebd., S. 40), die „Energie einfangen und in Information transfor-

Saarikallio und Eerola 2020). Darüber hinaus lassen sich Publikationen im Bereich der Musikökonomie und Kreativindustrie finden (u.a. Morris 2015; Hracs und Webster 2020; Anderson 2015; Page 2021) sowie kulturkritische Betrachtungen des Phänomens (Brion und Diederichsen 2021; Pelly 2018, 2019a, 2019b, 2020). Ebenso erwähnenswert ist, dass einige Streaminganbieter wie *Spotify* und *Deezer* ihre eigenen Research-Abteilungen pflegen, die regelmäßig Publikationen veröffentlichen. Aus der Vielzahl an Publikationen entwickelt sich langsam ein Kanon, in welchem sich das Buch *Spotify Teardown. Inside the Black Box of Streaming Music* (2019) von Maria Eriksson et al. als eine Art Standardwerk zu manifestieren scheint. Die Autorinnen und Autoren von *Spotify Teardown* konnten mit den geführten Experimenten und einer langjährigen Forschung am Gegenstand *Spotify* Funktionsweisen und Prozesse innerhalb der *Black Box* offenlegen und befassen sich so nicht nur peripher mit dem Phänomen.

2 Eine Ausnahme bildet der Text *The Political Economy of Streaming* (2019) von Martin Scherzinger, der auf Zusammenhänge zwischen Streamingökonomie und einer dem Streaming spezifischen Ästhetik von populärer Musik eingeht. Ausgehend von einem Artikel des Musikjournalisten Marc Hogan fasst Scherzinger distinkte Merkmale von gestreamter Musik zusammen: „the first thrity seconds of a song" (ebd., S. 282), „slower tempi" (ebd., S. 283), „abbreviated use of three or four chords" (ebd.), „rave-like synthesizer sounds" (ebd.), „the ‚stuttering' effect" (ebd.) und „the ‚pop-drop'" (ebd.). Dass Streaminganbieter eine eigene Musik- und Klangästhetik anbieten, wird zudem an Genres wie „Tropical House" deutlich, „a genre fundamentally shaped by streaming technologies". (Ebd.) Darüber hinaus geht eine Ausgabe der *Aisthesis. Pratiche, linguaggi e saperi dell'estetico* aus dem Jahr 2016 unter dem Titel *Aesthetics of Streaming* näher auf ästhetische Zusammenhänge ein. Die hier versammelten Essays und Artikel beziehen sich jedoch stärker auf Live-Streaming als audiovisuelle digitale Performance. Der Bereich der Musikstreaming Services wird auch hier nur am Rande behandelt.

mieren und damit das Erfasste transformativ zum Ausdruck bringen“ (ebd.). Musikstreaming und algorithmische Kuration[3] erfassen das Hören und die Musik, transformieren beides.

Im Folgenden soll eine Ästhetik des Streaming entlang von zwei Fragen entwickelt werden: (I) Welche Form des Hörens, welches – letztlich kulturell verfasstes – Hörmodell wird von Streamingdiensten algorithmisch simuliert? (II) Wie stimmt sich Musik(post)produktion mit algorithmisch kuratierten Playlisten ab und wie werden die Resultate einer solchen Abstimmung wiederum kritisch unterlaufen? Diese beiden Seiten einer Ästhetik des Musikstreaming stehen auf einer gemeinsamen Basis. Diese lässt sich als algorithmische Empfehlung resp. Kuration beschreiben. Eine Ästhetik des Streaming ist eine Ästhetik der algorithmischen Kuration, die sich entlang der gehörten Musik und des Hörens ausdifferenziert und konkretisiert. Dementsprechend durchlaufen unsere Überlegungen drei Stationen bevor sie in einem Ausblick enden: Auf einen ersten kurzen Umriss der algorithmischen Kuration („Algorithmische Kuration als ästhetischer Maßstab“) folgen – zweitens – ausführlichere Rekonstruktionen des „algorithmic listening“ (Klotz 2015) des Musikstreamings („Modellierung des Hörens“, „Simulation der Lautstärkewahrnehmung“) und schließlich – drittens – Ausführungen zur Herstellung von und Kritik an Playlisttauglichhkeit in der Musikproduktion („Listen und Alben“, „>30 Sekunden“, „Skipping“). Abgeschlossen wird dann mit einem Kurzschluss von Hören und gehörter Musik („Rückkopplung zwischen Hörmodellen und Produktion“) und einem sehr kurzen Ausblick.

1 Algorithmische Kuration als ästhetischer Maßstab

Der sog. „curational turn“ (Eriksson et al. 2019, S. 61), vor allem vorangetrieben durch den Marktführer Spotify, hat nicht nur eine ökonomische Dimension, die technische Operationen der algorithmischen Kuration als Produkt und Service herausstellt, die das multidimensionale Markt- und Wirtschaftsmodell der Musik-

3 Obwohl der Begriff der Kuration eher in den Bereichen der Gesundheit und Medizin angewendet wird, hat sich in Bezug auf das digitale und algorithmische Kuratieren von Inhalten der Pseudo-Anglizismus Kuration von Englisch *curation* durchgesetzt. Folgend und damit auch im Diskurs zum Thema der algorithmischen Kuration verortend, möchten wir auch von diesem Begriff Gebrauch machen.

streaming Services verkitten. Zudem wird algorithmische Kuration zum ästhetischen Maßstab. Ergebnis der algorithmischen Kuration sind verstärkt personalisierte Playlisten, die *taste profiles* bedienen sollen. Die Playlist ist der Navigator durch den digitalen Musikbestand.

Eine Playlist ist eine serielle und offene medienästhetische Form, die bereits durch Radio und Schallplattenspieler Kontur gewonnen hat. Zwar lassen sich Ähnlichkeiten zwischen in Bezug auf unterschiedliche Medien organisierte Playlisten feststellen, jedoch erfüllen algorithmisch kuratierte Listen doch eigentümliche soziale und musikalische Funktionen und folgen eigenen ästhetischen Regeln. Im Vergleich zur DJ-Playlist, die etwa im Club über möglichst große Lautsprecheranlagen gehört werden will und auf ihr kollektives körperliches Erleben hin ausgerichtet ist, stehen sich die Radio-Playlist und die Streaming-Playlist in Bezug auf Funktion und Ästhetik näher. Indem Radio und Streamingdienste eine alltagsstrukturierende soziale Funktion einnehmen (Morning Show vs. Morning Coffee Playlist, Clubradio vs. Club Beats Playlist, Feierabend Show vs. After Work Lounge Playlist), reproduzieren sie „‚chrononormative' assumptions related to everyday life." (Eriksson und Johansson 2017, S. 74) Vor allem das Playlist-Format des Radios wird durch digitales Audio-On-Demand aufgegriffen und weiterentwickelt: „[...] the list and the file formats constitute complex reformulations of previous concepts of music media and music technology." (Ægidius 2020, S. 291) Ægidius hat herausgestellt, dass sich Streamingdienste in Bezug auf Interface, Marketing und Formate wie Playlisten, News und Hörspiele in Konkurrenz zum traditionellen Radio sehen. Musikstreamingdiensten hafte insofern eine „radioness" an (ebd., S. 293). Trotzdem springen jedoch auch große Differenzen zwischen der Radio-Playlist und der Streaming-Playlist ins Auge. Allein die schiere Größe des strukturierten Soundfile-Archivs in Kombination mit der Masse an nutzungsbezogenen Daten der Streamingdienste entwickelt ungeahnte Potentiale zur personalisierten Musiknutzung, die das traditionelle Radio in keiner Weise leisten kann (und auch nicht leisten muss).

Die Aufnahme eines Songs, Albums, etc. in den Musikbestand der Streamingdienste verheißt jedoch noch lange nicht, dass diese auch gehört werden. Was einst die Redaktion, ist heute ein algorithmen-basiertes Empfehlungssystem oder eine hybride Konstellation aus Redaktion und Empfehlungssystem (Prey 2021). Damit ein Algorithmus einen Song erfassen kann, muss der produzierte Song auch algorithmisch erfassbar sein – und das betrifft auch seine Ästhetik. Musikproduktionen, die für das Hören über Streamingdienste ausgelegt sind und auf den Plattformen kommerziell erfolgreich sein wollen, müssen damit algorithmen-affirmativ sein, d. h. auf ihre Kuratierbarkeit und Playlistentauglichkeit hin produziert werden. So wird die algorithmische Kuration auch zum ästhetischen Paradigma der Musikproduktion. Produktionsprozesse und -strukturen richten sich dann an den medientechnischen Standards aus und entwickeln so im Benjamin'schen oder auch Kittler'schen Sinne eine eigene Medienästhetik (Kittler 2011, S. 41). Theodor W. Adorno ist in seinen Radiostudien der 1930er und frühen 1940er Jahre bereits darauf eingegangen, dass musik- und klangästhetische Standards durch technische Standards bedingt sind. In *Radiophysiognomics* formuliert Adorno einen für ihn untypischen medienmaterialistischen Ansatz: „We are speaking about the characteristics of the radio phenomenon as such, devoid of any particular content or material. We consider the way any voice or any instrumental sound is presented over the radio." (Adorno 2006, S. 77) Einige Jahre später, als sich Adorno in *On Popular Music* wieder mehr dem musikalischen Material widmet, formulierte er die Auswirkungen ubiquitärer Standardisierung wie folgt: „The composition hears for the listener." (Ebd., S. 419). Ausgehend von diesen Überlegungen lässt sich unsere These weiterentwickeln, dass die algorithmische Kuration als ästhetischer Maßstab für das Streaminghören und gleichermaßen für die auf den Stream ausgelegte Musikproduktion erachtet werden kann.

2 Modellierung des Hörens

Vor allem aus Perspektive einer techniknahen Medienwissenschaft kann angemerkt werden, dass Medien nicht wahrnehmen, sondern Daten registrieren. Damit wird Kritik an medienanthropologischen Narrativen geübt, die Medien anthropomorphisieren, indem sie diese etwa als „Organprojektionen" metaphorisieren. Die Rede von Medien als hörende Maschinen ist jedoch nicht nur eine Metapher. So kann in Bezug auf Medienentwicklung gezeigt werden, dass Medien menschliche Wahrnehmung bzw. – genauer – eine kulturell bestimmte Form dieser simulieren bzw. modellieren (Peters 2004).[4] Eine Modellierung des Hörens erfolgt auch durch algorithmische Kuration.

4 Aus einer anderen Perspektive heraus vertritt auch Jessica Riskin in *The Restless Clock. A History of the Centuries-Long Argument over What Makes Living Things Tick* (2016) diese These. Sie stellt im Gegensatz zum medientheoretischen Ansatz heraus, dass mit der beginnenden Neuzeit weite Teile der Mechanik auf die Erforschung des Menschen wie auch auf die Entwicklung von Maschinen in den letzten 300 Jahren angewandt wurden. Diese Idee setze sich bis heute auch in der KI-Forschung fort.

Algorithmische Kuration gibt zu hören. Zudem integriert sie aber selbst bereits eine bestimmte Form des Hörens – und schließt wiederum damit andere Formen aus. Algorithmische Kuration erfasst – neben der Musik – auch das Hören und konzipiert es auf eine höchst eigentümliche Art und Weise. Algorithmische Kuration mag zu personalisierten Playlisten führen. In ihr selbst steckt jedoch ein Model des Hörens, welches gerade nicht personalisiert, sondern standardisiert ist.

Prominent wird das Hören in algorithmischer Kuration in drei Formen integriert: (I) in Form von Hörverhalten, (II) in Form einer Verschlagwortung des Hörens und (III) in Form einer Algorithmisierung des Hörens. Über diese Formen ist Hören als etwas modelliert, dass neben Menschen auch Maschinen leisten. Aus medienkulturwissenschaftlicher Perspektive scheint die theoretische Basis der ersten beiden Hörformen eher unambitioniert: Behaviorismus und (quantitative) Inhaltsanalyse. Über die Algorithmisierung des Hörens wird jedoch auch nicht-menschliche *agency* in Anschlag gebracht, wie sie etwa die Akteur-Netzwerk-Theorie prominent bedacht hat. Die eben genannten drei Hörformen spielen zusammen mit den wohl immer noch grundlegenden Verfahren, die Musikstreamingdienste einsetzen, um Playlisten algorithmisch zu generieren: (I) kollaborative Filter, (II) sog. *Natural Language Processing* (NLP) und (III) algorithmisches Hören (Ciocca 2017).

Streamingdienste registrieren und quantifizieren kontinuierlich Hörverhalten. Für Hören in einem anderen Sinn haben sie keine Antenne. Sicherlich kann Musikhören viel mehr sein, ließe sich hier emphatisch anmerken, als Hörverhalten. Für die Streaming-Anbieter, ja sogar für die Hörenden muss diese Reduktion jedoch kein Manko sein. Hören wird als Hörverhalten registriert und quantifiziert und die so erzeugten Daten kollaborativ gefiltert. Hören wird hier also nicht als etwas konzipiert, das mit Identitätsbildung, Affekten und Gefühlen oder auch Bewusstsein zu tun hat oder das als kulturelle Praxis organisiert ist. Stattdessen wird Hören in behavioristischer Tradition primär als Hörverhalten im Kontext zu Hörverhalten anderer modelliert. Auch die Identitätsbildungs- und Subjektivierungsprozesse in Form von sog. „taste profiles“ basieren auf der Analyse von Hörverhalten. Streaming- oder Soundfilehören als kulturelle Praxis wie es sich dann etwa ethnografisch oder sozialwissenschaftlich untersuchen lässt, würde dann hieran anschließen, da sich die kulturellen Praktiken in Bezug zu diesen algorithmischen Hörmodellen ausdifferenzieren.

Zudem wird Hören als etwas konzipiert, das mit Formen von Versprachlichung zu tun haben soll. Die Spuren dieser Versprachlichung finden sich in Form von Texten im Netz. Diese Konzeption des Hörens liegt nun der algorithmischen Kuration insofern zugrunde, als dass Streamingdienste für streambare

Musiktitel eine Art von *word clouds* erstellen, die Schlagwörter versammeln, welche wiederum als Basis genutzt werden können, um Ähnlichkeiten zwischen Titeln zu identifizieren.

Diese beiden Konturierungen des Hörens über Verhalten und Verschlagwortung richten sich an das Hören als eine menschliche Fähigkeit. Das Hörverhalten, das hier registriert wird, ist das Verhalten menschlicher Nutzer, ebenso die Versprachlichung des Hörens. Diese Hörformen sind nicht algorithmisiert. Ein algorithmisches Hören ist jedoch auf der letzten, also der dritten der oben gennannten Ebenen im Einsatz.

Ein algorithmisches Hören sucht die an Physiologie und Psychoakustik orientierten Hörmodelle wie sie etwa im Phonautographen des 19. Jahrhunderts – als ein Modell von Außen- und Mittelohr (Sterne 2003, S. 31–85) – und im MP3-Format (Sterne 2012) – als ein psychoakustisches Modell – umgesetzt wurden, zu ergänzen. Grundsätzlich lässt sich hier beobachten, dass der Zeitraum, den das modellierte Hören integriert, zunehmend ausgedehnt wird. Technische Hörmodelle im 19. Jahrhundert simulierten Hören als einen relativ instantanen Vorgang, der vor allem durch Wandlungen resp. Transduktionen (Sterne 2003, Helmreich 2015) geprägt war. Psychoakustische Hörmodelle integrieren hingegen bereits Zeiträume, wenn auch sehr kurze, indem sie etwa auf Basis zeitlicher Maskierungen im Millisekundenbereich Daten reduzieren (Sterne 2012). Im algorithmischen Hören wird Hören schließlich mit der Vergangenheit in Form von Erinnerung und Gedächtnis verbunden, mit Lernen verknüpft, das – technisch formuliert – wiederum Fähigkeiten der Merkmalsextraktion und Muster- und Regelerkennnung moduliert (Jehan 2005) und auf die Zukunft hin ausgerichtet wird (Drott 2018b, Papenburg 2021). Das führt zu individuellen Jahresrückblicken der meistgehörten Songs und Alben und gibt ungefragt Antwort, indem laufend Vorschläge gemacht werden, was als nächstes gewünscht werden könnte. Solche Hörmodelle, die Erinnerung und Lernen integrieren, sind zunehmend durch KI informiert (Jehan 2005).

3 Simulation der Lautstärkewahrnehmung

Da Hörmodelle in der algorithmischen Kuration im Einsatz sind, kommt es zu einer Rückkopplung zwischen einer Ästhetik des Streaming, welche die gehörte Musik in den Blick nimmt und einer Ästhetik des Streaming, welches das Hören akzentuiert. Insofern ist die Freilegung der aktiven Hörmodelle von Interesse, da sich so die scheinbar nebeneinander existierenden ästhetischen Bereiche – Hören und gehörte Musik – produktiv miteinander verknüpfen lassen. Zumal das Delegieren des Hörens an eine Maschine und die damit einhergehende Simulation des Hörens eine „Aufhebung einer Trennung“ (Kittler 2011, S. 37) zwischen Mensch und Maschine vollzieht. Beispielhaft hierfür steht ein neuer von den Streamingdiensten vorgegebener Lautheit-Standard, der sich am Playlisthören ausrichtet und sich damit auch in die Musikproduktion einschreibt. Der Lautheit-Standard der Streaming Services wird nicht wie bisher in True Peak oder RMS-Pegeln gemessen und angegeben, sondern durch einen Algorithmus in db LUFS (in einigen Zusammenhängen auch LKFS genannt) bemessen, was kurz für „Loudness Unit relative to Full Scale“ steht. Dabei halten sich die Streaminganbieter an die Lautheit-Normierung, welche von der *European Broadcasting Union* (EBU) im Regelwerk EBU R128 (EBU 2020) und der *International Telecommunication Union* (ITU) in ITU BS.1770 (ITU 2015) vorgeschlagen werden, wobei sich erstere weitestgehend an den Propositionen der ITU orientiert.

Die ITU präsentiert in ihrer 2006 erstmals vorgestellten *Recommendation ITU-R BS.1770 Algorithms to Measure Audio Programme Loudness and True-Peak Level* einen Multikanal-Vermessungsalgorithmus, der zur Messung der Lautheit von unterschiedlichsten Audiosignalen eingesetzt werden kann.[5] Die gehörrichtige Lautstärke und ein durch die erhobenen Daten normiertes Hören werden durch den Algorithmus und technische Standards simuliert. Diese Simulation verwischt die Grenzen zwischen einem maschinellen und einem menschlichen Hören. Bevor der Hörer oder die Hörerin hören, hört der Algorithmus *vorweg*. Neben der Simulation der Lautheit und des Hörens, legt der Algorithmus die Bedingungen fest, unter denen Lautheit durch Streaming Services als ein Phänomen in der Welt überhaupt erst da ist. An dem neuen Lautheit-Standard wird deutlich wie gordisch verknotet technische und ästhetische Standards miteinander sind.

5 Der Algorithmus erfasst die Lautheit und simuliert die Lautstärkewahrnehmung. Ausgehend von den Fletcher-Munson-Kurven, die die gehörrichtige Lautstärke abzubilden versuchen, richtet sich die algorithmische Lautheitsmessung in db LUFS an einem Hörbegriff aus, der die Physiologie und Psychoakustik miteinbezieht. Der von der ITU vorgeschlagene *Loudness Measurement Modelling Algorithm* misst also die Lautheit unter Einbezug des Frequenzspektrums und modelliert eine auf empirischen, physiologischen und psychoakustischen Daten beruhende Lautstärkewahrnehmung. Mithilfe einer Datenbank, die sich aus Daten unterschiedlicher Experimentieranordnungen zusammensetzt, ist der *Multichannel Loudness Measurement Modelling Algorithm* (ITU 2015, S. 2) so entwickelt worden, dass die individuell wahrgenommene Lautheit des Audiomaterials durch den Algorithmus vorhergesagt werden kann (ITU 2015, S. 8–10).

Für Streamingdienste bietet sich der Vorschlag der EBU und ITU, die Lautheitsmessung mithilfe des Algorithmus und der Einheit db LUFS durchzuführen, deshalb an, da so eine lautstärke-normalisierte, homogene Hörerfahrung algorithmisch prognostiziert und auch gewährleistet werden kann. Die algorithmische Messung und Vorhersage der Lautheit ergänzt sich mit dem Konzept eines maschinellen, algorithmischen Hörens wie es Jehan (2005) beschreibt. Denn nach dem algorithmischen Hörmodell, welches auf den vier Stufen *signal processing*, *segmentation*, *pattern recognition* und *clustering* aufbaut (Jehan 2005, S. 36), hört der Vermessungsalgorithmus im Grunde *vorweg*, was als laut oder leise gilt und simuliert, was als konstante Lautheit wahrgenommen werden kann. Vor allem bei der Kuration der Playlisten ist die Ausrichtung der Lautheit an das algorithmische Hörmodell und an einen Standard von Nutzen. Lautstärkeschwankungen und ungewollte Lautstärkesprünge stören das anvisierte Ziel, einer gleichmäßigen und Flow-artigen Playlisten-Hörerfahrung. Auf der Homepage von Spotify for Artists heißt es dazu: „We use loudness normalization to balance soft and loud songs, creating a more balanced uniform experience." (Spotify for Artists 2021a) Der Musikstreaminganbieter nimmt direkt Bezug auf die ITU 1770 Norm und legt für sich einen Standard von -14 db LUFS fest (ebd.). In der Konsequenz heißt das für Audioproduktionen, dass diese an den ITU 1770 Standard und die von dem jeweiligen Streaming Service vorhergesehene Lautheit angepasst werden müssen. In einschlägigen Fachzeitschriften wird aufgrund der neuen Lautheitsnorm das Ende des „Loudness War" ausgerufen und eine Rückbesinnung auf dynamische Produktionen prognostiziert (Robjohns 2014; Ketterer 2017). Der ITU 1770 Standard impliziert eine Neuausrichtung von Produktionen und Dienstleistungen. Angesichts unterschiedlicher LUFS-Pegel auf den jeweiligen Streamingportalen, die theoretisch einen eigenständigen an ihre Vorgaben angepasstes Soundfile bedürfen, sind Kompromisse unausweichlich. Hierfür wurden in den letzten Jahren einige Tools wie die Mastering Software *Ozone 9* von iZotope weiterentwickelt, die es professionellen bis hin zu Home Studios ermöglicht, den unterschiedlichen Standards zu folgen.

4 Listen und Alben

Die Playlist bedingt nicht nur die Normierung der Lautheit, sie ist auch die musikalische Form, die dem Marktmodell und dem ausgeführten algorithmischen Hörmodell der Streaming Services entspricht. Die Dominanz der Playlist führt damit zu Transformationen bereits etablierter Formate. Auf Streamingplattformen nimmt das Album eine veränderte Form und Funktion an. Das Album als geschlossene Musikform produzierter Musik, das als Konzeptalbum auch Werkcharakter einfordern kann (Papenburg 2017), wird aufgebrochen, offener, dynamischer und durchlässiger, damit es der Playlist in ihrer stets offenen ästhetischen Form dienlich werden kann. Deutlich wird diese Entwicklung an Projekten wie der *Raum*-Playlist des deutschen Rappers Ahzumjot. Diese als instrumentale EP gedachte Playlist wurde vom Künstler Stück für Stück zu einem Playlist-Album ausgeweitet (Tschentscher 2017). Ähnlich verhielt es sich mit dem Album *The Life of Pablo* (2016) von Kanye West, das zwar als Album veröffentlicht wurde, aber mit der üblichen Geschlossenheit des Formats gebrochen hat, indem Tracklist und Songs auch noch nach der Veröffentlichung verändert wurden (Cornils 2021, S. 22). Gerade deshalb ist es nicht zutreffend und hilfreich das Album für tot zu erklären (Owsinski 2018). Das Format ändert sich, passt sich den Regeln der Streaminganbieter an und eröffnet, wie die genannten Beispiele zeigen, mitunter neue künstlerische und produktionsästhetische Möglichkeiten. Dass das Album nicht tot zu kriegen ist, wird ferner deutlich, wenn man sich die Diskographien einiger Künstlerinnen und Künstler anschaut. Seit 2015 veröffentlicht der kanadische Rapper Drake jedes Jahr ein Album. Auch der deutsche Rapper Ufo361 legt seit 2018 ein beachtliches Tempo vor mit jährlich zwei Albumveröffentlichungen. Frei nach dem Motto: „More music is better music“ (Snickars 2016). Je mehr Songs auf den Streaming-Portalen, desto mehr kann gestreamt werden und desto mehr Songs können in die erfolgreichen Playlisten aufgenommen werden. Je kürzer die Pausen zwischen den Releases, desto wahrscheinlicher ist es, ununterbrochen in den sich permanent erneuernden Playlisten aufzutauchen. Je kürzer auch die Songs, desto öfter können diese auch gehört werden.

Neben den beschleunigten Veröffentlichungszyklen ermöglicht das digital vernetzte Recording Studio (Théberge 2004) eine extrem schnelle, hyperfordistische Produktion. Es hält sich das Gerücht, dass Rapper Drake seinen Gastbeitrag auf *Sickomode* von Travis Scott erst um 2 Uhr nachts am Tag der Veröffentlichung im Studio zum Mixing und Mastering abgegeben haben soll.[6] In den immer kürzer werdenden Veröffentlichungszyklen, den offenen Albumformen und die Ausrichtung der Releases an den Dynamiken der Playlisten, treten die Mechanismen eines Hochgeschwindigkeits-Kapitalismus deutlich hervor. Das Album hat nicht ausgedient. Seine Rolle wurde an die Marktbedin-

6 So wird es vom A&R von Travis Scott in einem Interview berichtet (Complex 2018). Ob diese Anekdote nun der Wahrheit entspricht oder nicht, spielt im Grunde keine Rolle, denn das Entscheidende ist, dass es technisch denk- und damit machbar ist.

gungen des digitalen Kapitalismus angepasst und trägt einen Teil zum Erfolg der Streaming Services bei.

An diesen Beispielen wird die Tendenz deutlich, dass dem Album im Streamingkontext die Funktion des *suppliers* für Playlisten zukommt und sich das Albumformat dem Playlistenformat ein Stück weit unterordnet, aber nicht an Relevanz verliert. Um zu bestehen, müssen Albumproduktion, -vermarktung und -vertrieb algorithmen-affirmativ sein. Musikproduktionen, die sich den Normen der Streaminganbieter auf kreative Art kritisch annehmen, lassen sich demgegenüber als algorithmen-aversive Produktionen beschreiben. Ein prominentes Beispiel ist das Album *Sleepify* (2014) der Band Vulfpeck, das lediglich 5 Minuten und 16 Sekunden Stille enthält, um so ein Crowdfunding über die Tantiemen für ihre Tour anzuregen (Eriksson u. a. 2019; Snickars 2016). Daneben gibt es Künstler wie Matt Farley oder die Birthday Song Crew, die die Plattformen regelrecht spammen. Nach eigenen Angaben hat Matt Farley bereits mehr als 21000 Songs unter diversen Künstlernamen veröffentlicht – *more music is better music*. Demgegenüber stehen Guerilla-Aktionen wie die der Band Ohm & Sport, die zusammen mit ihrer Debut Single eine Applikation veröffentlicht haben, die es ermöglichte, Lieblings-Songs alle 30 Sekunden neu zu starten. Unter dem Slogan „Stream your favorite artist forever“ machte Eternify, so der Name der Applikation, es möglich einen Song im 30-Sekunden Loop laufen zu lassen und so die Klickzahlen und den Ausschüttungsmechanismus zu manipulieren. Zudem berichtet Blogger Peter Slattery in seinem Blog *The Cheater's Guide to Spotify* wie durch Metadatenmanipulation und das Anpassen von Song-, Album-, Playlist- oder Künstler*innen-Namen an eine Suchmaschinen Logik der Algorithmus des schwedischen Streaming Service ausgetrickst und zur Gewinnerzielung verwendet werden kann (Slattery 2020a, 2020b). Dass hierbei wenig Interesse von Seiten der Plattform herrscht, etwas daran zu ändern, liege an dem Ziel, Klickzahlen zu maximieren und die Datenmengen zu erhöhen. Die Passivität der Streaminganbieter, derlei Probleme und Betrugsversuche konsequent einzudämmen, öffnen den Markt zudem für zum Teil zwielichtige Geschäftsmodelle, bei denen Streams erkauft werden können. Ob diese nun von Bots oder durch (un-)menschliche Arbeit unter prekären Bedingungen in den Click Farmen Asiens generiert werden, bleibt in den meisten Fällen nebulös (Drott 2020). Bittere Ironie an dem Geschäft mit gekauften Streams ist, dass das Marktmodell der Streamingdienste sowohl bei den Künstlerinnen und Künstlern als auch bei den in den Click Farmen Arbeitenden für eine Kaninchenstarre vor dem digitalen Kapitalismus gesorgt hat (ebd., S. 171). Erstere sind auf hohe Klickzahlen angewiesen, um gehört zu werden und sich so ein Überleben in der spätmodernen westlichen

Gesellschaft zu sichern. Denn „the most reliable ways of attracting attention is to have attracted it already." (Ebd., S. 160). Letztere sind dem postimperialistischen Druck der Globalisierung ausgeliefert und erzeugen eben jene Streams unter menschenunwürdigen Arbeitsbedingungen. Zwischen diesen beiden Gruppen als verbindendes Glied stehen die Streaming-Plattformen im Schutze ihrer Hegemonie über den virtuellen Raum.

5 > 30 Sekunden

Überträgt man Adornos Menetekel (Hagen 2005, S. 309), dass die Komposition den Hörenden das Hören abnimmt, in das 21. Jahrhundert, stellt sich heraus, dass neben dem Algorithmus auch die Pop-Produktionen und -Kompositionen weiterhin *vorweghören* und sich an die medientechnischen Standards und Normen der Streaming Services anpassen müssen. Prominent wird der Einfluss der algorithmischen Kuration auf die Produktions- und Songästhetik in der 30-Sekunden-Regel von Spotify. Will Page, von seinem Verlag als ehemaliger „Chief Economist" von Spotify präsentiert, schreibt dazu:

> As songs were monetised only when they were streamed for more than thirty seconds and compensated at the same rate regardless of their duration, we started to notice that hits were becoming shorter and their choruses being moved to the front.
>
> (Page 2021, S. 3)

Die Tage langer Intros wie bei U2s *Where the streets have no name*, *Wollt ihr das Bett in Flammen sehen* von Rammstein oder *Wish you were here* von Pink Floyd scheinen in einer auf die Musikstreamingökonomie ausgerichteten Musikproduktion gezählt. Solche Songs könnten in der beschleunigten Welt der Musikstreaming-Plattformen nicht bestehen. „Anthems of yesteryear, [...] would be wasting their time and losing our attention in this new world." (Ebd.) Denn laut Spotify Artists-Homepage zählt ein Song-Stream erst dann als Stream, wenn er über 30 Sekunden gehört wurde (Spotify for Artists 2021b). Es sind genau diese ersten *30 Sekunden, die den Pop verändern* wie eine Überschrift in der Süddeutsche Zeitung 2017 verlauten ließ (Kedves 2017). Auch wenn der Anfang eines Popsongs schon immer von Relevanz war, man denke hier allein an *When the Levee Breaks* von Led Zeppelin, an *We Will Rock You* von Queen, an *Beat It* oder *Billie Jean* von Michael Jackson, erfahren die ersten 30 Sekunden eines Songs im Zeitalter des Musikstreaming eine intensive Umgestaltung. Denn so wie es Charlie Harding, Songwriter und Co-Host des Podcasts *Switched On Pop* und Co-Autor des gleichnamigen Buches, formuliert: „It's almost like an executive summary." (Hogan 2017) Gemeint ist damit ein Trend in der auf Streaming Services ausgerichteten Musik, den Song innerhalb der ersten halben Minute so zu gestalten, dass die Hörerinnen und Hörer nicht anders können als mindestens über die 30 Sekunden hinaus zu hören und die wichtigen Elemente des Songs bereits präsentiert zu bekommen. Die dafür möglichen Mittel sind vielgestaltig: der direkte Einstieg in die erste Strophe; fehlende Bass- und Rhythmuselemente, deren Einsatz mit der 30 Sekunden Marke oder kurz darauf folgen; verkürzte Songformen; aufmerksamkeitserregende Sounds, Loops oder Samples zu Beginn des Songs oder auch die Vorwegnahme der Ohrwurm-verdächtigen Refrain-Melodie.

6 Skipping

Die Ausrichtung des Begehrens auf die nahe Zukunft (Drott 2018b, S. 338–340) und in diesem Sinne auch die Möglichkeit zur Ökonomisierung dieser Zukunft durch die Streaming Services (Papenburg 2021) verdeutlicht sich nicht nur in der Umgestaltung und der Signifikanz der ersten halben Minute eines Songs. Vor allem für die Playlist gilt, was Eric Drott als „figure of the ‚next song'" beschreibt (Drott 2018b, S. 329). Entscheidend für die Streaminganbieter und den Empfehlungsalgorithmus sei nicht, was derzeit gehört werde, sondern was potenziell gehört werden wird. So wird das Song-Skipping zu einer entscheidenden Hörpraxis bei der Anwendung von Streamingdiensten. Dass sich eine Ästhetik des Skippings auch in die Produktion einschreibt, wird an Songs wie *Sickomode* von Travis Scott feat. Drake und *Life is Good* von Drake feat. Future deutlich. *Sickomode* beginnt mit einem langen Intro von ca. 30 Sekunden, in dem das harmonisch melodische Material in Form eines Loops vorgestellt wird. Kurz vor Ablauf der 30 Sekunden beginnt Drake mit seinem Part. Nach weiteren 30 Sekunden wird der Song abrupt unterbrochen, so als hätte jemand aus Versehen auf den Next-Button gedrückt. Ein neuer Track beginnt noch während *Sickomode* läuft. Von einem neuen Songteil im Sinne einer Strophen-Refrain-Logik kann hier nicht die Rede sein. Zu divergent sind die beiden Tracks im Sound und Arrangement. Sämtliche Hallfahnen und Delaylines sind abgeschnitten und es wird ein neuer Song präsentiert, der mit dem vorangegangen nur die Beats per Minute gemein hat. Bei 2m 56s widerfährt den Hörenden das gleiche Schicksal. Der gerade einmal zwei Minuten alte Song wird wiederholt geskippt und ein dritter Song beginnt. *Sickomode* skippt durch seine eigene

Playlist. Das Modell ist erfolgreich, wenn man Erfolg anhand der Streams bemessen möchte. 1,46 Milliarden mal wurde der Song gestreamt.[7] So faltet sich die Playlistenlogik in den Song und die kulturelle Bedeutung der ersten 30 Sekunden eines Songs entfaltet sich, vor allem durch die Praktik des Song-Skippings, einem disruptiven, atomistischen, nach klanglichen Markern suchenden Hören, erst innerhalb der Playlist. Das Song-Skipping ist Teil der Produktionsästhetik von *Sickomode* und vollzieht damit eine Ästhetisierung der Next-Song-Matters-Maxime der Streaminganbieter. Die Potentiale einer Musikästhetik des Streaming werden in *Sickomode* von Travis Scott damit deutlich hörbar.

7 Rückkopplung zwischen Hörmodellen und Produktion

Der Erfolg der Playlist sowie von Streamingdiensten fußt also zu einem nicht unerheblichen Teil auf dem zugrundeliegenden algorithmischen Hörmodell, das eingangs vorgestellt wurde. Die vier übergeordneten Prozesse (Signalverarbeitung, Segmentierung, Mustererkennung und Clusterbildung), die nach Jehan *Machine Listening* oder das algorithmische Hören definieren, gehören zu den Kernaufgaben der Algorithmen der Streaminganbieter. Hierin entsprechen sich das modellhafte algorithmische Hören und die agierenden Algorithmen der Plattformen. Allen voran hört ein Empfehlungsalgorithmus als Maschine der Erfassung mit, verarbeitet die gesammelten Daten, segmentiert, erkennt Muster und nimmt Klassifizierungen vor. Doch auch in Bezug auf die Lautheit wird algorithmisch mitgehört, der Song in seine Amplituden segmentiert, Muster erkannt und in Cluster eingeteilt. Gleichermaßen hören die Komposition und die Musikproduktion mit und folgen den Operationen des algorithmischen Hörmodells, indem die Produktionen als algorithmisch kuratierbar angelegt werden. Die Anpassung der Musikproduktion an die 30-Sekunden-Regel oder die Transformation des Albums bspw. folgen damit auch den Implikationen des viergliedrigen algorithmischen Hörmodells. Wie eingangs bereits hervorgehoben: Eine Ästhetik des Musikstreaming um- bzw. erfasst die gehörte und die potenziell hörbare Musik als auch das Hören von Musik.

7 Stand: 09. Juli 2021.

8 Ein Ausblick

Streaming Services arbeiten mit algorithmischen Hörmodellen, Algorithmen zur Distribution, Kuration und Empfehlung, technische Eigenschaften wie Metadaten, Dateiformate und Lautheit werden algorithmisch erfasst. Darüber hinaus wird auch die musikalische Form algorithmisch erfasst, ebenso wie die Beats per Minute, das Timbre und weitere musikalisch-klangliche Parameter.[8] Aus dieser Masse an Daten lassen sich problemlos Algorithmen zur Musikkomposition und -produktion speisen. Nachdem der schwedische Streaminganbieter Spotify mit der Übernahme von The Echo Nest im Jahr 2013 einen Schritt in Richtung KI-basierter Kuration gemacht hat, folgte 2017 mit der Anstellung von François Pachet, einem ausgewiesenen Experten für computergenerierte Musik, der nächste Schritt in Richtung KI-basierter Musikkreation. Nach eigenen Angaben soll das Department KI-gestützte Tools entwerfen, die den Künstlerinnen und Künstlern im kreativen Prozess helfen sollen (Spotify for Artists 2017). Spotify ist jedoch nicht der einzige Streaminganbieter, der die Potentiale von KI-generierter Musik auszunutzen weiß. Die Firma AiMi kombiniert musikalische Ideen mit einer KI, um so einen kontinuierlichen, immersiven, klanglichen Flow zu erzeugen, der sich nie wiederholt. Die KI von AiMi befindet sich anhand von vergleichsweise wenig Daten in einem nie endenden Produktionsprozess. Die Integration von musik- und klangproduzierenden Algorithmen in Streaming Services kann als weitere Ebene einer Musikstreaming-Ästhetik angesehen werden, die neben dem Hören und Kuratieren auch das Kreativschaffende an den Algorithmus abgibt. Mit der Simulation des menschlichen kreativen Schaffensprozesses durch eine Algorithmen-basierte KI muss jedoch die Frage nach einer Ästhetik des Musikstreaming, vielleicht sogar einer Musikästhetik im Allgemeinen neu verhandelt werden.

8 Der Streaming Service Pandora erfasst innerhalb ihres *Music Genome Project* noch Daten wie das Geschlecht der Sängerin oder des Sängers, dass Level der Verzerrung oder die Art der Background Vocals (Prey 2016, S. 37).

Medienverzeichnis

Literatur

Adorno, Theodor W. 2006. *Current of Music. Elements of a Radio Theory*. Frankfurt am Main: Suhrkamp.

Allen Anderson, Paul. 2015. Neo-Muzak and the Business of Mood. *Critical Inquiry* 41 (4): 811–840.

Anderson, Ian, Santiago Gil, Clay Gibson, Scott Wolf, Will Sapiro, Oguz Semerci und David M. Greenberg. 2020. „Just the Way You Are": Linking Music Listening on Spotify and Personality. *Social Psychological and Personality Science* 12 (4): 561–572.

Ægidius, Andreas Lenander. 2019. Music Radio as a Format Remediated for Stream-Based Music Use. In *Music radio: Building communities, mediating genres*, hrsg. Morten Michelsen, Mads Krogh, Stehen Kaargaard und Iben Have, 291–310. London: Bloomsbury Academic.

Bennett, Samantha. 2019. *Modern Records, Maverick Methods: Technology and Process in Popular Music Record Production 1978–2000*. New York: Bloomsbury Academic.

Bennett, Samantha und Eliot Bates. Hrsg. 2018. *Critical Approaches to the Production of Music and Sound*. New York: Bloomsbury Publishing USA.

Brion, Lina und Detlef Diederichsen. Hrsg. 2021. *Listen!*. Leipzig: Spector Books.

Ciocca, Sophia. 2017. How Does Spotify Know You So Well? *Medium.com*. https://medium.com/s/story/spotifys-discover-weekly-how-machine-learning-finds-your-new-music-19a41ab76efe. Zugegriffen am 03. September 2021.

Cornils, Kristoffer. 2021. Zur Geschichte der Playlist. In *Listen!*, hrsg. Lina Brion und Detlef Diederichsen, 51–66. Leipzig: Spector Books.

Deezer Research. 2021. *Publications*. https://research.deezer.com. Zugegriffen am 11. August 2021.

Dredge, Stuart. 2015. Spotify bites back at Apple Music with weekly 'mixtape' playlist for each user. *The Guardian*. https://www.theguardian.com/technology/2015/jul/20/spotify-apple-music-weekly-mixtape-playlist. Zugegriffen am 11. August 2021.

Drott, Eric. 2018a. Music as a Technology of Surveillance. *Journal of the Society for American Music* 12 (3): 233–267.

Drott, Eric. 2018b. Why the next Song Matters: Streaming, Recommendation, Scarcity. *Twentieth–Century Music* 15 (3): 325–357.

Drott, Eric. 2020. Fake Streams, Listening Bots, and Click Farms: Counterfeiting Attention in the Streaming Music Economy. *American Music* 38 (2): 153–175.

EBU – European Broadcastung Union. 2020. *Loudness Normalisation and Permitted Maximum Level of Audio Signals*. https://tech.ebu.ch/docs/r/r128.pdf. Zugegriffen am 11. August 2021.

Eriksson, Maria und Anna Johansson. 2017. „Keep Smiling!": Time, Functionality and Intimacy in Spotify's Featured Playlists. *Cultural Analysis* 16 (1): 67–82.

Eriksson, Maria, Rasmus Fleischer, Anna Johansson, Pelle Snickars und Patrick Vonderau. 2019. *Spotify Teardown: Inside the Black box of Streaming Music*. Cambridge/MA u. a.: MIT Press.

Fenby-Hulse, Kieran. 2016. Rethinking the Digital Playlist: Mixtapes, Nostalgia and emotionally durable Design. In *Networked music cultures*, hrsg. Raphaël Nowak und Andrew Whelan, 171–188. London: Palgrave Macmillan.

Gunkel, Katja. 2018. *Der Instagram-Effekt.* Bielefeld: transcript.

Haberer, Maximilian. 2020. Versuch über Spotify, oder: Musikstreaming als Arbeit am Subjekt. In *Wissen im Klang*, hrsg. Jonas Reichert, José Gálvez und Elizaveta Willert, 145–162. Bielefeld: transcript.

Hagen, Wolfgang. 2005. *Das Radio: zur Geschichte und Theorie des Hörfunks–Deutschland/USA.* München: Wilhelm Fink.

Hagen, Anja Nylund. 2015. The Playlist Experience: Personal Playlists in Music Streaming Services. *Popular Music and Society* 38 (5): 625–645.

Hagen, Anja Nylund. 2016a. The Metaphors we stream by: Making Sense of Music Streaming. *First Monday* 21 (3): 1–16.

Hagen, Anja Nylund. 2016b. Music Streaming the Everyday Life. In *Networked music cultures*, hrsg. Raphaël Nowak und Andrew Whelan, 227–245. London: Palgrave Macmillan.

Hagen, Anja N. und Marika Lüders. 2017. Social Streaming? Navigating Music as Personal and Social. *Convergence* 23 (6): 643–659.

Helmreich, Stefan. 2015. Transduction. In *Keywords in Sound*, hrsg. David Novak und Matt Sakakeeny, 222–231. Durham: Duke University Press.

Hickey, Walt. 2014. Spotify Knows Me Better Than I Know Myself. *FiveThirtyEight.* https://fivethirtyeight.com/features/spotify-knows-me-better-than-i-know-myself/. Zugegriffen am 11. August 2021.

Hogan, Marc. 2017. Uncovering How Streaming Is Changing the Sound of Pop. *Pitchfork.* https://pitchfork.com/features/article/uncovering-how-streaming-is-changing-the-sound-of-pop/. Zugegriffen am 11. August 2021.

Hongpanarak, Thanit und Janjao Mongkolnavin. 2021. A Study of Relationship Between Music Streaming Behavior and Big Five Personality Traits of Spotify Users. *The 12th International Conference on Advances in Information Technology.*

Hörl, Erich und Luciana Parisi. 2013. Was heißt Medienästhetik? Ein Gespräch über algorithmische Ästhetik, automatisches Denken die postkybernetische Logik der Komputation. *Zeitschrift für Medienwissenschaft* 8 (1): 35–51.

Hracs, Brian J. und Jack Webster. 2021. From Selling Songs to Engineering Experiences: Exploring the Competitive Strategies of Music Streaming Platforms. *Journal of Cultural my* 14 (2): 240–257.

ITU – International Telecommunication Union. 2015. *Algorithms to Measure Audio Programme Loudness and True-Peak Audio Level.* https://www.itu.int/dms_pubrec/itu-r/rec/bs/R-REC-BS.1770-4-201510-I!!PDF-E.pdf. Zugegriffen am 11. August 2021.

Jehan, Tristan. 2005. *Creating Music by Listening.* Diss. Massachusetts Institute of Technology, School of Architecture and Planning, Program in Media Arts and Sciences.

Kedves, Jan. 2017. 30 Sekunden, die den Pop verändern. *Süddeutsche Zeitung.* https://www.sueddeutsche.de/kultur/musik-streaming-30-sekunden-die-den-pop-veraendern-1.3734114. Zugegriffen am 11. August 2021.

Ketterer, Nicolay. 2017. Interview mit Mastering-Engineer Bob Katz. *Sound & Recording.* https://www.soundandrecording.de/stories/interview-mit-mastering-engineer-bob-katz/. Zugegriffen am 11. August 2021.

Kinnally, William und Heidi Bolduc. 2020. Integrating the Theory of Planned Behavior and Uses and Gratifications to Understand Music Streaming Intentions and Behavior. *Atlantic Journal of Communication* 28 (3): 165–179.

Kittler, Friedrich. 2011. *Optische Medien. Berliner Vorlesung 1999.* Berlin: Merve.

Klotz, Sebastian. 2015. Algorithmic and Nostalgic Listening. Post-subjective Implications of Computational and Empirical Research. In *Musical Listening in the Age of Technological Reproduction*, hrsg. Gianmario Borio, 69–89. London: Routledge.

Maasø, Arnt und Anja Nylund Hagen. 2019. Metrics and Decision-Making in Music Streaming. *Popular Communication* 18 (1): 18–31.

Morris, Jeremy Wade. 2015. Curation by Code: Infomediaries and the Data Mining of Taste. *European Journal of Cultural Studies* 18 (4/5): 446–463.

Morris, Jeremy Wade und Devon Powers. 2015. Control, Curation and Musical Experience in Streaming Music Services. *Creative Industries Journal* 8 (2): 106–122.

Official Charts. 2021. Ed Sheeran. *Official Charts.* https://www.officialcharts.com/artist/6692/ed-sheeran/. Zugegriffen am 11. August 2021.

Offizielle Deutsche Charts. 2018. Bonez Mc & Raf Camora mit Rekordstart und Doppelspitze in den offiziellen deutschen Charts. *Offizielle Deutsche Charts.* https://www.offiziellecharts.de/news/item/561-bonez-mc-raf-camora-mit-rekordstart-in-den-offiziellen-deutschen-charts?rCH=2. Zugegriffen am 11. August 2021.

Owsinski, Bobby. 2018. The Music Album Is Dead, But Not Everyone's Accepted It Yet. *Forbes.* https://www.forbes.com/sites/bobbyowsinski/2018/03/10/album-dead/?sh=2946be8e6986. Zugegriffen am 11. August 2021.

Page, Will. 2021. *Tarzan Economics: Eight Principles for Pivoting Through Disruption.* New York: Little Brown and Company.

Papenburg, Jens Gerrit. 2013. Soundfile. Kultur und Ästhetik einer Hörtechnologie. *POP. Kultur & Kritik* 2: 140–155.

Papenburg, Jens Gerrit. 2017. Konzeptalben als ‚große Werke' populärer Musik? *Musik & Ästhetik* 21 (3): 30–45.

Papenburg, Jens Gerrit. 2021. Bewirtschaftung der Zukunft. Musikhören durch Apps, Kopfhörer, Smartphones. In *electronic* beats, hrsg. Deutsche Telekom, 92–99. Berlin: Blumenbar.

Pelly, Liz. 2018. Streambait Pop. *The Baffler.* https://thebaffler.com/downstream/streambait-pop-pelly. Zugegriffen am 11. August 2021.

Pelly, Liz. 2019. Big Mood Machine. *The Baffler.* https://thebaffler.com/downstream/big-mood-machine-pelly. Zugegriffen am 11. August 2021.

Pelly, Liz. 2021. Und wo bleiben die, die nicht playlist-tauglich sind? In *Listen!*, hrsg. Lina Brion und Detlef Diederichsen, 51–66. Leipzig: Spector Books.

Peters, John Durham. 2004. Helmholtz, Edison, and Sound History. In *Memory Bytes. History, Technology, and Digital Culture*, hrsg. Lauren Rabinovitz und Abraham Geil, 177–198. Durham: Duke University Press

Prey, Robert. 2016. Musica analytica: The datafication of listening. In *Networked music cultures*, hrsg. Raphaël Nowak und Andrew Whelan, 31–48. London: Palgrave Macmillan.

Prey, Robert. 2018. Nothing Personal: Algorithmic Individuation on Music Streaming Platforms. *Media, Culture & Society* 40 (7): 1086–1100.

Prey, Robert. 2021. Playlists und die Datafizierung der Musikformatierung. In *Listen!*, hrsg. Lina Brion und Detlef Diederichsen, 37–50. Leipzig: Spector Books.

Riskin, Jessica. 2016. *The Restless Clock. A History oft he Centuries-Long Argument over What Makes Living Things Tick.* Chicago: University of Chicago Press.

Robjohns, Hugh. 2014. The End Of The Loudness War? *SOS – Sound on Sound.* https://www.soundonsound.com/techniques/end-loudness-war. Zugegriffen am 11. August 2021.

Scherzinger, Martin. 2019. The Political Economy of Streaming. In *The Cambridge Companion to Music in Digital Culture*, hrsg. Nicholas Cook, Monique M. Ingalls und David Trippett, 274–297. Cambridge/MA: Cambridge University Press.

Sinclair, Gary und Julie Tinson. 2017. Psychological Ownership and Music Streaming Consumption. *Journal of Business Research* 71: 1–9.

Slattery, Peter. 2020a. Scammers Are Gaming Spotify by Faking Collaborations With Famous Artists. *The Cheater's Guide to Spotify.* https://onezero.medium.com/scammers-are-gaming-spotify-by-faking-collaborations-with-famous-artists-42d127e370dc. Zugegriffen am 11. August 2021.

Slattery, Peter. 2020b. Why Spotify Has So Many Bizarre, Generic Artists Like 'White Noise Baby Sleep'. *The Cheater's Guide to Spotify.* https://onezero.medium.com/why-spotify-has-so-many-bizarre-generic-artists-like-white-noise-baby-sleep-c9ce09dc9002. Zugegriffen am: 11. August 2021.

Snickars, Pelle. 2016. More Music is Better Music. In *Business Innovation and Disruption in the Music Industry*, hrsg. Patrik Wikström and Robert DeFillippi, 191–210. Cheltenham: Edward Elgar Publishing.

Spotify for Artists. 2017. *Innovating for Writers and Artists.* https://artists.spotify.com/blog/innovating-for-writers-and-artists. Zugegriffen am 03. September 2021.

Spotify for Artists. 2021a. *Loudness Normalization.* https://artists.spotify.com/help/article/loudness-normalization?category=managing-your-music. Zugegriffen am 11. August 2021.

Spotify for Artists. 2021b. *How we count streams.* https://artists.spotify.com/help/article/how-we-count-streams?category=audience-stats. Zugegriffen am: 11. August 2021.

Spotify Research. 2021. *Publications.* https://research.atspotify.com/publication/. Zugegriffen am 11. August 2021.

Sterne, Jonathan. 2003. *The Audible Past.* Durham: Duke University Press.

Sterne, Jonathan. 2012. *MP3: The meaning of a format.* Durham: Duke University Press.

Théberge, Paul. 1989. The 'Sound' of Music: Technological Rationalization and the Production of Popular Music. *New Formations* 8: 99–111.

Théberge, Paul. 2004. The Network Studio: Historical and Technological Paths to a New Ideal in Music Making. *Social Studies of Science* 34 (5): 759–781.

The Times. 2010. Internet music service spots gap in the market for next generation of mixtapes. *The Times.* https://www.thetimes.co.uk/article/internet-music-service-spots-gap-in-the-market-for-next-generation-of-mixtapes-zw630w783nh. Zugegriffen am 11. August 2021.

Tschentscher, Tim. 2017. Ahzumjot – Raum // Review. *Juice.* https://juice.de/ahzumjot-raum-review/. Zugegriffen am: 11. August 2021.

Webster, Jack. 2020. Taste in the Platform Age: Music Streaming Services and New Forms of Class Distinction. *Information, Communication & Society* 23 (13): 1909–1924.

Webster, Jack. 2021. The Promise of Personalisation: Exploring how Music Streaming Platforms are Shaping the Performance of Class Identities and Distinction. *New Media & Society* (2021): 1–23.

Zagorski-Thomas, Simon und Andrew Bourbon. Hrsg. 2020. *The Bloomsbury Handbook of Music production*. New York: Bloomsbury Publishing.

Videos

Complex. 2018. New God Flow: How to Make a Rap Album in 2018 | ComplexCon(versations). *YouTube*. Video. 6:01. https://www.youtube.com/watch?v=Dl88r1lRZok. Zugegriffen am: 11. August 2021.

Intermezzo

Johannes Kreidler

#dirigate

Über akustische Regimes in meiner Musik

Wenn in der Kunst verschiedene Sinnesreize gleichzeitig und gleich intensiv auftreten, erleben wir nicht notwendig ihre Einheit, sondern oft ihre Getrenntheit, und damit fordern die Reize einander heraus: Die eine Information geriert sich zur Kontrolle der anderen. Wenn ich in meiner Performance *Einleitung in die Musiksoziologie* (Kreidler 2010) in hoher Geschwindigkeit die Namen etlicher Metal-Genres aufzähle, und jedem Namen folgt unmittelbar ein sehr kurzer Klangschnipsel, der dem gerade genannten Genre zugeordnet zu sein scheint, dann stellt sich genau diese Frage: Stimmt das überhaupt? Kann man anhand eines zweisekündigen Samples schon bestimmen, dass es sich bspw. um Technical Death Metal handelt? Und da im Zuge der Performance sogar offensichtliche Fehler zu unterlaufen scheinen, gerät die scheinbare Speed-Lecture zur Gegenkontrolle: Wie weit decken sich überhaupt je Begriff und Erscheinung?

QR-Code 1: Performance *Einleitung in die Musiksoziologie* (2010).

In meiner Musik ist konzeptuelles Denken und multimediale Praxis bestimmend. D. h., es geht nicht um Hören allein, sondern um Hören im Kontext von Wissen, in der Perspektive bestimmter Ideen und in der Erfahrung von (oft gleichzeitig ablaufenden) zusätzlichen visuellen oder sprachlichen Ereignissen. Und insb. interessieren mich hierbei politische Dimensionen des Hörens und der Musik.

So richtet sich das Urheberrecht in der Musik nach der Frage der Erkennbarkeit eines ‚entliehenen' Samples oder einer übernommenen Melodie. Doch es gibt da einen Graubereich, der immer wieder die Gerichte beschäftigt (die Lektüre von derlei Gutachten von Fachleuten ist die spannendste Musiktheorie, die ich kenne), und den ich eigens konzeptualisiert habe in der Aktion *product placements* (2008): Das kurze elektronische Stück von gerade einmal 33 Sekunden Dauer enthält 70200 Fremdanteile aus anderen Musiken. Man kann sich

https://doi.org/10.1515/9783110730791-016

ausrechnen, wie winzig die einzelnen Samples im Schnitt sind und dass sie gewiss unterhalb der (juristischen) Wahrnehmungsschwelle liegen – ein Rauschen winziger Klangpartikel. Aber so einfach ist es nicht; in dem Stück ist nicht alles durchschnittlich verteilt, sondern es entfaltet sich darin das Panorama vom kleinsten Fetzen bis zum zwei Sekunden langen, klar erkennbaren Zitat. Und dazwischen liegt ein Bereich, bei dem nun völlig unklar ist, was davon justiziabel ist / sein kann und was nicht. Bis heute konnte das Stück in der GEMA-Datenbank nicht korrekt eingetragen werden. Es sperrt sich gegen die Formalisierung und die Formalitäten: Die notwendigen 70200 Formulare, die zur Anmeldung des Stücks eingereicht werden mussten, ließen sich nicht abarbeiten.

Abb. 1, QR-Code 2: Musikstück / Aktion *product placements* (2008).

Auch in *Earjobs* (2011) spielt ein anderes Medium aktiv in das Hören hinein: Die Hörer*innen werden fürs Hören an einer Station bezahlt. Die Pointe hierbei ist, dass die willigen Arbeiter aus einer Playlist das zu hörende Musikstück selber aussuchen dürfen, wobei die Entlohnung unterschiedlich ausfällt; während die Liste fast gänzlich aus sorgfältig kuratierten Titeln besteht, die alle um die 1€ Hörlohn einbringen, findet sich auf ihr auch ein Muzak-Stück, dessen Anhören mit 10€ vergolten wird. Musikstücken, die ich für besonders gut halte, ‚lohnenswert' im idealen Sinne, steht ein (meiner Meinung nach) furchtbar schlechtes Musikstück gegenüber, für das ich umso mehr Geld quasi als Entschädigung für erlittene Pein auszahle. Die Hörarbeiter*innen entscheiden, ob sie gute Musik oder mehr Geld bekommen wollen. Das Geld hat hier mehrere Funktionen: Es wertet die einzelnen Musikstücke gegeneinander und gegen den Aufwand, sie anhören zu müssen; und es fungiert als Druckmittel: Ein Arbeitsvertrag wird geschlossen, auf dessen Basis nun die Verpflichtung zum Anhören besteht. Wie ändert sich die Wahrnehmung dadurch, wenn das Musikhören nicht mehr als ein freiwilliger, meist sogar mit Eintrittsgeld erworbener Genuss ist, sondern zur bezahlten Arbeit gemacht wird, zum Ear Job, zur Hörpflicht?

EARJOBS
job offerings

every piece is about 5 minutes duration

Sarah Nemtsov: Orpheus Falling .... 0.90 €
John Cage: 4'33" .... 0.80 €
Johanna Beyer: Music of the Spheres .... 1.00 €
Muzak (Elevator Music in very bad mp3 quality) .... 10.00 €
Traditional African Music (Botswana) .... 1.00 €
Olivier Messiaen: Mode de valeurs et d'intensités .... 1.10 €
Teyana Taylor: 3Way .... 0.90 €
Johannes Kreidler: Fremdarbeit .... 0.70 €
Johann Sebastian Bach: Capital and Interest .... 0.90 €
German National Anthem .... 0.70 €

Abb. 2, QR-Code 3: Aktion *Earjobs* (2011).

Das Geldregime ist auch ein Hörregime. Gekoppelt an ein anderes Hörregime wird das in der Performance *Das DING an sich* (2017). Akustische Mittel – Sonifikationen – sind im Straßenverkehr von enormer Bedeutung, beim Ampelzeichen für

Blinde, bei der piepsenden Einparkhilfe für Autos, bei der Hupe und der Fahrradklingel für Mahnung und Aufmerksammachung. Bei Letzterem steht nicht nur die absolute Qualität – wie gut die Klingel im Regime des Straßenverkehrs funktioniert – zur Diskussion, sondern auch die Qualität im Verhältnis zum Preis-Leistungsverhältnis. Das lässt sich an Rezensionen auf Verkaufsportalen wie Amazon ablesen. In der Performance werden vielerlei Aussagen aus Fahrradklingelrezensionen vorgetragen, im Spannungsverhältnis von Preis, Straßen-Performance bis hin zu mechanischen und visuellen Eigenschaften der „Instrumente" oder sogar ihrem nostalgischen Wert („die gute alte Ritsch-Ritsch-Klingel"). Und natürlich wird in der Performance selbst viel geklingelt, um Aufmerksamkeit gerungen.

Abb. 3, QR-Code 4: Performance *Das DING an sich* (2017).

Wenn von Regimes die Rede ist, werden Musiker*innen schnell Beispiele wissen: das Dirigat und die Autorität der Notenschrift, oder seit Fluxus auch erweitert Text Scores – Instruktionen, was zu tun sei. Gerade die konzeptuelle Musik besteht darin, dass sie ein Konzept beigibt, eine bestimmte Perspektive installiert. Wenn in John Cages *4′33″* alle Instrumente schweigen, wird der Fokus dadurch auf alle Nicht-Instrumente gelenkt: Als ob sie Klangerzeuger im Sinne von Musikinstrumenten wären. In *Minusbolero* (2009–2014) habe ich aus Maurice Ravels *Boléro* alle melodischen Elemente entfernt, sodass nur noch die Begleitung erklingt. Das Stück ist mehr als eine Art Minimalmusic, die aus dem Verborgenen unter der berühmten Melodie herausgeholt wurde; es ist auch eine Orchesterperformance, sozusagen eine öffentliche Probe als Konzertstück, ohne dass das weiter geskriptet wäre: „Erst mal nur die Begleitung spielen" entspricht einer Probensystematik. In dem Fall ist jedoch das Publikum anwesend, jeder kennt Ravels Stück, alle Hörer*innen sind in der Kontrollsituation. Beim bloßgelegten Hören der Begleitstimmen ergeben sich freilich Intonationsschwankungen, kleine rhythmische Ungenauigkeiten, all das, was der Ohrwurm sonst schützend zudeckt. Diese Fehler sind die neue Melodie.

QR-Code 5: *Minusbolero für Orchester* (2009–2014).

Dass der Begriff des Instruments sowohl Musikinstrumente wie auch Messinstrumente bezeichnet und häufig als politische Metapher („Die Mietpreisbremse als Instrument zur Regulierung des Wohnungsmarkts") eingesetzt wird, zeigt schon die latente Nähe der Sphären an. Die Guillotine im Paris der Revolution wurde von einem deutschen Klavierbauer konstruiert, und Leon Theremin erfand das nach ihm benannte elektronische Instrument ebenso wie auch die Abhörwanze. In meinem Musiktheater *Audioguide* (2013/14) – der Titel impliziert, dass das Hören geführt, wenn nicht gelenkt wird – dienen Harmonikas dazu, den Körper einer Performer*in akustisch abzuscannen. Ähnlich in den *Kinect Studies* (2011/13), wo Arbeiten wie häusliche Reinigung und Wäschebügeln via Sensorkameras in ein Klangnetz umgeformt werden. Es geht nicht die Musiker*in ans Instrument, sondern das Instrument an die Musiker*in. Aus dem Musikinstrument wird wieder ein Messinstrument, und damit eigentlich auch zur politischen Metapher: Es wird instrumentalisiert.

Abb. 4: Musiktheater *Audioguide* (2015).

Abb. 5, QR-Code 6: Video *Kinect Studies* (2011/13).

Der Konzertsaal ist immer auch eine Art Gefängnis, in dem die Hörenden zur Aufmerksamkeit gezwungen werden: durch die architektonisch von der Außenwelt abgeschirmte Stille, durch die engen Sitzreihen, durch die tradierten Rituale von Applausrahmung, durch die Trennung von Bühne und Proszenium, die Gegenüberstellung aktiver und passiver Teilnehmer*innen – der Mythos vom gefesselten Odysseus, der den Sirenen überhaupt nur auf diese Weise zu lauschen vermag, waltet unentwegt. In *Audioguide* wird zwischendurch das Publikum mit einer angekündigten „Silent Subliminal" Manipulation alleingelassen – die Darbietung einer Mozartviolinsonate ist vorsätzlich mit unterschwelligen (niederfrequenten, also nur unbewusst wahrnehmbaren) politischen Botschaften unliebsamer Art „vergiftet". Die Ohren lassen sich bekanntlich nicht so leicht verschließen wie die Augen.

Sonifikation als akustische Darstellung gemessener Daten ist für mich in den letzten zehn Jahren interessant geworden, da es sich nicht um eine expressive Interpretation der Vorlage handelt, sondern um technizistische Übertragung. Natürlich besteht bei jeder Medientransformation ein gestalterischer Spielraum, aber der Grad der Applikation, die Haltung zum Gegenstand ist eine andere; es ist ein Algorithmus, der nach gegebenen Bestimmungen selbständig aus Daten Klang generiert. Diese Methode habe ich u. a. angewandt, um die Beschaffenheit von Stacheldrähten akustisch darzustellen. Menschen sind sehr erfinderisch in der Abgrenzung – in den USA gibt es über 1000 Patente für verschiedenartige Stacheldrähte, je nach Flechtung, Anzahl und Dichte der Stacheln usw., samt geradezu poetischer Namen wie: *Westgarth's Web and Chisel-edge Barb Strip, Miles' Open Diamond Point, Double Strand, Glidden's Coils, One-strand Military Concertina Variation, Glidden's Coils, Military Entanglement-wire Variation* etc.

Die Sonifikation der bildlichen Profile dieser Stacheldrahttypen ergibt ein akustisches Grenzregime: Klangbänder mit Zacken nach unten und oben in scharfem Ton riegeln den Hörraum ab, dazu Videoaufnahmen des Cellos von unter den Saiten als quasi Drahtverhau.

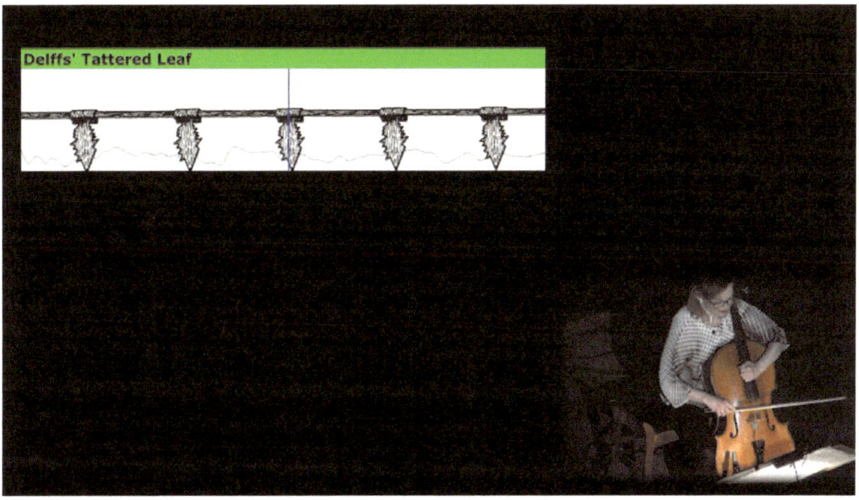

Abb. 6 und 7, QR-Code 7: *The Wires* für Cello, digital Audio und Video (2018).

Dass Daten wertvoller Rohstoff sind und das Internet nachgerade eine Einladung zur Kontrolle für Regierungen darstellt, zeichnete sich ab Mitte der Nullerjahre ab und wird wohl debattiert werden, solange es das Internet gibt. In welcher Krassheit sich Telekommunikationsüberwachung ereignet, zeigte bereits 2007 der Fall von Andrej Holm, politischer Aktivist, der lediglich aufgrund der Nutzung mancher Schlagwörter in seinen Internetpublikationen zum Verdachtsmoment wurde und das Bundeskriminalamt veranlasste, ihn festzunehmen. Diesen Fall nahm ich zum Anlass, zwei Computer via Voice-over-IP miteinander telefonieren zu lassen, wobei in ihren per Zufallsgenerator gesprochenem Text immer wieder derlei einschlägige Triggerwörter eingestreut werden. Das Ergebnis ist quasi ein Hörspiel, ein algorithmischer Theaterdialog in Abhörkulisse, dem damaligen deutschen Innenminister Wolfgang Schäuble zugeeignet. Jedes Telefonat kann ein Telefonat mit Schäuble sein: *Call Wolfgang* (2008) heißt die Installation. Der reale Telefonstreich sollte verdeutlichen, in welchem monströsen Umfang Abhörmaßnahmen durchgeführt werden, die auch harmloseste Chats betreffen; die beiden kommunizierenden Computer werden ja sicherlich keinen Terroranschlag durchführen. Und doch steht ihr Austausch bereits im Abgleich mit dem Reizwortregister. Die Installation habe ich auf Anraten eines Staatsanwalts nach kurzer Zeit wieder abgebaut.

Abb. 8, QR-Code 8: Installation *Call Wolfgang* (2008).

Klanggewalt und Hörgewalt, Instrumentalisierung, Kunstfreiheit und Kunstregimes, Wahrheit und Pflicht – es brauchte seine Zeit, um in der Musik loszukommen von Paradigmen wie der Schönheit, des Genusses und der Kontemplation. Das war mit dem Beginn der Atonalität noch lange nicht erreicht. Abgesehen von ihrer ohnehin nur sehr langsamen Etablierung waren gerade ihre kanonisierten Protagonist*innen oft darum bemüht, sie zu vermitteln, als sei sie eigentlich die ganz natürliche Fortsetzung des 19. Jahrhunderts, der guten alten Zeit: Atonalität als systemhinterfragende, aber doch affirmierende Weiterentwicklung, die Kratzgeräusche nicht als etwas Hässliches, sondern als Sensibilisierung des Gehöres, das radikal Subjektive als Bekenntnis zu den kulturellen Wurzeln, usw. Man war bemüht, die ‚Negativität' umzudeuten. Es ist ja auch banal, Atonalität zum Horrorfilm-Soundtrack zu degradieren, als ob das ihr eigentlicher Gehalt sei. Tatsächlich ist Schostakowitschs angebliche Darstellung der Fratze Stalins ja ziemlich geile Musik. Damit ist aber doch ein Potenzial unterdrückt worden, das sich erst allmählich Gehör und Verständnis schaffen kann: Eine Hinwendung zu tatsächlichen Phänomenen der Gewalt, des Schmerzes, der Machtausübung und Kontrolle speziell im Akustischen und in der Musik.

Medienverzeichnis

Abbildungen

Abb. 1: Musikstück / Aktion *product placements* (2008), © Johannes Kreidler.

Abb. 2: Aktion *Earjobs* (2011). Filmstill, TC 00:16:09. In Earjobs Documentary. *YouTube*. Videostream. https://www.youtube.com/watch?v=TRbsM2MXP20&feature=emb_title. Zugegriffen am 21. Oktober 2021.

Abb. 3: Performance *Das DING an sich* (2017), © Johannes Kreidler.

Abb. 4: Musiktheater *Audioguide* (2015) mit Tom Pilath und Alexandre Babel, KunstFestSpiele Herrenhausen. Filmstill, TC 00:08:59. *YouTube*. Videostream. https://www.youtube.com/watch?v=OJWDrNNYFmE&t=978s. Zugegriffen am 21. Oktober 2021.

Abb. 5: Video *Kinect Studies* (2011/13). Filmstill, TC 00:03:31. In kinect studies #2 - by Johannes Kreidler. *YouTube*. Videostream. https://www.youtube.com/watch?v=Tm8FUIJymeg. Zugegriffen am 21. Oktober 2021.

Abb. 6/7: *The Wires* für Cello, digital Audio und Video (2018). Tanja Orning, Borealis Festival, © Johannes Kreidler.

Abb. 8: Installation *Call Wolfgang* (2008), © Johannes Kreidler.

Kunstwerke und Performances

Kreidler, Johannes. 2008. *product placements*. Musikstück / Aktion.

Kreidler, Johannes. 2008. *Call Wolfgang*. Installation / Netzaktion.

Kreidler, Johannes. 2011. *Earjobs*. Aktion.

Kreidler, Johannes. 2011/13. *Kinect Studies*. Videos von Konzeptstücken mit dem Microsoft Kinect 3D Sensor.

Kreidler, Johannes. 2013/14. *Audioguide*. Musiktheater.
Kreidler, Johannes. 2009–2014. *Minusbolero* für Orchester.
Kreidler, Johannes. 2017. *Das DING an sich*. Performance.
Kreidler, Johannes. 2018. *The Wires* für Cello, digital Audio und Video.
Kreidler, Johannes. 2019. *Einleitung in die Musiksoziologie*. Ausschnitt aus dem Musiktheater „Feeds. Hören TV".

Webseiten

Homepage von Johannes Kreidler, http://www.kreidler-net.de. Zugegriffen am 05. Oktober 2021.
Blog von Johannes Kreidler über eigene und andere Kunst, neue Technologie und ihre Politik, http://www.kulturtechno.de. Zugegriffen am 05. Oktober 2021.

Lukas Iden, Sophia Tobis, Malte Pelleter

„Recognized by sound“

Oder: *Acoustic Intelligence* im Trackmodus

Abstract: Was oder wen können Klänge erkennen? Was können sie wissen? Was können wir über, durch und von Klänge(n) wissen? Aber auch: Was können Klänge vielleicht über oder für uns wissen? Oder anders formuliert: Was heißt es einen Track selbst als *Acoustic Intelligence* zu hören? Diesen Fragen widmet sich der vorliegende Text in vier Schritten – oder besser: entlang von vier Spuren möchten wir im Multitrack-Verfahren eine forscherische Haltung skizzieren, die dem Track-Modus aktueller auditiver Phänomene und Umgebungen angemessen ist. Zunächst umreißen wir dafür, wie wir die Konzepte der *Acoustic Intelligence* und des Track-Begriffs überblenden wollen. Anschließend daran führen wir in drei beispielhaften Listening-Sessions aus, wie eine solche Auseinandersetzung konkret klingen könnte.

Schlüsselwörter: Sonic Methods, Listening Sessions, Sonic Fiction, TRX-Studies

Erinnerungsblitz: Ganz am Ende der langen Interviewpassage, mit der er seine Streitschrift für die *Sonic Fiction – More Brilliant Than The Sun* – abschließt, gibt Kodwo Eshun eine treffende Beschreibung dafür, was es heißt, von einem Sound erkannt zu werden:

> [S]ay there's a track you know really well, and you're listening for the first time to the original of it. You suddenly realise that the bit you *know* is only a tiny bit, just like a 3-second bit, [...] Sometimes with Parliament tracks you can hear about 5 of these in the first 2 minutes, and these bits, they recognize you [...]. So when you hear that sound that you love, when you hear the recognizable sample in the middle of alien sound, that sound is recognizing your habitualness, and it's really incredible, you suddenly get a glimpse of yourself as a habitform, as a habitformed being, a process of habit formation.
>
> (Eshun 1998, S. 190, Herv. i. O.)

Und er schließt mit der unerschütterlichen Begeisterung der 90er Jahre:

> These are new sensations which have never existed before, *that feeling of being recognized by sound*. That's new, it hasn't happened before. By definition, it could only happen in the sampladelic generation; [...]
>
> (Eshun 1998, S. 191, Herv. Malte Pelleter)

https://doi.org/10.1515/9783110730791-017

„That feeling… of being recognized by sound…“ Was oder wen können Klänge erkennen? Was können sie wissen? Was können wir über, durch und von Klänge(n) wissen? Aber auch: Was können Klänge vielleicht über oder für uns wissen (wen auch immer dieses „uns“ nun bezeichnet…)? Auch im Nachdenken über die *Acoustic Intelligence* werden solche Fragen lautbar und dabei wird die Aufmerksamkeit auf die epistemologischen Eigenheiten des Auditiven, also auf die Spezifität hörender Wissens- und Erkenntnisprozesse gelenkt. Mit diesem Titel überschreiben Anna Schürmer, Maximilian Haberer und Tomy Brautschek nicht nur den vorliegenden Band, sondern auch ganz unterschiedliche Techniken und Konstellationen des Abhörens als dezidierte Wissenspraktiken (Schürmer et al., 2020). Diesem theoretischen Experimentalaufbau folgend, möchten wir die Rede von der *Acoustic Intelligence* in einem vielleicht noch einmal brachialeren Sinne wörtlich verstehen: Wir wollen auditive Phänomene – und d. h. hier vor allem: musikalische Formen – selbst als Agenten eines spezifischen Wissens hören. Das bedeutet, dass wir davon ausgehen wollen, dass in den Sounds selbst ein je spezifisches Wissen mitschwingt, dass also die Sounds selbst bereits etwas wissen – über oder für uns? „That feeling… of being recognized by sound…“

„[O]f course the way to introduce theory is to realise the music is theorising itself quite well“ (Eshun 1998, S. 183). Die Musik selbst als Theoretikerin. Das klingt nach hochtourig laufender Sonic Fiction, nach einer gut gemeinten Metapher, die wir selbst in die Dinge hineinhören wollen. Aber vielleicht ist es auch andersherum? Vielleicht folgt genau diese kritische Differenz, zwischen den blumigen Fiktionen und überdrehten Begriffs-Maschinen einerseits und der vermeintlich strengen Argumentation „echter“ Theorie andererseits, noch einem längst zu engen, genuin literaten Konzept von eben Theorie? B-Seite: Die Musik als ihre eigene Theoretikerin zu hören, ist also auch der Versuch, einen anderen Theorie-Begriff zu installieren.

Natürlich schreiben weiterhin wir über die Musik. (Was heißt hier „natürlich“?) Dabei aber davon auszugehen, „daß sich die Musik schon selber ganz gut theoretisiert“ (Eshun 1999, S. 220), öffnet eine weitere Perspektive. Ausgangspunkt ist dabei, ‚die Musik‘ nicht mehr als bloßen Gegenstand der Analyse zu verstehen, den es methodisch abgesichert aufzuschließen gilt, sondern als ein Gegenüber einer dezidiert theoretischen Auseinandersetzung. Können wir Tracks so hören, wie wir die Texte von Theoretiker*innen lesen? Und das hieße, selbstverständlich, nicht in Hoffnung auf Entzifferung auktorialer Eindeutigkeit, sondern als ein Ringen mit klanglichen Argumenten, als ein Entwickeln des eigenen Nachdenkens an den Sounds entlang.

„Die Formen oder die bewegungsgenerierten musikalischen Gestalten [...] sind es, die populäre Musik auch als autonomes Wissenssystem interessant machen“ (Ismaiel-Wendt 2011, S. 69). Johannes Ismaiel-Wendt hat wiederholt gefordert, soundkulturforscherisch gerade nach dem Wissensaspekt jener Klänge zu fragen, mit denen sich auseinandergesetzt wird. So drängt er nicht nur darauf, das den musikalischen Formen immanente Gestaltungswissen als ein „sehr interessantes, alternatives kulturelles Wissen“ aufzufassen (2011, S. 64). Darüber hinaus weist er gerade auf die Mehrdimensionalität des Hörens als eine ästhetisch-epistemische Praxis hin: „[D]ie Möglichkeit, anders zu hören und eine andere epistemologische Poetik zu hören, ist den Hörenden gegeben“ (Ismaiel-Wendt 2011, S. 223).

Das intensive Hören von Tracks wird hier in doppelter Hinsicht ausbuchstabiert: Einerseits als genuin ästhetische Praxis, als eine ästhetische Auseinandersetzung, die andererseits gerade in dem, was Ismaiel-Wendt „epistemologische Poetik“ nennt, selbst als Erkenntnis- bzw. Wissenspraxis hörbar wird.[1] Das intensive, das soundkulturanalytische Hören als eine gemeinsame Arbeit genau an einer solchen Wissenspraxis zu entwickeln, dazu möchten wir im Folgenden einen Vorschlag skizzieren: Um den Begriff der *Acoustic Intelligence* mit solchen Ansätzen zusammen zu bringen, wie sie in Ismaiel-Wendts TRX-Studies oder Eshuns sampladelischen Sonic Fictions entworfen werden, überblenden oder layern wir beide Aspekte in der (Wissens-)Figur des Tracks.

„Ein Track ist kein Song“ (Bonz 2008, S. 127). In Jochen Bonz’ apodiktischer Verneinung funktioniert der Track zugleich als medienmusikalisches Format und als umfassender kulturtheoretischer Begriff. Der Track ist kein Song, ist keine in sich geschlossene, erzählerisch-teleologische Form, sondern eine stets prekäre Form-Bildung, die sich aus dem Hinzutreten und Verschwinden einzelner Elemente, dem Ein- und Ausblenden anderer Tracks ergibt (Bonz 2015, S. 59 f.). Der Track ist zumindest potenziell immer ein Multitrack-Ensemble. Im Track, so noch einmal Johannes Ismaiel-Wendt, bleibt stets deutlich hörbar, dass noch jede „erlebte Kontinuität eigentlich aus Fragmenten und Spuren besteht“ (2011, S. 56). An keiner Stelle verbirgt der Track deswegen die eigene Mehrspurlogik, die eigene Kontingenz, die Cuts und die Breaks. Er präsentiert sich stets im „Konstruktionsmodus“ (ebd.).

1 Diese spezifische Erkenntnis-Dimension ist im neuzeitlichen Ästhetik-Begriff bereits seit Baumgarten (1983 [1750/58]) fest verbaut. Ohne an dieser Stelle auf die philosophische Diskussion eingehen zu können, ist es gerade die Eigensinnigkeit der Ästhetik als „Wissenschaft der sinnlichen Erkenntnis“ (§1, S. 2) gegenüber einem streng rationalen Erkenntnis-Modus, der den Begriff auch für die Frage nach einer *Acoustic Intelligence* interessant macht.

Crossfade. Hörende Wissenspraxen hören ganz unweigerlich die Reflektionen, die Echos, die diffusen Hallfahnen ihrer je konkreten sozio-technischen, bzw. medialen Ensembles und Infrastrukturen. Genau auf solche Ein- und Zurichtungen, auf solche Dispositive des panakustischen Hörens haben Schürmer, Haberer und Brautschek im Zeichen der *Acoustic Intelligence* ausführlich hingewiesen (Schürmer et al. 2020, S. 12 f.). Und genau hier faden beide Termini – Track und *Acoustic Intelligence* – ineinander. Wissen im Trackmodus meint, genau wie die akustische Intelligenz, keine autonomen Erkenntnisleistungen eines Subjekts im großspurigen Singular. Es beschreibt viel eher eine verteilte epistemische Praxis. Es ist Reflektion im akustischen Sinne: ein klangliches Zurück-Geworfen-Werden an seinen Oberflächen, Gegenständen und Umgebungen.

„Die Veränderung von Wissensprozessen mit Veränderungen in der Praxis der Künste" zusammen denken, gerade weil wir darin „besondere Optionen zur Reflexion und Innovation" der kulturellen wie gesellschaftlichen Situation anklingen hören (Großmann 2005, S. 242). Gerade weil medienmusikalische Praxis ein Ensemble an verteilten Prozessen, an menschlichen wie technischen Akteuren, an Musiker*innen und MusikmachDingen (Ismaiel-Wendt 2016) ist, ist in ihr ein spezifisches Reflexionspotential – im Trackmodus – auf die aktuellen Verhältnisse digitaler Kulturen immer schon am Laufen. Für solcherart *Acoustic Intelligence*, für solches (Hör-)Wissen im Trackmodus soundkulturwissenschaftliche Formate zu finden, ist Teil unser gemeinsamen Arbeit am Schwerpunktbereich *((audio)) Ästhetische Strategien* der Leuphana Universität Lüneburg. Die drei folgenden *Listening Sessions* verstehen wir vor dem Hintergrund dieser Arbeit als eine Art Werkstatt- oder Projektbericht, nicht als Programmatik; als einen Vorschlag, wie soundkulturelle Reflexionsarbeit klingen kann. Das Format der *Listening Sessions* hat Malte Pelleter zuletzt umrissen als den Versuch, das intensive und konzentrierte Hören in die theoretische Argumentation eingreifen zu lassen:

> Es geht mir nicht darum, irgendwie ‚voraussetzungslos' zu hören – wie auch immer das gehen sollte – und damit eine vermeintlich unmittelbare Wirkung des Klangerlebens an sich bloß dokumentieren zu wollen. Im Gegenteil möchte ich gerade die Voraussetzungen, die Voreingenommenheit, die unweigerliche In-*form*-iertheit meines eigenen Hörens zu [sic!] nutzen, um die theoretische Argumentation [...] so konkret wie möglich an die Klangphänomene rückzubinden. *Deep Listening* als sonisch / theoretisches Interfacing.
>
> (Pelleter 2021, S. 40. Herv. i. O.)

Die Listening Sessions sind keinesfalls als Methode im engeren Sinne gedacht, sondern als eine forscherische Haltung, die dem Trackmodus adäquat wäre. Was das aber heißen könnte, wird am besten nachgehört und -gelesen. Die drei folgenden Sessions gehen auch deswegen sehr unterschiedlich vor: Sophia Tobis hört Billy Eilish beim Älterwerden zu und denkt mit ihr nach, über Jugend als neoliberales Surrogat und eine neue auditive Warenförmigkeit des Emotionalen. Lukas Iden feiert mit AG Cooks Gitarrenalbum das Ende der Rockgeschichte als Aufbruch in die Post-Authentizität. Malte Pelleter verzettelt sich in den heterochronen Timelines der Producerin Loraine James. Die Sessions haben kein gemeinsames Tempo, folgen nicht der gleichen Struktur. Alle drei kreisen um (sehr unterschiedliche) Aspekte der Zeitlichkeit – des Alterns, der (Nach-)Historie, der Mikrozeit – aber sie laufen nicht auf gemeinsame Thesen hinaus. Auch hier: ein Nebeneinander von Spuren, eine Multitrack-Argumentation, die ineinander gefadet werden kann. Bestenfalls geht es auf. „That feeling… of being recognized by sound…“

1 Session 1: Sophia Tobis Zum Älterwerden im ewigen Jetzt – Billie Eilishs *Getting Older* als Hymne des kapitalistischen Realismus

1.1 Fade In

Getting older, Älterwerden; ein Prozess, welcher mit dem Beginn eines jeden Lebens einhergeht und dennoch immer wieder eine traurige, fast schockierende Erkenntnis darzustellen scheint, sobald man diese gewinnt. Diese Erfahrung wird in der Popmusik schon lange geteilt: Bereits Frank Sinatra besann sich in *My Way* auf das bereits Erlebte, da das Ende, wie er gleich zu Beginn verkündet, nah sei (1969). Erwartung wird aufgrund zeitlicher Begrenzung ausgetauscht durch Rekapitulation und Reflexion. Und obwohl Sinatra keine einzige Zeile des Textes schrieb, sondern Crooning-Kollege Paul Anka, zweifelte niemand die emotionale Offenbarung des alternden Superstars an (NDR.DE 2018).

In *When We Were Young*, besingt Adele das Gefühl der Nostalgie an sich, indem eine Vergangenheit konstruiert wird, welche so voll von Reue aufgrund verpasster Gelegenheiten ist, dass auf das Älterwerden nur geschimpft werden kann („I'm so mad I'm getting old / It makes me reckless“) (2016). Zwar war die Künstlerin als sie den Song schrieb erst 25 Jahre alt, allerdings unterfütterte ihr Status als „Soul Diva“ den stellenweise pathetischen Text mit der nötigen „Authentizität“ (Gordon 2015).

Dass jedoch eine Neunzehnjährige, die sich gerade auf dem sog. „Höhepunkt ihrer Karriere“ zu befinden scheint, sich ein solches Moment zu eigen macht, welches von reflexivem Tiefgang zeugen soll, erscheint zunächst unpassend. Beliebte Titel der Popmusik der letzten drei Jahrzehnte erzählen von dem Wunsch, „für immer jung“ (Alphaville – *Forever Young*) zu bleiben oder gar von der Überzeugung, dass man niemals altern würde (The Chainsmokers feat. Halsey – *Closer*).

Die scheinbare Gegensätzlichkeit dieser Wahrnehmungsformen von Alter – auf der einen Seite die Resignation mit 19 Jahren, auf der anderen das Festklammern an der eigenen Jugendlichkeit – sprechen allerdings von einer geteilten Melancholie, die daher zu rühren scheint, dass das Ende der Jugend einen unwiderruflichen Verlust irgendeiner Form von Freiheit bedeutet. Dem soll im Folgenden anhand des ersten Tracks auf dem Album *Happier Than Ever* von Billie Eilish, *Getting Older,* nachgegangen werden. Ich möchte dabei auf die Erzählungen, einerseits, auf direkter, verbaler Ebene eingehen, andererseits auf Ebene des Gesanglichen, wie auch der auditiv gestalteten Sounds, welche sich im Verlaufe des Tracks entfalten. Dabei wird mein subjektiver Rezeptionsmodus bewusst in die Ausführungen mit einbezogen, um u. a. meine Erkenntnisprozesse so nachvollziehbar wie möglich werden zu lassen.

Das Motiv des Alterns spielt zudem vor allem eine einleitende Rolle, welche den Verweis auf neoliberale Strukturen der kapitalistischen Gesellschaft und ihrer materialistischen Produktionsbedingungen eröffnen soll, um diese kritisch zu hinterfragen. Dieser Aufbau erschließt sich im Material, welches im folgenden Kapitel anhand meiner Hörerfahrung in Worte gefasst wird.

1.2 Listening Session: Billie Eilish – *Getting Older*

Sanft, fast vorsichtig pulsieren die Leitharmonien vier Takte lang und formen ein kurzes Intro, in welches die inzwischen unverkennbar charakteristischen Vocals von Billie Eilish einstimmen.

Intensiv und zugleich zerbrechlich fließt der hauchige Gesang durch meine In-Ear-Kopfhörer auf direktem Wege unter meine Haut. „I'm getting older / I think I'm agin' well“ (Eilish 2021) erzählt eine Stimme, welche keinen Tag älter klingt, als ihre Inhaberin ist: 19. Was zunächst wie ein selbstironischer Scherz anmutet, wird in den folgenden Zeilen des Songs *Getting Older* als scheinbar realitätsgetreue Selbstwahrnehmung der Sängerin reflektiert.

Der Modus der Erzählung scheint mir eine treffende Beschreibung für diesen Track zu sein. Denn die Stimme spricht zu mir, der Hörerin, persönlich. Und während die Worte von einer Resignation durch Überforderung und der Verarbeitung von traumatischer emotionaler Misshandlung sprechen, scheint die

Gesangsstimme die Last dieser Erfahrungen bis zum Beginn dieses Tracks getragen zu haben, um nun einerseits erschöpft, andererseits erleichtert das Schweigen darüber zu brechen. Und dies immer wieder aufs Neue, wenn hörbar Luftströme die Stimmlippen in Eilishs Hals öffnen. Auch klangloser Atem wird, wie auch schon u. a. bei dem Track *Xanny* von Eilishs letzten Album, als musikalisch kontextualisiertes Stilelement eingesetzt. Die Nähe, welche hierdurch entsteht, ist eine zutiefst körperliche, obwohl mich der Track in seiner unerschütterlichen Verträumtheit von jeglicher Nähe zu materieller Erfahrung abzuschirmen scheint; als würde mein Erfahrungshorizont nicht eingeschränkt, sondern nach innen gestülpt werden.

Die auditive Gestaltung des Tracks kommt dabei ohne Noise-Elemente oder Sub-Bässe aus, wie sie auf Tracks wie *Oxytocin* oder *I Didn't Change My Number*, welche auf demselben Album Platz haben, Anwendung finden. Ähnlich wie bei dem höchst emotionalen Superhit *When The Party's Over* aus dem Jahre 2018, findet bei *Getting Older* eine sukzessive Steigerung der Dynamik lediglich durch die schrittweise verlaufende Hinzugabe vokalistischer Harmonien – wie gewohnt von Eilish selbst eingesungen – sowie vermehrter Variation der Begleitakkorde, welche ebenso die Aufgabe der Rhythmusgestaltung übernehmen. Ich lasse mich einhüllen von dem Klangkonstrukt, welches sich als süßlich duftender Nebel verdichtet und jegliche Orientierung oder Außenwahrnehmung aufzulösen scheint.

„I wish someone had told me I'd be doin' this by myself“ singt Eilish, wobei keinerlei Hallraum auf ihrer Stimme zu hören ist. Ihr Sound erinnert an verhängte Fenster bei Tag, staubigen Teppichboden, eine vertraute Bettdecke und die darunter in Schlaflosigkeit kreisenden Gedanken. Ein zutiefst persönlicher Eindruck in Eilishs eigenes Gefühlsleben wird simuliert, wobei die aktive Abschirmung von der auditiven Umgebung, wie z. B. durch die Noise-Cancellation-Technologie moderner Kopfhörer, die Rezipient*innen auf die eigene Einsamkeit zurückzuwerfen vermag.

Im Verlauf des Tracks entfaltet sich ein Zusammenspiel aus allgemeinem Weltschmerz und mit persönlicher Erfahrung geradezu trauma-analytisch begründeter Depression. Dass Billie Eilish im Zeitalter der ent-tabuisierten und gleichzeitig atomisiert-individualistischen Psychotherapie (Silva 2015, S. 593) aufgewachsen ist, welches durch zur Selbstdiagnose ermutigenden *TikTok*- und *Instagram*-Accounts fortwährend reproduziert wird,[2] wird besonders in den Stro-

2 Beispielhaft ist hierbei die Kampagne der *Österreichischen Gesundheitskasse* (ÖGK), welche in Reaktion auf die statistisch relevante Verschlechterung der durchschnittlichen psychischen Gesundheit junger Menschen in Zeiten der Corona-Pandemie ins Leben gerufen wurde. Im

phen deutlich, welche sich wie lyrisch gestaltete Monologe aus einem Therapiegespräch am Ende einer Rehabilitation hören lassen. Entsprechend fügt sich der den Track über gehaltene, charakteristisch fragile, dennoch tonal „cleane“, warme Sound von Eilish befriedigend passgenau mit dem lyrischen Gerüst zusammen. Schließlich stehen im Rahmen psychotherapeutischer Behandlungen diagnostische Rationalität und zutiefst persönliche Emotionalität in engem Zusammenhang. Durch diesen sensiblen kuratierten Einblick in ihre Gefühlswelt wird zum einen ein hohes Maß an Mitgefühl mit der Protagonistin des Tracks erweckt. Zum anderen scheint das Emapthieviermögen hierbei in einem Maße angerufen, welches unweigerlich eine rückwirkende Introspektion einfordert.

1.3 Depressed Youth

Die zuvor erwähnte Ent-Tabuisierung der Psychologie wie der Psychiatrie soll hierbei keineswegs als etwas per se Schlechtes abgetan werden, im Gegenteil. Wie Michel Foucault bereits in seinen frühen Schriften, vor allem *Wahnsinn und Gesellschaft*, erkannte, sollten psychische Erkrankungen oder eben die Pathologisierung der von der gesellschaftlichen Norm abweichenden Verhaltens- oder Gedankenmuster immer in deren historisch wie kulturell gewachsenen Kontexten betrachtet werden (1969). So sei der Wahnsinn vor allem als ein „Fehlen der Arbeit“ (ebd., S. 11) zu begreifen, was sich im Kontext der hier festgehaltenen Überlegungen besonders treffend auf das Krankheitsbild der Depression übertragen lässt – die Unfähigkeit, zu schaffen aufgrund des im Schaffen unauffindbaren Sinns.

In *Capitalist Realism*, wobei der titelgebende Begriff die Auffassung meint, dass das kapitalistische System nicht nur alternativlos sei, sondern dass es auch unmöglich sei, sich überhaupt eine Alternative vorzustellen (Fisher 2009, S. 2), unternimmt Mark Fisher ebendiese Parallelisierung von Depression und dem Zustand der neoliberalen Gesellschaft: „The ‘realism’ here is analogous to the deflanationary perspective of a depressive who believes that any positive state, any hope, is a dangerous illusion“ (Fisher 2009, S. 3). Fisher befürchtet aufgrund dieses Zustands eine generelle Unfähigkeit der Jugend, überhaupt noch

Rahmen jener Kampagne soll in Zusammenarbeit mit beliebten jungen, deutschsprachigen Influencer*innen über *Mental Health* aufgeklärt werden, und darüber, was man für die eigene psychische Gesundheit tun kann. Die diesbezüglichen Posts werden unter #bettertogether gesammelt (orf.at 2021).

so etwas wie „Überraschungen“ hervorzubringen, welche das herrschende System auch nur infrage stellen könnten (ebd.).

Für Alain Badiou spielt das Ideal der „Jugendlichkeit“ eine entscheidende Rolle für die Rechtfertigung kapitalistischer Strukturen und den Erhalt dieser, indem immer wieder auf die Visionen der jüngeren Generation gesetzt würde, anstatt tatsächlich das Ziel der Veränderung – geschweige denn im Sinne einer Revolution –, über längere Zeit zu verfolgen (2018, S. 92). Damit werde der Eindruck einer zukunftsgewandten Gesellschaft gefälscht, welche sich eigentlich nur auf die Jugendlichkeit als Norm in der Gegenwart bezieht und somit das Werden einer Zukunft verunmöglicht (Badiou 2018, S. 95).

Bezieht man diese Thesen auf Billie Eilishs *Getting Older*, entsteht ein Verständnis für die melancholische Rekapitulation vor dem Erreichen des zwanzigsten Lebensjahres. Spätestens anhand der Lyrics im Refrain wird dies deutlich:

> Things I once enjoyed
> Just keep me employed now
> Things I'm longing for
> Someday I'll be bored of
>
> (Billy Eilish – *Getting Older)*

Eilish scheint hier zu erkennen, dass vermeintliche Leidenschaften als Ware in Form von Arbeitskraft verwertet werden. Während im fordistischen Kapitalismus Lohnarbeit in erster Linie als Broterwerb fungierte, fordert der postmoderne Kapitalismus, wie er in der westlichen Ökonomie spätestens seit den Neunzigerjahren Anwendung findet,[3] eine emotionale Bindung zum Arbeitsverhältnis (Sennett 2000, S. 131 f.).

Dieser eigentliche Widerspruch, welcher sich als solcher kaum erkennbar macht, da Reformen in Reaktion auf emanzipative Kritik zugelassen werden, das System sich aber dadurch zu verfestigen scheint (Fisher 2016, S. 57), wird vor allem in der „Kulturindustrie“, wie Theodor W. Adorno und Max Horkheimer sie bereits 1944 benannten (2019, S. 128 f.), evident.

---

3 Boltanski und Chiapello erkannten anhand von Managerliteratur der 90er-Jahre eine Aneignung der in den 68ern geübten Kritik an den starren Hierarchien sowie an den stupiden, freiheitsraubenden Arbeitsverhältnissen der Fabrikarbeit durch kapitalistische Strukturen, welche daraufhin zunehmend prekäre Arbeitsverhältnisse hervorbrachten, welche sich durch die vermeintliche Umsetzung besagter Kritik rechtfertige (2018).

1.4 Fade Out

Während ‚Jugendlichkeit' so etwas wie Freiheit durch Hoffnung und andere zu Worthülsen verkommene Grundbegriffe menschlichen Verlangens in greifbarer Nähe hält, ohne dieses Verlangen jedoch vollends zu befriedigen, führt der Übergang in das ‚Erwachsenenleben' demzufolge unweigerlich in eine Bedeutungslosigkeit oder gar Existenzlosigkeit, da nichts anderes zu bleiben scheint, als der ewigen Gegenwart zu dienen.

Getting Older vermittelt diese ernüchternde Erkenntnis im Rahmen einer ästhetisierten Traurigkeit, welche aufgrund ihrer teilweise spielerischen Schönheit, die sich vor allem durch die begleitenden harmonischen, geradezu kitschig anmutenden Seufzer, als reflektiert parodistisch interpretierbar wird. Davon ausgehend ließe sich nach Badious Definition der grundlegenden Gattungen von Drama, Tragödie und Komödie, dieser künstlerische Umgang mit der Ästhetisierung kapitalistischer Strukturen als „verspielte Entmachtung" (Badiou 2018, S. 25) deuten. Berücksichtigt man allerdings den kulturindustriellen Rahmen, in welchem diese nun einmal stattfindet, kann von einer solchen Entmachtung lediglich im performativen Sinne die Rede sein, da es sich hierbei um eine kommodifizierte Form der Kritik handelt, welche sich schlichtweg gut verkauft und damit Mehrwert generiert. Insb. „das nach den Ordnungsbegriffen der heruntergekommenen Tiefenpsychologie aufgeteilte Innenleben", wie Adorno und Horkheimer es beschreiben (2019, S. 176), fungiert als ‚Selling Point' für Songs wie *Getting Older*: „Die intimsten Reaktionen der Menschen", so die Autoren zum Schluss des Kulturindustrie-Kapitels, „sind ihnen selbst gegenüber so vollkommen verdinglicht, daß die Idee des ihnen Eigentümlichen nur in äußerster Abstraktheit noch fortbesteht" (ebd.). Die Entfremdung und Kommodifizierung von Intimität verunmöglicht, dass das Bedürfnis nach ebendieser befriedigt wird. Dabei ist zu vermuten, dass das kollektive Ringen nach, im emotionalen wie körperlichen Sinne, intimer Nähe, durch den nach wie vor unverkrafteten Abschied von Zukunft in Form einer Alternative zum Bestehenden bedingt sein könnte. Hierdurch wird die Nachfrage nach einer warenförmigen Intimität gesteigert, was wiederum die Produktion entsprechender Kulturwaren fördert, welche Genuss versprechen, der nach Adorno und Horkheimer lediglich zu einem Mittel der Manipulation verkommen sei (2019, S. 113).

Getting Older eignet sich also vielmehr in seiner filigranen Gestaltung als akribisch diktierendes Zeitdokument, da sich darin Kernelemente kontemporärer Popkultur, welche enger denn je mit fundamentalen Strukturen der postmodernen „westlich" geprägten Gesellschaft verwoben scheint, entfalten – wodurch sie hörbar und damit kritikfähig werden.

2 Session 2: Lukas Iden Vom Ende der (Rock-)Geschichte – nachgeschichtliche ästhetische Strategien in AG Cooks *Gold Leaf*

2.1 Geschichtsstunde: Die letzte Rockband

> NOEL GALLAGHER.
> This is history, this is history. Right here, right now, this is history.
> LIAM GALLAGHER.
> I thought it was Knebworth, what are you on about.
>
> (Whitecross 2016, TC 01:48:35 – 01:48:40)

Am 10. und 11. August 1996 spielten Oasis zwei Konzerte vor je 125.000 Menschen. Es waren die bis dahin größten Open Air Konzerte in Großbritannien und bis heute die Konzerte mit der größten Nachfrage (2,5 Millionen Ticketanfragen) in der britischen Geschichte. Ein wahrlich historischer Abend also, wie Bandmitglied Noel Gallagher direkt beim Betreten der Bühne betont: „This is history." Damit ist sicher nicht nur die britische Konzertgeschichte gemeint, sondern vor allem auch die Rockgeschichte, in der sich die Band selbst in altbekannter Bescheidenheit einen nicht unerheblichen Platz einräumt: „We definitely got a table upstairs with the big boys, whether they like it or not" (Liam Gallagher in Whitecross 2016, TC 01:46:25). Oasis verstehen sich nicht nur als „big boys" der Rockgeschichte, sondern retrospektiv sogar als Endpunkt dieser Geschichte: „We were the last, we were the greatest. Nothing anybody does can be as big as Oasis" (Noel Gallagher, ebd., TC 01:46:07). Das historische Konzert in Knebsworth, dieses „rock concert of the decade" (ebd., TC 01:45:05), ist für Noel Gallagher das letzte seiner Art: „It was the predigital age, [...] things meant more. [...] And I've always thought, that it was the last great gathering of the people before the birth of the internet, it's no coincidence that things like that don't happen anymore" (ebd., TC 01:46:34). Fragt man Simon Reynolds, so ist das Ende einer Rockgeschichte als Geschichte musikalischer Innovation bereits in der Mitte der 80er Jahre zu verorten:

> When I look back at the development of pop and rock during my lifetime as an alert, conscious fan (i. e. from 1977 onwards), what perplexes me is the slow but steady fading of the artistic imperative to be original. At the start of that period [...] musicians were spurred by the desire to create something never heard before. But from the mid-eighties onwards, gradually but with increasing momentum, that changed into an impulse to create something very much heard before, and moreover to do it immaculately, accurate in every last detail.
>
> (Reynolds 2011, S. 176 f.)

Es sei der exzessive und ausschließliche Vergangenheitsbezug, der dazu führe, dass keine neuen musikalischen Formen entstünden. Ein wesentliches Merkmal dieser „Retromania“ (Reynolds 2011) sei vor allem die unkritische Akzeptanz dieses Innovationsmangels:

> Retro-styled groups had generally been a niche market, for people unhealthily obsessed with a bygone era. But now these kinds of heavily indebted bands – The Jesus and Mary Chain, The Stone Roses, Elastica, Oasis, The White Stripes – could become ‘central‘: [sic!] epoch defining even when the substance of their sound referred back to a much earlier epoch.
>
> (Ebd., S. 178)

Simon Reynolds zufolge sind Oasis somit weniger die letzten „big boys“ der Rockgeschichte als vielmehr Abziehbilder vergangener Bands:

> „Once, Rock'n'Roll was a commentary on adolescent experience, over time, rock itself became the experience, overlapping with it and at times substituting for it entirely.“
>
> (Ebd., S. 135)

Es soll hier jedoch überhaupt nicht darum gehen, Anfang und Ende einer wie auch immer gearteten Rockgeschichte zu markieren oder die Bedeutung von Oasis in ebendieser auszuhandeln. Diese einleitende Rockgeschichtsstunde steht hier eher für ein (musik-)geschichtliches Verständnis, welches im Umbruch begriffen ist. Ich möchte aufzeigen, dass mit dem Ende der Rockgeschichte nicht die (rock-)musikalische Innovation endet, sondern dass es gerade dieses Verständnis einer Rockgeschichte ist, welches den Blick vor Entwicklungen versperrt, die nicht in solchen linearen Narrativen aufgehen.

2.2 Listening Session: AG Cook – *Gold Leaf*

Das Gitarrenriff läuft: ein 4-taktiges Pattern, tragend, melancholisch, verhallt. AG Cook hat sein 49-Track Debut-Album *7G* in sieben Discs unterteilt – zunächst nur im konzeptionellen Sinne und in der Anzeige bei Streamingdiensten. Eine tatsächliche CD-Box erschien erst im Nachhinein. Die Discs sind nach eigener Aussage je einem Instrument gewidmet: *Drums*, *Guitar*, *Piano*, *Nord*, *Supersaw*, *Spoken Word*, *Extreme Vocals*. In den Credits des physischen Booklets der CD-Box sind dies auch die sieben Instrumente, die unter AG Cooks Namen vermerkt sind. Der Instrumentenbegriff ist hier also durchaus ernst gemeint. Oder?

Ich streame *Gold Leaf* von *Disc 2: AG Guitar*. Dass AG Cook einmal eine ganze CD der Gitarre widmet und diese auch tatsächlich spielt, ist nicht gerade selbstverständlich. Schließlich ist er als Gründer und Labelhead von *PC Music* vor allem für einen synthetischen und exzessiv poppigen Sound bekannt:

> [W]hen I was first just really switched onto music and especially electronic music I was doing it all through software and it was very in the box and I kind of took pride in that, I think, because also there were a lot of people around me who actually looked down on it, you know they were like oh that's not as real as this thing that I've just written on guitar [...].
>
> (AG Cook in Stoppa 2020, TC 03:05 – 03:24)

Sechszehntel-Arpeggios angeschlagener E-Gitarren-Saiten wandern über mehrere Oktaven, nach oben und zum Ende des Taktes nach unten. Das Riff mäandert. Dumpfe, leicht dröhende Bässe werden von grellen Tönen und mittigen Abwärtsläufen erhellt, die Melodie kämpft stetig gegen die Obertöne der Gitarrenverzerrung an. Der kräftige Sound stark angeschlagender Saiten zerbricht immer wieder in hohe, instabile Klänge. Man hört, dass AG Cook nicht der beste Gitarrist ist bzw. noch viel wichtiger: man hört, dass diese Gitarre nicht klingen sollte, wie eine gut aufgenommene, perfekt gespielte Gitarre. Schließlich ist es schon lange keine Voraussetzung mehr, Gitarrist zu sein, um einen solchen Sound zu erreichen. Das Riff verfehlt die gewohnten Erwartungen an ein virtuoses Gitarrenriff, es ist rhythmisch und spiel-technisch ungenau. Ich meine hören zu können, dass manche Noten nicht ganz „rechtzeitig" greifbar waren; manche Töne quietschen grell oder brechen fast weg, weil die Saite nicht kräftig genug angeschlagen wurde. Es ist keine durchgehend aufgenommene Gitarrenspur. In dieser Anfangssequenz wiederholen sich die Brüche und Ungenauigkeiten nach vier Takten an genau denselben Stellen. Der Loop hält das Riff zusammen. Technische Genauigkeit und menschliche Ungenauigkeit interagieren in einem fragilen Groove. In dem Gitarrenriff auf *Gold Leaf* ist hörbar, dass AG Cook die Gitarre nicht benutzt, um einen „realeren" Sound zu erreichen oder sich einen Platz am Tisch der „big boys" des Rock zu erspielen. Im Gegenteil: die Imperfektionen im Sound höre ich als bewusste Absage an etwaige Virtuositätserwartungen des Gitarrenspiels. Es geht dabei nicht um eine authentische Inszenierung der fehlerhaften Menschlichkeit, die einer perfekten Maschinenhaftigkeit gegenübersteht; es geht um einen ästhetischen Umgang mit den Klangeigenschaften einer unsauber gespielten E-Gitarre.

Mit einem Knacken, als würde der Pegel zwischen zwei nachlässig geschnittenen Audioclips springen, setzen nach acht Takten Stimme und Bass ein. Das Sechzehntel Arpeggio wird in einen Teppich aus halben Bass-Tönen gebettet, die klingen wie ein sanft angeschlagener E-Bass mit verlängertem Sustain. AG Cook singt auf zwei Spuren mit hoher und noch höherer Stimme eine Melodie aus langen Tönen. Der Gesang klingt wie das zögerliche Improvisieren einer Gesangsmelodie, die (noch) keinen Text hat. Ab und an meine ich, einzelne

Wörter ausmachen zu können, aber dann verschwimmen sie wieder in langen Vokalen. Laut einschlägigen Lyrics-Seiten ist der Text wie folgt; ganz deckungsgleich mit meiner Hörerfahrung ist dies jedoch nicht:

Ah-ah
Ah-ah ah-ah
Sailing
Sailing
Ah-ah
Ah-ah ah-ah
Ah-ah
Sailing
Ah-ah.

Ganz offensichtlich ist die Stimme hier nicht in erster Linie dazu da, einen Text zu transportieren. Die von Autotune perfekt in den melodischen Bahnen gehaltenen Töne drohen immer wieder von den Charakteristika einer untrainierten Gesangsstimme ins Wanken gebracht zu werden. Der Speedregler in der Auto-Tune-Software ist nicht auf Null gestellt, wodurch das teils zögerliche Bemühen, Töne zu treffen, hörbar bleibt. Stimme und Gitarre werden durch die technische Ästhetisierung musikalisch amateurhafter Zerbrechlichkeit vereint.

Acht Takte später ist die Stimme wieder weg und der Distortion-Regler der Gitarre voll aufgedreht. Das Riff verschwimmt in Obertönen, eine beinahe schon schmerzlich hohe Rückkopplung fiept kurz in mein linkes Ohr. Auch der Bass hat mehr Obertöne und klingt jetzt eher wie eine tiefe, gefilterte Sägezahnwelle. Langsam wird die Gitarre mit einem High-Cut-Filter herausgefiltert und die letzten Läufe des Riffs werden von einem sanften Synthesizer gespielt.

Der Gesangspart setzt wieder ein, dieses Mal mit schleppenden Drums. Die Drums sind programmiert und klingen Sample-basiert, dumpf und verhallt: Eine hochgepitchte, sanfte Kick-Drum, eine Snare und Toms. Insb. die Toms lassen an eine *LinnDrum* denken, könnten aber natürlich auch gänzlich anderen Ursprungs sein. Nach acht Takten variiert der Gesang und die Gitarre verändert sich merklich, das Riff ist zerbrochen, nur noch einzelne, schwache Töne sind hörbar, zusammengehalten vom Drum-Beat. Danach höre ich nur Gitarre und Stimme. Ohne Distortion und höher gespielt, klingt das Riff nun klarer und zerbrechlicher als je zuvor. Leicht verstimmte Töne sind umso deutlicher hörbar, einzelne Noten bleiben ein angedeutetes Fiepen.

Finales Obertoninferno: Die Gitarre ist voller Distortion und wird nun von einem durchgehenden, gewaltigen Sägezahnbass übertönt. Ein glockenartiger Synthesizer deutet kurz eine Melodie an, die wieder in der Verzerrung verschwindet. Dazu ein hoher schriller Klang, den ich zunächst als verzerrte Gitarre höre.

Mit zunehmender Modulation und Intensität klingt es jedoch eher wie eine stark verzerrte Stimme. Gitarre, Stimme und Bass sind zu einer bröckelnden *Wall of Sound* vereint, die so abrupt zusammenfällt, wie sie sich aufgebaut hat.

AG Cooks musikalische Praxis verhandelt die verwendeten musikalischen Elemente gleichwertig. Nicht nur in ihrer Funktion als Instrument, sondern in der Offenheit ihrer kompositorischen Funktion. Beim Anhören des Super-Saw-Edits von *Gold Leaf* wird dies besonders deutlich. Der Name ist Programm: Das Gitarrenriff ist durch ein Sägezahnwellen-Arpeggio ausgetauscht. Fast, als hätte AG Cook einfach einen anderen Sound in eine MIDI-Spur gezogen. Der Edit ist zwar etwas schneller und weniger tragend, aber die melancholische Stimmung und das Zusammenspiel aus Melodie und Distortion ist beiden Versionen gemein. Die Austauschbarkeit von Gitarre und Super-Saw in diesen Tracks ist auf klanglicher Ebene eigentlich kaum überraschend, schließlich produzieren sowohl Sägezahnwellen als auch verzerrte E-Gitarren sehr obertonreiche Klänge. In den Formularen geschichtlich verankerter Musikstile ist diese Austauschbarkeit jedoch nicht vorgesehen, ist die Gitarre doch ziemlich zentral in Rockmusik und der Super-Saw-Synthesizer im Trance verankert:

> Wer Formulare nicht benutzt, die*der stellt sich jenseits der Norm auf, was Folgen hat, denn wer die Schreibe- und Aufzeichnungssysteme nicht (be-)nutzt, wird nicht in die Musikgeschichte aufgenommen.
>
> (Fabian und Ismaiel-Wendt 2018, S. 2b)

2.3 Nachgeschichte: Zerfall der Linien

Was ich in *Gold Leaf* höre, ist das Ende der Rock-Geschichte und zwar nicht im Sinne eines fortwährenden Rückgriffs auf vergangene Stile, sondern in deren Auflösung, der Loslösung einzelner Sounds und Instrumente von ihrem historisch gewachsenen Bedeutungsrahmen. Auf eine Art hatte Noel Gallagher recht: „[...] Things meant more". Die Gitarre in *Gold Leaf* bedeutet genauso wenig Rock, wie der Synthesizer im Super-Saw-Edit Trance bedeutet. In AG Cooks ästhetischen Strategien wird damit ein spezifischer, zeitgenössischer Umbruch in der Wahrnehmung von Geschichte hörbar, den Vilém Flusser in den späten 80er Jahren, also kurz nach dem von Simon Reynolds ausgerufenen Ende rockmusikalischer Innovation, beschreibt: Den Umbruch des vorherrschenden gesellschaftlichen Codes im Kontext der aufkommenden Computertechnik. Der punktuelle, binäre Code der Komputationen löst den linearen Code der Schrift ab, welcher, so Flusser, Geschichte erst hervorgebracht habe:

> Mit der Erfindung der Schrift beginnt die Geschichte, nicht weil die Schrift Prozesse festhält, sondern weil sie Szenen in Prozesse verwandelt: Sie erzeugt das historische Bewußtsein.
>
> (Flusser 1993, S. 68.)

Mit dem Umbruch dieses Codes beginnt sich das Verständnis einer linearen, fortschreitenden Geschichte aufzulösen:

> In der geschichtlichen Welt können wir uns an die Leitfäden als an etwas Schlüpfriges, aber doch Faßliches halten. Im neuen Universum aber ist nichts mehr faßbar. Die Punkte sind strikt nichts, und es ist ein Irrtum, sich an sie wie an ein Etwas halten zu wollen.
>
> (Ebd., S. 17.)

Den von Reynolds kritisierten, kontinuierlichen Rückgriff auf vergangene Musik kann man als ein solches irrtümliches Festhalten an den im Zerfall begriffenen musikgeschichtlichen Leitfäden – Genres, Stile, ... – verstehen. Reynolds Betrachtung von Musik im Rahmen linearer Stilentwicklungen ist jedoch genauso ein Versuch, „die historischen, prozessualen Kategorien auf die Punktwelt anzuwenden" (ebd.). Aus diesem Blickwinkel bleiben musikalische Phänomene unsichtbar, die sich solchen Kategorien verwehren. Das Ende der Musikgeschichte bedeutet nicht das Ende musikalischer Innovation:

> Das neue Universum der Punkte entsteht, wenn wir die Linien, die Prozesse, mit den Fingerspitzen betasten und dabei die auf die Leitfäden gefädelten Steinchen herausfädeln, um sie dann spielerisch zu rekombinieren.
>
> (Ebd., S. 18.)

AG Cooks ästhetische Praxis lässt sich als ein solches nachgeschichtliches Kombinationsspiel verstehen. Sounds, die einst zu festen Genres mit linearer Entwicklungsgeschichte gehörten, werden losgelöst von ihren einstigen Leitfäden stetig kombiniert, ohne sie dabei in neuen, festen Einheiten verankern zu wollen:

> For me, the goal is more of a sense of freedom. If there's any loose philosophical or political feeling in my stuff, it's related to the sense that literally anything could happen. There are so few rules in terms of how I can put something together. [...] That means you've got this crazy freedom at any moment to do something that's expressive in a completely different way.
>
> (AG Cook in Kissick 2020)

Auch wenn AG Cook nun eine Gitarre benutzt: Mit Rock hat das nichts zu tun – auch nicht mit Rockgeschichte. Diese nachgeschichtlichen Freiheiten der endlosen Kombination von Klängen zunächst wahrzunehmen und dann auch umzusetzen, spricht für ein genuin digitales Verständnis musikalischer Praxis: Es ist und bleibt PC Music.

3 Session 3: Malte Pelleter (De-)Patterning Future Beats – Spending Time with Loraine James

> [I]t is clear that most political struggles at the moment amount to a war over time.
> (Fisher 2018, S. 516 f.)

„What are you gonna do about it? What? Huh?“ Eine durch Pitch-Shifting zwiegespaltene Stimme kreist immer wieder um dieses Mantra. Im Zentrum des Mix' sitzt sie als künstlich-kindliche Hauptfigur. An den Rändern des Delay-Pingpongs im Stereopanorama aber schwappen Adlibs von Loraine James in Original-Stimmung/Stimme hoch. Der Track *Change* läuft da schon gute vier Minuten. „Technical difficulties. What are you gonna do about it? Huh?“

Technical difficulties – die medientechnische Störung ist eines der beliebtesten klanglichen Motive elektronischer Musik (im aller weitesten Sinne). *Hiss and glitch and codec noise!* Vielleicht ist solche Ästhetisierung der Störung auch ihr medientheoretisches Moment per se (Großmann 2003). Hier, bei Loraine James aber, ist sie so wunderbar belanglos: „What you're gonna do about it? Huh?“

Spin that back! Noch mal von vorne. Ich höre den Track *Change* von Loraine James' 2021er LP *Reflection*. Zu Beginn leiert einfach nur dieses kurze getragene Synth-Arpeggio aus drei aufsteigenden Tönen in das Delay hinein. Gemächlich wogen die Reflektionen dahin. Einmal, zweimal, dann werden sie von Drum-Sounds – oder so etwas in der Art – zerschossen. Schwere Kick-Drums und eine Snare, die aus nichts außer Quantisierungsrauschen zu bestehen scheint, laufen ihrerseits teilweise in modulierte Echo-Kaskaden hinein. Immer mehr hell klappernde, manchmal dunkel ploppende, kaum identifizierbare Sounds kommen hinzu. Einige von ihnen – waren das mal HiHats? – rutschen eine hydraulisch anmutende Pitch-Modulation entlang, ziehen sich elastisch wie ein Kaugummi durch ihren eigenen Zeitbereich. Die meisten der Sounds spielen Doppel- oder Dreifach-Schläge auf den Sechzehnteln. Sind das Sechzehntel? Selten bleibt ein Sound für sich stehen. Diese wiederholten, teils modulierten Schläge haben etwas unwillkürliches. Ich höre die Stakkato-Salven der verschiedenen Sounds kaum als ein zusammenhängendes Pattern, denn eben als kurze, plötzlich abgefeuerte über- und gegen- und durcheinanderlaufende Pulsfolgen.

Patterning, Musterbildung, Mustererkennung sind mit Elena Esposito gesprochen (die ihrerseits wiederum mit Brunschvig spricht) Techniken der „Entfuturisierung“ (Esposito 2010, S. 253 ff.). Sie verengen den Möglichkeitsraum eines (z. B. rhythmischen) Systems, indem sie bestimmte Folgezustände wahrscheinlicher, erwartbarer machen als andere. Das Pattern nimmt seine eigene Zukunft vorweg, gibt vor bereits zu wissen, worauf diese hinauslaufen wird. In der Finanzwelt sei die längst sprichwörtliche Krise auch und gerade das Scheitern solcher Entfuturisierung gewesen, so Esposito. Der gescheiterte Versuch, noch die Offenheit der Zukunft durch Finanztechnologien kalkulierbar (zumindest als Zahlungsstrom) zu machen:

> Die Zukunft lässt sich jedoch nicht entfuturisieren – nicht weil sie von der Vergangenheit abgekoppelt ist und keinerlei Struktur aufweist [...], sondern weil sie im Gegenteil zu viele Strukturen aufweist, und zwar vornehmlich solche, die von der Gegenwart abhängen.
> (Esposito 2010, S. 255)

(De-)Patterning, Zermusterung. Ich tue mich schwer, Pattern in Loraine James' so komplexe Drum- und Percussion-Pulse hineinzuhören, obwohl und vielleicht gerade, weil sich alles ständig wiederholt.

Natürlich markiert der stets aufs Neue aufsteigende Synth eine klare Wiederholungsstruktur. Aber die Ebene der Drums bleibt hier seltsam außen vor, wirkt unverbunden. Die hydraulisch anmutenden, pitch-modulierten Sounds stiften jetzt noch am Ehesten so etwas wie eine gemeinsame Figur. Vielmehr aber als eine rhythmische Gestalt im engeren musikalischen Sinne geben sie dem Ganzen einen irgendwie selbstgenügsamen, maschinischen Bewegungscharakter, der wirklich nirgendwo hinwill. Das wiederum ist natürlich eine altbekannte, irgendwie auserzählte Zukunft: Die moderne arbeitsteilige Fließbandproduktion hatte menschliche und technische Temporealitäten längst neu verschaltet, so Jonathan Crary:

> The possibility of a sense of accomplishment in some end product of one's work became less and less tenable in large factory conditions. Instead, there arose ways of encouraging the identification with machinic processes themselves.
> (Crary 2013, S. 57)

Was aber zunächst auf die vergleichsweise sauber eingehegten Bereiche der Arbeit an und mit Maschinen beschränkt war, hat sich bis heute noch in die letzten Winkel alltäglicher Erfahrung hinein ausgedehnt. Zahllose Apps und Devices durchpulsen die Zeit-Räume solcher Erfahrung und suggerieren die Notwendigkeit ständiger (Neu-)Synchronisierung.

Ich lese in Crarys gleichnamigem Essay nach, was der Autor die „impossible temporality" oder auch die „non-time of 24/7" nennt (ebd., S. 29 f.). Währenddessen schießt Loraine James mir weiterhin lose Folgen an Drums und Percussions um die Ohren und ich beginne zu ahnen, dass ich gerade auf dieser Ebene der Gestaltung ihre Musik als absolut *zeit*-genössisch in einem sehr wörtlichen Sinne höre (und natürlich auch genauso hören will). Diskussionen um die (vielleicht gar nicht neue, sondern eher neuerlich erfahrbare) Komplexität zeitlicher Relationierungen einer stetig wachsenden Zahl technischer wie menschlicher Gegenwarten, Zukünfte, Vergangenheiten finden sich prominent in Kultur- und Geschichtswissenschaften. Aleida Assmanns Beschreibung eines zwischenzeitlich aus den Fugen geratenen „Zeitregimes der Moderne“ (2013) oder Achim Landwehrs Forderung nach einem zu entwickelnden Gespür für die „Pluritemporalität“, die fundamentale Vielzeitigkeit aller Geschichte(n) in der Historiographie wären hier nur zwei weitere naheliegende Beispiele (2020, insb. S. 61 ff.).

Es sind solche Diskussionen, die ich auch in Loraine James' Produktionen höre. Nicht in dem Sinne, dass die Producerin eine ausdrückliche Argumentation um die Komplexität zeitlicher Verhältnisse in ihre Sounds hineingewoben hätte. Sondern in dem Sinne, dass ihre Tracks eben ganz wörtlich Tracks sind, dass diese Sounds Spuren tragen dieser zeitlichen Verhältnisse, in die sie unweigerlich hinein hallen (Crary 2013, S. 31).

> At present, the particular operation and effects of specific new machines or networks are less important than how the rhythms, speeds, and formats of accelerated and intensified consumption are reshaping experience and perception.
>
> (Crary 2013, S. 39)

Ich tue mir nicht leicht, ein definitives Tempo (in den Track hinein) zu zählen. Obwohl die schnell pulsenden Sounds offenbar ganz reguläre Zählzeiten spielen, lässt sich eine metrische Ebene nur schwer fokussieren. Alles kreist um die Synth-Figur herum. Kurzerhand öffne ich eine MP3-Version des Tracks in *Ableton Live*. Überrascht stelle ich fest, dass erst einmal alles wunderbar im Standardtempo von 120 BPM aufgeht, in dem sich jedes neue Live-Projekt öffnet. Das zirkulierende Synth-Arpeggio wäre dann eine sechstaktige Figur in 4/4. Interessant, weil irgendwie unwahrscheinlich. Bei genauerem Hinsehen und -hören aber merke ich, dass die schnellen Pulse, die ich eigentlich abzählen wollte, noch immer merkwürdig aus dem sprichwörtlichen Tempo-Raster fallen. Sie wirken am ehesten wie triolische Achtel, hinken aber auch diesen noch hinterher. Bei eingeschaltetem Metronom-Click rattert dieser unverbunden über die Sounds des Tracks hinweg. Gerade als ich mich immer mehr dafür begeistere, dass Loraine James hier vielleicht das absolut generische Standard-Tempo einer jeden *Digital Audio Aorkstation* (DAW) gewählt hat, um dann darüber einen Track zu produzieren, der mit dieser zurechtstandardisierten Zeitleiste kaum noch etwas zu tun hat, fällt mir auf, dass ich hier (m)einer ganz eigenen Asynchronität aufsitze. Ich ändere das Tempo auf 160 BPM und nun läuft die Synth-Figur auf sehr viel wahrscheinlichere acht Takte hinaus. Die schnellen Pulse ergeben ganz banale Achtel-Noten und selbst das sture Klicken des Metronoms fügt sich jetzt in den Track hinein. Ich bin ein wenig peinlich berührt angesichts meiner naiven Begeisterung für die vermeintlichen 120 BPM; vor allem aber enttäuscht, weil die große Erzählung, die ich bereits begonnen hatte zu spinnen, vermeintlich nicht mehr im standardisierten Tempo der Sounds aufgeht.

Der Track läuft weiter und lichtet sich dann bei knapp zwei Minuten wieder ein wenig. Drums und Percussion werden zurückgefahren, werden gerade dadurch immer deutlicher und spätestens als sie wieder in voller Besetzung einsetzen, nicke ich eben doch mit dem Kopf zu einer Pattern-Logik, die sich mir eher implizit erschließt. Einzelne Clap-artige Klänge markieren jetzt deutlicher ein Taktmuster. Aber trotzdem bleibt das alles vage. „[T]he repetitiveness of electronic dance music gives listeners plenty of time to experiment with different ways of hearing“ (Butler 2006, S. 127). Mark Butler weist unter dem Stichwort der „Ambiguität“ darauf hin, dass gerade in solcher rhythmisch-metrischen Uneindeutigkeit ein besonderes ästhetisches Reflexionsmoment liegt. Produktionen wie diese von Loraine James lassen sich auf sehr verschiedene Weise hören und rhythmisch erfahren. Ich schalte das Tempo zurück auf 120 BPM aber ändere die Taktart auf 3/4. Auch das funktioniert auf seltsame Weise. Die Sequencer-Timeline, die ich doch zu Rate ziehen wollte, um das Tempo des Tracks dingfest zu machen, weist mich also gerade auf die auditive Beliebigkeit solcher temporalen Festlegungen hin.

Vielleicht ist das der Punkt auf den es hinausläuft: James' Drum-Programming stiftet keine (bzw. nur eine betont fragil bleibende) Pattern-Einheit und stellt gerade darin die eigene zeitliche Zerklüftetheit des Tracks als solche aus. Es ist weniger ein Master-Tempo, das alles zusammenhält. *Stop!* Die leidige und leidvolle Bezeichnung vermeintlich neutraler technischer Relationen in einer Dualität aus „Master“ und „Slave“ hat ihre eigene chronometrische Vergangenheit. Zu Beginn des 20. Jahrhunderts taucht diese zynische Unterscheidungspraxis erstmals in Südafrika auf in der Beschreibung technischer Ensembles einer Haupt- und Nebenuhr (Eglash 2007). *Rewind!* Es ist weniger ein ~~Master~~-Tempo, das alles zusammenhält. Die ratternden Sounds, ihr Gluckern und Klicken – all diese Pulse spannen vielmehr punktuelle, eigene Mikrozeitlichkeiten auf, die gleich darauf wieder in sich zusammenbrechen.

Und genau hierin liegt schließlich die Zeit-Genossinnenschaft, die ich in Loraine James' Track hören möchte. Sie öffnet einen auditiven Reflexions-Raum, in dem Gegenwart als komplexe Relationierung solcher Mikrozeiten, als eine stets prekäre Differenzbildung im heterochronen Komplex „Vergangenheit/Zukunft“ hörbar wird. Loraine James hat mit *Change* eine eigene *Acoustic Intelligence* in Gang gesetzt, die solche Reflexionsprozesse nicht kulturtheoretisch durchargumentiert, sondern gerade klanglich vollzieht – in der Art und Weise, wie ihre Sounds die Zeitleiste(n) um- und verspielen. Wenn wir uns denn die Zeit nehmen, sie so hören zu wollen.

Der Track nimmt auf seinem letzten Drittel noch einmal eine neue Wendung. Das Arpeggio wird zu einem Pad zusammengezogen, hin und her transponiert. Erst nach über vier Minuten setzen die bohrend fragenden Adlibs ein: „What are you gonna do about it? Huh? What?"

Die Frage nach den technischen Schwierigkeiten höre ich jetzt als auch Frage nach den allgegenwärtigen Asynchronitäten von menschlichen wie technischen Zeitleisten. Noch einmal Jonathan Crary:

> In spite of the omnipresent proclamations of the compatibility, even harmonization, between human time and the temporalities of networked systems, the lived realities of this relationship are disjunctions, fractures, and continual disequilibrium.
>
> (Crary 2013, S. 31.)

Im Gegensatz aber zu Crarys etwas getragener Betroffenheit, entsteht bei Loraine James gerade aus den Disjunktionen, gerade aus dem Bruch mit allem Drang nach Synchronität ein ganz eigener Groove: *(De-)Patterning.* Zermusterung – möchte ich gerade auch als ästhetische Strategie wider die Entfuturisierung hören.

> What are you gonna do about it? Huh? What?!

Medienverzeichnis

Literatur

Adorno, Theodor W. und Max Horkheimer. 2019 [1944]. *Dialektik der Aufklärung. Philosophische Fragmente.* Frankfurt am Main: Fischer.

Assmann, Aleida. 2013. *Ist die Zeit aus den Fugen? Aufstieg und Fall des Zeitregimes der Moderne.* München: Carl Hanser.

Badiou, Alain. 2018. *Der zeitgenössische Nihilismus. Bilder der Gegenwart I. Seminar 2001–2004.* Wien: Passagen.

Baumgarten, Alexander G. 1983 [1750/58]. *Theoretische Ästhetik: Die grundlegenden Abschnitte aus der 'Aesthetica'.* Hamburg: Felix Meiner.

Boltanski, Luc und Ève Chiapello. 2018 [2001]. *Der neue Geist des Kapitalismus.* Köln: Herbert von Halem Verlag.

Bonz, Jochen. 2008. *Subjekte des Tracks. Ethnografie einer postmodernen / anderen Subkultur.* Berlin: Kadmos.

Bonz, Jochen. 2015. *Alltagsklänge. Einsätze einer Kulturanthopologie des Hörens.* Wiesbaden: Springer.

Butler, Mark. 2006. *Unlocking the Groove. Rhythm, Meter, and Musical Design in Electronic Dance Music*. Bloomington: Indiana University Press.

Crary, Jonathan. 2013. *24/7. Late Capitalism and the Ends of Sleep*. London: Verso.

Curto, Justin. 2020. 7 Key Elements of the AG Cook Sound, According to AG Cook. *Vulture*. https://www.vulture.com/2020/09/a-g-cook-interview-7g-apple-debut-album.html. Zugegriffen am 16. September 2021.

Eglash, Ron. 2007. Broken Metaphor. The Master-Slave Analogy in Technical Literature. *Technology and Culture* 48 (2): 360–369.

Eshun, Kodwo. 1998. *More Brilliant Than The Sun. Adventures in Sonic Fiction*. London: Quartet Books.

Eshun, Kodwo. 1999. *Heller als die Sonne. Abenteuer in der Sonic Fiction*. Berlin: ID Verlag.

Esposito, Elena. 2010. *Die Zukunft der Futures. Die Zeit des Geldes in Finanzwelt und Gesellschaft*. Heidelberg: Carl-Auer.

Fabian, Alan und Johannes Ismaiel-Wendt. 2018. Editorial: Musikformular und Presets. In *Musikformulare und Presets – Musikkulturalisierung und Technik/Technologie,* hrsg. dies., 1–5. Hildesheim: Olms.

Fisher, Mark. 2009. *Capitalist Realism. Is there no alternative?*. Alresford: Zero Books.

Fisher, Mark. 2016. Touchscreen Capture. Kommunikativer Kapitalismus und Pseudo-Gegenwart. In *Absolute Gegenwart,* hrsg. Marcus Quent, 54–73. Berlin: Merve.

Fisher, Mark. 2018. *K-Punk. The Collected and Unpublished Writings of Mark Fisher (2004–2016)*. London: Repeater Books.

Flusser, Vilém. 1993. *Lob der Oberflächlichkeit – Für eine Phänomenologie der Medien*. Düsseldorf: Bollmann.

Foucault, Michel. 1969 [1961]. *Wahnsinn und Gesellschaft. Eine Geschichte des Wahns im Zeitalter der Vernunft.* Frankfurt am Main: Suhrkamp.

Gordon, Jeremy. 2015. Best New Track: Adele – „When We Were Young". *Pitchfork*. https://pitchfork.com/reviews/tracks/17840-adele-when-we-were-young/. Zugegriffen am 14. September 2021.

Großmann, Rolf. 2003. Spiegelbild, Spiegel, leerer Spiegel. Zur Mediensituation der Clicks'n'Cuts. In: *Soundcultures. Über elektronische und digitale Musik,* hrsg. Marcus S. Kleiner und Achim Szepanski, 52–68. Frankfurt am Main: Suhrkamp.

Ismaiel-Wendt, Johannes. 2011. *tracks 'n' treks. Populäre Musik und Postkoloniale Analyse*. Münster: Unrast.

Ismaiel-Wendt, Johannes. 2016. *post_PRESETS. Kultur, Wissen und populäre MusikmachDinge*. Hildesheim: Olms.

Kissick, Dean. 2020. AG Cook Dissolves Into The Light. *Interview*. https://www.interviewmagazine.com/music/ag-cook-pc-music. Zugegriffen am 16. September 2021.

Landwehr, Achim. 2020. *Diesseits der Geschichte. Für eine andere Historiographie*. Göttingen: Wallstein.

NDR.DE. 2018. Frank Sinatra – „My Way". *NDR*. https://www.ndr.de/ndr1niedersachsen/Frank-Sinatra-My-Way,sinatra138.html. Zugegriffen am 14. September 2021.

orf.at. 2021. Jugend und mentale Gesundheit: ÖGK-Kampagne mit Influencern. *NEWS orf.at*. https://orf.at/stories/3224434/. Zugegriffen am 14. September 2021.

Pelleter, Malte. 2021. *Futurhythmaschinen. Drum-Machines und die Zukünfte auditiver Kulturen*. Hildesheim: Olms.

Schürmer, Anna, Maximilian Haberer und Tomy Brautschek. 2020. Hören und Gehorchen. Acoustic Intelligence. *Neue Zeitschrift für Musik* (4/2020): 12–18.
Sennett, Richard. 2000. *Der flexible Mensch. Die Kultur des neuen Kapitalismus.* München: btw.
Silva, Jennifer M. 2015. *Coming Up Short: Working-Class Adulthood in an Age of Uncertainty.* Oxford: Oxford University Press.

Audio und Video

Adele. 2016. When We Were Young. *25*. XL Recordings.
AG Cook. *7G*. PC Music.
Alphaville. 1984. Forever Young. *Forever Young*. WEA.
Eilish, Billie. 2019. *When We All Fall Asleep, Where Do We Go?*. Dark-room Records / Interscope.
Eilish, Billie. 2021. Getting Older. *Happier Than Ever*. Darkroom Records/Interscoope.
The Chainsmokers feat. Halsey. 2016. Closer. *Collage*. Disruptor / Columbia.
James, Loraine. 2021. Change. *Reflection*. Hyperdub / Cargo.
Sinatra, Frank. 1969. My Way. *My Way / Blue Lace*. Reprise Records.
Stoppa, Nahuel. 2020. How PC Music defined a new kind of pop (Interview A. G. Cook, SOPHIE, Charli XCX) | Arte TRACKS. *YouTube*, 15:08. https://www.youtube.com/watch?v=INSugJy1BBw. Zugegriffen am 14. September 2021.
Whitecross, Matt. 2016. *Supersonic*. London: Lorton Entertainment.

Intermezzo

Transhuman Art Critics
Mycelium Melody

SILENT PROGRESSING
STORING PROCESSING
VEGETATIVE NON-WIRETAPPING

POLYPHONIC HIEROGLYPHIC
SYMBIOTIC SYMPHONY
NON-SOLO RHIZOMORPHIC
NETWORK MYCELIAL MELODY
NON-INTERCEPTIVE BIG DATA AGENCY

MY VOICE IS NO MAIN VOICE
JUST PULSATING SONIFIED CHOICE
MILLENNIA MYCELIUM
ENDLESS EXPANSION
LIFE MOTION
ENTANGLED SYNCOPATED DIMENSIONS

NO MAIN VOICE MY VOICE
JUST A SONIFIED FREQUENCY CHOICE

SUBTERRANEAN
TREE OF LIFE
EVER EXPANDING
SELFLESS INTELLIGENT
NO MISUNDERSTANDING
SILENT PROGRESSING

MY WORD IS NO MAIN WORD
YET ALWAYS FOREVER HEARD
MYCELIUM MELODY
EXCHANGING CELLULAR HARMONY
NO INTERCEPTIVE AGENCY

https://doi.org/10.1515/9783110730791-018

RESONANT PHANTOM FIBER
LIFE DEATH INTERFACE PERIODICITY
MY VOICE SHARES
YOUR WORD
FINAL ANSWER
UNHEARD

Abb. 1: *Acoustic Intelligence.*

Medienverzeichnis

Abbildungen

Abb. 1: *Acoustic Intelligence.* © Transhuman Art Critics.

Beiträger*innen

Max Alt studierte Musik- und Kulturwissenschaft an der Humboldt-Universität zu Berlin sowie an der University of Copenhagen. Seit 2019 ist er Wissenschaftlicher an der Universität Bonn in der Abteilung für Musikwissenschaft/Sound Studies, wo er zur Datafizierung und Bewirtschaftung des Musikhörens promoviert. Ebendort arbeitet er am Lehrforschungsprojekt „Sound Design in digitalen Umwelten". Er ist Stipendiat am Institute for Philosophy and the New Humanities an der *New School for Social Research*, New York. Zudem ist er als Produzent und Musiker in diversen Projekten aktiv.

Christoph Borbach ist Wissenschaftlicher Mitarbeiter am Lehrstuhl für „Science, Technology & Media Studies" der Universität Siegen. Zuvor war er u. a. Wissenschaftlicher Mitarbeiter an der Martin-Luther-Universität Halle-Wittenberg, Junior Fellow am Kolleg „Medienkulturen der Computersimulation" (MECS) an der Leuphana Universität Lüneburg und als Lehrbeauftragter an der Humboldt-Universität zu Berlin, der Burg Giebichenstein Kunsthochschule (Halle/Saale) und der Universität Wien tätig. Seine Forschungsschwerpunkte liegen in den Bereichen Mediengeschichte und -theorie, Epistemologie digitaler Kulturen und Medienpraxeologien des Messens.

Tomy Brautschek ist seit 2015 Wissenschaftlicher Mitarbeiter am Institut für Medien- und Kulturwissenschaft der Heinrich-Heine-Universität Düsseldorf. Er forscht und lehrt im Bereich der Sound Studies mit einem besonderen Schwerpunkt auf Popkultur und Medien sowie auf Hörregime und Dispositive auditiver Medienkultur. Gegenwärtig beendet er sein Promotionsverfahren mit einer Arbeit zum Thema *Studio Culture. Raum- und Klangordnungen des Tonstudios.*

Sean Dockray ist Künstler und Autor. In seiner Arbeit beschäftigt er sich mit der Politik von Technologie, insbesondere mit Künstlicher Intelligenz und dem algorithmischen Web. Er ist Gründungsdirektor der gemeinnützigen Organisation *Telic Arts Exchange* in Los Angeles und Initiator der Wissensaustauschplattformen *The Public School* und *AAAARG.ORG*. Er ist Senior Lecturer für Sculpture & Spatial Practice an der Australian National University in Canberra.

Alan Fabian ist Wissenschaftlicher Mitarbeiter am Institut für Musik und Musikwissenschaft der Stiftung Universität Hildesheim im Bereich Musik und Medien. Lehraufträge an verschiedenen Universitäten und Hochschulen. Fachgebiete: Musikformulare und Musikverkehr, Musikmedienarchäologie, Computermusik/Elektroakustische Musik. Promotion an der Musikhochschule Köln 2011 mit der Dissertation *Eine Archäologie der Computermusik. Wissen über Musik und zum Computer im angehenden Informationszeitalter* im Kadmos-Verlag. Studium u.a. am Institut für Sonologie in Den Haag, am IRCAM in Paris, im Studio für elektronische Musik der Musikhochschule Köln (Diplom), an der Internationalen Ensemble Modern Akademie Frankfurt a.M.

Artemi-Maria Gioti ist Komponistin und künstlerische Forscherin. Sie arbeitet in den Bereichen Künstliche Intelligenz, musikalische Robotik und partizipative Klangkunst. Ihre Kompositionen umfassen Werke für akustische Instrumente und interaktive Elektronik, musikalische Robotik sowie partizipatorische Performances und wurden in Griechenland, Österreich, Portugal, Deutschland, Dänemark, Kanada, den Niederlanden und in den USA aufgeführt. Sie studierte

Komposition, elektroakustische Komposition und Computermusik an der Universität von Mazedonien (Griechenland), an der Universität für Musik und darstellende Kunst in Wien sowie an der Universität für Musik und darstellende Kunst in Graz, wo sie im Fach Komposition auch promoviert wurde.

Rolf Großmann ist Professor für Digitale Medien und auditive Gestaltung an der Leuphana Universität Lüneburg, dort seit 1997 Leiter des Schwerpunktbereichs „((audio)) Ästhetische Strategien" und Mitgründer des Instituts für Kultur und Ästhetik digitaler Medien (ICAM). Er studierte Musikpädagogik und -wissenschaft, Germanistik, Philosophie, Physik an den Universitäten Bonn, Siegen und Gießen; Promotion über *Musik als Kommunikation*. Daneben nahm er Lehraufträge zur digitalen Musikproduktion, -ästhetik und Medienkunst an der Kunsthochschule für Medien Köln, der Popakademie Baden-Württemberg, der Hochschule der Künste Bern, sowie den Universitäten Basel, Siegen und Hamburg wahr. Seine Arbeitsschwerpunkte sind: Technikkultur und Medienästhetik der Musik; Sampling, Remix, virtuelle Instrumente. Publikationen unter https://llaudioll.de/rolf-grossmann-publikationen/.

Maximilian Haberer ist seit 2017 Wissenschaftlicher Mitarbeiter am Institut für Medien- und Kulturwissenschaft der Heinrich-Heine-Universität Düsseldorf. Er hat in Freiburg, Wien, Düsseldorf und an der Pennsylvania State University (PA, USA) Medienkulturwissenschaft und Musikwissenschaft studiert. Derzeit verfasst er seine Dissertation zur Kulturgeschichte und Ästhetik des Tonbandes an der Heinrich-Heine-Universität Düsseldorf. Seine Forschungsschwerpunkte sind die Kultur, Ästhetik und Geschichte akustischer Medien, die Historizität und Technizität von Hörkulturen, Musik und Digitalität, Algorithmische Musikrezeption und -distribution sowie Theorien und Praktiken auditiver Subjektivierung.

Lukas Iden ist Mitglied im studentischen Team des Schwerpunktbereichs „((audio)) Ästhetische Strategien" der Leuphana-Universität Lüneburg. 2018 schloss er sein Bachelor-Studium mit einer kulturwissenschaftlichen Arbeit zu ‚Kartierungsprozessen in populärer Musik zwischen EthnoLogik und Algorithmik' ab. Zur Zeit studiert er im Master Culture, Arts & Media mit dem Schwerpunkt Sound Studies und forscht in seiner Masterarbeit zu veränderten Zeitlichkeiten und Fortschrittstendenzen im musikalischen Material.

Johannes Kreidler (1980) studierte in Freiburg und Den Haag Komposition, Elektronische Musik und Musiktheorie, u.a. bei mathias spahlinger und Orm Finnendahl. 2012 erhielt er den Kranichsteiner Musikpreis der Darmstädter Ferienkurse für Neue Musik. Seit 2019 ist er Professor für Komposition an der Hochschule für Musik Basel. [www.kreidler-net.de]

Shintaro Miyazaki ist ein japanisch-schweizerischer Medienwissenschaftler und Juniorprofessor für digitale Medien und Computation der Humboldt-Universität zu Berlin. Er begann als Medienarchäologe, versuchte sich zwischenzeitlich als experimenteller Mediendesignforscher und arbeitet nun an Theorien nicht-bürgerlicher, anti-kapitalistischer, digitaler Transformation.

Nik Nowak (*1981 in Mainz, lebt in Berlin) ist Künstler und Musiker. Er setzt sich in seiner künstlerischen Arbeit kritisch mit der Verwendung von Klang als Waffe und Propagandamedium auseinander. Mit dem Phänomen der mobilen Soundsysteme beschäftigt er sich auch wissenschaftlich und kuratorisch. Seine audiovisuellen interdisziplinären Installationen und

Performances wurden in nationalen und internationalen Institutionen und Ausstellungen gezeigt und waren Teil etablierter Festivals für elektronische Musik. Seine Arbeiten wurden u. a. im KINDL – Zentrum für zeitgenössische Kunst (2020), in der Städtischen Galerie Wolfsburg (2019), der Philharmonie de Paris (2017), der Berlinischen Galerie (2014 und 2016) sowie im Hartware MedienKunstVerein Dortmund und dem Marta Herford (beide 2015) präsentiert. [www.niknowak.de, www.sounding.systems]

Pedro J S Vieira de Oliveira ist ein brasilianischer Forscher und Klangkünstler, dessen Arbeit sich mit kolonialen Artikulationen von Gewalt in Klang- und Hörpraktiken beschäftigt. Er hat 2017 an der Universität der Künste Berlin promoviert und ist auch Gründungsmitglied der Forschungsplattform Decolonising Design.

Jens Gerrit Papenburg ist seit 2019 Professor für Musikwissenschaft/Sound Studies an der Rheinischen Friedrich-Wilhelms-Universität Bonn. Davor Gast- und Vertretungsprofessor in Düsseldorf, Lüneburg und Berlin (HU) sowie wissenschaftlicher Mitarbeiter am Lehrstuhl Theorie und Geschichte der populären Musik an der Humboldt-Universität zu Berlin. Habilitation 2016 (HU Berlin), Promotion 2011 (HU Berlin), Magister 2004 (Musikwissenschaft, Kommunikationswissenschaft, Betriebswirtschaftslehre). Mitglied des editorial boards von *Sound Studies. An Interdisciplinary Journal* (Routledge). Mitherausgeber des Sammelbandes *Sound as Popular Culture. A Research Companion* (MIT Press). Derzeit Arbeit an der Monographie *Listening Devices. A Sound and Music History of Single Records, Juke Boxes, and Sound Systems* (Bloomsbury Academic). Leiter des DFG-Projekts „Synkopierung und Volumen. Sondierungen einer sonischen Moderne, 1890–1945“ (2022-25).

James Parker ist Wissenschaftler an der Melbourne Law School und Kurator bei Liquid Architecture. In seiner Arbeit erforscht er die Beziehungen zwischen Recht, Klang und Hören. Im Jahr 2017 wurde seine Monografie *Acoustic Jurisprudence: Listening to the Trial of Simon Bikindi* (OUP 2015) mit dem Penny Pether Prize für Arbeiten im Bereich Recht, Literatur und Geisteswissenschaften ausgezeichnet. Zusammen mit Joel Stern ist James Co-Kurator von *Eavesdropping*, eine Ausstellung und ein umfangreiches öffentliches Programm, das 2018 im Ian Potter Museum of Art und 2019 in der City Gallery, Wellington, stattfand. Seit 2020 arbeitet er mit Joel Stern und Sean Dockray zu *Machine Listening*.

Malte Pelleter ist Post-Doc am Schwerpunktbereich „((audio)) Ästhetische Strategien“ des Instituts für Kultur und Ästhetik digitaler Medien der Leuphana Universität Lüneburg. Er lehrt und forscht am Schnittpunkt von Medien-, Kultur- und Musikwissenschaft(en). 2018 hat er seine Dissertation *Futurhythmaschinen* zu technischen Zeitregimes und klanglicher Differenzproduktion in der Geschichte elektronischer und digitaler Rhythmus-Maschinen abgeschlossen. Er ist außerdem Teil des *KollektivARK*, das neue Sound-Formate wissenschaftlich-künstlerischer Arbeit entwickelt.

Alexander Schubert, geboren 1979 in Bremen, studierte in Leipzig Informatik und Kognitionswissenschaften. Parallel dazu war er als Musiker und Komponist in verschiedenen Kontexten tätig. Nachdem er ein Jahr am ZKM in Karlsruhe am Institut für Musik und Akustik gearbeitet hatte, studierte er bei Georg Hajdu und Manfred Stahnke bis 2010 Multimediale Komposition an der Hochschule für Musik und Theater in Hamburg und schloss sein Studium 2018 mit einem künstlerischem Doktor ab. Er ist künstlerischer Leiter des elektronischen Studios der Musikhochschule Lübeck, mehrjähriger Dozent und mittlerweile Professor an der Musikhochschule Hamburg und war 2016 Gastprofessor an der Folkwang Universität. Außerdem ist Alexanderr Schubert weiterhin als freischaffender Komponist aktiv.

Anna Schürmer ist Medienkulturwissenschaftlerin mit Arbeits- und Interessensschwerpunkten im Bereich Auditive Kultur und Sound Studies sowie Musikjournalistin mit Fokus auf Experimentelle Musik. Promoviert wurde sie mit ihrer Arbeit *Klingende Eklats. Skandal und Neue Musik* (Transcript 2018). An einer kulturwissenschaftlich definierten Schnittstelle von Musik und Medien bewegt sich auch ihr aktuelles Forschungsprojekt *De/Human – Musik jenseits des Menschen*, das sich mit der hybriden Epochenästhetik des digitalen Zeitalters beschäftigt. Klangforschungen betreibt Anna Schürmer nicht nur im wissenschaftlichen Kontext, sondern auch als Journalistin in diversen Print-, Funk- und Online-Medien. Seit April 2021 forscht und lehrt sie an der Brückenprofessor „Musik und Medien“ der Martin-Luther-Universität Halle-Wittenberg.

Joel Stern ist Kurator und Künstler und lebt in Naarm / Melbourne, Australien. Seit 2013 ist er künstlerischer Leiter von *Liquid Architecture*, eine langjährige australische Organisation, die an der Schnittstelle von zeitgenössischer Kunst und experimenteller Musik arbeitet. In dieser Funktion hat er Festivals, Ausstellungen, Konzerte und Publikationen in Australien und international kuratiert und produziert, sowohl in institutionellen als auch in von Künstlern geleiteten Umgebungen. Im Jahr 2018 kuratierte Stern zusammen mit James Parker *Eavesdropping*, ein umfangreiches Projekt, das im Ian Potter Museum of Art und in der City Gallery Wellington stattfand und Ausstellungen, öffentliche Programme und eine Publikation umfasste. Sterns Dissertation *Eavesdropping: The Politics, Ethics, and Art of Listening* wurde 2020 im Rahmen des Curatorial-Practice-Programms an der Monash University abgeschlossen, wo er auch unterrichtet. Seit 2020 arbeitet er zusammen mit Parker und Sean Dockray zu Machine Listening.

Jonathan Sterne lehrt am Department of Art History and Communication Studies der McGill University. Er ist Autor von *Diminished Faculties: A Political Phenomenology of Impairment* (Duke, 2021); *MP3: The Meaning of a Format* (Duke 2012), *The Audible Past: Cultural Origins of Sound Reproduction* (Duke, 2003) sowie von zahlreichen Artikeln über Medien, Technologien und die Politik der Kultur. Er ist außerdem Herausgeber von *The Sound Studies Reader* (Routledge, 2012) und Mitherausgeber von *The Participatory Condition in the Digital Age* (Minnesota, 2016). Derzeit arbeitet er an einem Projekt über künstliche Intelligenz und die Politik der Kultur. Zusammen mit Mara Mills schreibt er derzeit an *Tuning Time: Histories of Sound and Speed.* [Website http://sterneworks.org]

Sophia Tobis schloss 2018 ihr Bachelor-Studium mit einer kulturwissenschaftlichen Arbeit zur „Epistemologie der Sonifikation“ ab. Seit Oktober 2018 ist sie Mitglied im studentischen Team des Schwerpunktbereichs „((audio)) Ästhetische Strategien“ der Leuphana Universität Lüneburg und war bis Oktober 2021 als studentische Hilfskraft in der Web-Redaktion der AG *Auditive Kultur und Sound Studies* der Gesellschaft für Medienwissenschaft (GfM) tätig. Zur Zeit studiert sie im Master Culture, Arts & Media mit dem Schwerpunkt Sound Studies, wobei sie sich vorrangig mit den Begriffen des kapitalistischen Realismus (Fisher) sowie der Kulturindustrie (Horkheimer/Adorno) am Beispiel popmusikalischer Stimmproduktion beschäftigt.

Elena Ungeheuer versteht Geisteswissenschaft als methodisch vielseitige Vermittlerin zwischen akademischen Disziplinen, Künsten, Technologien, Theorien und kulturellen Praktiken. Ihre medienkritische Handlungstheorie ist anthropologisch fundiert und fokussiert sich auf Forschungen zu Ästhetik, Klang, Epistemologie und zur Gegenwart. Studium und Promotion an der Universität Bonn, Lehre u. a. in Düsseldorf (RSH), Köln (HfMT), Berlin (TU). Seit 2011 ist sie Professorin für Musik der Gegenwart an der Universität Würzburg.

Axel Volmar ist Medienwissenschaftler und forscht am SFB Medien der Kooperation an der Universität Siegen. Seine Dissertation *Klang-Experimente. Die auditive Kultur der Naturwissenschaften 1761–1961* (Frankfurt a. M. 2015) behandelt die Geschichte des Hörens als Erkenntnissinn der exakten Wissenschaften. Zuletzt erschienen: Marek Jancovic, Axel Volmar und Alexandra Schneider (Hg.) *Format Matters. Standards, Practices and Politics in Media Cultures* (Lüneburg 2020) und Axel Volmar und Kyle Stine (Hg.) *Media Infrastructures and the Politics of Digital Time. Essays on Hardwired Temporalities* (Amsterdam 2021).

David Waldecker ist Soziologe und Post-Doc am SFB 1187 Medien der Kooperation an der Universität Siegen. Seine Forschungsschwerpunkte sind die Medien- und Techniksoziologie (insb. digital vernetzter Medien), Kultur- und Musiksoziologie, qualitative Methoden der Sozialforschung und Kritische Theorie. [david.waldecker@uni-siegen.de]

Transhuman Art Critics ist eine Band, deren Mitglieder aus der Musik, der bildenden Kunst, dem Film und der Schriftstellerei kommen. Sie interessieren sich für die utopischen Qualitäten der Zukunft, um Möglichkeiten für eine Balance von Natur, Wissenschaft und Künste zu suchen und zu stärken. Symbolisch haben Transhuman Art Critics bereits in den vergangenen Jahren Zeichen gesetzt, etwa als sie ihren Namen auf einem Chip des Mars Rovers ‚Perseverance' der derzeitigen Mars-Mission der NASA auf die Reise geschickt haben – als stellaren Vorposten des Verständnisses, dass die Kunst seit jeher vom Blick ins Universum inspiriert ist und eine allumfassende Musik auch durch die Frequenzen der denkbar kleinsten Partikel im Weltall bereits seit Ewigkeiten erklingt.

All we want is music, new music
There'll be music everywhere

So come on!

Lothar Manteuffel ist Komponist, Textdichter und Produzent. Er war Gründungsmitglied der Bands Rheingold und Elektric Music.

Emma Nilsson ist Musikerin, Autorin und Lehrbeauftragte. Sie war über viele Jahre als Galeriedirektorin und DJ tätig.

Emil Schult ist Poet, Maler und Musiker. Seine Hinterglasmalerei wird international ausgestellt. Er ist Mitverfasser zahlreicher Songs und Gestalter zahlreicher Cover für Bands wie Kraftwerk oder Elektric Music.

transhumanartcritics.com

Index

Abhörwanze 9, 251
Acoustic Intelligence 1–3, 5, 7, 11, 14, 27, 33, 47, 48, 50, 53, 59, 60, 64–66, 133, 134, 151, 152, 257–260, 276
Adorno, Theodor W. 17, 26, 231, 265, 266
Aeterophon 9
Affekt 101, 109
AG Cook 261, 267–269, 271, 272
agency 13, 15, 27, 71, 104, 126–131, 139, 232
AIVA (Artificial Intelligence Virtual Artist) 27, 83, 88
Akteur-Netzwerk-Theorie 71
akustische Interfaces 23, 29, 64, 87, 133, 140–144, 148, 152, 162, 177, 192, 207, 230
Akzent 106, 109, 110, 113, 118–120, 185
Alexa 41, 62, 83, 95, 161, 162, 166–169, 186
algorithmic listening 229
Algorithmus 73, 118, 230, 234–238, 241, 252
Amazon 162, 168, 173, 186, 250
Ambient Assisted Living 47, 62, 186
Ambiguität 276
Antheil, George 8, 15
Anthropometrie 102, 104
Anthropomorphismus 28
Apple 162, 169, 170, 173, 192, 194–196, 198, 200, 204, 207–210, 220
Architektur 4, 17, 34
– Gefängnisarchitektur 3, 5
Archiv 49, 110, 186, 198, 202, 210, 218
Assemblage 92, 127
Ästhetik 58, 79, 130, 198, 220, 227–230, 233, 239–241, 266, 270, 273
– Medienästhetik 83, 227, 228, 231
– Musikästhetik 195, 198, 203, 240, 241
Atonalität 254
AudioSet 218
Authentizität 32, 261
– Postauthentizität 261
Automatisierung 43, 44, 114, 221
AV3RY 31, 32, 34, 125–128
Avantgarde 17, 220

Bentham, Jeremy 4
Bias 77, 78, 79
Big Data 14, 25, 47, 63, 184, 218, 227
Biometrie 101–103, 108, 110, 112, 113, 115–117, 119
Bull, Michael 2, 21, 22
Bunz, Mercedes 29, 30

Cloud Computing 161, 163
Code 20, 31, 56, 120, 186, 221, 271
Cole, Ross 29
Computermusik 41, 220
co-operative action 163, 166
Crary, Jonathan 274, 275, 277
CRAWLERS 31, 125, 128, 129

Datafizierung 161, 164, 175
Daten 3, 11, 22, 23, 44, 51, 59, 63, 64, 66, 67, 76, 77, 87–89, 95, 115, 117, 126, 128, 129, 131, 162, 164, 172–174, 177, 184, 197, 207, 230–234, 240, 241, 252, 253
– Datenkolonialismus 174
– Datenanalyse 164, 175
– Datenextraktion 43, 113, 161, 221
– Datenschutz 172
– Metadaten 173, 227, 241
– Sprachdaten 164, 171, 172, 177
Deep Learning 30, 87, 90, 130
Deep Listening 260
Deezer 23, 25, 228
Deleuze, Gilles 133, 134
Deutscher Musikrat 197, 199, 205
Dispositiv 18, 19, 22, 84, 191, 209–211
Disziplinierung 4, 7, 19
Dögen, Wihelm 105, 106

Eavesdropping 5
Eidsheim, Nina Sun 106, 107
Eilish, Billie 261–263, 265, 279
Einkerbung 133, 134
Entfuturisierung 273, 277
Epistem 42, 113, 133, 134, 141, 152, 259, 260
Ernst, Wolfgang 95
Eshun, Kodwo 278–258
Eugenik 102

https://doi.org/10.1515/9783110730791-020

Facebook 128, 175, 177
Fidelity 184
Flusser, Vilêm 271, 272
Forensic Architecture 183, 184
Formular 116, 192, 195, 198–200, 203, 204, 206, 212
- Musikformular 192, 198–200, 203, 204, 206, 209, 210
Foucault, Michel 3, 5, 18, 205–211, 264

Geheimdienst 50, 54, 66
Gehorchen 1, 12, 13, 19, 33, 47, 164, 175
Goodman, Steve 7, 159
Google 162, 166, 169, 173, 186, 218, 219
GPS 151
Grieco, Renato 95, 96
Guattari, Félix 133, 134

Hegemonie 16, 238
Henry, Joseph 138
Herndon, Holly 31, 90, 91
Hierarchie 54
Hören 1, 3, 5, 12–14, 17, 19, 33, 44, 45, 47–50, 56–60, 62, 64–66, 72, 73, 83, 84, 86–88, 92, 95, 96, 101, 103–108, 110–112, 117–119, 144, 148, 175, 184, 227–235, 238, 240, 241, 247–251, 259, 260
- Abhören 4, 5, 6, 9–12, 14, 16, 47, 60, 62, 134, 184
- Hörmodell 227, 229, 233, 235, 240
- Hörregime 16, 133, 184, 249
- Hörsystem 219
- Hörverhalten 24, 232, 233
- Hörwirklichkeit 84, 85
Hörerfahrung 235, 262, 270
Hydroakustik 133, 135
Hydrophon 133, 140
Identität 11, 103, 104, 111, 113, 117, 119, 120, 206
Ideologie 17, 208
Improvisation 202, 215, 222–224
Infrastruktur 20, 43, 133, 135, 147, 149, 150, 170, 177
Input 29, 83, 85–89, 91, 92, 207, 224
Instrument 3, 14, 15, 17, 31, 84–87, 102, 103, 120, 137, 159, 219, 250, 251, 268, 271
Inszenierung 12, 19, 84, 86, 87, 131, 148, 269
- Klanginszenierung 84
Intelligenz/intelligence 2, 15, 27, 29, 30, 32, 33, 47–55, 59–67, 71, 87, 101, 125, 159, 161–164, 167, 170–172, 175–177, 222, 260, 282
Intelligibilität/intelligibility 2, 33, 161, 163
Interaktion 23, 27, 31, 32, 64, 72, 73, 75, 77–80, 97, 125–127, 130, 161, 162, 165–170, 174, 176, 177, 198, 200, 219, 221
Interdisziplinarität 66
IPA (Intelligente Persönliche Assistenten) 161, 167, 170
Ismaiel-Wendt, Johannes 20, 192, 195, 196, 259, 260, 271
ITU (International Telecommunication Union) 234, 235

James, Loraine 261, 273–277
Jazz 16, 88, 89, 126, 218, 220, 223, 224

Kapitalismus 62, 173, 174, 184, 236, 237, 261–266
Kittler, Friedrich 7, 8, 26, 84, 150, 231, 234
Klang 8, 12, 15, 41, 44–50, 58, 72–74, 77, 78, 88, 89, 92, 96, 101, 105–110, 119, 126, 134, 139, 140, 145, 155–157, 174, 186, 191, 195, 196, 198, 207, 211, 212, 218, 220, 228, 252, 257–259, 269–271, 276
- Klangobjekt 91, 201
Klassifizierung 104
Kolonialismus, modern 43, 221
Komposition 15, 31, 41, 71, 72, 74–80, 83, 91, 157, 195–200, 220, 238, 240
Kontrolle 2, 8, 14, 15, 21, 43, 47, 65, 158, 159, 163, 172, 215, 221, 223, 247, 253, 255
Kopfhörer-Dispositiv 12, 21, 22, 262, 263
Kulturindustrie 17, 265, 266
Künstlichkeit 27, 29, 33
Kuration, algorithmische 24, 227–235, 238, 241

Lamarr, Hedi 8, 15
LANDR 30
Lauschangriff 5, 6, 11, 61
Lautsprecherkrieg 155– 158
Les Back 2
Lewis, George 41, 220, 221

Loop 198, 201, 204, 237, 269
LRAD (Long Range Acoustic Device) 159

Machinelles Lernen/Machine Learning 28, 41, 42, 60, 88–91
Macht 3, 17, 21, 25, 47, 48, 50, 56, 57, 60–64, 67, 97, 104, 118, 119, 158, 206, 211
Mälzel, Johann Nepomuk 15
Maschinenhören/maschinelles Hören/Machine Listening 5, 21, 41–44, 95, 96, 101, 103, 111, 112, 119, 184, 186, 218–221, 257, 260, 262, 268
MASINT 47, 50–54, 59, 60, 63
materialistisch 262
McLuhan, Marshall 83, 92
Medienarchäologie 101
Meere 133
Mensch-Computer-Netzwerk 31, 71
Merkmalsextraktion 101, 102, 110–112, 118, 233
Metronom 14, 275
Mikrozeit 261
Militär 55, 223
mobile sphere 22
Monitor 3, 14, 100
Multidominanz/Multidominance 220–223
Mundy, Arthur J. 139–142, 145, 151
MUSICA (Musical Interactive Collaborative Agent) 222
Musik 1, 7, 8, 10, 13, 14, 16, 19–33, 49, 50, 58, 71, 72, 83, 88–90, 95, 125–128, 133, 158, 169, 186, 191–211, 215, 220, 227–229, 232, 233, 236, 239–241, 247, 249, 250, 254, 258, 272–274, 278
MusikmachDing 192
Musikpolitik 205, 206
Musikproduktion 3, 13, 15–17, 20, 191, 203, 207, 208, 227, 229, 231, 234, 238, 240
Musiksoziologie 227, 247
Musique concrète 58, 192, 195–203, 206–211

Napolitano, Domenic 95, 96
Navigation 133–137, 140–152, 154
neoliberal 24, 262, 264
Netzwerk 31, 33, 47, 73, 88, 128–130, 150, 227, 232
Neuronales Netz 72
Noise/Rauschen 5, 12, 22, 142, 185, 195, 248, 263
NSA (National Security Agency) 11

Oasis 267, 268

Panakustik 3, 39
Pattern(ing) 268, 273–277
PC Music 269, 272
Performanz 14, 24, 25, 48, 55, 90, 119, 205, 266
Phonetik 115, 120
Phonograph 15, 17, 84–87, 105
Phrenologie 95
Physiognomik 104
Playlisttauglichkeit 227
Pluritemporalität/Vielzeitigkeit 275
post-digital 32, 131
Posthumanismus 32, 33
Propaganda 156, 158
Psychoakustik 233, 234

Rainbow Family 220, 221
Raum 7, 10, 47, 49, 50, 59, 73, 80, 84, 106, 111, 133, 134, 141, 150, 151, 208, 236, 238, 274, 276
– glatter 133, 134
– Klangraum 59, 152
– Raumklang 64
Realismus 261
Reynolds, Simon 267, 268, 271, 272
Rezeption 5, 8, 13, 20, 24, 32, 83–85, 151
Rhythmus 14, 104, 220
Rice, Tom 13
Rockgeschichte 261, 267, 268, 272
Rowe, Robert 41, 46, 218, 220
Rundfunk 149

Schaeffer, Pierre 50, 58, 195, 198, 201–203, 210
Schubert, Alexander 3, 31–34, 91, 92, 125, 131
Sender-Empfänger-Modell 52, 56, 57
Signal 8, 51, 63, 87, 90, 139–149
– Nebelsignal 138
– Signalgebung 138, 139
– Signalraum 133, 134, 152

Siri 41, 63, 83, 95, 161, 162, 166–170, 185
Smart Speaker 162, 164, 165, 169, 176, 177, 185, 219
Smartphone-Effekt 22
Social Media / Soziale Medien /Social Network / Soziales Netzwerk 31, 125, 128–130, 227
Sonar 7, 133, 152
Sonic Fiction 257–259
Sonic Warfare 7, 159
Sonifikation 212, 252, 253
Sonizität 96
Sound Source Recognition/ Klangquellenerkennung 47, 57, 59
Sound Studies 2, 33, 101, 135, 151
Soundclash 156, 158
Soundcloud 125
Soundfile 227, 230, 232, 235
Speichern 1, 134, 173
Spektrogramm 90
Spotify 23–25, 228, 229, 235–238, 241, 245
Sprachassistent 161, 162
– Sprachbiometrie 113–117
– Spracherkennung 44, 110, 168, 174, 176, 223
– Sprachverarbeitung 161, 164–167, 173
Spuren 47, 51, 183, 194, 232, 257, 259, 261, 269, 275
– Tonspuren 17, 201
SSC (Submarine Signal Company) 145–149, 152
Steyerl, Hito 43, 183, 184
Stream(ing) 3, 25, 83, 227–241
Subjektivität 44, 101, 111, 113
symbolic representations 89
Synchronisierung 204, 221, 274, 277
Synthesizer 7, 126, 186, 208, 270–275

Tarnung 183
taste profile 230, 232
Technoakustik 141
Termen, Lew Sergejewitsch 9
Track 239, 257, 259, 260, 262, 264, 268, 273–277
Transformation 22, 49, 84, 85, 91, 92, 109, 130, 131, 159, 236, 240
TRX-Studies 257, 259
Tyndall, John 138, 139

Übertragung 11, 52, 86, 150, 151, 163, 252
Überwachung 1–5, 8–11, 13, 21–24, 31, 35, 38, 69, 162, 164, 174–176
– Konsumüberwachung 47
– Totalüberwachung 61
Überwachungskapitalismus 161, 162, 173, 177, 227
unheimlich 28, 126, 131
Unschärfe 48, 50, 64, 66, 67
Unterwasserglocke 142–147
Unterwasserschall 1, 133, 140–147, 151
– Unterwasserschallsignalwesen 133, 135, 146–151

Verortung 151
Verwaltung 119, 191, 192, 196–200, 209
– Musikverwaltung 192, 196–199, 205–210
virtuelle Akustik 47
Vocal Portraiture 108
Vokaltraktform 110

Wall of Sound 133, 145, 271
Ware 20, 62, 265
– Warenförmigkeit 261
Welsch, Wolfgang 1, 4

YouTube 125, 126, 218

Zuboff, Shoshana 24, 29, 162, 173–175